SUITE DU COURS
DE MATHÉMATIQUES,
A L'USAGE
DES GARDES DU PAVILLON
ET DE LA MARINE,
CONTENANT
LE TRAITÉ DE NAVIGATION.

Par *M. BÉZOUT*, de l'Académie Royale des Sciences & de celle de la Marine, Examinateur des Gardes du Pavillon & de la Marine, des Eleves & des Aspirans du Corps Royal de l'Artillerie, & Censeur Royal.

A PARIS,

Chez J. B. G. MUSIER fils, Libraire, quai des Augustins, à S. Etienne.

M. DCC. LXIX.

Avec Approbation & Privilege du Roi.

PRÉFACE.

E N publiant le premier volume du Cours dont celui-ci fait partie, nous avons dit que presque toutes les méthodes en usage dans la Navigation étoient fondées sur des connoissances mathémathiques. Après avoir exposé ces connoissances, il est donc naturel que nous en fassions voir la liaison avec la pratique de la Navigation, & leur utilité pour sa perfection. C'est l'objet de l'Ouvrage que nous publions aujourd'hui.

Les méthodes les plus usuelles de la Navigation ne supposent d'autres principes que ceux que nous avons donnés dans nos deux premiers Volumes, & n'en supposent même qu'une partie. Mais il en est d'autres, non moins utiles, qui, ou supposent à la rigueur les connoissances établies dans les Volumes suivans, ou du moins en tirent beaucoup de secours : comme celles-ci ne sont pas absolument indispensables, nous les avons distinguées des premières par un caractere d'impression plus petit : elles forment la quatrieme Section.

Les trois premieres Sections comprennent donc les regles ordinaires du Pilotage, présentées dans l'ordre qui nous a paru le plus propre à en faciliter l'intelligence, & à les fixer dans la mémoire.

Dans la premiere, nous supposons d'abord que les moyens qu'on emploie pour mesurer le sillage & connoître la direction de la route, sont suffisamment exacts & nous faisons voir comment, dans cette fuppofition, on détermine toutes les circonftances de la route du vaiffeau. La folution des queftions relatives à cet objet peut être exécutée de plufieurs manieres, dont les principales font l'ufage des Cartes, celui du Quartier de réduction, & le Calcul. Mais la conclufion à laquelle on tend, c'eft-à-dire, la queftion de connoître la pofition actuelle du vaiffeau à l'égard de la terre, fuppofe toujours une comparaifon du réfultat de cette folution, avec les Cartes ; ainfi l'ufage des Cartes étant fondamental, nous avons débuté par en enfeigner la conftruction. Quoique les Cartes Géographiques ordinaires ne foient pas celles dont on fait ufage dans la Navigation, nous n'avons pas moins jugé à propos d'expofer les principes de leur conftruction : cela étoit aumoins utile pour faire bien connoître la nature de celles qu'on leur fubftitue. Mais nous ne nous en fommes occupés qu'autant que cela étoit néceffaire pour cet objet. Cette préparation a dû naturellement être précédée de l'expofition des idées les plus élémentaires fur la figure & les dimenfions du globe que nous habitons, & fur le rapport qu'il y a entre la pofition de fes parties & celles du Ciel. Nous nous fommes donc attachés d'abord à expofer celles de ces connoiffances qui ont le rapport le plus immédiat avec la conftruction des Cartes ; réfervant pour les Sections fuivantes, les autres connoiffances de la Sphere & de l'Aftronomie, qui peuvent être utiles dans la Navigation.

Après avoir enfeigné la conftruction des Cartes, nous en faifons voir l'ufage. De - là nous paffons à l'expofition des principes fondamentaux de la réduction des routes ; principes que nous appliquons, d'abord aux Cartes réduites, enfuite en employant le Quartier de réduction, enfin à l'aide du Calcul.

Les objets compris dans cette Section fuffiroient prefque, pour la réfolution des queftions de Navigation, fi les deux Eléments qu'on emploie, le Sillage & le Rhumb de vent, étoient fufceptibles d'une mefure bien exacte. Mais quand on fuppoferoit les deux inftruments qu'on emploie pour les mefurer, capables de la plus grande exactitude, leur fecours ne fuffit pas toujours, & manque quelquefois. Les tempêtes, les courants, ou interdifent tout-à fait l'ufage du loch, ou en rendent le témoignage fort incertain : l'aiguille aimantée ne conferve pas par-tout une même pofition. Il faut donc pouvoir vérifier & rectifier ces Eléments. C'eft dans l'obfervation des Aftres qu'on en trouve les moyens.

La feconde Section eft deftinée à l'expofition des connoiffances aftronomiques néceffaires à cet objet ; & la troifieme en fait connoître l'application. En parlant de l'ufage des obfervations de latitude, pour la correction des routes, nous avons fait une divifion des différentes fuppofitions qu'on peut faire fur le fens dans lequel le rhumb & la route peuvent pécher ; cette divifion qu'il ne paroît pas qu'on ait envifagée jufqu'ici, eft d'autant plus néceffaire quand on prend le parti de faire des corrections, que fi on n'y a pas égard, on s'expofe à appliquer la correction en fens contraire à celui qu'elle doit avoir. Au refte, les corrections ayant toujours quelque chofe d'arbitraire, ou du moins, de fort conjectural, on ne peut apporter trop d'attention dans la difcuftion des motifs d'après lefquels on les fait. Mais l'incertitude qui reftera toujours fur ce point, doit engager de plus en plus les Navigateurs, à fe mettre au fait de la méthode de trouver les longitudes, par l'obfervation des diftances d'étoiles à la lune ou au foleil. C'eft par cette méthode que nous terminons la troifieme Section.

Nous nous étions d'abord propofé de fuivre, du moins quant au calcul, la méthode que l'on trouve dans l'excellent Ouvrage de M. Bouguer (édition de M. l'Abbé de la Caille;) mais l'Almanach nautique qu'elle fuppofe, n'exiftant point; & n'y ayant pas encore apparence que quelqu'un fe charge de fa conftruction annuelle, nous avons cru devoir ne fuppofer que ce que l'on rencontre plus facilement; favoir le livre de la *Connoiffance des Temps*, efpece d'état du Ciel, que l'Académie publie chaque année. Mais comme les lieux de la lune n'y font calculés que de 12 en 12 heures, ce qui n'eft pas fuffifant pour cet objet, nous avons donné en même temps le moyen d'y fuppléer par une regle connue & fimple que fournit immédiatement la méthode des interpolations dont nous avons parlé dans l'Algebre.

Quant à la quatrieme Section, nous nous fommes propofés d'y traiter plus à fonds plufieurs des objets déja examinés dans les trois premieres. Nous y avons compris les regles des variations des parties des triangles fphériques. Cette matiere a plus d'une forte d'utilité : elle peut fervir à juger de la bonté ou des défauts de certaines méthodes qu'on fe propoferoit d'employer ; à difcuter les circonf-tances les plus favorables à certaines obferva-tions, &c.

Il m'a paru utile d'examiner l'effet que pourroit produire dans les observations, le défaut de parallélisme des deux faces de chaque miroir de l'octans, en supposant ce défaut très-petit. Cet examen fait voir que la correction de l'erreur produite par le petit miroir, est comprise dans la vérification ordinaire du parallélisme des deux miroirs entr'eux. Quant à celle qui peut résulter du défaut de parallélisme des deux faces du grand miroir, elle est variable selon la grandeur des arcs observés. Je donne une table à l'aide de laquelle on trouvera la correction qu'on doit faire à ces arcs, lorsqu'on aura déterminé une quantité que j'indique, & qu'il suffit de déterminer une fois pour toutes, pour un même octans : je donne aussi la manière de déterminer cette quantité. Il paroît d'après quelques observations que j'ai faites avec M. de Chabert, Capitaine de Frégate, très-exercé dans les observations Astronomiques, que l'on ne peut gueres se dispenser d'avoir égard à cette correction. A l'aide d'un excellent quart de cercle que cet Académicien a bien voulu faire transporter à la campagne, nous avons trouvé l'erreur du grand miroir, de près de 6 minutes, pour 85° 12′; & elle croît encore à mesure que l'angle observé est plus grand.

L'examen de l'erreur que l'on peut commettre en faisant usage du moyen parallele, dans la réduction des routes; quelques recherches sur la correction de la longitude, par l'observation de la latitude; l'application de la même méthode à la résolution de la sixieme question de navigation; la correction que peut exiger l'applatissement de la terre; quelques exemples de

l'ufage de l'analyfe dans la Trigonométrie fphérique, appliqués à des cas qui peuvent avoir lieu
dans la Navigation ; enfin quelques additions à
la méthode de trouver les longitudes en mer, par
les diftances des étoiles à la lune ou au foleil,
font les principaux objets compris dans cette Section ; objets ou néceffaires ou utiles, mais qui
n'étant point d'une application indifpenfable, &
exigeant (du moins quelques-uns) des connoiffances ultérieures aux deux premiers Volumes de ce
Cours , nous ont paru ne devoir être propofés
qu'à ceux qui veulent fe mettre en état de per-
fectionner l'art de la Navigation.

TABLE
DES MATIERES.

PREMIERE SECTION.

SECONDE SECTION.

TROISIEME SECTION.

QUATRIEME SECTION.

Fin de la Table des Matieres.

Extrait des Registres de l'Académie Royale des Sciences.

Du 19 Août 1769.

MEssieurs DUHAMEL, & D'ALEMBERT qui avoient été nommés pour examiner un *Traité de Navigation*, par M. BÉZOUT, en ayant fait leur rapport, l'Académie a jugé cet Ouvrage digne de l'impression : en foi de quoi j'ai signé le présent Certificat. A Paris le 6 Septembre 1769.

GRANDJEAN DE FOUCHY, Secr. perp de l'Ac. R. des Sciences.

PRIVILEGE DU ROI.

LOUIS par la grace de Dieu, Roi de France & de Navarre : A nos amés & féaux Conseillers, les Gens tenant nos Cours de Parlement, Maîtres des Requêtes ordinaires de notre Hôtel, Grand Conseil, Prevôt de Paris, Baillifs, Sénéchaux, leurs Lieutenans Civils, & autres nos Justiciers qu'il appartiendra, SALUT. Nos bien-amés LES

MEMBRES DE L'ACADEMIE ROYALE DES SCIENCES de notre
bonne Ville de Paris, Nous ont fait expofer qu'ils auroient
befoin de nos Lettres de Privilege pour l'impreffion de leurs
Ouvrages : A CES CAUSES, voulant favorablement traiter
les Expofans, Nous leur avons permis & permettons par ces
Préfentes de faire imprimer, par tel Imprimeur qu'ils vou-
dront choifir , toutes les Recherches ou Obfervations jour-
nalieres, ou Relations annuelles de tout ce qui aura été
fait dans les Affemblées de ladite Académie Royale des
Sciences, les Ouvrages, Traités ou Mémoires de chacun
des Particuliers qui la compofent, & généralement tout ce
que ladite Académie voudra faire paroître , après avoir
fait examiner lefdits Ouvrages , & qu'ils feront jugés dignes
de l'impreffion, en tels volumes, forme, marge , caractères,
conjointement, ou féparément & autant de fois que bon
leur femblera, & de les faire vendre & débiter par-tout notre
Royaume, pendant le tems de vingt années confécutives,
à compter du jour de la date des Préfentes; fans toutefois
qu'à l'occafion des Ouvrages ci-deffus fpécifiés, il puiffe en
être imprimé d'autres qui ne foient pas de ladite Académie : faifons défenfes à toutes fortes de perfonnes, de quelque
qualité & condition qu'elles foient, d'en introduire d'impreffion étrangere dans aucun lieu de notre obéiffance ;
comme auffi à tous Libraires & Imprimeurs d'imprimer
ou faire imprimer , vendre , faire vendre & débiter lefdits
Ouvrages , en tout ou en partie, & d'en faire aucunes tra-
ductions ou extraits, fous quelque prétexte que ce puiffe
être, fans la permiffion expreffe & par écrit defdits Expofans, ou de ceux qui auront droit d'eux, à peine de con-
fifcation des Exemplaires contrefaits, de trois mille livres
d'amende contre chacun des contrevenans; dont un tiers à
Nous, un tiers à l'Hôtel-Dieu de Paris, & l'autre tiers
auxdits Expofans, ou à celui qui aura droit d'eux, & de tous
dépens, dommages & intérêts ; à la charge que ces Préfentes feront enregiftrées tout au long fur le Regiftre de la
Communauté des Libraires & Imprimeurs de Paris , dans
le mois de la date d'icelles ; que l'impreffion defdits Ouvrages fera faite dans notre Royaume , & non ailleurs, en
bon papier & beaux caractères, conformément aux Régle-
mens de la Librairie; qu'avant de les expofer en vente,
les Manufcrits ou Imprimés qui auront fervi de copie à
l'impreffion defdits Ouvrages, feront remis ès mains de notre
très-cher & féal Chevalier le Sieur DAGUESSEAU, Chan-

celier de France, Commandeur de nos Ordres ; & qu'il en fera enfuite remis deux Exemplaires dans notre Bibliothèque publique , un en celle de notre Château du Louvre , & un en celle de notredit très-cher & féal Chevalier le Sieur DAGUESSEAU, Chancelier de France, le tout à peine de nullité defdites Préfentes : du contenu defquelles vous mandons & enjoignons de faire jouir lefdits Expofans & leurs ayans caufe pleinement & paifiblement , fans fouffrir qu'il leur foit fait aucun trouble ou empêchement. Voulons que la copie des Préfentes qui fera imprimée tout au long , au commencement ou à la fin defdits Ouvrages , foit tenue pour dûement fignifiée ; & qu'aux copies collationnées par l'un de nos amés & féaux Confeillers & Secretaires, foi foit ajoutée comme à l'original. Commandons au premier notre Huiffier ou Sergent fur ce requis, de faire, pour l'exécution d'icelles, tous actes requis & néceffaires fans demander autre permiffion , & nonobftant Clameur de Haro, Charte Normande & Lettres à ce contraires ; CAR tel eft notre plaifir. DONNÉ à Paris le dix-neuvieme jour du mois de Mars, l'an de grace mil fept cent cinquante, & de notre Regne le trente-cinquieme. Par le Roi en fon Confeil. *Signé*, MOL.

Regiftré fur le Regiftre XII. de la Chambre Royale & Syndicale des Libraires & Imprimeurs de Paris, N°. 430, folio 309, conformément au Réglement de 1723 , qui fait défenfes, article 4, à toutes perfonnes, de quelque qualité qu'elles foient, autres que les Libraires & Imprimeurs, de vendre, débiter & faire afficher aucuns Livres pour les vendre, foit qu'ils s'en difent les Auteurs ou autrement ; à la charge de fournir à la fufdite Chambre huit exemplaires de chacun, prefcrits par l'art. 108 du même Réglement. A Paris le 5 Juin 1750.

Signé, LE GRAS, Syndic.

De l'Imprimerie de L. F. DELATOUR. 1769.

TRAITÉ
DE NAVIGATION.

PREMIERE SECTION,

*Dans laquelle on donne les connoif-
fances néceffaires pour la conftruction
& l'ufage des Cartes, & où l'on enfei-
gne les principales méthodes pour réfoudre les queftions de Navigation.*

I. La PARTIE de la Navigation dont il s'agit
ici, a pour objet de déterminer toutes les
circonftances de la route d'un Vaiffeau; c'eft-
à-dire, d'affigner, à chaque inftant, le lieu
de la Mer où il fe trouve, & la direction qu'il
doit fuivre pour fe rendre à un lieu propofé.
Cette partie de la Navigation fe nomme *Pilotage*, & on en diftingue de deux fortes, le

Cabotage , & la Navigation *hauturiere.*

Le Cabotage confiste à aller de *Cap* en *Cap* , ou le long des Côtes , fans perdre la terre de vue. Il eft fondé fur une connoiffance détail-lée des différentes parties des Côtes , des Rades , des Havres , des Rivieres , des Ecueils , des Sondes , des Courants , des Marées , &c. C'eft-à-dire , qu'il porte principalement fur des connoiffances de fait , & par confé-quent fur l'expérience.

La Navigation hauturiere eft celle qui fe fait en pleine Mer , & hors de la vue des Côtes. Elle eft ainfi nommée parce qu'on y fait fouvent ufage de la hauteur des Aftres , pour fe guider. On rapporte enfuite ces ob-fervations fur des Cartes où font marquées les pofitions refpectives des différentes par-ties du Globe terreftre : & par cette compa-raifon on détermine le lieu où l'on eft arrivé , & la route qu'on doit tenir pour achever fa courfe.

L'une & l'autre de ces deux Navigations fuppofent donc une defcription des lieux que l'on a à parcourir. La premiere n'em-braffant que des efpaces de peu d'étendue , n'a befoin, pour la formation de la plupart des Plans dont elle fait ufage , d'autres principes que de ceux que nous avons donnés en Géo-métrie.

Quant aux Cartes que la Navigation hau-

turiere emploie, elles exigent d'autres con-
noiſſances. Comme elles doivent repréſenter
la poſition des lieux, relativement aux parties principales du Globe terreſtre, & que
d'ailleurs leur conſtruction doit, autant qu'il
eſt poſſible, fournir les moyens les plus faciles d'y repréſenter la route que le Vaiſſeau eſt
eſtimé avoir tenu, ou celle qu'il doit tenir,
nous devons, pour en donner une connoiſſance ſuffiſante, commencer par examiner la
figure & les dimenſions du Globe que nous
habitons : faire voir de quelle maniere on en
fixe les principaux points : pourquoi la méthode la plus naturelle pour les repréſenter
ſur une Carte, n'eſt pas celle qui convient le
mieux aux uſages de la Navigation ; enfin
quelle eſt celle qu'il convient de ſuivre, &
quels ſont ſes avantages.

*De la figure du Globe terreſtre ; appa-
rences qui réſultent de cette figure, &
du mouvement de ce Globe ſur lui-
même. Des principaux Cercles qu'on
a imaginés pour fixer la poſition de
ſes parties.*

2. La ſurface de la Terre n'eſt pas ce
qu'elle ſemble au premier coup d'œil : ce n'eſt
pas une ſurface plane ſur laquelle ſont répan-

dues affez irréguliérement des Montagnes &
des Vallées. Dès qu'on change de place pour
fe tranfporter à des diftances un peu confidé-
rables , on s'apperçoit bientôt que les objets
dont on s'éloigne , difparoiffent , & que de
nouveaux s'offrent à la vue. Ce changement
d'afpect ne vient pas feulement de ce que la
lumiere qui vient des objets éloignés eft trop
affoiblie pour nous les rendre fenfibles. Il a lieu
auffi parce que ces objets font cachés par la
furface de la Terre ou de la Mer , & que les
rayons de lumiere qui partant de ces objets
fe dirigent vers l'œil , font arrêtés par la furface de la Terre ou de la Mer élevée , pour
ainfi dire , entr'eux & nous.

Suppofons , par exemple , que CRB
(*Fig.* 1.) repréfente une partie de la furface
de la Mer. Que AB foit un objet , & OC
la hauteur de l'œil d'un Spectateur. Pour que
l'œil O puiffe appercevoir le point A de
l'objet AB , il faut que la droite OA imaginée par les deux points O & A , ne rencontre pas la furface CRB. Si elle la rencontre , l'œil ne pourra voir le point A
qu'en s'élevant à une hauteur CO' plus grande que CO , & telle que la ligne $O'A$ ne
rencontre point la furface CRB , ou ne faffe
tout au plus que l'effleurer. Mais dans ce
dernier cas , il ne verroit encore que le
point A de l'objet AB. Si l'œil O conti-

nue de s'élever, alors il pourra voir non‑
feulement le point *A* , mais encore toute la
partie *A B'* de l'objet *A B* , comprife entre
la ligne *O''A* , & la tangente *O''B'* menée du
lieu actuel *O''* de l'œil , à la furface *CRB*.

Mais fi la furface de la terre étoit plane ,
comme *C B* (*Fig.* 2) dès que l'objet *A B* fe‑
roit devenu invifible à la diftance *B C* , fans
l'interpofition d'aucun objet , & feulement
parce qu'il feroit hors de la portée de la vue ,
il le feroit également à la diftance *O'A* fi on
s'élevoit à la hauteur *C O'* , & encore plus fi
on s'élevoit plus haut.

Puis donc qu'à la Mer , lorfqu'après avoir
perdu de vue , un objet élevé *A B* (*Fig.* 1)
fitué fur la côte , on le revoit néanmoins
en montant à la hune , c'eft une preuve que
les rayons vifuels étoient interceptés par la
convexité *C R B* de la Mer : il en feroit de
même fi on s'élevoit dans une vafte plaine
fur la terre ; donc la furface de la terre eft
courbe.

3. Plufieurs obfervations ont fait connoître
non‑feulement que la furface de la terre eft
courbe ; mais encore qu'elle eft fphérique ,
ou à très‑peu près fphérique ; c'eft‑à‑dire que
tous les points de cette furface font également
éloignés d'un même point , ou à très‑peu près
également éloignés. Nous la regarderons
comme parfaitement fphérique , dans le cours

de cet Ouvrage : nous examinerons cependant, dans la quatrieme Section , jufqu'à quel point il eſt néceſſaire d'avoir égard à ſa véritable figure. Mais nous devons obſerver dès à préſent que s'il eſt des cas où l'on ne puiſſe ſe permettre de regarder la terre comme exactement ſphérique , ce n'eſt pas parce que ſa ſurface eſt couverte en pluſieurs endroits , de chaînes de montagnes plus ou moins élevées. La hauteur de ces montagnes eſt comme nulle en comparaiſon du diametre de la terre. En effet, la plus haute montagne connue ne s'éleve pas à plus de 3220 toiſes au-deſſus du niveau de la Mer ; or le diametre de la terre eſt de 6537167 toiſes ; d'où il eſt facile de conclure que cette élévation n'eſt, à l'égard du Globe terreſtre, que ce que ſeroit une inégalité d'environ $\frac{1}{2}$ de ligne ſur un Globe de dix pieds de diametre ; & la plus grande partie des autres montagnes eſt bien au-deſſous de cette hauteur.

4. Le Globe terreſtre eſt à l'égard des corps qui ſont à ſa ſurface , à peu près ce que ſeroit une pierre d'aimant à l'égard de pluſieurs morceaux de fer placés à ſa ſurface ou dans le voiſinage de cette ſurface. Tous les corps qui environnent la terre tendent à ſe précipiter vers le centre , en vertu de leur peſanteur ; en ſorte que les habitans ſitués ſur des points oppoſés *A* & *B* (*Fig.* 3) du

Globe, & qu'on appelle *Antipodes*, font pouf-
fés vers le centre *C*, fuivant des directions
oppofées.

En voyant les corps, dans les pays que
nous habitons, tomber perpendiculairement
à la furface de la terre, ou fuivant des directions paralleles à *DA*, nous fommes portés
à croire que ceux qui feroient dans le voifinage de la partie oppofée *B*, devroient tomber fuivant *BF*; mais c'eft tout le contraire :
la même caufe qui fait tomber fuivant *DAC*,
un corps placé en *D*, fait tomber fuivant
EMC celui qui feroit placé en *E*, & fuivant *FBC* celui qui feroit placé en *F*, en
forte que toutes les parties de la terre &
des eaux, par leur tendance commune vers *C*,
fe tiennent mutuellement en équilibre autour
de ce même centre.

5. Il faut fe repréfenter que la terre eft un
Globe placé au-dedans d'un autre Globe immenfe qu'on appelle le *Ciel*. Les habitants
qui font en *A* voient une partie du Ciel ;
ceux qui font en *B*, voient l'autre ; ceux qui
font en *M*, voient une partie de ce qui eft
vifible en *A*, & une partie de ce qui eft vifible en *B*.

Soit *T*, la terre (*Fig.* 4); *A* & *B* deux
points oppofés de fa furface. Si par les deux
points *A* & *B* on conçoit deux plans tan-
gents à cette furface (lefquels feront paral-

A iv

leles) & qu'on les imagine prolongés de toutes parts jufqu'à ce qu'ils rencontrent le Ciel,
& y forment les feĉtions circulaires $HOZR$,
$H'O'Z'R'$; alors $HOZR$ fera ce qu'on appelle l'horifon fenfible du lieu A; & $H'O'Z'R'$
fera l'horifon fenfible du lieu B qui eft l'Antipode de A.

L'horifon fenfible eft donc un cercle qui
touche la furface de la terre. Il fépare la
partie vifible du Ciel, de la partie invifible.
Un Obfervateur dont l'œil feroit placé en A
ne peut voir que ce qui eft au-deffus du plan
$HOZR$, & la furface de la terre lui em-
pêche de voir ce qui eft au-deffous. L'Antipode B, au contraire ne peut voir que ce qui,
par rapport à lui, eft au-deffus du plan $H'O'Z'R'$.
Il paroît donc qu'il y a entre ces deux horifons, un efpace, une zone qui ne peut
être vue ni de l'Obfervateur A, ni de fon
Antipode B; & cela eft vrai à la rigueur, du
moins en fuppofant l'œil de l'Obfervateur, à
la furface. Mais le diametre AB de la terre
eft fi petit en comparaifon de la diftance de
la terre au Ciel, c'eft-à-dire, aux Etoiles,
que l'arc HH' compris entre ces deux horifons, eft abfolument infenfible; en forte que
ces deux horifons peuvent être pris l'un &
l'autre pour un feul & même horifon qui paf-
feroit par le centre T de la terre & qu'on
appelle *Horifon rationnel.*

L'horifon rationnel eft donc un cercle qui paffe par le centre de la terre, & qui eft parallele à l'horifon fenfible. C'eft un grand cercle de la fphere célefte.

6. Si par le centre T de la terre on imagine une droite LK perpendiculaire à l'horifon rationnel (& par conféquent à l'horifon fenfible), les points K & L où l'on peut imaginer que cette droite rencontre la fphere célefte, s'appellent les *Pôles de l'horifon.* Celui qui eft au-deffus de la tête de l'Obfervateur, s'appelle le *Zénith* ; & celui qui eft fous fes pieds, s'appelle le *Nadir.* Ainfi K eft le zénith d'un Obfervateur placé en A, & L eft fon nadir. C'eft le contraire pour un Obfervateur placé en B.

7. Puifque la figure de la terre eft fphérique ; dès qu'un Obfervateur fe meut, il change d'horifon, d'antipodes, de zénith & de nadir : il ceffe de voir certaines parties du Ciel, & en découvre de nouvelles. Donc réciproquement fi la terre, le ciel, & les différens aftres qu'on y voit étoient immobiles , dès qu'un Obfervateur appercevroit quelque changement dans la fituation des aftres, il pourroit en conclure qu'il a lui même changé de place, & fe fervir de cette différence d'afpeft, pour connoître la différence de fa fituation actuelle à la premiere.

Mais comme la terre n'eft point immobile ; que d'ailleurs tous les astres ne sont pas fixes dans le Ciel ; avant que d'entreprendre de faire usage des différents aspects sous lesquels le Ciel se présente , pour déterminer la position d'un lieu sur la terre , il faut savoir quelles apparences le mouvement de la terre , & celui des astres peuvent offrir à un Observateur qui resteroit constamment en un même lieu sur la surface du Globe. Pour ne point embrasser trop d'objets à la fois , bornons-nous , pour le présent , à ce qui regarde le mouvement de la terre , & celui que les astres paroissent avoir en vertu de ce même mouvement.

8. Soit donc $EPTp$ (*Fig. 5*) le globe terrestre. Concevons que ce globe tourne uniformément autour de l'un Pp de ses diametres que nous appellerons l'*Axe*. Il est clair 1°, que chaque point L de la surface de la terre décrit un cercle qui a son centre I dans l'axe Pp, & pour rayon la perpendiculaire LI menée sur Pp. 2°, Que le point E également éloigné des deux points P & p qu'on appelle les *Pôles*, décrit le plus grand cercle. Ce cercle s'appelle l'*Equateur*, parce qu'il partage le globe en deux parties égales : il est perpendiculaire à l'axe Pp.

Chaque moitié du globe comprise entre l'équateur & l'un des pôles, s'appelle *Hémisphere*. On appelle hémisphere *Boréal*, ou

Septentrional, ou *Arctique*, celui qu'habitent les Européens ; & l'autre s'appelle hémisphere *Auftral*, ou *Méridional*, ou *Antarctique*. On appelle pareillement pôle Boréal, ou Arctique, ou fimplement *Nord*, celui qui eft dans l'hémifphere Boréal ; & pôle Auftral, ou Méridional, ou Antarctique, ou fimplement *Sud*, celui qui eft dans l'hémifphere Auftral.

3°. De part & d'autre de l'équateur, les cercles décrits par les différents points de la furface de la terre, font d'autant plus petits qu'ils s'éloignent plus de l'équateur, ou qu'ils s'approchent plus des pôles ; enforte qu'aux pôles mêmes, il n'y a plus aucun mouvement. Ces cercles qui font paralleles à l'équateur fe nomment fimplement des *Paralleles*. Si L, par exemple, marque la fituation de Paris fur la terre, le cercle LMR qui paffe par L, parallélement à l'équateur, & qui eft la trace que décrit Paris pendant une révolution de la terre, s'appelle le Parallele de Paris.

4°. Si on fuppofe que le mouvement de la terre autour de l'axe Pp, fe faffe dans le fens EQT, un Obfervateur fitué en quelque lieu que ce foit fur la furface de la terre, verra les aftres tourner en fens contraire ; en forte que fi l'on imagine que le plan de l'équateur terreftre EQT foit prolongé de toutes parts jufqu'au Ciel , & y forme la section circulaire $E'Q'T'$ qu'on appelle l'équateur céleste , & qui est par conséquent un des grands cercles de la sphere céleste , un astre placé en un point quelconque de cet équateur paroîtra tourner dans le sens $T'Q'E'$ contraire à celui EQT selon lequel la terre tourne réellement. Par la même raison , un astre placé en tout autre point de la sphere céleste , paroîtra décrire un parallele à l'équateur , mais en sens contraire au mouvement de la terre. Ainsi les astres voisins de l'équateur paroîtront tourner beaucoup plus vîte que ceux qui seront voisins des pôles P' & p' de l'équateur céleste , qu'on appelle les pôles du monde , & qui sont les rencontres de l'axe terrestre avec la sphere céleste. De plus ce mouvement des astres se fera avec la même uniformité * que celui de la terre , & s'achevera dans le même temps.

La raison de ces apparences est qu'à quelque endroit de la surface de la Terre , que l'Observateur porte sa vue , les objets restent toujours à son égard dans la même situation : rien sur la terre ne peut donc lui faire juger qu'il est en mouvement ; ce n'est qu'en consi-

---

* Les paralleles que les astres paroissent décrire, ayant leurs centres dans l'axe $P'p'$, ce mouvement, à la rigueur, ne seroit pas uniforme pour un Observateur placé à la surface de la terre ; mais le rayon de la terre est si petit en comparaison de celui de la sphere étoilée, que tout se passe pour l'Observateur, comme s'il étoit au centre C.

dérant le Ciel qu'il peut s'appercevoir de quelque changement.

Or ce changement ne peut lui faire voir autre chofe finon qu'un aftre qui étoit à fa gauche, par exemple, eft actuellement à fa droite; c'eft-à-dire, que cet aftre eft à fon égard, comme s'il s'étoit réellement mû de gauche à droite.

9. Le fens dans lequel fe fait le mouvement de la terre, eft d'Occident en Orient, c'eft-à-dire du Couchant vers le Levant : & les aftres paroiffent, au contraire, tourner du Levant au Couchant. Néanmoins pour nous conformer à l'ufage, nous nous exprimerons, à l'avenir, comme fi le Soleil & les autres aftres tournoient réellement autour de la terre d'Orient en Occident.

Cela pofé, par le centre C de la terre (*Fig. 6*), concevons un plan parallele à l'horifon fenfible du lieu quelconque L, & qui prolongé de toutes parts forme dans le Ciel la fection circulaire $HSON$ qui fera l'horifon rationnel du lieu L. Il eft clair 1°. que cet horifon coupera l'équateur ET & fes paralleles IBR, en deux parties dont l'une BRN qui eft au-deffous de l'horifon ne pourra être vue par l'Obfervateur placé en L, & dont l'autre BIN qui eft au-deffus de l'horifon, pourra être vue par cet Obfervateur.

2°. Que comme l'horifon & l'équateur font

deux grands cercles qui fe coupent en deux parties égales, un aftre qui dans fon mouvement décrit l'équateur même, eft auffi long-temps au-deffus de l'horifon qu'au-deffous.

3°. Que les paralleles à l'équateur étant coupés inégalement par l'horifon, & ayant au-deffus de l'horifon une partie d'autant plus grande ou d'autant plus petite, que l'aftre ou fon parallele s'approche plus ou s'éloigne plus du *Pôle élevé*, c'eft-à-dire du pole P' qui eft au-deffus de l'horifon, cet aftre fera d'autant plus long-temps vifible, que fon parallele approchera plus du pôle élevé, & d'autant moins long-temps qu'il s'éloignera davantage de ce pôle; enforte qu'il y aura des aftres qui ayant leur parallele comme AA' entiérement au-deffus de l'horifon, feront toujours vifibles pour l'Obfervateur L; d'autres au contraire, dont le parallele $A''A'''$ fera tout entier fous l'horifon, & qui ne feront jamais vifibles du lieu L. Il n'y a que les lieux fitués fur l'équateur, pour qui les aftres foient auffi long-temps au-deffus de l'horifon qu'au-deffous; parce que leur horifon étant perpendiculaire à l'équateur, coupe tous les paralleles en deux parties égales.

Mais pour les lieux placés de part ou d'autre de l'équateur, la durée de la préfence d'un aftre fur l'horifon, dépend de deux chofes; 1°. de la diftance de l'aftre à l'équateur, ainfi qu'on vient de le voir ; 2°. de l'inclinaison de cet horifon à l'égard de l'équateur ; car il est évident que plus l'angle de l'horifon & de l'équateur fera petit, plus les paralleles feront coupés inégalement ; en forte qu'un aftre qui, fur un certain horifon, n'eft vifible que pendant un certain temps, eft vifible plus longtemps fur un horifon qui fait un angle plus petit avec l'équateur, c'eft-à-dire dans les lieux qui s'approchent plus du pôle. Au pôle même, par exemple, où l'horifon fe confond avec l'équateur, les aftres, du moins ceux qui font fixes, ne fe levent ni ne fe couchent jamais. Ceux qui font vifibles tournent toujours autour de l'horifon, fans monter ni defcendre.

Le point S & fon oppofé, où l'horifon coupe l'équateur, s'appellent les vrais points d'*Eft* & d'*Oueft* ou le vrai *Levant*, & le vrai *Couchant*. Ce font les deux points où un aftre qui décrit l'équateur, fe leve & fe couche, pour quelque horifon que ce foit.

1 0. Si par l'axe Pp & le lieu quelconque L pris fur la furface de la terre, on conçoit un plan, qui prolongé dans le Ciel y forme la fection circulaire $P'Ep'T$; cette fection paffera par le zénith Z, & par les pôles P' & p' ; elle fera par conféquent perpendiculaire à l'horifon $HSON$, à l'équateur, & à tous fes paralleles ; elle les coupera par

conféquent en deux parties égales , ainfi que leurs parties élevées au-deffus de l'horifon. Cette fection eft ce qu'on appelle le Méridien célefte ; la fection correfpondante *R p* fur la terre , eft le Méridien terreftre ; & l'on appelle ligne *Méridienne* , la ligne droite *H O* qui eft l'interfection du Méridien avec le plan de l'horifon.

I I. Le *Méridien* eft donc un grand cercle de la fphere , perpendiculaire à l'horifon & à l'équateur, ou perpendiculaire à l'horifon, & qui paffe par les pôles du monde. On l'appelle Méridien parce que coupant tous les parälleles en deux parties égales, il partage auffi en deux parties égales la durée de la préfence d'un aftre fur l'horifon. C'eft l'inftant où le Soleil paffe par ce cercle , qu'on appelle *Midi :* & c'eft par l'intervalle de temps entre le paffage & le retour du Soleil à ce même cercle , qu'on mefure la durée totale du jour , que l'on eft convenu de partager en 24 parties égales qu'on appelle *Heures.* Les Aftronomes comptent ces 24 heures de fuite , d'un midi à l'autre ; mais dans l'ufage ordinaire on les partage en deux douzaines , dont l'une fe compte depuis midi jufqu'à 12 heures après , ou *minuit ;* & l'autre depuis minuit jufqu'au midi du lendemain. Les heures de la premiere douzaine s'appellent heures du foir, & celles de la feconde , heures du matin.

12. On voit donc que tous les lieux situés sur un même Méridien terrestre, comptent midi à un même instant; & qu'il en est de même pour une autre heure quelconque. Si par l'axe Pp de la terre (*Fig.* 7) on conçoit tant d'autres plans qu'on voudra; toutes les différentes sections PEp, PRp, &c. qu'ils formeront sur la surface de la terre, seront autant de Méridiens auxquels le Soleil correspondra successivement pendant la durée d'un jour. D'où l'on voit que lorsqu'il sera midi pour ceux qui habitent sur le Méridien PEp, il sera plus de midi pour ceux qui habitent sur les Méridiens situés vers l'orient; parce que le Soleil aura déja passé au Méridien de ceux-ci. Au contraire, il ne sera pas encore midi pour ceux qui habitent sur des Méridiens situés vers le couchant du Méridien PEp; parce que le Soleil n'aura pas encore passé à leur Méridien.

13. Dans l'espace de 24 heures le Soleil parcourt donc 360° autour de la terre, & par conséquent 15 degrés par heure; c'est-à-dire que d'heure en heure, il répond à des Méridiens qui font entre eux des angles de 15°. Donc réciproquement, si deux Méridiens sont éloignés de 15°, ou de 30°, ou de 45°, &c, c'est-à-dire si l'arc ER de l'équateur (*Fig.* 7) compris entre deux Méridiens, est de 15°; 30°, 45°, &c, la différence des temps où les

peuples situés sur ces Méridiens, auront midi, ou une même heure quelconque, sera d'une heure, de deux heures, de trois heures, & ainsi à proportion de la différence des Méridiens. Ceux qui seront à 180° d'un Méridien, ou qui seront dans l'autre moitié de ce Méridien, compteront minuit lorsque ceux-là compteront midi. D'où l'on voit que si l'on faisoit le tour de la terre en allant de l'Est à l'Ouest, on compteroit, en revenant au Méridien du départ, un jour de moins que ceux qui y seroient restés ; au contraire, on compteroit un jour de plus, si l'on avoit fait le tour en allant de l'Ouest à l'Est.

14. Donc si l'on sait qu'un certain phénomene qui peut être vu de différents lieux au même instant, doit arriver à une certaine heure sous un Méridien connu ; on pourra, en observant ce phénomene sous un autre Méridien, déterminer la différence de ces deux Méridiens. Par exemple, si l'on sait qu'une éclipse de Lune doit être vue à Paris un certain jour à 6 heures 17 minutes du soir ; & qu'observant cette éclipse à Brest, on trouve qu'elle y arrive à 5^h $39'$ $37''$; on en conclura que Brest est à l'occident de Paris, puisqu'au même instant on y compte moins qu'à Paris : & la différence $27'$ $23''$ des temps, fera connoître qu'à raison de 15° par heure, Brest est plus occidental que Paris, de 6° 51'.

15. C'eft donc par la différence des temps que l'on compte au même inftant en différents lieux, que l'on peut déterminer la différence des Méridiens de ces lieux. Et comme cette différence de Méridiens fixe en partie la pofition de ces lieux, il a été naturel d'employer les Méridiens préférablement à tous autres cercles pour fixer ces pofitions.

On a donc choifi arbitrairement un Méridien PEp, auquel on eft convenu de comparer tous les autres ; & on lui a donné le nom de *premier Méridien*. On eft pareillement convenu d'appeller *Longitude* d'un lieu L, le nombre de degrés de l'arc ER de l'équateur, compris entre le premier Méridien & celui qui paffe par le lieu L dont il s'agit. Ainfi tous les lieux fitués fur un même Méridien ont une même longitude. Cette longitude peut être mefurée indifféremment, ou par l'arc ER de l'équateur, ou par l'arc ML du parallele qui paffe par le lieu L, & qui eft compris entre le premier Méridien & celui du lieu L ; parce que ces deux arcs (*Géom.* 329) ont un même nombre de degrés.

16. On eft affez généralement convenu de compter la longitude, dans le fens du mouvement de la terre, c'eft-à-dire d'Occident en Orient. Néanmoins quelques Géographes ne comptent pas de fuite les 360° ; ils comptent la longitude de part & d'autre du pre-

mier Méridien, depuis 0° jufqu'à 180°. Cela
eft indifférent pourvu qu'on en avertiffe. Il
faut dans ce dernier cas, fi l'on dit par exemple, qu'un lieu a 75° de longitude, dire en
même-temps fi cette longitude eft orientale
ou occidentale, pour faire connoître fi ce
lieu eft à l'Orient ou à l'Occident du premier Méridien.

17. D'après une Ordonnance de Louis
XIII, les François prennent pour premier
Méridien, le Méridien de l'Ifle de Fer, qui
eft la plus occidentale des Ifles Canaries. On
trouve cependant actuellement plufieurs Cartes Françoifes, dans lefquelles on a pris Paris pour premier Méridien. Les autres na-
tions ont auffi choifi leur premier Méridien.

Quoiqu'il fût à defirer, pour éviter les mé-
prifes, qu'il y eût plus d'accord dans ce choix;
il fera néanmoins toujours facile de réduire
la longitude comptée depuis un certain Méridien, à la longitude comptée depuis tout
autre Méridien. Car, ou le nouveau Méridien, d'où l'on veut compter, tombe à l'Oueft,
ou il tombe à l'Eft de celui d'où l'on comptoit. Dans le premier cas toutes les longitudes font augmentées de la différence des
deux Méridiens; dans le fecond cas elles
font diminuées de cette même quantité. Ainfi
dans le premier cas on ajoutera la différence
des Méridiens, à la longitude propofée, &

lorfque la fomme excédera 360° ; on rejet-
tera les 360°. Dans le fecond cas on retranchera la différence des Méridiens, de la longitude propofée augmentée de 360° lorfqu'il
fera néceffaire. Par exemple, la longitude de
Breft, par rapport à l'Ifle de Fer, eft de 13°3′.
Si l'on veut avoir cette longitude comptée depuis Paris ; comme Paris eft 19° 54′ à l'Eft
de l'Ifle de Fer, il faudroit retrancher 19°54′,
de 13° 3′ ; comme cela ne fe peut, je retranche 19° 54′ de 373°3′, & j'ai 353° 9′ pour
la longitude de Breft comptée du Méridien
de Paris. En effet, il eft facile de voir que
quoiqu'on augmente de 360° la longitude d'un
lieu, on ne change rien à fa pofition.

18. Puifque (14) la différence des Méridiens eft déterminée par la différence des
temps, que les peuples fitués fur ces Méridiens comptent à un même inftant, on
peut donc indifféremment mefurer la longitude, ou en temps, ou en degrés. Pour facili-
liter certains calculs on la compte quelquefois de cette derniere maniere. Or, d'après
ce que nous avons dit (13) il fera toujours
facile de ramener l'une de ces manieres de
compter, à l'autre.

En effet, s'agit-il de convertir les degrés
en temps ? puifque 15° valent 1 heure ou 60′,
un degré vaudra 4′ de temps ; une minute
de degré vaudra 4″ de temps, & ainfi de

B iij

suite ; donc *pour réduire les degrés, minutes, & secondes de degrés, en temps, il faut quadrupler le tout, & compter succeſſivement les parties de ce produit, pour des minutes, secondes & tierces d'heure.* Par exemple, ſi j'ai 17°52′43″ de longitude ; j'aurai, en quadruplant, 71°30′52″ ; comptant donc les degrés, minutes, & ſecondes de ce produit, pour des minutes, ſecondes, & tierces d'heure, j'ai 71′ 30″ 52‴, ou 1ʰ 11′ 30″ 52‴.

Eſt-il, au contraire, queſtion de réduire le temps en degrés ? puiſqu'une heure répond à 15°, 1′ de temps répondra à 15′ de degré ou à un quart de degré ; une ſeconde de temps répondra à 15″ ou un quart de minute de degré, & ainſi de ſuite. Donc *pour convertir les heures & parties d'heure, en degrés & parties de degré ; il faut réduire les heures & minutes de temps, tout en minutes ; puis compter ces minutes, les ſecondes & les tierces, pour des degrés, minutes & ſecondes de degrés ; le quart du tout ſera le nombre de degrés & parties de degré demandés.* Par exemple, ſi je veux ſavoir à combien de degrés & parties de degré répondent 7ʰ 17′ 42″ 53‴ ; je changerai cette quantité en 437′ 42″ 53‴ que je compterai pour 437° 42′ 53″ ; & prenant le quart, j'aurai 109° 25′ 43″ 15‴ pour le nombre de degrés & parties de degré demandés.

19. La différence des Méridiens, ou la

longitude , eſt donc , ainſi que nous l'avons
vu , un des éléments qui ſervent à déterminer la poſition des différents points de la terre.
Mais comme tous les lieux ſitués ſur un même
Méridien ont une même longitude , quoique
placés différemment ſur le Globe , il eſt clair
que la poſition d'un lieu quelconque L (*Fig.* 7.)
n'eſt point ſuffiſamment déterminée par ſa
longitude ; il faut encore ſavoir quelle eſt
la place que ce lieu occupe ſur ſon Méridien. Or celle-ci ſe détermine par le nombre
des degrés de l'arc RL , qui ſur le Méridien PRp , meſure la diſtance du point L à
l'équateur ; & cet arc RL eſt ce qu'on appelle la latitude du lieu L.

20. La latitude d'un lieu eſt donc l'arc
du Méridien de ce lieu, compris entre ce
lieu même & l'équateur. Puis donc que tous
les points du parallele qui paſſe par le lieu
quelconque L , ſont également éloignés de
l'équateur, tous les lieux ſitués ſur un même
parallele , ont une même latitude.

21. La latitude ſe compte donc ſur un
Méridien , en allant de l'équateur vers l'un
ou l'autre pole ; en ſorte qu'on diſtingue deux
latitudes, dont l'une eſt nommée latitude Septentrionale , & l'autre latitude Méridionale ;
ſelon que le lieu dont il s'agit eſt ſur l'hémiſphere Septentrional , ou ſur l'hémiſphere
Méridional.

B iv

2 2. C'eſt encore par l'obſervation des aſtres qu'on parvient à déterminer la latitude des lieux. Pour en donner une idée, ſuppoſons que $HSON$ (Fig. 6) eſt l'horiſon rationnel d'un lieu quelconque L; PLp le Méridien terreſtre, RQ l'équateur terreſtre, & par conſéquent RL la latitude. Soit $P'ET$ le Méridien céleſte; & en imaginant CL prolongée juſqu'au Ciel en Z, il eſt clair que l'arc EZ compris entre le zénith Z, & l'équateur céleſte EST, eſt de même nombre de degrés que la latitude RL; en ſorte qu'on peut dire auſſi que la latitude eſt égale à l'arc du Méridien céleſte, compris entre l'équateur céleſte & le zénith. Or ſi l'on conçoit que HO ſoit la commune ſection de l'horiſon & du Méridien, il eſt clair que CZ eſt perpendiculaire à HO; & puiſque l'axe $P'p'$ eſt auſſi perpendiculaire à l'interſection CE du Méridien & de l'équateur, les arcs OZ & $P'E$ ſont donc de 90° chacun; donc ſi de chacun on retranche l'arc $P'Z$, on aura la latitude ZE égale à la hauteur $P'O$ du pôle P' au-deſſus de l'horiſon, c'eſt-à-dire à l'arc qui meſure l'inclinaiſon $P'CO$ de l'axe, ſur l'horiſon. Donc pour avoir la latitude, il ne s'agit que de déterminer l'arc $P'O$ de la hauteur du pôle.

Or nous avons vu (9) qu'entre tous les parallèles que les différents aſtres décrivent par leur mouvement journalier apparent, il y en avoit qui étoient entiérement au-deſſus de l'horiſon. L'aſtre ou l'étoile qui décrit un ſemblable parallele eſt donc toûjours préſent ſur l'horiſon, & paſſe par conſéquent deux fois au Méridien. Concevons donc qu'un Obſervateur placé en *L*, obſerve une de ces étoiles voiſines du pôle, dont le parallele *A A'* eſt entiérement au-deſſus de l'horiſon; & qu'au moment où l'étoile ceſſe de monter ou eſt prête à deſcendre, il meſure avec un inſtrument, l'angle *A CO* ou l'arc *A O* compris entre l'étoile & l'horiſon: qu'il meſure de même l'angle *A'CO* ou l'arc *A'O*, loſque l'étoile ceſſant de deſcendre, eſt prête à monter; il eſt clair que le pôle *P'* étant également éloigné de tous les points du parallele, ſi l'on prend la moitié de la ſomme des deux arcs obſervés *A O* & *A'O*, cette moitié ſera l'arc *P'O*, ou la hauteur du pôle, qui eſt égale à la latitude.

23. Nous verrons par la ſuite, d'autres moyens de trouver la longitude & la latitude des lieux. Concluons quant à préſent, que la poſition d'un lieu ſur la terre eſt donc déterminée lorſqu'on connoît ſa longitude & ſa latitude, & qu'en même-temps, on ſait ſur quel hémiſphere il eſt placé. Ainſi pour repréſenter ſur un Globe, les poſitions des différents points de la terre, d'une maniere ſem-

blable à celle felon laquelle ils font difpofés
fur le Globe terreftre même ; on tracera fur
la furface du Globe propofé (*Fig.* 7) un grand
cercle EQT pour repréfenter l'équateur ; &
(*Géom.* 94) ayent marqué les pôles P & p,
on divifera la circonférence de cet équateur,
en degrés & parties de degré. Par chaque
point de divifion, & par les pôles P & p,
on fera paffer autant de Méridiens, dont on
prendra arbitrairement un pour premier Méridien. On divifera la circonférence de celui-ci, en degrés & parties de degré ; puis
pour marquer un lieu quelconque L dont la
longitude & la latitude font connues, on
cherchera quel eft celui RLP des Méridiens
qui a même longitude que le lieu dont il s'a-
git ; puis comptant la latitude fur le premier
Méridien, depuis l'équateur E ; fi M eft le
point où elle fe termine, on décrira du pôle
P, le parallele ML qui coupera le Méridien RLP au lieu L que l'on veut marquer.

*De la maniere de repréfenter fur les Car-
tes, & particuliérement fur les Cartes
réduites, la pofition des différents points
de la furface de la terre.*

24. CE n'eft que de la maniere que nous
venons de décrire ; c'eft-à-dire, ce n'eft que

fur un Globe, que l'on peut repréfenter les
parties de la terre, dans des fituations femblables à celles qu'elles occupent réellement.
Les cartes ou furfaces planes, ne peuvent
donner une fimilitude parfaite, puifque toutes les parties du Globe terreftre ne font pas
dans un même plan. Mais ce n'eft pas tant
la fimilitude parfaite que l'on doit fe propofer dans la conftruction des cartes, que
celle qui fuffit pour juger des pofitions relativement à certains ufages. On n'a pas befoin, par exemple, de favoir de combien les
parties de la furface terreftre font élevées à
l'égard de l'axe de la terre, mais feulement
de combien elles s'écartent à droite ou à
gauche du premier Méridien, à droite ou à
gauche de l'équateur ; & c'eft ce qu'on marque, en effet, fur les cartes. Celles qui repréfentent toute une moitié de la terre, fe
nomment *Mappemondes*. Leur conftruction,
ainfi que celle des autres cartes, eft fondée fur des principes affez fimples, & qui
doivent trouver place ici.

2 5. On imagine qu'un œil placé en un
point de la furface de la terre, en obferve
les différentes parties à travers la maffe du
Globe, comme s'il étoit tranfparent : & concevant un plan paffant par le centre de la
terre, & perpendiculaire à la ligne qui iroit
de l'œil au centre, on imagine que les rayons

tirés de tous les points de la partie du Globe qui eſt au-delà de ce plan, par raport à l'œil, rencontrent ce plan. Ces points de rencontre forment ſur le plan, une perſpective de cette partie du Globe ; & c'eſt cette perſpective qui eſt la Mappemonde : or voici d'après quel principe on la conſtruit.

26. Soit *ABMCO* (*Fig.* 8) une cône quelconque ayant pour baſe le cercle *BOCM*. *ABC* la ſection triangulaire de ce cône, par un plan perpendiculaire à la baſe, & conduit par l'axe ; c'eſt-à-dire par la droite qui va du ſommet au centre de la baſe. Si l'on conçoit que ce cône ſoit coupé par un plan perpendiculaire à *ABC* & qui forme la ſection *GEFI*, de maniere que les angles *AFG*, *AGF* ſoient égaux aux angles *ABC*, *ACB*; la ſection *GEFI* ſera un cercle.

En effet, concevons que par quelque point *E* que ce ſoit de cette ſection, on ait mené un plan parallele à la baſe, & qui formant la ſection *DEHI*, rencontre la ſection *GEFI*, dans la droite *ELI*. Cette droite étant l'interſection commune des deux plans *DEHI*, *GEFI* perpendiculaires au même plan *ABC*, ſera perpendiculaire à ce plan *ABC*, & par conſéquent aux deux droites *DH* & *FG* qui font les interſections de ces deux premiers plans avec le dernier. De plus, le plan *ABC* paſſant par l'axe du cône, *DH* & *FI* doivent couper les deux sections chacune en deux parties égales. Or EL étant perpendiculaire au diametre DH de la section $DEHI$ qui (*Géom.* 199) est semblable à $BOCM$, & par conséquent est un cercle, doit être moyenne proportionnelle entre DL & LH (*Géom.* 125); on a donc $DL : LE :: LE : LH$, ou (*Arith.* 178) $DL \times LH = \overline{LE}^2$. Mais les triangles DLG, FLH font femblables, puisque, par la suppofition l'angle AFG est égal à ABC, & par conséquent à ADH; d'ailleurs les angles opposés au fommet FLH, DLG font égaux. On a donc (*Géom.* 109) $DL : LF :: GL : LH$, & par conséquent $DL \times LH = LF \times GL$; donc auffi $LF \times GL = \overline{LE}^2$; donc LE est auffi moyenne proportionnelle entre les deux parties du diametre FG; & puifque le point E a été pris à volonté, la courbe $GEFI$ a donc la même propriété dans tous fespoints; elle est donc un cercle. C'est-là le principe fondamental.

27. Cela pofé, foit $BMCO$ (*Fig.* 9) un cercle formé en coupant la fphere par un plan quelconque. Soit A un point de la furface de cette fphere, d'où un œil regarde la fection $BMCO$ à travers le plan $NRKS$ fuppofé tranfparent. Il est clair que les rayons vifuels qui vont à la circonférence $BMCO$ forment un cône dont la rencontre avec le plan $NRKS$ trace fur ce plan la perfpective

$GEFI$ de la section $BMCO$, que l'on appelle aussi sa projection, & qui est toujours un cercle tant que le point A est sur la surface de la sphere.

Supposons que du point A on ait mené AL perpendiculaire sur le plan $NRKS$, & que par cette droite & le centre de la section $BMCO$, on ait conduit un plan : celui-ci formera sur la surface de la sphere, le grand cercle $ANTK$, puisque passant par la droite AL perpendiculaire au cercle quelconque $NRKS$, il passe nécessairement par le centre de la sphere. Ce même plan formera dans le cône, le triangle ABC; & sur le plan $NRKS$, le diametre NLK. Or le plan du grand cercle $ANTK$, passant par la droite AL, & par le centre de la section $BMCO$, est perpendiculaire à $NRKS$ & à $BMCO$; donc réciproquement ces deux plans sont perpendiculaires au plan $ANTK$, & par conséquent au plan ABC qui passe par l'axe du cône. De plus les angles AFG, AGF, sont égaux aux angles ABC, ACB; car ACB, par exemple, a pour mesure (*Géom.* 63) la moitié de $ANTB$; & AGF (*Géom.* 70) a pour mesure la moitié de AK ou de AN plus la moitié de NTB, c'est-à-dire la moitié de $ANTB$: on démontrera de même que AFG est égal à ABC; donc (26) la projection $GEFI$ est un cercle.

Il ne s'agit donc plus, pour être en état de tracer la projeƈion *GEFI*, que de déterminer les extrémités *G* & *F* du diametre *GF*. Or fi l'on conçoit *AL* prolongée jufqu'en *T*, l'angle *LAG* eft déterminé en ce qu'il a pour mefure la moitié de l'arc *TB* qui mefure la diftance du point *B* au point de la fphere oppofé à l'œil. Ainfi comme le triangle *LAG* eft reƈangle, & que l'on connoît d'ailleurs la diftance *AL* de l'œil, au plan de projection, il fera toujours facile de déterminer *LG* foit en conftruifant un triangle femblable à *LAG*, foit en calculant *LG* par les regles de la Trigonométrie. Par un raifonnement femblable on voit que *LF* fe détermine d'une maniere femblable, par le triangle *LAF* dont l'angle *LAF* a pour mefure la moitié de la diftance *CT* du point *C* au point de la fphere oppofé à l'œil.

Appliquons maintenant ces principes.

28. Concevons que *NMKO* (*Fig.* 10) foit un Méridien, le premier Méridien par exemple; *M* & *O* les deux poles; que *BMCO* foit un autre Méridien quelconque, faifant avec le premier, l'angle quelconque *BMN*. Suppofant toujours l'œil au point *A* de la furface de la fphere qui répond perpendiculairement au centre, le cercle *ANTK* conduit fuivant *AL*, fera l'équateur puifque felon ce qui précede, il fera perpendiculaire

aux deux Méridiens *NMKO* & *BMCO.*
L'arc *NB* mesurera donc la longitude du Méridien *BMCO*, ainsi l'arc *BT* dont la moitié
mesure l'angle *GAL* qui détermine le som-
met *G* de la projection *GEFI* du Méridien
BMCO, sera le complément de la longitude
de ce Méridien. A l'égard du point *F*, on
peut le trouver encore plus facilement que
d'après ce qui a été dit (27) en observant
que *BC* étant un diametre de la sphere, l'angle *BAC* ou *BAF* est droit. De-là on conclura que pour tracer les Méridiens sur une
Mappemonde, on doit s'y prendre de la maniere suivante.

2 9. Ayant pris arbitrairement une droite
quelconque *LA* (*Fig.* 11) pour représenter le
rayon de la terre, on décrira le cercle *ANTA*
qui représentera le premier Méridien. Ayant
élevé au centre *L* les perpendiculaires *AT*,
NF, on divisera ce cercle, en degrés, à
commencer du point *N*. *AT* étant supposé représenter l'axe de la terre, le diametre *NA′*
représentera l'équateur, parce que le plan de
l'équateur étant supposé passer par l'œil, sa
projection ne peut être qu'une ligne droite
passant par le centre.

Pour avoir la projection d'un Méridien dont
la longitude seroit donnée ; on prendra, à
compter du point *N*, sur le premier Méridien, l'arc *ND* égal à la longitude de ce
Méridien ;

Méridien ; & ayant tiré DA qui rencontre NA' en G, le point G sera l'une des extrémités du diametre de la projection. Au point A on élévera sur AG la perpendiculaire AF qui rencontrant NA' prolongé, en F, déterminera GF pour le diametre de la projection : en sorte que décrivant un cercle sur GF comme diametre, sa partie AGT terminée à l'axe AT représentera une moitié du Méridien dont il s'agit, celle qui est censée au-dessus du plan de projection. On se conduira de même pour tous les autres Méridiens.

30. A l'égard des paralleles : si l'on suppose que $NRKS$ (*Fig.* 12) soit le premier Méridien, les paralleles à l'équateur que je suppose représenté par $ARTS$, seront les cercles $BMCO$ perpendiculaires à $NRKS$. Si par les points B & C où ils coupent le cercle $ANTK$ perpendiculaire au premier Méridien, on imagine les rayons visuels CA & BA prolongés, s'il est nécessaire, ils détermineront sur NK & son prolongement, le diametre GF du cercle $FMGO$ qui seroit la projection du parallele. La partie MGO terminée au premier Méridien, & comprise dans le cercle $NRKS$, est la projection de la moitié MBO du parallele située au-dessus de $NRKS$. Or il est facile de déterminer les points G & F, en observant que GL est le côté d'un triangle rectangle GAL dont l'an

gle *GAL* oppofé à ce côté, a pour mefure
la moitié de *TB*, c'eft-à-dire la moitié de la
latitude & dont le côté *LA* adjacent à cet
angle eft égal au rayon de la fphere. *LF* eft
le côté d'un triangle rectangle *FLA* dont l'angle *LAF* oppofé à ce côté eft la moitié de
TC, c'eft-à-dire du fupplément de *AC* ou de
la latitude, & dont le côté *LA* eft le même
que dans le cas précédent. D'où l'on conclura que pour tracer un parallele quelconque, on doit s'y prendre de la maniere fuivante.

31. On prendra depuis l'équateur *NA*
(*Fig.* 11) fur le premier Méridien, l'arc *NB*
égal à la latitude du parallele; & ayant tiré
la perpendiculaire *BC* fur l'axe *TA*, de l'extrémité *A'* du diametre *NA'* on ménera *A'B*
& *A'CF'* qui rencontreront *AT* prolongé,
en *G'* & *F'*. Sur *G'F'* comme diametre on
décrira un cercle dont la partie *BG'C* comprife dans le cercle *ANTA'* fera la projection de la moitié du parallele. On s'y prendra de la même maniere pour tracer tout
autre parallele. Et c'eft ainfi qu'a été tracée
la Mappemonde que l'on voit (*Fig.* 13). On
y voit, outre les Méridiens & les autres paralleles, quelques autres cercles dont nous
parlerons par la fuite.

On emploie les mêmes principes pour
conftruire les Cartes qui, fans repréfenter

toute une moitié du Globe, doivent en représenter une partie confidérable, comme l'Europe, l'Afie, &c.

32. Quant à celles qui doivent repréfenter des efpaces d'une moindre étendue (du moins en latitude), c'eft-à-dire, qui n'ont qu'un petit nombre de degrés en latitude, on s'y prend d'une maniere différente, & qui les repréfente plus au naturel.

Suppofons que PEp, PQp (*Fig.* 14) foient les deux Méridiens extrêmes de cet efpace ; & que MN & RS en foient les deux paralleles extrêmes. On conçoit que des milieux I & K des arcs MR & NS qui font la différence en latitude, on mene les tangentes IT, KT, qui rencontrent l'axe Pp au point T. Les arcs MR & NS étant d'un petit nombre de degrés, fe confondent fenfiblement avec les tangentes IT & KT; & l'efpace $MRSN$ peut être confidéré comme faifant partie de la furface d'un cône droit qui a fon fommet en T; ainfi pour repréfenter cet efpace, développé fur un plan, on décrit (*Fig.* 15) d'un rayon égal à TI, un arc KI de même nombre de degrés que la différence en longitude, comprife entre les deux Méridiens ; & ayant tiré TIM & TKN, on prend de part & d'autre des points I & K, les droites IM, IR, & KN, KS égales chacune en longueur aux arcs IM,

IR de la (*Fig.* 14), ou à leurs cordes qui n'en different pas fenfiblement. Puis partageant *MR* & *NS* en autant de parties égales qu'il y a de degrés dans la différence en latitude, on décrit par chaque point de divifion, & du point *T* comme centre, autant d'arcs qui repréfentent autant de paralleles. Enfin on divife auffi l'arc *IK*, en autant de parties égales qu'il y a de degrés dans la différence en longitude, & menant par les points de divifion & par le point *T*, des lignes droites, elles repréfentent les Méridiens; après quoi on deffine chaque lieu, felon fa longitude & fa latitude.

33. On voit donc que dans ces dernieres Cartes, ainfi que dans les précédentes, tous les Méridiens tendent à concourir en un même point. Dans les précedentes, les parties du Globe font deffinées en perfpective, & les degrés de l'équateur, non plus que ceux des Méridiens, n'y font point repréfentés par des parties égales. Dans celles-ci les Méridiens font repréfentés par des lignes droites; les degrés de longitude font égaux entr'eux, & les degrés de latitude auffi égaux entr'eux, quoique différents des degrés de longitude qui diminuent à mefure que la latitude augmente. Ces dernieres repréfentent donc les parties du Globe d'une maniere beaucoup plus naturelle que les au-

tres. Néanmoins ce ne font pas celles dont
on fait ufage dans la navigation, pour la réduction des routes, c'eft-à-dire pour repréfenter la route qu'on a fuivie ou qu'on veut
fuivre. Comme cette route fait conftamment
un même angle avec chaque Méridien qu'elle
rencontre, elle ne pourroit être repréfentée que par une ligne courbe, fi les Méridiens n'étoient pas paralleles fur la Carte ;
& les opérations pour la réduction des routes deviendroient trop compliquées. Pour
lever cette difficulté on a d'abord imaginé
les *Cartes plates* ; voici quelle eft leur conftruction.

34. La conftruction précedente reftant
toujours la même, fi l'on imagine que par
les points I & K (*Fig.* 15) du parallele moyen,
on ait mené les deux droites AB & CD paralleles au Méridien GT qui paffe par le milieu G de ce parallele, les Cartes plates
different des Cartes précedentes, en ce que
pour fe difpenfer d'avoir égard à la diminution des paralleles, de M en R, on fuppofe tous ces paralleles égaux au parallele
moyen IK ; alors les paralleles MR, NS
deviennent les droites AB, CD paralleles à
GT ; & le point de concours T étant à une
diftance infinie, les arcs MN, IK, RS deviennent des droites AC, IK, BD perpen-

C iij

diculaires à GT ; d'où réfulte la conftruction fuivante.

Ayant tiré arbitrairement une ligne QT (*Fig.* 16) pour repréfenter le Méridien qui doit paffer par le milieu de la Carte , on la divifera en autant de parties égales qu'on a de degrés de différence en latitude. Sur le milieu G on élévera la perpendiculaire IGK qui repréfentera le moyen parallele ; & pour déterminer de quelle longueur doivent être GI & GK pour marquer les degrés de différence en longitude , on fe rappellera (*Géom.* 329) que les longueurs des arcs d'un même nombre de degrés , pris fur différents paralleles , font proportionnelles aux cofinus des latitudes de ces paralleles ; c'eft pourquoi , d'un rayon CA (*Fig.* 17) égal à la grandeur que l'on a prife pour un degré du Méridien , qui eft auffi celle d'un degré de l'équateur , on décrira l'arc AB que l'on fera d'autant de degrés qu'en a la latitude moyenne ; puis on abaiffera fur CA la perpendiculaire BP qui donnera CP pour la grandeur que doit avoir chaque degré du parallele. Car dans le triangle rectangle CBP , on a (*Géom.* 295) CB ou $CA : CP :: R : fin$ CBP ou cof BCP; or le rayon R eft le cofinus de la latitude $0°$ de l'équateur. On portera donc CP, de G (*Fig.* 16) vers I & vers K

autant de fois qu'il y a de degrés dans la moitié de l'étendue que la Carte doit avoir en longitude; alors tirant par tous les points de division de *QT* des parallèles à *IK*, & par tous les points de division de *IK*, des parallèles à *QT*, on aura les parallèles & les Méridiens, à l'aide desquels il sera facile de marquer les différents lieux, selon leur longitude & leur latitude.

3 5. Il est certain que ces Cartes sont plus commodes que les précédentes, pour les usages de la Navigation; mais on ne peut dissimuler qu'elles sont d'autant moins exactes, que la différence en latitude est plus grande, & qu'en même-temps la latitude moyenne est plus grande. Elles donnent les degrés des parallèles, trop petits d'un côté, & trop grands de l'autre.

C'est pour remédier à ce défaut, en conservant néanmoins les Méridiens parallèles, qu'on a imaginé les *Cartes réduites* dont l'usage est tout à la fois exact & commode.

3 6. Les Cartes réduites qui représentent le Globe entier, ou du moins son contour dans le sens de l'équateur, comme est celle que l'on voit *Planche III*, ne sont à proprement parler, que le développement d'un cylindre qu'on imagine circonscrit à la terre, & qui a par conséquent pour diametre, celui de l'équateur, mais qui est infini en lon-

C iv

gueur. Elles ne font pas comme quelques-
unes des précédentes, une projection, ou
une perspective affujétie à un feul point. Le
but de leur conftruction eft uniquement de
rendre les Méridiens paralleles, fans néanmoins changer le rapport entre les parties
du Méridien & celles des paralleles.

Pour y parvenir, au lieu de diminuer l'é-
tendue des degrés des paralleles, à mefure
que la latitude augmente, on leur donne
conftamment la même grandeur ; on les fait
égaux aux degrés de l'équateur, ce qui rend
néceffairement les Méridiens paralleles. Mais
en même-temps, on donne aux degrés d'un
grand cercle quelconque du Globe, une valeur plus grande à mefure que le parallele
dont il s'agit, eft par une plus grande latitude. Ainfi, puifque (*Géom.* 329) la grandeur
d'un degré pris fur un parallele quelconque,
eft à celle d'un degré pris fur l'équateur,
ou en général, à celle d'un degré de grand
cercle, comme le cofinus de la latitude eft
au rayon, ou (*Géom.* 278.) comme le rayon
eft à la fécante de la latitude ; fi l'on fait
conftamment le degré de chaque parallele,
égal à celui de l'équateur, il faudra, lorfqu'il
s'agira d'un point fitué à une latitude quelconque, compter le degré de grand cercle,
comme s'il avoit pour valeur, le degré de
l'équateur, augmenté dans le rapport du

rayon à la sécante de la latitude, c'est-à-dire multiplié par la sécante de la latitude, divisée par le rayon.

Cela posé, il est aisé de voir que si dans les Cartes réduites, les degrés des paralleles sont tous égaux à ceux de l'équateur, les degrés du Méridien ou de latitude ne doivent pas être égaux, & qu'ils doivent augmenter à mesure que la latitude augmente. Mais on se tromperoit, si en supposant (*Fig.* 14) que *MN* & *RS* étant deux portions de paralleles éloignés d'un degré, on concluoit de ce qui vient d'être dit, que l'arc *NS* d'un degré, qui mesure la distance de ces deux paralleles, doit être exprimé sur la Carte, par une ligne égale au degré de l'équateur multiplié par la sécante de la latitude, divisée par le rayon. En effet, il est bien vrai qu'en *N*, le degré de grand cercle doit valoir $\frac{D \times \sec QN}{R}$, en appellant *D* le degré de l'équateur; mais par la même raison, au point *S* le degré doit valoir $\frac{D \times \sec QS}{R}$: ces deux quantités n'étant point égales, ne peuvent ni l'une ni l'autre être la mesure de la distance des deux paralleles. L'une est plus petite, & l'autre plus grande qu'il ne convient. Mais si au lieu de supposer les deux paralleles, éloignés d'un degré, nous les supposons seulement éloi-

gnés d'une minute ; alors la valeur de la minute, en N, fera $\frac{M \sec QN}{R}$, en repréfentant
par M la minute de l'équateur, & la valeur
de la minute en S fera $\frac{M \sec QS}{R}$; quantités
qui ne different que très-peu l'une de l'au-
tre, & qui par conféquent pourront être
prifes également pour la mefure de la minute de N en S, ou de l'intervalle qu'on
doit mettre entre les deux paralleles fur la
Carte réduite.

37. On voit donc que pour calculer les
augmentations qu'on doit donner aux parties du Méridien, relativement à celles qu'on
donne aux paralleles dans la conftruction des
Cartes réduites ; il faut concevoir le Méridien partagé en parties très-petites, & multipliant la valeur de l'une quelconque de ces
parties, par la fécante de la latitude divifée
par le rayon, on a la valeur que cette partie doit avoir fur la carte réduite ; & cela
d'autant plus exactement, que cette partie
a été prife plus petite.

L'exactitude eft fuffifante, lorfqu'on fuppofe le Méridien divifé en minutes. Ainfi pour
avoir l'étendue qu'on doit donner au Méridien pour marquer une certaine latitude, il
fuffit de prendre dans les tables ordinaires,
toutes les fécantes, de minute en minute,

depuis o degré , jufqu'au degré de latitude
dont il s'agit. La fomme de ces fécantes étant
divifée par le rayon , donnera un nombre de
minutes , qui étant porté depuis l'équateur
fur le Méridien , déterminera le degré de
latitude dont il s'agit , avec une exactitude
fuffifante. On trouvera dans la quatrieme Partie de ce Cours , la méthode pour faire ce calcul rigoureufement , & fa démonftration.

Ces parties du Méridien , font ce qu'on
appelle des *Parties Méridionales* ; & on appelle *Latitudes croiffantes* , les latitudes marquées fuivant cette méthode. Les parties
méridionales ont encore d'autres ufages que
celui d'être employées à la conftruction des
Cartes réduites : nous les verrons par la
fuite.

De la grandeur abfolue dès degrés fur la Terre.

38. Jusqu'ici nous n'avons confidéré que
les pofitions relatives des différentes parties
du Globe ; c'eft-à-dire , leurs diftances réciproques mefurées en degrés. Mais pour
être en état de repréfenter fur les Cartes
les opérations que l'on fait , ou les mefures
que l'on prend en mer pour connoître le
chemin que fait le vaiffeau , il faut de plus
connoître la grandeur abfolue des degrés d'un
grand cercle de la terre.

D'après les opérations faites pour connoître la figure & la grandeur de la terre , quoique les degrés de grand cercle ne soient pas
parfaitement égaux , néanmoins vu le peu
de différence entre la figure réelle de la
terre , & la figure sphérique , on peut les
regarder comme étant égaux ; & par un milieu conclu des mesures qui ont été faites
pour différents degrés de latitudes , prendre
57030 toises pour la valeur de chaque degré ; en sorte que la minute est de 950 toises
& demie.

39. C'est sur l'étendue d'un degré que
l'on fixe celle de la lieue. En France , dans
la navigation , on entend par lieue , la vingtieme partie d'un degré ; ainsi la lieue marine
est de 2851 toises & demie ; elle répond à
trois minutes de degrés. D'où il suit que
pour convertir en degrés & minutes un
nombre de lieues proposé ; il faut prendre
le vingtieme , qui donnera les degrés , &
tripler le reste , ce qui donnera les minutes ;
par exemple , le 20ᵉ de 753 étant 37 avec
un reste 13 dont le triple est 39 , j'en conclus que 753 lieues valent 37° 39′. Réciproquement , pour convertir les degrés & minutes , en lieues ; il faut multiplier par 20
le nombre des degrés , & pour chaque minute prendre le tiers de 20.

40. Les Hollandois font leur lieue ma-

rine de la quinzieme partie d'un degré ; ainfi elle eft de 3802 toifes. Les Italiens & les Anglois ne comptent point par lieues , mais par *milles* ; & ils comptent 60 de ces milles dans un degré, en forte que chaque mille répond précifément à une minute , ou 950 toifes & demie.

De la maniere dont on mefure le chemin que fait le Navire : defcription du Loch, & fon ufage.

41. APRÈS avoir expliqué la conftruction des Cartes marines , il ne s'agit plus , pour être en état d'en faire ufage , que de favoir comment on mefure le chemin que fait le Navire , & comment on détermine la direction de fa route.

Tous les moyens qu'on a employés jufqu'ici pour mefurer la vîteffe du navire , ou fon *fillage* , fe réduifent à avoir en mer un point fixe , d'où l'on puiffe compter l'efpace parcouru pendant une partie connue de l'heure ou de la minute. On en conclud enfuite facilement ce que le Navire fait dans une heure ou dans tout autre efpace de temps connu , en fuppofant que fa vîteffe continue d'être la même que pendant l'expérience.

Ainfi la mefure du fillage fuppofe effentiellement deux chofes ; un terme fixe fur la furface de la mer , & un moyen exact de mefurer le temps , ou du moins une portion déterminée de temps.

42. L'inftrument qu'on emploie pour ce dernier objet eft le fablier. Il eft fuffifant dans cette expérience dont la durée ordinaire n'eft que d'une demi-minute , pourvu cependant qu'on obferve de le vérifier de temps à autres ; parce que le fable en coulant ufe le trou qui eft entre les deux ampoulettes , & l'agrandit infenfiblement. Il eft encore à propos de vérifier chacune des deux ampoulettes , car rarement font - elles parfaitement égales. Voici comment on peut faire cette vérification à terre.

43. Sufpendez une balle de plomb de trois ou quatre lignes de diametre , à l'extrémité d'un fil de foie plate , ou de fil tors que vous cirerez pour l'empêcher de fe détordre & par conféquent de s'alonger. Faites paffer ce fil dans une fente pratiquée en B (*Fig.* 18) dans quelque corps folide & fixe. Elevez ou abaiffez la balle *A* , par le moyen du fil *AB* , jufqu'à ce que la diftance *B A* depuis le point *B* où le fil commence à être pincé par la fente , jufqu'au centre *A* de la balle , foit de 9 pouces 2 lignes $\frac{1}{7}$. Alors fi après avoir écarté la balle *A* à peu de diftance de fa pofition naturelle *A B* ,

vous l'abandonnez à elle-même, elle fera chacune de ses vibrations en une demi-seconde; c'est-à-dire, qu'elle mettra une seconde entiere à faire une allée & un retour *. Ainsi, en comparant le sablier avec ce pendule, il sera facile de voir s'il dure exactement la demi-minute, ou de combien il en differe.

44. Quant à la maniere de se procurer le point fixe d'où l'on doit compter le chemin du navire pendant l'expérience; on laisse tomber de la pouppe, & du côté opposé au vent, c'est-à-dire, *sous le vent*, un morceau de bois (*Fig.* 19) attaché à une longue ficelle qu'on lâche à mesure que le vaisseau avance, & qui par la quantité dont elle a été lâchée peut faire juger du chemin qu'on a fait. Ce morceau de bois & sa ficelle forment ensemble ce qu'on appelle le *Loch*.

Comme le morceau de bois, en tombant, a non-seulement la vîtesse que lui donne la pesanteur, mais qu'il a encore dans le sens du mouvement du vaisseau, une vîtesse précisément égale à celle du vaisseau, puisque lorsqu'il a été lâché il étoit entraîné d'un mouvement commun avec le vaisseau, il s'ensuit que quand il tombe dans l'eau, il ne reste pas au même endroit, mais suit en-

---

* Voyez, pour la démonstration, la quatrieme Partie de ce Cours.

core le vaiffeau pendant quelques inftants ;
on ne doit donc pas juger le chemin du vaiffeau, par la quantité de ficelle qui a été lâchée depuis que le loch eft tombé dans
l'eau. Une autre raifon détermine encore
à attendre : l'eau, qui vers la poupe tend
à remplir le vuide que laiffe le vaiffeau en
s'avançant, a dans cet endroit & à quelque
diftance en arriere, beaucoup d'agitation ;
& par ce mouvement qu'on nomme *Remoux*,
elle donne au loch des mouvements fort
irréguliers. C'eft pourquoi au lieu de compter les 30 fecondes du fablier dès l'inftant
que le loch eft à la mer, on ne commence
à les compter que lorfqu'il eft éloigné de
la poupe, d'une quantité égale à la longueur du navire. Alors il eft hors du Remoux, & ftable, fi d'ailleurs, la mer n'a
aucun mouvement propre.

La figure du loch eft ordinairement
celle d'un triangle ifofcelle de 6 à 7 pouces
de hauteur. Sa bafe qui eft un peu moindre,
regarde le fond de la mer, & elle eft char-
gée d'un peu de plomb, tant pour faciliter
au loch le moyen de prendre une pofition
verticale, que pour le faire plonger jufqu'à
fa pointe pour ôter toute prife au vent. C'eft
à cette pointe qu'eft attachée la ficelle, qui à
quelque diftance comme en *D* pouffe une
branche *DC*, laquelle fert à maintenir le

morceau

morceau de bois *BAC* dans la pofition verticale , & peut s'en féparer lorfqu'on retire
le loch , parce qu'elle ne tient au morceau
de bois *BAC* qu'à l'aide d'une cheville qui
fe détache par les efforts oppofés de la ten-
fion de la ficëlle de *A* vers *E* , & de la ré-
fiftance de l'eau fur la furface *AC*.

Lors donc que l'on juge le loch à la diftance convenable du vaiffeau , celui qui le
jette avertit par le mot *vire* , de tourner le
fablier ; & celui-ci , par le mot *flop* , donne
au premier , le fignal d'arrêter le loch lorfque le fablier finit. Pendant l'expérience on
lâche la ficelle en faifant tourner plus ou
moins vîte , felon la vîteffe du vaiffeau ,
l'efpece de touret fur lequel elle eft rou-
lée. Il y a une marque fur la ficelle pour
terminer la longueur qui doit être lâchée
avant que l'on commence à compter ; depuis ce point , la ficelle eft divifée en parties égales diftinguées par des nœuds , afin
qu'on puiffe les compter dans l'obfcurité
comme dans le jour ; & ces efpaces s'appellent auffi des nœuds. Leur grandeur a un
rapport déterminé avec la lieue marine : elle
en eft la 360e. partie , ou la 120e. partie
d'un tiers de lieue marine. Or comme l'expérience dure une demi-minute , & que
dans une heure il y a 120 demi-minutes,
pendant lefquelles le vaiffeau marchant tou-

jours de même doit faire 120 fois autant de chemin, il s'enfuit que pour chaque nœud qui aura été filé le navire fait un tiers de lieue par heure. En sorte que, si pendant l'expérience il y a eu 9 ou 10 nœuds de filés, le navire fait 9 ou 10 tiers de lieue par heure, c'eft-à-dire, 3 lieues ou trois lieues & un tiers.

Comme la lieue marine (39) eft de 2851½ toifes, ou de 17109 pieds; si l'on en prend la 360e. partie, on aura 47 pieds 6 pouces pour la longueur que doit avoir chaque nœud. Ainfi tant que la durée de l'expérience fera de 30 fecondes, chaque nœud doit être de 47 pieds & demi, pour répondre à un tiers de lieue par heure.

45. Pendant le cours d'une campagne, la ficelle eft fujette à des raccourciffements & des alongements alternatifs : il eft donc très-néceffaire de la vérifier de temps à autres, & de la rectifier lorfqu'on y apperçoit quelque changement, ou d'en tenir compte dans l'évaluation du chemin du navire. Par exemple, fi l'on s'appercevoit que la ligne de loch, ou la ficelle, s'eft alongée d'un 20e, il eft clair qu'elle feroit eftimer le chemin, d'un 20e plus court qu'il n'eft réellement, il faudroit augmenter d'un 20e le nombre des nœuds que l'on auroit comptés pendant la demi-minute.

46. Si en vérifiant le fablier, de la maniere que nous avons décrite ci-deffus, on trouvoit que fa durée n'eft pas exactement de 30 fecondes, en forte qu'elle fût par exemple, de 32 fecondes : il eft vifible qu'on auroit compté plus de nœuds qu'on ne devoit. On feroit donc cette proportion, 32 fecondes font à 30 fecondes, comme le nombre de nœuds qu'on a comptés, eft à celui qui répond à 30 fecondes. Il faut encore faire attention fi le commencement & la fin des nœuds qu'on a filés ont répondu exactement au commencement & à la fin de l'écoulement du fablier, & tenir compte, autant qu'il eft poffible, de la différence s'il y en a. Cette différence produit le même effet que fi le fablier duroit trop ou trop peu. En général les attentions que nous rappellons ici, font d'autant moins à négliger, que la durée de l'expérience eft par elle-même fort courte.

47. Avec ces foins, & en obfervant de répéter l'expérience autant que le vaiffeau paroîtra changer de vîteffe, on pourroit faire une eftime du fillage, fuffifamment exacte, fi le morceau de bois ou *bateau de loch*, pouvoit être regardé comme fixe. Mais il n'en eft pas ainfi, & par plufieurs caufes dont les effets font fort variables & peu connus. La Mer eft fujette à des mouvements particuliers dont la direction & la vîteffe n'ont

rien de conftant. Les courants qui naiffent
de ces mouvements donnent au navire une
vîteffe que le loch ne fait pas découvrir
puifqu'il la reçoit auffi ; en forte qu'il ne fait
connoître que le mouvement du vaiffeau par
rapport à la Mer , & non le mouvement à
l'égard de la terre qui eft celui qui importe
véritablement.

Il y a quelques courants dont la direction
ainfi que la vîteffe font affez bien connus :
on fait par exemple , qu'à l'équateur & à
quelque diftance de part & d'autre , la Mer
fe meut vers l'occident & forme un courant
perpétuel dont la vîteffe eft de 3 lieues par
jour. Mais il en eft une infinité d'autres ,
qui ne tenant pas à des caufes auffi générales & auffi régulieres, laifferont toujours beaucoup d'incertitudes fur le fillage. Tels font
par exemple les mouvements que la Mer
peut prendre lorfque le vent a foufflé pendant un certain temps vers un même côté.
On ne peut douter que fa furface & les parties voifines ne prennent une certaine partie de la vîteffe du vent ; mais quelle eft
cette partie ? combien ne peut-elle pas varier dans le voifinage des terres par la pofition des côtes ; comment reconnoître fi elle
n'eft pas jointe à quelques autres mouvements
occafionnés par le vent qui a régné auparavant, ou par toute autre caufe, &c. Sur

ce point l'expérience doit être beaucoup con-
fultée, & peut-être fera-t-elle toujours le
feul guide; mais il faut encore beaucoup
d'attention & de difcernement pour bien juger ce que l'expérience décide véritablement
fur ces objets. Nous verrons par la fuite,
comment on doit corriger les routes, de
l'effet fuppofé connu, de ces différentes
caufes.

*De la maniere de connoître la direction
de la route du Navire : de la Bouffole & de fes ufages.*

48. C'EST à l'aide de la Bouffole qu'on
détermine la direction de la route du vaiffeau. La bouffole confifte principalement en
une aiguille d'acier, qui ayant été frottée à
une pierre d'aimant, en a reçu la propriété
finguliere de fe diriger conftamment vers un
même point de l'horifon : c'eft-à-dire, que
dans un même lieu & dans un même temps,
fi ayant fufpendu cette aiguille, à l'aide d'un
fil ou fur un pivot, de maniere qu'elle puiffe
tourner librement, on l'écarte à droite ou
à gauche de la pofition où elle feroit en repos,
elle reviendra à cette pofition après quelques
balancements, & s'y arrêtera.

Cette ligne dans laquelle l'aiguille fe fixe

ainfi d'elle-même, s'appelle le *Méridien Ma-*
gnétique.

49. Le Méridien Magnétique n'eft pas
le même dans tous les lieux de la terre. Et
dans un même lieu, il n'eft pas non plus
toujours le même dans tous les temps. A la
vérité, dans un court intervalle de temps,
il ne change pas fenfiblement fi ce n'eft
par des caufes accidentelles ; mais d'année
en année fa variation eft fenfible, paroît
réguliere, & fe faire toujours vers le même
côté.

50. C'eft à la ligne méridienne qu'on rapporte la fituation de l'aiguille ; & on appelle
déclinaifon ou *variation* de l'aiguille, l'angle
qu'elle fait dans le plan horifontal, avec la
méridienne ou la ligne Nord & Sud. A Paris
cet angle étoit, en Avril 1766, de 19° 6' du
Nord à l'Oueft ; en Avril 1767, il étoit de
19° 16' ; & en Mars 1768, il étoit de 19° 25'.
Il paroît qu'il augmente annuellement d'environ 10 minutes à Paris. Il y a environ un
fiecle, cet angle étoit entre le Nord &
l'Eft. Il eft donc très-néceffaire de s'affurer
de la variation de la Bouffole, felon le temps
& felon les lieux. Nous en donnerons les
moyens par la fuite.

51. Pour les bouffoles ordinaires, on fuf-
pend l'aiguille fur un pivot, dans une boîte
que l'on recouvre d'une glace. Les bords de

la boîte, ou le fond, font divifés en degrés ; & la ligne qui paffe par les points
0° & 180° repréfente la Méridienne, fur laquelle le Nord eft diftingué par une fleur-
de-lis. Sur le fond de la boîte, on colle,
ou l'on trace la rofe des vents dont nous
allons parler.

52. Quant à la Bouffolle dont on fait ufage
à la mer, l'aiguille n'eft pas libre comme
dans la précédente ; on la charge d'un carton léger, ou d'un morceau de Talc taillé
en rond & collé entre deux morceaux
de papier, en forte que dans fon mouvement elle eft obligée d'entraîner avec elle
ce cercle ; qui par fa maffe modere la facilité qu'elle auroit à vaciller. On donne
quelquefois à l'aiguille la figure d'un lofange
évuidé tel qu'on le voit (*Fig.* 20). Mais
cette forme peut la rendre infidele, en ce
que fi par quelque caufe que ce foit, comme
la rouille, ou tout autre chofe, la vertu magnétique venoit à n'avoir par la même action
fur les deux côtés *AD* & *DB* que fur les
deux côtés *AE*, *EB*, la ligne *AB* ne feroit
pas la vraie direction fuivant laquelle s'exer-
ceroit l'effort total de la vertu magnétique.
La *Fig.* 21 eft plus convenable.

53. C'eft fur le cercle dont nous venons
de parler qu'eft tracée la *Rofe des vents.* On
appelle ainfi un cercle (*Fig.* 22) divifé en 32

D iv

parties égales, par des rayons qu'on nomme
Rhumbs ou *Airs de vent*. On appelle auſſi
Rhumbs, ou Airs de vent, les quantités
angulaires compriſes entre ces rayons. Le
Nord eſt indiqué par une fleur-de-lis; &
le diametre qui paſſe par ce point, eſt ſuppoſé repréſenter la Méridienne qu'on appelle
auſſi la *ligne Nord & Sud* de la bouſſole.
A 90° de part & d'autre des extrémités de
cette ligne ſont les points d'Eſt & d'Oueſt.
Le diametre qui joint ces deux-ci, s'appelle
la *ligne Eſt & Oueſt*.

Ces quatre points, Nord, Sud, Eſt & Oueſt,
partagent donc l'horiſon en quatre parties
égales; on les nomme les *Points* ou *les Vents
Cardinaux*, parce qu'ils communiquent leurs
noms à tous les autres vents.

On ſubdiviſe chaque quart de l'horiſon,
en deux parties égales : & le rayon ou l'air
de vent qui part de chacune de ces nouvelles
diviſions, prend un nom compoſé de ceux
des deux points cardinaux, entre leſquels il
ſe trouve, & dans lequel on nomme le premier celui qui appartient à la ligne Nord &
Sud. Ainſi pour nommer le milieu entre le
Sud & l'Eſt, on dira *Sud-Eſt*, & non pas
Eſt-Sud. On appellera de même *Nord-Oueſt*,
celui qui tient le milieu entre le Nord &
l'Oueſt.

On partage chacun de ces airs de vent,

en deux parties égales , & l'on donne à chacun un nom composé des deux entre lesquels
il se trouve , en nommant toujours le premier celui des quatre points cardinaux dont
il est le plus voisin. Ainsi celui qui tient le
milieu entre l'Est & le Nord - Est , s'appellera
Est-Nord-Est. Celui qui tient le milieu entre le
Nord & le Nord - Ouest , s'appellera *Nord-
Nord - Ouest.*

Enfin pour avoir les 32 airs de vent , on
subdivise ces derniers , chacun en deux autres : & pour former le nom de chacun ,
on emprunte ceux des deux des huit premiers airs de vent , entre lesquels il tombe,
en mettant toujours le premier celui dont il
est le plus voisin ; mais on sépare ces deux
noms , par le mot *quart.* Par exemple , pour
énoncer l'air de vent qui tient le milieu entre le Nord & le Nord-Nord-Est , on dira
Nord-quart de Nord-Est , parce qu'il est près du
Nord , mais avancé vers le Nord-Est , du quart
du Nord au Nord-Est : & l'on écrira $N \frac{1}{4} NE$.
Pour énoncer celui qui tient le milieu entre
le Nord-Est , & le Nord - Nord - Est , on di-
roit *Nord - Est quart de Nord ,* & l'on écri-
roit $NE \frac{1}{4} N$.

5 4 . L'aiguille est portée sur un pivot ; comme dans les autres boussoles ; mais la boîte
qui porte ce pivot est renfermée dans une autre boîte , dans laquelle elle est mobile dans
deux sens différents. *CDEF (Fig. 23)* repré-

fente la boîte qui porte l'aiguille. Cette boîte, au moyen de deux boulons A & B qui entrent dans le balancier $ARBS$ peut tourner autour de la droite AB ; & le balancier lui-même peut tourner autour de la droite RS perpendiculaire à AB , au moyen des deux boulons R & S qui entrent dans une boîte quarrée extérieure : en forte que la boîte intérieure peut se balancer en même-temps autour de AB & autour de RS. Pour diminuer sa mobilité & lui donner plus de disposition à garder sa situation naturelle , on charge de plomb , sa concavité ; & sa suspension lui procure l'avantage de revenir à sa situation naturelle , par un mouvement plus doux , lorsqu'elle en a été dérangée par l'agitation du vaisseau.

55. Le pivot sur lequel porte l'aiguille, la boîte intérieure , & le balancier, font communément de cuivre ; & en général , tant pour ces pieces que pour toutes les autres parties de la boussole , on doit éviter d'y employer le fer ou l'acier ; ils ne manqueroient pas d'altérer la position de l'aiguille ; on doit même éviter d'en avoir dans le voisinage de la boussole.

56. Lorsque la boussole est employée à diriger le navire , on l'appelle *Compas de route*. Sa boîte extérieure qui est quarrée , est placée dans une armoire ouverte , située perpendiculairement à la quille ; cette armoire

s'appelle l'*habitacle*. La fituation de la rofe à l'égard de la boîte , fuffit pour faire connoître la direction de la quille du navire.

57. Quand la bouffole fert à relever les objets , c'eft-à-dire , à reconnoître l'air de vent auquel ils répondent , on l'appelle *Compas de variation*. Alors on la garnit de deux pinnules *A* & *B* (*Fig.* 24) par lefquelles on vife aux objets. Pendant qu'un Obfervateur aligne les deux pinnules avec l'objet , un autre examine quelle eft la fituation de la ligne Nord & Sud de la rofe , à l'égard d'un fil *MN* , tendu d'un bord à l'autre de la boîte , perpendiculairement à la ligne *AB* imaginée par les fentes des deux pinnules. L'angle que font ces deux lignes eft précifément égal à celui dont l'objet eft écarté à l'égard de la ligne Eft & Oueft de la bouffole. C'eft ce qu'il eft facile de voir , en jettant les yeux fur la *Figure* 25 ; où il eft évident que fi *SN* repréfente la ligne Nord & Sud du compas , *OE* perpendiculaire à *SN* repréfentera la ligne Eft & Oueft ; & puifque le fil repréfenté par *PM* , eft perpendiculaire au rayon vifuel *RC* les angles *OCN* , *RCM* feront égaux ; & retranchant refpectivement les angles égaux *OCP* , *ECM* , les angles reftants *PCN* & *RCE* feront égaux. Mais il faut obferver que ces angles font fuppofés dans un plan horifontal ; en forte que

quand il s'agit d'un objet élevé sur l'horison ;
comme du soleil, par exemple, l'angle *RCE*
que l'on mesure avec le compas, n'est pas
l'angle compris entre le rayon visuel qui va
au soleil, & la ligne Est & Ouest du compas : c'est l'angle compris entre cette derniere ligne, & celle qui iroit du centre *C*
de la rose des vents, au point où tomberoit
la perpendiculaire abaissée de l'objet ou de
l'astre, sur l'horison.

5 8. Le compas de route sert à déterminer
la position de la quille du vaisseau, à l'égard
de la vraie ligne Nord & Sud, & à la maintenir où à la ramener à cette position lors-
quelle s'en écarte. Mais il ne fait pas connoître la direction de la route du vaisseau,
qui le plus souvent, est différente de la direction de la quille. C'est le compas de variation qu'on emploie pour connoître l'angle
que la route fait avec la quille, angle que
l'on appelle la *dérive* : voici comment on
la détermine.

Le vaisseau faisant route laisse assez au loin
en arriere de lui, une trace qu'on appelle
la *houache*, qui étant l'effet de sa marche est
sur la ligne même qu'il suit, du moins en
supposant que la mer n'ait aucun mouvement
propre. Il n'y a donc qu'a relever cette trace,
avec le compas de variation ; on saura par-
là quel angle elle fait avec la ligne Est &

Oueſt du compas ; & comme on fait quel
angle la quille fait avec cette derniere, on
connoîtra facilement l'angle de la dérive.

Principes fondamentaux de la réduction des routes.

59. DANS tout ce qui va être dit ſur la
réduction des routes , nous ferons abſtrac-
tion des erreurs que l'on eſt expoſé à commettre, tant ſur le ſillage que ſur le rhumb
de vent. Nous regarderons l'un & l'autre
comme exactement connus ; nous verrons
dans la ſeconde ſection comment on détermine la variation de l'aiguille ; mais nous
ſuppoſons ici qu'on y a eu égard ainſi qu'à
la dérive.

Lorſqu'un vaiſſeau fait route , il ſuit toujours la même direction ou le même air de
vent, tant que la direction & la force du vent
reſtent les mêmes , & que les voiles reſtent
en même quantité & orientées de la même
maniere ; ou ſi par intervalles il s'écarte , par
les coups de lame , on le ramene par le
moyen du gouvernail dont le timonier fait
uſage à meſure que les changements indi-
qués par le compas de route , en font voir
la néceſſité.

Quand nous diſons que le vaiſſeau ſuit tou-

jours la même direction , nous n'entendons
pas que pour se rendre d'un point à un autre , on prenne toujours le rhumb de vent
direct , & qu'on y aille par ce seul rhumb ; au
contraire, cela n'arrive presque jamais : on est
souvent obligé de prendre un rhumb fort différent , pour pouvoir *décaper* ; C'est-à-dire,
s'éloigner des caps , ou des écueils voisins
du rhumb de vent direct , & sur lesquels on
s'exposeroit à être jetté si l'on suivoit celui - ci. D'autres fois on cherche à gagner
des parages où soufflent les vents qui peuvent favoriser le reste de la navigation. En
un mot il y a plusieurs motifs qui peuvent
déterminer à préférer une route quelconque , à la route directe , & qui peuvent faire
changer plusieurs fois dans le cours d'une
traversée. Mais quoiqu'on coure par intervalles sur différents airs de vent , on reste
néanmoins sur chacun pendant un certain espace de temps. Ainsi puisque la route est la
somme de plusieurs routes plus ou moins
longues , décrites chacune sur un certain air
de vent, nous pouvons considérer chacune
de ces routes partielles , comme si elle étoit la
route totale ; il ne s'agira que de répéter ,
pour chacune , des opérations analogues à celles que l'on aura faites pour l'une d'entr'elles.

60. Observons d'abord que puisque la surface de la terre est courbe , & qu'à mesure

qu'on change de place, on change néces-
fairement d'horifon, les rhumbs de vent ne
font pas des lignes droites, mais des lignes
courbes. Cela eft évident puifqu'ils font tra-
cés fur une furface courbe. Mais ils le font
encore par une autre raifon ; parce que chacun doit faire conftamment un même angle
avec le Méridien de chaque lieu. En effet,
foient *A* & *B* (*Fig.* 26) deux points infiniment voifins, placés fur deux Méridiens différents. Soient *AB* & *BR* les lignes qui pour
chaque point marquent le Nord-Oueft ou tout
autre rhumb de vent : les angles *BAP* &
RBP font donc égaux ; mais comme les arcs
BP & *AP* ne font point paralleles, & qu'au
contraire l'arc *BP* fe rapproche de l'arc *AP*,
il eft clair que l'angle *PBQ* qu'il forme avec
AB prolongé, fera plus grand que l'angle
PAQ, & par conféquent plus grand que
PBR ; donc puifque *BR* marque le même
rhumb de vent que *AB*, les parties *AB* &
BR d'un même rhumb de vent ne font point
ni en ligne droite ni dans un même plan.

61. Chaque rhumb de vent *AB* (*Fig.* 27)
forme donc fur la furface du globe, une
ligne courbe : cette ligne s'appelle une *Loxo-*
dromie. Un vaiffeau qui fuivroit conftamment
le même rhumb de vent, s'approcheroit fans
ceffe du pôle, en tournant autour, mais fans
pouvoir jamais y arriver, excepté le cas où

il fuivroit la ligne Nord & Sud. Examinons maintenant la propriété de cette courbe qui fert de fondement à toutes les réductions des routes.

Concevons que *AB* foit une partie quelconque d'un rhumb de vent; *PBN*, *PAM* les deux Méridiens extrêmes ; *NM* l'équateur ; *PCK*, *PEL* deux Méridiens qui coupent le rhumb de vent *AB* en deux points infiniment voifins *C* & *E*. Si l'on conçoit que du pôle *P* on ait décrit les arcs *BS* & *CD* paralleles à l'équateur ; il eft clair que fi *AB* eft le rhumb de vent ou la route qu'a fuivie un vaiffeau, *AS* fera le chemin fait fuivant la ligne Nord & Sud, depuis le point de départ *A* jufqu'au point d'arrivée *B*, & que l'arc *MN* de l'équateur, marquera le changement ou la différence en longitude.

Donc, par la même raifon, fi *EC* marque l'efpace parcouru, pendant un inftant, fur le rhumb de vent *AB*, *DE* marquera le chemin fait fuivant la ligne Nord & Sud, pendant ce même inftant, & *KL* fera le changement en longitude. Or comme le triangle *CDE* rectangle en *D* eft infiniment petit, on peut le regarder comme rectiligne. Et fi l'on conçoit la route *AB* partagée en une infinité de parties égales telles que *CE*, & que pour chacune on conçoive un petit triangle tel que *CDE*, il eft clair que tous ces triangles

gles feront tous égaux entr'eux, parce qu'outre l'angle droit & l'hypothénufe qui font les
mêmes dans chacun, ils auront d'ailleurs
chacun l'angle CED du rhumb de vent, le
même. On pourra donc en conclure que la
fomme de toutes les hypothénufes CE, ou
la longueur AB de la route, eft à la fomme
de tous les côtés DE, ou au chemin total
fait fuivant la ligne Nord & Sud, comme
une des hypothénufes CE, eft au côté correfpondant DE. Or puifque le triangle CDE
eft rectiligne, il s'enfuit qu'il fera femblable
à tout autre triangle rectiligne qui auroit les
mêmes angles; donc fi (*Fig.* 28) on conf-
truit un triangle rectiligne rectangle GIH dont
l'angle G foit égal à l'angle du rhumb de
vent, ce triangle fera femblable au triangle
CDE (*Fig.* 27), & l'on aura par conféquent
$GH : GI :: (Fig. 28) CE : DE :: AB : AS$,
ainfi qu'on vient de le voir; donc fi l'on fait
GH égal à la longueur AB de la route, GI
fera le chemin fait fuivant la ligne Nord &
Sud.

On peut donc, quoique la route foit une li-
gne courbe, déterminer le chemin fait fuivant
la ligne Nord & Sud, en conftruifant un trian-
gle rectiligne rectangle dont l'hypothénufe foit
égale à la longueur de la route, & dont un
des angles foit égal au rhumb de vent; le côté
adjacent à cet angle fera le chemin fait fuivant

la ligne Nord & Sud. C'eſt un des principes
fondamentaux de la réduction des routes.

62. Voyons maintenant comment on détermine le chemin fait ſuivant la ligne Eſt
& Oueſt.

Il eſt clair que ce chemin eſt repréſenté
par *CD* lorſque *CE* repréſente celui que fait
réellement le vaiſſeau. Or ſi l'on imagine,
comme ci-deſſus, tous les triangles *CED*
correſpondants aux différentes parties *CE* de
la route, on verra de même, que la ſomme
de toutes les hypothénuſes *CE*, ou la route
entiere *AB*, eſt à la ſomme de tous les côtés *CD* ou au chemin total fait ſuivant la
ligne Eſt & Oueſt, comme *CE* eſt à *CD*,
ou à cauſe des triangles ſemblables *CED*,
HGI (*Fig.* 27 & 28) :: *GH* : *HI ;* donc ſi l'on
fait un triangle rectiligne rectangle dont l'hypo-
thénuſe ſoit égale à la longueur de la route &
dont un angle ſoit égal au rhumb de vent ; le
côté oppoſé à cet angle ſera le chemin fait ſuivant la ligne Eſt & Oueſt.

On peut donc repréſenter par les parties
d'un ſeul triangle rectiligne rectangle, la longueur de la route, le chemin fait ſuivant la
ligne Nord & Sud, le chemin fait ſuivant
la ligne Eſt & Oueſt, & le rhumb de vent.

63. Ces deux propoſitions ſont vraies
quelle que ſoit la longueur de la route. Quoique la route, le chemin fait ſuivant la ligne

Nord & Sud , & le chemin fait fuivant la
ligne Eft & Oueft, foient tous des lignes courbes, il n'en eft pas moins rigoureufement
exact de les repréfenter par l'hypothénufe
& les côtés d'un triangle rectiligne tel qu'on
vient de le dire. Mais on fe tromperoit, fi
ayant vu que le côté *GI* (*Fig.* 28) eft égal
à *AS* (*Fig* 27), on en concluoit que *HI* eft
égal à *BS*. En effet *HI* eft la fomme de tous
les petits arcs *CD* , laquelle eft plus grande
que *BS* , puifque *CD* eft plus grand que *OQ*.
Et fi du pôle *P* on imagine l'arc *AR* , on
verra de même, que *HI* , ou la fomme des
petits arcs *CD* , eft plus petite que *AR*.

64. Lorfqu'une fois on a déterminé le
chemin fait fuivant la ligne Nord & Sud ,
il eft facile d'en conclure la différence en
latitude ; car ce chemin faifant partie d'un
grand cercle , on doit pour chaque vingtaine
de lieues, compter un degré. Il ne s'agira
donc (39) que de prendre le vingtieme ,
pour avoir les degrés , & de tripler le refte ,
pour avoir les minutes.

65. Quant à la différence en longitude ;
elle ne peut pas fe conclure auffi immédiatement, de la valeur du chemin fait fuivant
la ligne Eft & Oueft. En effet , ce dernier
chemin a pour valeur *HI* (*Fig.* 28) qui eft
la fomme de toutes les petites parties *CD*
(*Fig.* 27) , fomme qui , comme nous ve-

E ij

nons de le voir , eſt plus grande que *BS* &
plus petite que *AR*.

Si l'on ſavoit à quelle latitude *MT* ſe trouve
l'arc *TV* , qui étant terminé par les deux
Méridiens *PM*, *PN*, ſeroit préciſément égal
à la ſomme de tous les petits arcs *CD* ou à
HI, il ſeroit facile d'en conclure la longueur
de l'arc *MN* qui meſure la différence de longitude , parce que nous ſavons (*Géom.*329)
que la longueur de l'arc *TV* , eſt à celle de
MN, comme le coſinus de l'arc *MT* eſt au
rayon. Ayant donc trouvé par cette proportion , la valeur de l'arc *MN*, en lieues , on
la réduiroit en degrés & minutes comme il
vient d'être dit pour la latitude. Mais on ne
peut déterminer ce point , d'une maniere généralement exacte , que par la même méthode qui donneroit immédiatement la différence en longitude ſans exiger d'ailleurs cette
derniere proportion. Voyons donc comment
on peut déterminer directement & exactement
la différence en longitude.

66. Puiſque (*Géom.* 329) on a *CD* : *LK* ::
coſ LD : *R*, ou :: *R* : *ſec. LD* ; que d'ailleurs
le triangle rectangle *CED* (*Géom.* 296)
donne *ED* : *CD* :: *R* : *tang CED* , on aura
en multipliant ces deux proportions , *ED* :
LK :: R^2 : *ſec LD × tang CED* ; donc *LK* =

$$\frac{ED \times ſec\ LD \times tang\ CED}{R^2} = \frac{ED \times ſec\ LD}{R} \times \frac{tang\ CED}{R}$$

Mais felon ce que nous avons vu (36) $\frac{ED \times fec\,LD}{R}$ exprime la grandeur qu'on doit donner aux parties ED du Méridien, pour avoir les latitudes croiffantes ; donc en raifonnant de même pour tous les arcs CD correfpondants aux différentes parties de AB, on conclura que la fomme de tous les arcs LK, ou l'arc MN, eft égal à la fomme de toutes les parties méridionales de la différence AS en latitude, multipliée par le rapport de la tangente du rhumb de vent, au rayon ; c'eft-à-dire, eft égal à la différence des latitudes croiffantes du point d'arrivée & du point de départ, multipliée par le rapport de la tangente du rhumb de vent, au rayon ; ce qui donne cette regle fort fimple, pour déterminer la différence en longitude. Faites cette proportion. .... *Le rayon, eft à la tengente du rhumb de vent, comme la différence des latitudes croiffantes de l'arrivée & du départ, eft à la différence en longitude.* Sur quoi il faut obferver que fi les deux latitudes étoient de dénomination contraire ; c'eft-à-dire, l'une auftrale & l'autre boréale, au lieu de la différence des latitudes croiffantes, on prendroit leur fomme.

67. On peut exécuter cette même regle, par une opération graphique fort fimple auffi. En conftruifant un triangle rectangle GKL

(*Fig.* 28) dont l'angle *G* ſoit égal au rhumb de vent, & le côté *GK* égal à la différence des latitudes croiſſantes ; alors *KL* ſera la différence de longitude , puiſque (*Géom.* 296) *GK* : *KL* : : *R* : *tang*. *KGL*.

68. Le triangle *GKL* qui détermine la différence en longitude , eſt donc ſemblable à celui *GIH* qui (62) détermine le chemin fait ſuivant la ligne Eſt & Oueſt.

Quant à la différence des latitudes croiſſantes , elle eſt toujours facile à avoir , ſoit par la regle donnée (37) , ſoit par une table calculée (& nous en donnerons une à la fin de ce volume) , ſoit par les cartes réduites , ſoit enfin par les regles ou échelles graduées qui ſont en uſage dans la Navigation , & dont nous parlerons plus bas.

69. Lorſque la route a peu d'étendue en longueur , comme lorſqu'elle n'excede pas 200 lieues , & qu'on ne paſſe pas au-delà du 60e degré de latitude , on peut ſans erreur ſenſible * ſuppoſer que l'arc *TV* (*Fig.* 27)

* La plus grande erreur qu'on puiſſe commettre ſur la longitude , en prenant le moyen parallele , eſt , en minutes , $\frac{2}{13}$ du cube du nombre des centaines de lieues de la route , vers le parallele de 45° ; elle eſt la moitié de ce cube vers le parallele de 60° ; mais elle ſeroit de 4 $\frac{1}{20}$ fois ce cube , vers le parallele de 75° ; nous le démontrerons vers la fin de ce volume. Donc ſi la route eſt de 200 lieues ou de deux centaines de lieues , la plus grande erreur ſera un peu plus d'une minute & un quart vers le parallele de 45° ; elle ſera de 4′ vers le parallele de 60° ; & de 32 $\frac{1}{2}$ vers le parallele de 75°. Mais comme ces différences augmentent en raiſon du cube de la longueur de la route , il eſt clair qu'on ne doit guere ſe permettre l'uſage du moyen parallele , au-delà des limites que nous preſcrivons ici.

du parallele qui paſſe à diſtances égales des deux paralleles extrêmes *AR* & *BS*, eſt préciſément égal au chemin *HI* (*Fig.* 28) couru ſuivant la ligne Eſt & Oueſt, & l'on appelle cet arc, le *Moyen Parallele*. Lors donc qu'on a déterminé le chemin *G I* (*Fig.* 28) fait en latitude, & qu'on la réduit en degrés, il ne s'agit plus que d'en ajouter la moitié à la plus petite latitude *AM* (*Fig.* 27), & de faire cette proportion, le coſinus de la latitude *MT* du moyen parallele, eſt au rayon, comme le chemin ou le nombre de lieues *TV* ou *HI* fait ſuivant la ligne Eſt & Oueſt, eſt au nombre de lieues de l'arc *MN* que l'on réduit enſuite en degrés pour avoir la différence en longitude,

Ou bien on forme un triangle rectangle *ABC* (*Fig.* 29) dont l'angle *BAC* ſoit égal à la latitude du moyen parallele, & dont le côté *AB* de l'angle droit adjacent à l'angle *BAC* ſoit égal au nombre de lieues de *TV* (*Fig.* 27) ou de *HI* (*Fig.* 28) ; alors le côté *AC* eſt la valeur de l'arc *MN*, puiſque (*Géom.* 295) *AB* : *AC* : : *ſin BCA* ou *coſ CAB* : *R*.

70. Les lieues qu'on a courrues ſuivant la ligne Eſt & Oueſt, s'appellent *Lieues mineures*, quand elles ſont courues ſur un parallele ; & *Lieues majeures*, ſur l'équateur. On leur a donné ce nom, parce qu'il faut un moindre nombre de lieues ſur un paral-

lele, pour faire un certain nombre de degrés, qu'il n'en faut fur l'équateur ; mais ces
lieues ne different pas les unes des autres
pour la grandeur.

71. Quelques Auteurs ont propofé de
prendre pour moyen parallele, non pas celui qui répond au milieu de la différence
en latitude, mais celui dont la latitude croiffante tiendroit le milieu entre les latitudes
croiffantes de l'arrivée & du départ. Cette
méthode n'eft, ainfi que la précédente,
qu'une méthode d'approximation, renfermée
à peu près dans les mêmes limites. Mais
comme la réduction par le moyen parallele
n'eft certainement pas plus facile, même
pour les perfonnes le moins inftruites, que
ne l'eft la réduction par les latitudes croiffantes, il eft clair, puifqu'elle n'eft d'ailleurs
qu'une approximation, qu'on ne doit l'employer que dans le cas (bien rare affuré-
ment) où l'on n'auroit ni tables, ni échelles
de latitudes croiffantes, ni cartes réduites.
Or, dans ce cas, la feconde méthode du moyen
parallele feroit impraticable. La méthode des
latitudes croiffantes donne la différence des
longitudes par un procédé fort fimple & généralement exact ; celle du moyen parallele
exige au moins une opération de plus, &
n'eft d'une exactitude fuffifante que jufqu'à
un terme affez borné. Voyons maintenant
comment on réduit ces régles en pratique.

De la maniere de résoudre les problêmes de Navigation , par le moyen des Cartes réduites.

72. LA résolution de ces différentes questions , se réduit donc , ainsi qu'on vient de le voir , à former sur la carte , le triangle *GIH* & le triangle *GKL* (*Fig.* 28) dont nous avons parlé (61 & *suiv.*) Les roses des vents que l'on marque en divers endroits des cartes marines facilitent les moyens de tracer ces triangles , ou ce qui revient au même , de déterminer la position & la grandeur de leurs côtés , sans les tracer réellement sur la carte , ce que l'on évite , en effet , pour en prolonger le service. Faire ces opérations , est ce qu'on appelle *pointer* la carte.

En exposant comment on doit se conduire pour les cartes réduites , (que l'on doit toujours préférer à toutes les autres) nous ferons remarquer à quoi se réduiroit l'opération sur les cartes plates.

73. 1°. *Connoissant le point de départ (c'est-à-dire sa longitude & sa latitude) , le rhumb de vent qu'on a suivi , & le chemin qu'on a fait , ou les lieues de distance , il s'agit de déterminer le lieu de l'arrivée , sa longitude & sa latitude.*

Par exemple , on est parti de l'Isle Saint Michel , marquée *G* (*Planche IV*) sur la

carte, & qui eft fituée à 29° de longitude
occidentale, comptée du Méridien de Paris,
& 38° 15′ de latitude Nord. On a couru
154 lieues au *SE* 8° 10′ *E*.

Comme le rhumb de vent qu'on a fuivi
n'eft pas marqué fur la carte, & qu'il tombe
entre le *SE* & le *SE* $\frac{1}{4}$ *E*, & à 3° 5′ de celui-ci,
on eftimera ces 3° 5′; en prenant depuis le
SE $\frac{1}{4}$ *E* une ouverture qui foit contenue 3 fois
& $\frac{2}{3}$ dans un rhumb entier. Soit *AB* la ligne
qui marque alors le *SE* 8° 10′ *E*. Avec un
compas on prendra la plus courte diftance
du point de départ *G* au rhumb de vent *AB*,
& faifant glifler l'une des pointes le long de
AB en tenant toujours les deux pointes dans
une direction qui lui foit perpendiculaire,
l'autre pointe tracera la route *GH* que l'on
terminera en *H* en prenant avec un autre
compas, un intervalle *GH* de 154 lieues ou
de 7° 42′ pris fur le l'échelle des longitudes
qui eft au bas de la carte. Le point *H* ne fera
pas le point d'arrivée, quoique l'intervalle *GH*
foit du nombre de lieues qu'on a courues;
parce que, de même que les degrés de latitude font augmentés fur les cartes réduites,
de même les diftances réciproques des lieux
y font auffi augmentées; mais ce point *H* fervira à déterminer, de la maniere fuivante,
le vrai point d'arrivée.

Par le même moyen qu'on a employé pour

mener *GH* parallele à *AB* , on menera par
les points *G* & *H* , les lignes *GI* & *HI* paralleles à la ligne Nord & Sud & à la ligne
Eſt & Oueſt ; *GI* (61) ſera le changement en
latitude ; portant donc *G I* ſur l'échelle des
degrés de longitude , on connoîtra le nombre
de degrés & minutes de la différence en
latitude. On comptera cette différence de
latitude ſur le Méridien depuis la latitude du
départ , en allant vers l'équateur , parce que
dans cet exemple la route tend à diminuer
la latitude ; puis par le point où elle ſe terminera , on menera une parallele à la ligne
Eſt & Oueſt , qui rencontrera *GH* prolongée en *L* ; alors le point *L* ſera le vrai point
d'arrivée , & dont il ſera facile de connoître la longitude en obſervant à quel point
il répond ſur l'échelle des longitudes. On
trouvera donc qu'on eſt arrivé par 32° 32′
de latitude Nord , & par 19° 52′ de longitude occidentale ; c'eſt-à-dire qu'on eſt à Madere.

La raiſon de cette pratique eſt évidente
après ce qui a été dit (61 *& ſuiv.*), & en obſervant que *G K* eſt la différence des latitudes
croiſſantes d'arrivée & de départ.

Si après avoir couru les 154 lieues dont
il vient d'être queſtion , on change de route ;
par exemple, ſi l'on coure 53 lieues au *S E* $\frac{1}{4}$ *S*
4° *S* : on prendra pour point de départ , non
pas le point *H* , mais le point *L* ; & ayant

déterminé, comme dans l'exemple précé-
dent, la ligne LC parallele au $SE\frac{1}{4}S$ 4°S;
on prendra fur cette ligne la partie LF de 53
lieues, ou 2° 39' pris fur l'échelle des longitudes ; puis menant par les points L & F
les lignes LE, FE paralleles à la ligne Eft
& Oueft, & à la ligne Nord & Sud, FE
portée fur l'échelle des longitudes, fera connoître la différence de latitude, que l'on
comptera enfuite fur le Méridien, depuis
la latitude du départ, en allant vers l'équateur, parce que la route tend ici à diminuer
la latitude. On aura donc la latitude d'arrivée. Par ce point on menera une parallele
à la ligne Eft & Oueft, laquelle coupera LF
prolongée en un point C qui fera celui de
l'arrivée. On trouvera dans cet exemple,
qu'on eft arrivé par 30° 10' de latitude Nord,
& 18° 35' de longitude occidentale, c'eft-
à-dire qu'on eft arrivé près l'Ifle Salvage.

74. Si le rhumb de vent qu'on a fuivi
étoit précifément fur la ligne Eft & Oueft,
ou s'il en étoit extrêmement voifin ; alors
pour trouver la différence en longitude, on
compteroit depuis le centre de la rofe des
vents, fur la ligne Eft & Oueft, le nombre de lieues qu'on a courues, ou plutôt le
nombre de degrés qui lui correfpond, fur
l'échelle des longitudes ; par le point M
où fe termine ce nombre, on meneroit une

parallele à la ligne Nord & Sud ; & obfervant en quel point elle coupe celui des
rhumbs de vent, qui fait avec la ligne Eft
& Oueft, un angle égal à la latitude du départ, on prendroit la diftance AN de ce point
au centre A, & la portant fur l'échelle des
longitudes, on auroit la différence de longitude. Par exemple on eft parti de Porto-
Santo, qui eft par 18° 40' de longitude occidentale comptée de Paris, & par 33° 35'
de latitude Nord ; on a couru à l'Eft, &
on a fait 135 lieues. On prendra AM, de
6° 45' valeur des 135 lieues fur l'échelle des
longitudes ; & comme la latitude vaut à très-
peu près 3 rhumbs de vent, on examinera
à quel point N, MN parallele à la ligne
Nord & Sud, coupe le troifieme rhumb de
vent AN ; la diftance AN étant portée fur
l'échelle des longitudes fera connoître que
la différence de longitude eft de 8° 15' ; on
eft donc arrivé près du Cap Blanc.

La raifon de cette pratique eft évidente,
en fe rappellant que le nombre des lieues
courues fur un parallele, eft au nombre de
lieues qui leur correfpondent fur l'équateur,
comme le cofinus de la latitude eft au rayon.
Or dans le triangle rectangle NAM, AN :
AM : : R : $\sin ANM$ ou $\cos NAM$; or ce
dernier angle a été fait égal à la latitude.

75. *Sur les cartes plates*, on porte de G en H

le nombre de lieues qu'on a courues ; le
point *H* eſt le point d'arrivée dont on connoîtra la longitude & la latitude , en obſervant ſur l'échelle de longitude & ſur le
Méridien , à quels points répond le point *H.*

76. Si dans le cours des opérations , il
arrivoit que quelqu'une des routes dût ſor-
tir de la carte ; alors on partageroit celle-ci
en deux parties qui auroient le même rhumb
de vent , & ayant déterminé le point d'arrivée qui convient à la partie qui peut ſe
trouver ſur la carte dont on s'eſt ſervi juſ-
ques-là , on le prendroit pour point de départ ſur la ſeconde carte. Bien entendu que
pour chaque carte on doit employer l'é-
chelle qui lui eſt propre.

77. 2°. *Connoiſſant le point de départ , le
rhumb de vent , & la latitude de l'arrivée , on
demande les lieues de diſtance , & le lieu de
l'arrivée.*

Soit *G* le point de départ ; *AB* le rhumb
de vent qu'on a ſuivi. On menera, comme il
a été dit dans l'article précédent , *GH* parallele à *AB* , & *GI* parallele à la ligne Nord
& Sud. Sur cette derniere on portera de *G*
vers *I* (ſi la route tend à diminuer la latitude , ou à l'opoſite dans le cas contraire)
la différence en latitude, priſe ſur l'échelle
des longitudes ; puis menant par le point *I*,
la ligne *IH* parallele à la ligne Eſt & Oueſt,

fi l'on porte *GH* fur l'échelle des longitudes ,
& qu'on réduife en lieues le nombre de degrés que *GH* occupera , on aura la longueur
de la route.

Pour avoir le point d'arrivée ; par la latitude d'arrivée comptée fur le Méridien ,
on ménera une parallele à la ligne Nord &
Sud , laquelle rencontrera la route *GH* en
un point *L* qui fera celui d'arrivée , dont on
aura par conféquent la longitude , en obfervant à quel point de l'échelle des longitudes
il répond.

78. Si la latitude d'arrivée étoit égale à
celle du départ ; c'eft-à-dire fi l'on avoit fuivi
la ligne Eft & Oueft ; alors l'énoncé de la
queftion ne feroit pas fuffifant pour trouver
le point d'arrivée & la longueur de la route.

79. *Sur les cartes plates ;* on fait *G I* parallele à la ligne Nord & Sud , & égale au
nombre de lieues qui correfpond à la différence des latitudes (ou à leur fomme quand
elles font de dénominations différentes) ;
le point *H* déterminé en menant *I H* parallele à la ligne Eft & Oueft , eft le point d'ar
rivée.

80. 3°. *Connoiffant le point de départ , la
longueur de la route & la latitude d'arrivée ;
on demande le rhumb de vent , & le lieu de
l'arrivée.*

Par le point *G* du départ on ménera *GI*

parallele à la ligne Nord & Sud, & égale
au nombre de degrés & minutes de la différence des latitudes (ou de la fomme quand
les latitudes font de dénominations différentes), prifes fur l'échelle des longitudes.
Ayant mené par le point *I*, une parallele à
la ligne Eft & Oueft, on la coupera en un
point *H* par un arc décrit du point *G* comme
centre & d'un rayon *GH* égal au nombre des
lieues de la route réduit en degrés & minutes & compté fur l'échelle des longitudes.
Si par le centre *A* de la rofe, on mene *A B*
parallele à *G H*, *AB* fera le rhumb de vent.

Pour avoir le point d'arrivée, par l'extrémité de la latitude d'arrivée prife fur le Méridien, on ménera une parallele à la ligne
Eft & Oueft, laquelle coupera *GH* prolongée, en un point *L* qui fera celui d'arrivée,
dont il fera facile de connoître la longitude.

81. Si la latitude d'arrivée étoit égale à
celle du départ ; alors pour avoir la longitude d'arrivée, on feroit, comme il a été dit
(74) pour ce même cas.

82. *Sur les cartes plates* ; *H* eft le point
d'arrivée, & *G I* ainfi que *GH* fe comptent
en lieues.

83. 4° *Connoiffant le point de départ &
celui d'arrivée, on demande le rhumb qui conduit de l'un à l'autre, & le nombre de lieues
qu'il y a à faire pour s'y rendre.*

Soient

Soient *G* & *L*, les lieux de départ & d'arrivée. Par le centre *A* de la rose des vents,
on ménera *A B* parallele à *G L* ; ce sera le
rhumb de vent qu'on doit suivre.

Par le point, qui sur le Méridien marque
la latitude d'arrivée, & par celui, qui sur
l'échelle des longitudes marque la longitude
du départ, on ménera les lignes *L K*, *G K*
paralleles à la ligne Est & Ouest, & à la
ligne Nord & Sud. De *G* vers *K* on prendra *GI* égale au nombre de degrés de la différence en latitude comptée sur l'échelle des
longitudes ; puis tirant par le point *I*, la
ligne *IH* parallele à la ligne Est & Ouest,
la distance *GH* portée sur l'échelle des longitudes donnera un certain nombre de degrés & minutes, qui étant réduit en lieues
exprimera la longueur de la route.

84. Si les latitudes du départ & de l'arrivée étoient égales, le rhumb de vent seroit la ligne Est & Ouest ; & pour avoir les
lieues de distance, on feroit l'inverse de ce
qui a été dit (74) pour ce cas ; c'est-à-
dire qu'ayant compté la latitude, en rhumbs
de vent, depuis la ligne Est & Ouest, on
prendroit sur le rhumb *AN* qui la termine,
la quantité *AN* égale à la différence de longitude prise sur l'échelle des longitudes ;
alors menant *NM* parallele à la ligne Nord
& Sud, on porteroit *AM* sur l'échelle des

longitudes, & réduisant en lieues le nombre de degrés qu'on trouveroit, on auroit les lieues de distance.

85. *Sur les cartes plates ; GL mesuré en lieues donneroit les lieues de distance ; & AB parallele à GL seroit le rhumb de vent.*

86. 5°. *Connoissant le point de départ, le rhumb de vent, & la longitude d'arrivée, on demande le lieu de l'arrivée, & les lieues de distance.*

La solution de cette question peut être utile pour trouver la latitude d'arrivée, lorsqu'à l'aide d'une bonne montre marine, on est assuré de la longitude.

Par le point *G* du départ on ménera *GL* parallele au rhumb de vent, que je suppose être *AB*. Par le point, qui, sur l'échelle des longitudes, marque la longitude d'arrivée, on ménera une parallele à la ligne Nord & Sud ; cette parallele rencontrera *GL* en un point *L* qui sera le point d'arrivée ; on en aura la latitude en observant à quelle division du Méridien il répond.

Pour avoir les lieues de distance, on prendra sur *GK* parallele à la ligne Nord & Sud, la partie *GI* égale à la différence des latitudes, connue par l'opération précédente, & mesurée sur l'échelle des longitudes ; puis menant *IH* parallele à la ligne Est & Ouest ; si l'on porte *GH* sur l'échelle des longitudes,

& qu'on réduife en lieues le nombre de degrés & minutes que l'on trouvera, on aura les lieues de diftance.

87. Si l'on avoit fuivi la ligne Eft & Oueft, on auroit les lieues de diftance comme il a été dit (84) pour ce cas.

88. *Sur les cartes plates.* Cette queftion peut auffi avoir fa folution fur les cartes plates ; mais cette folution ainfi que celles des queftions précédentes, ne peuvent être réputées fuffifamment exactes, que pour de petites diftances, ainfi nous ne nous y arrêterons pas davantage.

Sur la maniere dont on détermine le point de départ ou de Partance *, ainfi que le lieu où l'on fe trouve à la vue de deux terres.*

89. LE lieu de départ ne fe prend pas toujours au lieu d'où l'on eft parti d'abord. On ne le compte, le plus fouvent, que de celui où l'on eft prêt à perdre la terre de vue. Alors fi l'on peut appercevoir fur la terre deux points qui foient marqués fur la carte, on les relevera avec la bouffole. Puis fur la carte, on ménera par chacun de ces deux points une ligne parallele au rhumb de vent fur lequel ce point a été apperçu.

F ij

La rencontre de ces deux lignes déterminera le point de partance , ou en général le point duquel les deux autres ont été relevés. *

Quand on ne peut obferver qu'un feul point , comme il arrive lorfqu'on quitte une petite ifle , & qu'elle eft feule ; on eftime la diftance à laquelle on en eft , & on la marque, depuis cette ifle , fur le rhumb de vent fur lequel elle a paru.

Du Quartier de réduction, & de fon ufage pour la réfolution des Problêmes de Navigation.

90. LE Quartier de réduction (*Planche VI*) eft un quarré de carton , partagé en plufieurs petits quarrés par des lignes paralleles à deux de fes côtés contigus , dont l'un eft fuppofé repréfenter la ligne Eft & Oueft , & l'autre la ligne Nord & Sud.

Un des angles de ce quarré eft le centre de plufieurs circonférences concentriques , qui paffent toutes par les divifions des deux côtés contigus. L'une de ces circonférences eft divifée en degrés : & les tranfverfales

* Cette pratique fuppofe tacitement que le rhumb de vent auquel un objet paroît , étant vu d'un certain point , eft le même que celui qu'il faudroit fuivre pour fe rendre de l'un à l'autre ; ce qui n'eft pas rigoureufement vrai ; mais la diftance à laquelle les objets qu'on veut relever , peuvent être vûs , n'eft jamais affez grande , pour que cette fuppofition puiffe occafionner une erreur qui mérite attention.

menées entre deux de ces circonférences,
de la maniere que le repréfente la Planche,
donnent le moyen d'y évaluer la cinquieme
partie du degré. Le but de cet inftrument eft
d'épargner la peine de tracer, ou de calculer
le triangle qui (61 & fuiv.) fert à réfoudre
les problêmes de navigation. Ce triangle fe
trouve tout formé fur cet inftrument, quel
que foit le rhumb de vent.

On marque auffi fur le quartier, les principaux rhumbs de vent ; & les autres divifions de la circonférence donnent le moyen
de reconnoître les rhumbs intermédiaires,
ce qui fe fait en tendant un fil fur le centre & fur la divifion qui convient à ce
rhumb.

Dans l'ufage ordinaire du quartier , on
détermine les différences en longitude , par
le moyen parallele ; ainfi , conformément à
ce que nous avons dit (69), on ne doit
l'employer que pour la réduction des routes
qui n'excedent pas 200 lieues, à moins qu'on
ne les partage en plufieurs parties plus petites que 200 lieues , pour calculer féparément la différence de longitude qui convient
à chaque partie. Mais on trouve ordinairement fur les bords du quartier une échelle
des latitudes croiffantes qui peut fervir
à en étendre l'ufage à des routes affez grandes , ainfi que nous le dirons dans peu.

Voyons d'abord comment on emploie le
quartier de réduction, pour réduire les lieues
mineures, en lieues majeures, & réciproquement.

91. *Pour réduire les lieues mineures d'un
parallele connu, en lieues majeures;* on comptera depuis le rayon *CB*, de *B* vers *A*, sur
la circonférence graduée, le nombre des
degrés de la latitude de ce parallele; & ayant
compté le nombre des lieues mineures sur
CB, de *C* en *D*, en faisant valoir une lieue
à chaque intervalle (ou deux lieues, ou trois
lieues, si le quartier n'étoit pas assez grand),
on remarquera en quel point *E* la parallele à
CA, qui passe ou qu'on imagine passer par *D*,
couperoit le fil tendu sur le centre *C* & sur
le point *F* qui termine la latitude; alors le
nombre d'intervalles d'arcs compris depuis *C*
jusqu'en *E*, comptés chacun pour autant de
lieues qu'on en a fait valoir à chaque intervalle de *CB*, donnera le nombre de lieues
majeures.

Par exemple, si l'on demande à combien
de lieues majeures répondent 34 lieues courues sur le parallele de 50° 18'. On comptera 50° 18', de *B* en *F*, & 34 lieues, de
C en *D*, sur *CB*; alors on trouvera que de
C en *E*, il y a 53 intervalles; les 34 lieues
mineures, sur ce parallele, valent donc 53
lieues majeures.

La raison de cette pratique est évidente, après ce qui a été dit (69); en effet, dans le triangle rectangle CDE, on a (*Géom.* 295) $CD : CE : : $ sin CED ou cos $DCE : R$.

92. *Pour réduire les lieues majeures, en lieues mineures d'un parallele connu*, on comptera, comme dans le cas précédent, la latitude de ce parallele, de B en F; & sur le fil tendu suivant CF, on comptera par le nombre des intervalles d'arcs, le nombre CE des lieues majeures. Observant ensuite sur CB à quel point D tomberoit la parallele ED, à CA; le nombre des intervalles compris de C en D donnera le nombre des lieues mineures.

93. Voyons maintenant la maniere de résoudre par le quartier, les questions que nous avons résolues, ci-dessus, par les cartes réduites.

1°. *Connoissant le lieu du départ, la longueur de la route, & le rhumb de vent ; trouver la latitude & la longitude d'arrivée.*

Tendez le fil sur le rhumb de vent connu, & comptez depuis le centre, sur ce rhumb, les lieues que vous avez courues, en faisant valoir à chaque intervalle, une ou plusieurs lieues selon que la distance totale pourra ou ne pourra être comprise dans le quartier. Au point G où elles se terminent, plantez une épingle, & voyez combien il y

a d'intervalles depuis *C* jufqu'au point *H* qui
fur *CA* répond perpendiculairement à *G* ;
ce fera le nombre des lieues courues fuivant la ligne Nord & Sud, en comptant chaque intervalle pour autant de lieues que
vous en avez fuppofé à ceux qui repréfentent les lieues de diftance.

Comptez de même, combien il y a d'intervalles depuis *C* jufqu'au point *I* qui, fur
CB répond perpendiculairement à *G* ; & vous
aurez les lieues courues fuivant la ligne Eft
& Oueft. Réduifez-les (91) en lieues majeures. Puis réduifez, en degrés, ces lieues
majeures & les lieues courues fuivant la ligne Nord & Sud , & vous aurez la différence en longitude, & la différence en latitude.

EXEMPLE.

Latitude du dépt. . . . $48°\ 53'$	Longitude du dépt. . . $22°\ 12'$
Rhumb de vent . . . . N N O	Lieues de diftance 64
Donc, lieues N . . . . $59\frac{1}{3}$	Lieues O. . . . . $24\frac{2}{3}$
Différence en lat. . . . $2°\ 58'$	Lieues majeures . . . . . $38\frac{2}{3}$
Latitude d'arrivée N. . $51°\ 51'$	Différence en longde. $1.°\ 56'$
Moyen parallèle . . . 50. 22.	Longitude d'arrivée. . $20°\ 16'$

A la latitude du départ, nous avons ajouté la
différence de latitude ; & de la longitude du
départ nous avons ôté la différence de longitude , parce que la route ayant été faite au
NNO, tend à augmenter la latitude & à diminuer la longitude.

94. 2°. *Connoissant le point de départ, le rhumb de vent, & la latitude d'arrivée ; on demande la longueur du chemin qu'on a fait, & la longitude de l'arrivée.*

Tendez le fil sur le rhumb de vent connu, & ayant compté sur *CA* le nombre de lieues qui convient au changement en latitude, supposons qu'il se termine en *H*. Plantez une épingle sur le rhumb de vent, vis-à-vis de *H* : je suppose que ce soit en *K*. Comptez le nombre d'intervalles d'arcs de *C* en *K* ; ce sera le nombre des lieues qu'on a courues en droite ligne. Comptez pareillement le nombre d'intervalles qui, sur *CB*, répondent à *KH* ; ce sera le nombre de lieues courues Est & Ouest, que vous réduirez en lieues majeures (91), puis en degrés (39), & vous aurez la différence en longitude.

EXEMPLE.

Latitude du dépt. N....	1° 19′	Longitude du dépt.	1° 17′
Latitude d'arrivée S...	1° 38′	Rhumb de vent ...	S O 3° O
Donc, changt. en lat...	2° 57′	Lieues O	71
Lieues N & S........	59	Lieues majeures.....	71
Lieues de distance	89	Différence en longde..	3° 33′
Moyen parallele.	1° 28′	Longitude d'arrivée..	357° 44′

Pour avoir le changement en latitude, nous avons ajouté les deux latitudes ; parce qu'elles sont l'une Nord, l'autre Sud. Et pour avoir la longitude d'arrivée, nous avons retranché la différence de longitude, de la longitude du départ, augmentée de 360°; parce que le changement en longitude s'étant fait vers l'Ouest, & étant plus grand que la longitude du départ, il est clair qu'on a passé le premier Méridien, en allant vers l'Ouest.

95. 3°. *On connoît le point de départ, le chemin qu'on a fait, & la latitude d'arrivée : on demande quel rhumb on a suivi, & la longitude d'arrivée.*

Comptez de *C* vers *A* le nombre de lieues qui convient au changement en latitude ; je suppose qu'il se termine en *L*. Comptez les lieues de distance, par les intervalles d'arcs ; & voyez où l'arc qui termineroit cette distance, rencontre ou peut rencontrer la parallele à *CB*, qui passeroit par le point *L* ; je suppose que ce soit en *M*. Arrêtez le fil sur *CM* : vous verrez sur l'arc gradué, quel est le rhumb de vent ; & le nombre des intervalles que comprendra *LM* vous donnera les lieues mineures que vous réduirez (91) en lieues majeures, puis (39) en degrés ; & vous aurez la différence en longitude.

EXEMPLE.

Latitude du dépt. N... 50° 30'	Longitude du dépt.... 35° 10'	
Latitude d'arrivée. N. 48° 10'	Lieues de dist. entre S & O 85	
Donc, différence lat. 2° 20'	Lieues O......... 71	
Lieues S......... 46$\frac{2}{4}$	Lieues majeures. 109	
Rhumb de vent. S.O$\frac{1}{4}$ O 30'O	Différence en longde. .. 5° 27'	
Moyen parallele.., 49° 20'	Longitude d'arrivée... 29° 43'	

96. 4°. *On connoît le lieu du départ, &*
celui de l'arrivée ; on demande quel rhumb de
vent on doit suivre pour se rendre de l'un à l'au-
tre, & le chemin qu'il y a à faire.

Par la différence des latitudes (ou par leur
somme si elles sont de dénomination contraire) on connoîtra le chemin qu'on doit
faire suivant la ligne Nord & Sud. Il sera
facile aussi, d'avoir le moyen parallele.

Par la différence des longitudes, on connoîtra les lieues majeures que l'on réduira
(92) en lieues mineures. Alors on comptera, de C vers A, les lieues Nord & Sud ;
supposons qu'elles se terminent en L : on
prendra, sur LM parallele à CB, le nombre des lieues mineures ; CM sera le rhumb
qu'on doit suivre : & le nombre d'intervalle-
les d'arcs compris entre C & M, sera le
nombre de lieues que l'on a à courir sur ce
rhumb.

EXEMPLE.

Latitude du dépt. N.	50° 30′	Longitude du dép.	35° 10′
Latitude d'arrivée N.	48° 10′	Longitude d'arrivée	29° 43′
Donc, différ. en latde.	2° 20′	Différence de longde.	5° 27
Lieues S.	46⅔	Lieues majeures.	109
Moyen parallele	49° 20′	Lieues ⊙	71
Rhumb de vent	S O ¼ O 3 o′ O	Lieues de distance.	85

La cinquieme question, que nous avons
énoncée (86), ne peut être résolue par le
quartier de réduction, si ce n'est par un tâton-

nement que nous proposerons d'autant moins
que toutes les solutions qu'on obtient par
le quartier de réduction ne sont déja, par
elles-mêmes, que des approximations.

Usage de l'Echelle des latitudes croissantes qui accompagne le Quartier de réduction.

97. ON peut résoudre les questions précédentes , avec plus d'exactitude pour des
distances plus grandes , en y employant l'é-
chelle des latitudes croissantes. Elle se construit d'après le principe exposé (37), en
donnant pour valeur à son premier degré ,
un des intervalles du quartier ; c'est-à-dire,
qu'ayant pris un des intervalles du quartier,
pour représenter le premier degré de latitude , on aura le second degré de latitude ,
par cette proportion .... La somme des sécantes , de minute en minute , depuis $0°$ jusqu'à $1°$, est à l'un des intervalles du quartier , comme la somme des sécantes , de
minute en minute , depuis $0°$ jusqu'à $2°$, est
au nombre d'intervalles du quartier , que l'on
doit porter sur l'échelle pour avoir l'étendue
des deux premiers degrés de latitude ; &
ainsi des autres.

Ayant ainsi construit l'échelle des latitudes croiſſantes qui convient au quartier dont on veut faire uſage, voici comment on l'emploie.

98. *Pour la premiere queſtion* (93). On opérera comme il eſt dit dans cet article, juſqu'à ces mots . . . *Comptez de même* : & ayant réduit le nombre des lieues de *CH*, en degrés de latitude ; pour connoître la longitude d'arrivée, on prendra ſur l'échelle des latitudes, l'intervalle depuis la latitude du départ, juſqu'à celle d'arrivée ; & l'ayant porté de *C* vers *A* ; ſi *N* eſt le point où elle tombe, *NO* parallele à *CB*, & terminée au rhumb de vent, exprimera par le nombre & les parties d'intervalles, le nombre des degrés & parties de degré de la différence en longitude, chaque intervalle étant compté pour un degré. Cette pratique n'eſt évidemment que l'exécution de la proportion énoncée (66), puiſque $CN : NO :: R : tang\ NCO$, (*Géom.* 296).

99. *Pour la ſeconde queſtion* (94). Opérez comme il eſt dit dans cet article, juſqu'à ces mots. . . . *comptez pareillement* ; puis achevez comme il vient d'être dit (98).

100. *Pour la troiſieme queſtion* (95). Opérez comme il eſt dit dans cet article, juſqu'à ces mots. . . . . *& le nombre des intervalles* ; puis achevez comme il a été dit (98).

101. *Pour la quatrieme Queſtion* (96).

Comptés de *C* en *H* fur *CA*, les lieues faites en latitude. Marquez auffi, de *C* en *N*
fur *CA*, l'intervalle pris fur l'échelle, entre la latitude du départ & celle de l'arrivée. Comptez fur *NO* parallele à *CB*, les
degrés & parties de degrés de la différence
en longitude, en faifant valoir un degré à
chaque intervalle ; alors le fil tendu fur *CO*,
marquera le rhumb de vent ; & *CG* déterminé par la parallele *HG* qui paffe par *H*,
marquera les lieues de diftance.

102. *Pour la cinquieme queftion* (86). Tendez le fil fur le rhumb de vent *CO* ; & ayant
compté fur *CB*, la différence *CP* en longitude, en prenant chaque intervalle pour un
degré, obfervez le point *O* du rhumb de
vent qui répond perpendiculairement au point
P, & fixez-y une épingle. Prenez fur *CA*
la diftance *CN* au point *N* qui répond perpendiculairement à *O* ; portez-là fur l'échelle
des latitudes croiffantes, depuis la latitude
d'arrivée ; en montant ou en defcendant,
felon que la route tend à augmenter ou à
diminuer la latitude ; vous connoîtrez la latitude d'arrivée. Réduifez le nombre de degrés du changement en latitude, en lieues,
que vous compterez de *C* en *H* ; alors le point
G, qui fur *CO* répond perpendiculairement
à *H* déterminera, par le nombre des intervalles de *CG*, les lieues de diftance.

Des routes composées, par le Quartier de réduction.

103. ON a donné le nom de *Regle com-posée* à celle que l'on suit pour réduire à une seule, plusieurs routes que l'on a courues successivement. Elle consiste à chercher, par ce qui a été dit ci-devant, le chemin fait, pour chaque route, tant suivant la ligne Nord & Sud, que suivant la ligne Est & Ouest ; d'où l'on conclud le chemin total fait suivant chacune de ces deux lignes en prenant la somme des quantités qui ont été courues dans un même sens, & la différence de celles qui ont été courues en sens opposés. Par le chemin total fait suivant la ligne Nord & Sud, on a la différence en latitude, qui avec la latitude du départ fait connoître le moyen parallele. Par le moyen parallele & le chemin total fait suivant la ligne Est & Ouest, on trouve comme il a été dit (91) les lieues majeures, & par conséquent la différence totale de longitude. D'où par ce qui a été dit (96) il est facile de conclure le rhumb de vent & le nombre de lieues de la route directe. En voici un exemple : le lieu de départ est supposé à 45° de latitude *N* & 110° de longitude.

EXEMPLE.

	N	S	E	O
I. Route ... 100 lieues au N E ¼ N..	83$^{li.}$	0$^{li.}$	55½$^{li.}$	0
II. Route ... 230 lieues à l'O N O..	88½	0	0	212
III. Route... 80 lieues à l'E ¼ S E..	0	15¾	78½	0
Sommes.	171½	15¾	134	212
	15¾			134
Reste des lieues N & des lieues O ...	155¼			78

Rhumb de vent direct. . . N N O 4° 12' O...lieues de dist. 174

Cette maniere d'opérer a pour but d'abréger le travail, en ne faisant qu'une feule fois la réduction des lieues mineures en lieues majeures ; mais par cela même elle peut être fouvent très-défectueufe. On ne doit s'en permettre l'ufage que pour réduire à une feule, toutes les différentes routes que l'on auroit pu faire dans un jour, & non pas pour réduire celles qu'on auroit faites en plufieurs jours confécutifs. On doit fur - tout s'en abftenir lorfque quelques - unes des routes ayant été très - voifines de la ligne Nord & Sud, d'autres ont été très - voifines de la ligne Eft & Oueft. L'application de la méthode du moyen parallele, à la réduction totale, pourroit alors être très-fautive.

Réfolution des queftions précédentes, par le calcul.

104. Les méthodes précédentes ont été
imaginées

imaginées en faveur de ceux, qui n'étant point instruits des principes d'Arithmétique & de Géométrie, ont befóin d'être guidés dans leur travail, par quelque chofe de fenfible, & qui leur préfente une efpece de tableau de leurs routes. Mais lorfqu'on a les principes néceffaires pour appliquer le calcul à la réfolution de ces mêmes queftions, on feroit blâmable de ne pas le faire : 1°. parce que ces opérations font au moins auffi faciles, par le calcul. 2°. Parce que les méthodes de calcul ne font affujetties à aucune limitation, & qu'il n'en eft pas de même de celles que l'on fuit dans l'ufage des inftruments. 3°. Parce que les réfultats du calcul ne peuvent être affectés d'autres erreurs que de celles qui affecteroient les données ; au lieu que les opérations graphiques joignent à ces mêmes erreurs, celles qui réfultent néceffairement des défauts des inftruments, des bornes que doit avoir l'étendue de leurs divifions, & de plufieurs caufes femblables. En vain diroit-on que les erreurs qu'on peut commettre en vertu de ces dernieres caufes, font au-deffous de celles qui peuvent réfulter des défauts dans la mefure du fillage, & dans celle du rhumb d e vent. Les erreurs inévitables ne font pas la mefure de celles qu'on peut fe permettre.

I 0 5. On peut réfoudre par le calcul trigonométrique toutes les queftions qu'on ré-

fout par le quartier de réduction, puifque toutes fe réduifent à la réfolution d'un rriangle rectangle, qui a pour hypothénufe, la longueur de la route ; pour côtés de l'angle droit, le chemin fait fuivant la ligne Nord & Sud, & le chemin fait fuivant la ligne Eft & Oueft ; & pour angles aigus adjacents à ces côtés, le rhumb de vent & fon complément. Connoiffant dans ce triangle, deux chofes, outre l'angle droit, & dont l'une foit un côté, nous avons vu en Géométrie, comment on calcule tout le refte ; ainfi nous ne le répéterons point ici.

106. Quant à la maniere de réduire les lieues mineures en lieues majeures, & réciproquement ; elle fe réduit à la proportion que nous avons donnée (69), & par conféquent à une fimple addition & une fouftraction, en employant les logarithmes. Cela eft trop facile d'après ce que nous avons dit en Arithmétique & en Géométrie, pour qu'il foit befoin d'en donner un exemple.

107. La meilleure méthode qu'on puiffe employer pour réfoudre les queftions de Navigation, eft la méthode des latitudes croiffantes. On trouvera à la fin de cet ouvrage, une table de ces latitudes (Table XIX). Dans le cas où n'en ayant point, on voudroit en former une, on le pourra par ce qui a été dit (37), ou plus exactement & plus briévement, par la

regle fuivante dont on trouvera la démonftration dans la quatrieme Partie de ce Cours.

*Prenez dans les tables le logarithme de la
cotangente de la moitié du complément de la
latitude, avec cinq chiffres feulement, après
la caractériftique ; ôtez - en le logarithme du
rayon, & multipliez le refte, par 7915,7 ; fup-
primez les cinq dernieres décimales du produit,
& vous aurez, en minutes & dixiemes de minutes, la latitude croiffante qui convient à la latitude propofée.*

Par exemple, on demande la latitude croiffante qui convient à 70° ; le complément de
70° eft 20° dont la moitié eft 10°. Je trouve
dans les tables ordinaires, que le logarithme
de la cotangente de 10°, diminué du logarih-
me 10,00000 du rayon, eft 0,75368. Je
multiplie ce dernier nombre par 7915,7,
& rejettant les cinq dernieres décimales du
produit, j'ai 5965',9 ou 5966 minutes pour
la latitude croiffante qui convient à 70° de latitude.

108. Chacune des queftions que nous allons réfoudre, n'exige que deux proportions,
& par conféquent en employant les logarithmes, fe réduit à des additions & des fouftractions. On peut même réduire le tout à des additions, en employant, au lieu des logarithmes
qu'on doit fouftraire, leurs compléments arithmétiques. Ce complément qui n'eft autre chof

G ij

fe que le nombre même qu'on doit fouftraire,
retranché de l'unité fuivie d'autant de zéros
qu'il a de chiffres, fe trouve facilement en
prenant la différence entre 9, & chacun de
fes chiffres, excepté le dernier qu'on retranche de 10. Par exemple, le complément arith-
méthique de 9,523526 eft 0,476474, que
l'on trouve en retranchant 9, 5, 2, 3, 5, 2,
chacun de 9, & le dernier chiffre 6, de 10.
Lors donc qu'on aura une fouftraction à faire,
on pourra la changer en une addition, en fubftituant au nombre qu'on doit retrancher, fon
complément arithmétique; mais il faudra obferver de diminuer d'une unité le premier
chiffre fur la gauche de la fomme; parce que
lors qu'au lieu de retrancher 9,523526, par
exemple, de 9,872345, j'ajoute au contraire
à celui-ci, le complément arithmétique du
premier, c'eft ajouter 10,000000 moins
9,523526; c'eft donc augmenter le réfultat,
de 10,000000, ou l'augmenter d'une unité
à fon premier chiffre. Au refte on peut tenir
compte de cette unité de trop, en comptant
dans l'opération, le premier chiffre du réfultat, avec une unité de moins.

Dans les opérations fuivantes nous emploie-
rons donc les compléments arithmétiques,
lorfqu'il y aura des fouftractions de logarithmes; excepté le cas où le logarithme à retrancher feroit celui du rayon, parce qu'alors

l'opération se réduit à ôter une unité du premier chiffre de la somme, ou à écrire ce premier chiffre avec une unité de moins. Ainsi dans les exemples ci-dessous, le mot somme signifie la somme des nombres supérieurs diminuée d'une unité à son premier chiffre. Venons à la résolution de nos questions.

109. 1°. *Étant donnés, le point de départ, le rhumb de vent, & la longueur de la route, trouver la latitude & la longitude d'arrivée.*

Faites cette proportion.... Le rayon est au nombre de lieues de la route, comme le cosinus du rhumb de vent, est à un quatrieme terme qui sera le chemin fait suivant la ligne Nord & Sud (61). Réduisez-le en degrés & minutes, & vous aurez le changement en latitude, & par conséquent la latitude d'arrivée.

Cherchez par le moyen de la table des latitudes croissantes (Table XIX), la différence des latitudes croissantes d'arrivée & départ (ou leur somme si elles sont de dénomination contraire); puis faites cette proportion (66)...... Le rayon, est à la tangente du rhumb de vent, comme la différence ou la somme des latitudes croissantes, (selon que les latitudes sont de même ou de différente dénomination), est à la différence de longitude.

EXEMPLE.

On est parti de 325° de longitude, & de

45° de latitude Nord : on a couru 652 lieues au *NO* 9° 44′ *N*, c'est-à-dire que le rhumb est de 35° 16′.

Log. 652 2,81425	Donc, lieues N. . . . 532,3
Log. cof. 35° 16′. . . 9,91194	Différence en lat. . . . 26°37′
Somme 2,72619	Latitude d'arrivée. . . . 71°37
	Diff. lat. croissantes. 3232
Log. 3232 3,50947	Donc, diff. en long^de... 2286′
Log. Tang. 35°16′. 9,84952	ou . . . . 38° 6′
Somme. . . . 3,35899	Longitude d'arrivée... 286°54′

Si l'on avoit calculé cette différence de longitude, par le moyen parallele, on auroit trouvé 35° 49′ ; l'erreur seroit donc de 2° 17′.

110. 2°. *Connoissant le point de départ, le rhumb de vent, & la latitude d'arrivée, on demande le chemin qu'on a fait, & la longitude d'arrivée.*

Réduisez en lieues, la différence en latitude (ou leur somme si les deux latitudes sont de dénomination différente). Faites cette proportion. . . . Le cosinus du rhumb de vent, est au rayon, comme le nombre de lieues qui répond au changement en latitude, est au nombre de lieues de distance.

Cherchez, par la table des latitudes croissantes, la différence des latitudes croissantes du départ & de l'arrivée (ou leur somme si les latitudes sont de dénomination différente) & faites cette proportion (66) . . . . Le rayon, est à la tangente du rhumb de vent, comme la différence (ou la somme, dans le second

cas) des latitudes croiſſantes , eſt à la différence en longitude.

EXEMPLE.

On eſt parti de 14° 50′ de latitude Nord ;
& 297° de longitude ; on a couru à l'ENE,
& l'on eſt arrivé par 26° 20′ de latitude Nord.
Le rhumb eſt donc de 67° 30.

Différence de lat..... 11ᵈ 30	Log. 230......... 2,36173
Lieues N. 230	Log. du Rayon. .. 10,.....
Diff. des lat. croiſᵗᵉˢ.... 739	Complément Arithmétique
	log. coſ. 67° 30′. . 0,41716
	Somme. 2,77889
Donc, lieues de diſt.... 601	Donc, diff. de long. 1784′..E
Log. 739....... 2,86864	ou. ..... 29° 44′
Log. Tang. 67°30′. 10,38278	Longitude d'arr. . 326° 44′
Somme. 3,25142	

III. 3°. *On connoît le point de départ, le
chemin qu'on a fait, & la latitude d'arrivée ;
on demande quel rhumb on a ſuivi, & la longitude d'arrivée.*

Réduiſez en lieues la différence des latitudes (ou leur ſomme ſi elles ſont de dénomination différente). Faites cette proportion.....
Le nombre des lieues de diſtance, eſt au nombre des lieues Nord & Sud, comme le rayon
eſt au coſinus du rhumb de vent.

Cherchez, par la table des latitudes croiſſantes, la différence des latitudes croiſſantes
de départ & d'arrivée, (ou leur ſomme, ſi
ces latitudes ſont de dénomination différente),

G iv.

& faites cette proportion.... Le rayon, est à la tangente du rhumb de vent, comme la différence des latitudes croissantes, (ou leur somme, dans le second cas) est à la différence en longitude.

EXEMPLE.

On est parti de 4° 30′ de latitude Nord, & de 351° 33′ de longitude. On a couru 659$\frac{2}{3}$ lieues entre l'*S* & l'*O*, & on est arrivé par 20° 20′ de latitude Sud.

Somme des lat...... 24° 50′	Log. 496$\frac{2}{3}$....... 2,69607
Lieues S,......... 496$\frac{2}{3}$	Log. du Rayon ....10, ...
Somme des lat. cr^{ees}.. 1516′	Comp^t.arith.log.659$\frac{2}{3}$.7,18067
Lieues de distance... 659$\frac{2}{3}$	Somme....... 9,87674
Donc, Rhumb de vent... 41° 9′	ou S O 3° 51′ S

Log. 1516...... 3,18070	Donc diff. en longit.. 1325′O
Log. Tang. 41° 9′.. 9.94146	ou ..... 22° 5′ O
Somme..... 3,12216	Long. d'arrivée.. 329° 28′

112. 4°. *On connoît le lieu du départ & celui de l'arrivée. On demande le rhumb de vent qu'on doit suivre, & le chemin qu'il y a à faire.*

Réduisez en minutes, la différence en longitude. Cherchez, par la table des latitudes croissantes, la différence des latitudes croissantes de départ & d'arrivée (ou leur somme, si les latitudes sont de dénomination différente), & faites cette proportion.... La différence des latitudes croissantes (ou leur somme dans le second cas), est à la différence en longitude, comme le rayon, est à la tangente du rhumb de vent.

Réduisez en lieues, la différence en latitude (ou la somme des latitudes, dans le second cas), & faites cette proportion.... Le cosinus du rhumb de vent, est au rayon, comme le nombre des lieues Nord & Sud, est au nombre des lieues de distance.

EXEMPLE.

On veut partir de 32° 40′ de latitude Nord, & de 339° 12′ de longitude, pour se rendre en un lieu situé par 14° 37′ de latitude Nord, & 297° 6′ de longitude.

Diff. de longitude.... 42° 6′	Log. 2526......	3,40243
ou....... 2526′	Log. du Rayon.....10,....	
Diff. des latitudes crtes.. 1189′	Compt.arit.log. 1189.	6,92482
	Somme....	10,32725

Donc, Rhumb de vent. 64° 48′ ou O SÔ 2° 42′ S

Diff. en latitude..... 18° 3′	Log. 361......	2,55751
Lieues S........ 361′	Log. du Rayon... 10....	
	Complément arithmétique log. cos. 64° 48′	0,37082

Donc lieues de dist.... 848   Somme..... 2,92833

113. 5°. *On connoît le lieu de départ, le rhumb de vent, & la longitude d'arrivée. On demande la latitude d'arrivée, & les lieues de distance.*

Réduisez en minutes, la différence de longitude, & faites cette proportion.... La tangente du rhumb de vent, est au rayon, comme la différence en longitude, est à un quatrieme terme qui sera la différence des latitu-

des croiſſantes ſi l'on n'a pas changé d'hémiſphere, ou leur ſomme, dans le cas contraire.
Dans le premier cas, ajoutez cette différence
à la latitude croiſſante du départ ſi la route
tend à augmenter la latitude, ou retranchez-
l'en ſi la route tend à diminuer la latitude.
Dans le ſecond cas, retranchez de cette ſomme, la latitude du départ, & vous aurez la
latitude d'arrivée.

Réduiſez en lieues, le changement en latitude ; & faites cette proportion.... Le coſinus du rhumb de vent, eſt au rayon, comme le nombre de lieues du changement en latitude, eſt au nombre de lieues de la route.

Exemple.

On eſt parti de 38° 10′ de latitude Nord,
& de 329° de longitude : on a couru au $NE\frac{1}{4}E$
juſques par 348° 32′ de longitude, c'eſt-à-
dire, que le rhumb de vent eſt de 56° 15′.

Diff. de longitude.... 19° 32′	Log. 1172. 3,06893
ou........ 1172′	Log. du Rayon... 10.....
Lat.de croiſſ.te. du départ.2481′	Complément arithmétique log.
	tang. 56° 15′. 89,82489
	Somme....... 2,89382
Donc diff. des lat. cr.tes. . 783′	Log. 190⅓. 2,27954
Latitude cr.te. d'arrivée.. 3264′	Log. du Rayon. . 10,....
Latitude d'arrivée. . 47° 41′	Complément arithmétique
Différence de latitude. . 9° 31′	log. coſ. 56° 15′. . 0,25526
Lieues N. 190⅓	Somme. ... 2,53475
	Donc lieues de diſtance.. 34⅗

Cette derniere question pourra être d'usage lorsqu'on aura de bonnes montres marines. Nous pourrions en ajouter ici une sixieme qui ne differe de la précédente qu'en ce que le rhumb de vent y est inconnu, & les lieues de distance, au contraire, sont supposés connues. Elle a également pour objet de faire conclure la latitude, de la longitude. Mais l'usage n'en seroit pas aussi sûr, parce que l'incertitude sur la mesure du sillage, est plus grande que sur celle du rhumb de vent. D'ailleurs cette question ne pouvant être résolue que par approximation, nous n'en disons rien ici. Au reste, ceux qui desireront savoir comment on peut résoudre cette question, le trouveront vers la fin de cet ouvrage.

REMARQUE.

114. Les solutions des questions précédentes supposant une mesure exacte du sillage, ou du rhumb de vent, on doit bien se garder de négliger les autres moyens qui peuvent s'offrir pour en confirmer ou en corriger les résultats. Nous nous occuperons, dans la Section suivante, de ceux que l'Astronomie fournit. Mais nous ne devons pas omettre de faire mention de l'usage qu'on peut faire de la sonde. On trouve dans les routiers, des Etats ou Mémoires détaillés des différentes profondeurs de l'eau, & des qualités du fond de la

Mer, dans un grand nombre d'endroits. On ne doit pas négliger de les consulter. Ces renseignements joints aux autres observations qu'on aura eu lieu de faire, peuvent servir beaucoup à connoître le lieu où l'on est. Dans certains parages, on trouve le fond lorsqu'on est encore à plus de 150 lieues des côtes, & il monte insensiblement à mesure qu'on avance. On doit donc, lorsque d'après l'estime faite par les méthodes précédentes, on a lieu de se juger à une certaine proximité des terres, se tenir sur ses gardes, n'aller de nuit qu'à petites voiles, reprendre même quelquefois le large, consulter les routiers, & sonder.

Pour cette derniere opération, on fait descendre, au fond de la Mer, un poids qui est communément de 20 ou 30 livres, de figure conique, & dont la base est creusée & garnie de suif pour rapporter des échantillons de la nature du fond. Pour pouvoir juger de la profondeur de l'eau, il faut que le poids descende verticalement ; c'est pourquoi, lorsqu'on veut sonder, il faut s'arrêter, ou mettre côté en travers ; car outre que dans le cas où l'on sonderoit en faisant route, on estimeroit la profondeur plus grande qu'elle n'est réellement, on s'exposeroit d'ailleurs à faire rompre la ligne de sonde.

SECONDE SECTION.

Dans laquelle on donne les connoissances d'Astronomie utiles aux Navigateurs.

115. Les Méthodes que nous avons exposées dans la Section précédente, pour la réduction des routes, seroient suffisantes, & l'observation des astres n'auroit gueres d'autre utilité dans la Navigation, que pour la construction des Cartes, si l'on étoit sûr de la mesure du sillage, & du rhumb de vent. Mais le premier de ces deux éléments peut (47) être altéré par des causes dont les effets sont trop peu connus, pour qu'on ne soit pas obligé d'y appliquer des corrections. Le second susceptible de mesures moins douteuses, à la vérité, exige néanmoins des vérifications très-fréquentes, puisque l'aiguille aimantée qui le détermine est sujette à une déclinaison qui change presque sans cesse. Or ces corrections & ces vérifications ne peuvent être puisées ailleurs que dans l'observation des Astres.

Tout rend donc indispensable la nécessité de connoître le Ciel, la situation & les mouvements des astres que nous y voyons.

Du mouvement annuel du Soleil ; de la vraie mesure du temps ; & de la distinction des années communes & des années Bissextiles.

116. Outre le mouvement dont nous avons parlé (7 & suiv.), en vertu duquel le Soleil & les autres astres paroissent décrire, chaque jour, un cercle parallèle à l'équateur, la terre a encore un autre mouvement qui s'acheve en 365 jours 5ʰ 49′ ; mais qui, par les mêmes raisons que nous avons données (8) semble appartenir au Soleil. Ce mouvement, sur lequel on regle la grandeur de l'année, est celui qui donne lieu à la différence des saisons & à l'inégalité des jours & des nuits, dans les différentes saisons.

117. Pour peu qu'on ait donné d'attention au Ciel, on sçait que la hauteur à laquelle le Soleil paroît lorsqu'il passe au Méridien, n'est pas la même chaque jour : qu'elle augmente pendant un certain espace de temps, après lequel elle diminue pendant un certain autre espace de temps, pour croître ensuite de nouveau ; ensorte que pendant le cours d'une année, le Soleil s'approche & s'éloigne alternativement de l'un & de l'autre pôle, mais sans jamais passer au-delà d'un certain terme.

Si l'on compare aussi, pendant quelque temps,

l'intervalle entre le paſſage du Soleil, & celui d'une même Etoile quelconque, par le Mé- ridien ; on s'apperçoit que ſi, par exemple, le Soleil & l'Etoile ſe ſont trouvés une fois au Méridien enſemble, le lendemain l'Etoile a déja paſſé à l'Occident du Méridien lorſque le Soleil y arrive ; le ſurlendemain elle en eſt encore plus éloignée vers l'Occident. Si donc cette Etoile n'a par elle-même aucun mouve- ment, (& le plus grand nombre eſt dans ce cas, comme nous le dirons dans peu) on en conclura que le Soleil, a par rapport aux Etoi- les, un mouvement propre d'Occident en Orient, par lequel indépendemment du mou- vement journalier ou diurne qu'il a en ſens contraire, ſon paſſage au Méridien retar- de chaque jour d'une certaine quantité par rapport aux Etoiles fixes ; & cette quantité eſt telle qu'au bout d'un an l'Etoile a gagné un jour entier ou 360° ſur le Soleil.

118. Il paroît d'abord, par cette expoſi- tion, qu'au lieu d'un ſeul mouvement annuel, le Soleil en auroit deux ; l'un par lequel il va alternativement vers l'un & l'autre pôle, l'autre par lequel il répond chaque jour à différents points de l'équateur. Il a bien, en effet, ces deux mouvements ; mais ces deux mouvements ſont l'effet d'un ſeul, comme nous allons le voir.

119. Concevons que *EAQ* (*Fig.* 30) ſoit

l'équateur célefte; *DPEp* un Méridien célefte que je fuppofe fixe. Que *CADBC* foit un
grand cercle formant avec l'équateur un angle quelconque *EAC.* Si l'on imagine que le
Soleil fe meuve dans le cercle *CADBC*,
dans le fens *ADB*, & qu'il le parcourre en
un an; de ce mouvement combiné avec le
mouvement journalier du Soleil, il réfultera
les apparences que nous venons de rapporter.

En effet, concevons que le Soleil foit actuellement en un point quelconque *S*, &
que demain à pareil inftant il foit en un
point *T* plus éloigné de *A*. Si par les
points *S* & *T* on imagine les paralleles
GSI, *HTK*; ce font les cercles que le Soleil paroîtra décrire aujourd'hui & demain;
enforte que lors du paffage au Méridien;
aujourd'hui, le Soleil paroîtra éloigné de
l'équateur, de la quantité *EG*; & demain il
en paroîtra éloigné de la quantité *EH*. Mais
on voit en même-temps, que ces éloigne-
ments fucceffifs auront un terme; car dès
que le Soleil aura décrit l'arc *AD* de 90°,
& qu'il parcourra l'autre quart *DB* de fa
circonférence, le parallele qu'il paroîtra décrire chaque jour, approchera de plus en plus
de l'équateur, jufqu'à ce que le Soleil foit
arrivé en *B*, où continuant fon mouvement
dans le demi-cercle *BCA*, il s'éloignera de
l'équateur

l'Equateur jufqu'à ce qu'il foit en *C*,& s'en rapprochera enfuite de la même maniere.

Si par les mêmes points *S* & *T* on conçoit les deux Méridiens *PSQ*, *PTR*; & fi en même-temps on imagine une Etoile fixe placée fur le Méridien *PSQ*; il eft clair que le Soleil étant fuppofé refter au point *S* du cercle *DACB*, paroîtra par le mouvement journalier, arriver au Méridien fixe, en même-temps que cette Etoile; mais que le lendemain, le Soleil étant parvenu en *T* fur le Méridien *PTR*, tandis que l'Etoile refte conftamment fur le Méridien *PSQ*, lorfque le point *T* paffera au Méridien fixe, l'Etoile y aura déja paffé, & en fera éloignée vers l'Occident, de toute la quantité angulaire *QPR*, mefurée par l'arc *QR*.

120. Nous avons dit (11) que le jour étoit déterminé par l'intervalle de temps qui s'écoule entre le paffage du Soleil par le Méridien, & fon retour au même Méridien. Mais le paffage du Soleil au Méridien, lorfqu'il eft en *S*, a lieu lorfque le Méridien *PSQ* paffe fous le Méridien fixe *PEp*; & fon retour a lieu le lendemain, lorfque le Méridien *PTR* paffe fous le même Méridien fixe *PEp*; donc l'intervalle entre le paffage du Soleil au Méridien, & fon retour au même Méridien, eft compofé de la durée de la révolution d'une Etoile, & de la durée qui

répond à la quantité QR dont le Soleil s'avance dans un jour, vers l'Orient, dans le sens de l'équateur, par son mouvement annuel.

Ainsi, quoique dans l'intervalle d'un jour, le Soleil ne décrive autour de la terre que 360°, le ciel étoilé décrit davantage ; il décrit, en outre, une quantité égale à l'arc QR qui mesure dans le sens de l'équateur, la quantité dont le Soleil, par son mouvement annuel, s'avance d'Occident en Orient dans un jour. Si cet arc QR qui sur l'équateur, répond à l'arc ST que le Soleil décrit chaque jour par son mouvement annuel, étoit toujours le même, la quantité dont les Etoiles s'avancent chaque jour vers l'Occident, par rapport au Soleil, seroit constamment la même & égale à 360° divisés par 365 jours 5 heures 49 minutes ; c'est-à-dire qu'elle seroit de 59′ 8″. Mais cette quantité varie, tant parce que la quantité ST que le Soleil décrit chaque jour n'est pas la même tous les jours de l'année, que parce que quand elle seroit la même, l'obliquité du cercle CAD à l'égard de l'équateur EAQ feroit que l'arc QR ne seroit pas toujours le même ; ensorte que ces 59′ 8″ sont la quantité moyenne dont les Etoiles anticipent chaque jour sur le Soleil.

Les Etoiles paroissent donc, chaque jour, décrire 360° 59′ 8″ d'Orient en Occident ; &

par conféquent le temps qu'elles emploient à
d'écrire 360 , ou à revenir au Méridien , n'eft
pas de 24 heures , mais de 23 heures 56′ 4″ ;
puifque les 360° 59′ 8″ employant 24 heures ,
360°ne doivent employer que 23 heures 56′ 4″.

121. Il fuit de ce que nous venons de
dire , que les jours proprement dits , c'eſt-
à-dire les intervalles de temps qui s'écou-
lent entre deux paffages confécutifs du Soleil au Méridien , ne font point égaux ; car
ils font compofés (120) de la durée de la
révolution d'une Etoile , & de l'intervalle de
temps que l'arc *QR* de l'équateur qui répond au mouvement *ST* du Soleil dans un
jour , emploie à paffer au Méridien , & qui ,
comme nous venons de le voir , n'eft pas
conftamment le même. C'eft ce qui a obligé de diftinguer deux fortes de jour : l'un
qu'on appelle jour *vrai* ; & c'eft celui
qui eft mefuré par l'intervalle exact entre deux paffages confécutifs du Soleil au
Méridien ; l'autre qu'on appelle jour *moyen*,
qui eft celui que doivent marquer les hor-
loges bien réglées , qui eft conftamment le
même , & qui eft mefuré par l'intervalle de
temps qui s'écouleroit entre deux midis confécutifs , fi la quantité *QR* dont le Soleil s'a-
vance chaque jour vers l'Orient , étoit conftamment la même. C'eft ce temps , que l'on
appelle *tems moyen*, que l'on compte dans la
H ij

vie civile. L'autre, ou le *temps vrai*, est celui que marquent les cadrans solaires. La différence d'un jour vrai, à un jour moyen, est fort petite ; mais en s'accumulant elle peut mettre une différence de 16′ 10″ entre le temps vrai & le temps moyen. Cette différence est ce qu'on appelle *l'Equation du temps* ; elle est tantôt dans un sens, tantôt dans un autre ; c'est-à-dire que le temps vrai est tantôt plus grand, tantôt plus petit que le temps moyen ; & il y a quatre jours dans l'année où ces deux temps sont les mêmes.

122. La grandeur de l'année est déterminée par l'intervalle de temps entre le passage du Soleil par un point quelconque du cercle *CADBC* qu'on appelle *l'Ecliptique*, & son retour au même point. Comme cet intervalle est de 365^j 5^h 48′ 48″ ; c'est-à-dire est composé d'un nombre entier de jours, & d'une fraction ; on est convenu, pour plus de facilité, de négliger cette fraction pendant quelques années de suite, & de n'en tenir compte que lorsqu'en s'accumulant elle pourroit former un jour entier ou environ. Comme cette fraction est d'environ 6 heures qui font le quart d'un jour, on est convenu de compter de suite, trois années de 365 jours seulement, & de compter 366 jours dans la quatrieme. Ces trois premieres années sont ce qu'on appelle des *années com-*

munes; & la quatrieme s'appelle *année biffextile*. Le jour qu'on ajoute à la quatrieme année, s'ajoute au mois de Fevrier qui, dans les années communes, n'a que 28 jours, & qui en a par conféquent 29 dans les années biffextiles.

Cet arrangement, qui fut prefcrit par Jules Céfar, en a pris le nom de *Style Julien*. L'année 1 de l'Ere Chrétienne s'étant trouvée être la premiere des années communes, toutes les années biffextiles tombent fur des nombres multiples de 4, ou divifibles par 4; ainfi les années 1768, 1772, 1776 &c, font biffextiles, parce que ces nombres font divifibles par 4.

Comme cette difpofition fuppofe l'année de $365^j 6^h$, tandis qu'elle n'eft réellement que de $365^j 5^h 48' 48''$, ce qui fait une différence de $11' 12''$; il s'enfuit qu'à chaque biffextile, on ajoute $44' 48''$, de trop, & que par conféquent au bout d'un fiecle ou de 25 années biffextiles, on compte $18^h 40'$ de trop. C'eft pour en tenir compte que le Pape Grégoire XIII qui en 1582 s'occupa de la réformation du Calendrier, établît que l'on rendroit commune, chaque centiéme année, au lieu de biffextile qu'elle devoit être fuivant le premier arrangement. Mais comme cette fuppreffion de l'année biffextile au commencement du fiecle, eft trop forte de $5^h 20'$, puifqu'il n'y a que $18^h 40'$ à retran-

H iij

cher, on ne fait la centiéme année, commune, que pendant trois fiecles confécutifs, &
dans le quatrieme, elle redevient biffextile.
Ainfi les années 1700, 1800 & 1900 font
des années communes, & 2000 eft biffextile.

Comme tous les peuples n'ont pas adopté
cette réforme, on a diftingué le *nouveau
ftyle*, & le *vieux ftyle*. Ceux qui fuivent le
vieux ftyle comptent 11 jours de moins que
nous; ils en compteront 12 dans le 19ᵉ fiecle; c'eft-à-dire par exemple, que le 21 Avril
pour nous, eft le 10 Avril pour eux.

Des cercles & des points de la Sphere qui répondent aux différentes époques du mouvement annuel du Soleil.

123. Le cercle *CADBC* (*Fig.* 30) dans
lequel nous venons de dire que le Soleil fait fa révolution annuelle, & que nous
avons appellé l'Ecliptique, fait avec l'Equateur, un angle de 23° 28′. Quoique cet angle ne foit pas toujours exactement de cette
quantité, les variations qu'il fubit font trop
petites pour nous intéreffer dans la matiere
que nous traitons. Ainfi nous le fuppoferons
conftamment de 23° 28′.

L'Ecliptique eft donc un grand cercle de la
Sphere, dans lequel le Soleil fait fa révolution annuelle, & qui coupe l'équateur fous
un angle de 23° 28′.

Les points *A* & *B* où l'Ecliptique coupe l'Equateur, s'appellent les points *Equinoctiaux* ; parce que lorsque le Soleil, par son mouvement annuel, arrive à l'un de ces points, le jour est égal à la nuit, pour tous les différents lieux de la terre. En effet, tous les différents horizons coupant l'équateur en deux parties égales, il est clair que lorsque le Soleil, par son mouvement journalier, décrit l'Equateur, il est autant de temps sur chaque horizon, qu'au-dessous.

Le passage du Soleil, par l'un de ces points, est l'époque du printemps ; & par l'autre, c'est l'automne. Le jour de ce passage s'appelle l'*Equinoxe*.

L'arc *A S* de l'écliptique que le Soleil a parcouru depuis son passage par l'équinoxe du printemps, qu'on appelle autrement le point d'*Aries* ou du *Bélier*, s'appelle la *Longitude* du Soleil : elle se compte en signes, degrés, minutes, &c. Ces signes, qui sont de 30° chacun, ont les noms Latins & François, & sont désignés par les caracteres suivants......

Aries.....	le Bélier ..	♈	*Libra*....	la Balance..	♎
Taurus....	le Taureau..	♉	*Scorpius*..	le Scorpion.	♏
Gemini....	les Gemeaux	♊	*Arcitenens*.	le Sagittaire.	♐
Cancer....	l'Ecrévisse..	♋	*Caper*....	le Capricorne	♑
Leo......	le Lion...	♌	*Amphora*.	le Verseau...	♒
Virgo......	la Vierge..	♍	*Pisces*....	les Poissons.	♓

H iv

Les six premiers de ces signes font dans la partie du Nord, & les six autres dans la partie du Sud.

Le commencement de chacune des quatre saisons, *Printemps*, *Eté*, *Automne*, & *Hiver*, est déterminé par l'entrée du Soleil dans les signes du Bélier, de l'Ecreviffe, de la Balance, & de la Chevre ; ce qui arrive le 20 Mars, le 21 Juin, le 22 Septembre, & le 21 Décembre.

Si par les pôles P & p de l'Equateur (*Fig.* 31) & par les points équinoxiaux A & B, on conçoit un grand cercle P A p B ; ce cercle est ce qu'on appelle le *Colure des Equinoxes*.

Et si par le centre de l'Ecliptique, on conçoit une droite P' p' perpendiculaire à ce plan, & qui rencontre la Sphere en P' & p' ; cette droite s'appelle l'axe de l'Ecliptique, & les points P' & p' font les pôles de l'Ecliptique.

Si par les pôles P & P' de l'Equateur & de l'Ecliptique on imagine un grand cercle P P' E p ; ce cercle qui sera en même temps perpendiculaire à l'Equateur & à l'Ecliptique, est ce qu'on appelle le *Colure des Solstices.*

Les points C & D où le colure des Solstices rencontre l'Ecliptique, se nomment les *points solsticiaux*, & le moment où le Soleil arrive à l'un ou à l'autre de ces points, s'appelle le *Solstice.*

Lorsque le Soleil arrive aux points solsticiaux D & C, son mouvement dans l'Ecliptique est parallèle à l'Equateur ; ensorte que pendant quelques jours , il paroît ne s'éloigner, ni ne s'approcher de l'Equateur ; il est comme stationnaire : c'est ce qui a fait donner à ces points le nom de points solsticiaux.

Puisque le colure des solstices est perpendiculaire à l'Equateur & à l'Ecliptique ; l'arc $E C$ ou $Q D$ de ce colure, compris entre ces deux cercles , est donc la mesure de leur inclinaison ; il est donc (123) de 23°. 28'. Et comme il est évident qu'il mesure aussi la plus grande distance à laquelle le Soleil puisse se trouver , de part, & d'autre de l'Equateur, il s'ensuit que par son mouvement annuel , le Soleil ne s'éloigne jamais de l'Equateur, de plus de 23° 28'.

124. Jusqu'ici nous avons regardé le Soleil comme décrivant, chaque jour, un parallele à l'Equateur , en vertu du mouvement diurne. Mais comme son mouvement dans l'Ecliptique est continuel, on voit qu'à la rigueur, il décrit depuis un Equinoxe jusqu'au solstice suivant, une espece de spirale dont les différentes spires qui répondent à chaque révolution diurne sont très-peu inclinées à l'égard de l'Equateur. En effet le Soleil ne s'avance chaque jour dans l'Eclip-

tique que d'environ un degré , tandis que
par le mouvement diurne il décrit 360° parallélement à l'Equateur. Ainsi nous conti-
nuerons d'appeler parallele du Soleil , la
route que ce Astre décrit chaque jour autour
de la terre.

125. On a donné aussi des noms particuliers à chacun des paralleles que paroissent
décrire en vertu du mouvement diurne, chacun des principaux points où passe le Soleil
par son mouvement annuel.

Par exemple , on a nommé *Tropiques* les
deux paralleles *MD, CN* que le Soleil décrit lorsqu'il est dans les points solsticiaux.
Ainsi les tropiques font deux petits cercles
de la sphere, paralleles à l'Equateur, & qui
en font éloignés chacun de 23° 28'. Celui qui
est vers le Nord s'appelle *Tropique du Cancer*.
Et celui qui est vers le Sud, s'appelle *Tropi-*
que du Capricorne.

On a nommé *Cercles polaires*, les paralleles *P'G, p' g'* que paroissent décrire, en vertu du mouvement diurne, les pôles *P'* & *p'*
de l'Ecliptique. Ces pôles font éloignés de
ceux de l'Equateur, d'une quantité égale à
l'inclinaison de ces deux plans. Ainsi les
cercles polaires, font deux paralleles à l'E-
quateur , & qui font éloignés de ses pôles , de 23° 28' , ou qui font éloignés de
l'Equateur, de 66° 32'. Celui qui est vers le

Nord, s'appelle cercle polaire *Arctique* ; &
celui qui est vers le Sud, s'appelle cercle
polaire *Antarctique*.

*Conséquences qui résultent du mouvement
annuel du Soleil, par raport aux cli-
mats, aux zones, à la durée des jours,
&c.*

126. On a imaginé sur la surface de la
terre , des cercles analogues à ceux que
nous venons de faire connoître dans le
Ciel. Ainsi, on appelle tropiques terrestres,
les deux cercles paralleles à l'Equateur terrestre, & qui en sont distants de 23°28′ de
part & d'autre. Ces cercles marquent sur la
terre, les lieux qui ont le Soleil à leur zénith, le jour du solstice. Car si de tous
les points du tropique céleste *CN* (*Fig.* 31)
on imagine des rayons tels que *CI* menés
au centre de la terre, le parallele qu'ils tra-
ceront sur la surface de la terre sera éloigné
de l'Equateur, de 23° 28′ ; & tous les lieux
situés sur ce parallele, auront leur zénith dans
le parallele celeste correspondant.

On appelle, de même, cercles polaires
terrestre , deux paralleles à l'équateur terrestres, & qui en sont distants de part & d'autre, de 66° 32′.

Ces quatre cercles partagent la terre en

cinq parties qu'on appelle *Zones*. La première qu'on appelle *Zone torride*, eſt compriſe entre les deux tropiques, & ſon étendue eſt par conſéquent de 23° 28′ de part & d'autre de l'équateur. Les peuples qui habitent cette zone ont, dans le cours de l'année, deux fois le Soleil à leur zénith; une fois lorſqu'il va de l'Equateur au tropique le plus voiſin ; & la ſeconde fois lorſqu'il revient de ce tropique vers l'Equateur. Cette zone a été nommée torride, parce que la chaleur y eſt grande & continuelle, attendu que le Soleil eſt toujours au-deſſus de cette zone.

L'eſpace compris entre chaque pôle & le cercle polaire du même hémiſphere, s'appelle *Zone glaciale*. Comme le Soleil ne ſort point de la zone torride, il ne peut éclairer que très - obliquement les zones glaciales ; & par conſéquent il doit y faire, & il y fait en effet très-froid.

Enfin on a donné le nom de *Zones tempérées*, à l'eſpace compris, ſur chaque hémiſphere, entre le tropique & le cercle polaire du même hémiſphere. Chacune de ces zones a donc une étendue de 43° 4′ en latitude.

127. Puiſque le Soleil décrit ſucceſſivement différents paralleles, il eſt clair d'après ce que nous avons dit (9), qu'à l'ex-

ception des lieux situés sous l'Equateur, la durée du jour & celle de la nuit doivent varier continuellement pendant l'année, pour un même lieu : ensorte que les jours seront plus longs que les nuits, lorsque le Soleil sera dans l'hémisphere que l'on habite ; & au contraire les nuits seront plus longues que les jours, lorsqu'il sera dans l'hémisphere opposé. Les jours seront le plus longs lorsque le Soleil sera dans le tropique de l'hémisphere que l'on habite, & le plus courts, lorsqu'il sera dans le tropique de l'hémisphere opposé.

La durée d'un jour quelconque sera la même pour tous les peuples situés sur un même parallele ; mais elle sera d'autant plus grande que ce parallele sera par une plus grande latitude, quand le Soleil & le parallele du lieu seront dans le même hémisphere, ou d'autant plus petite dans le cas contraire. Par exemple, les peuples qui habitent les cercles polaires voient le Soleil pendant 24 heures de suite, à leur solstice d'Eté, & en sont privés pendant 24 heures, à leur solstice d'Hiver. Ceux qui sont plus voisins du pôle, voient le Soleil, & en sont privés pendant plusieurs jours de suite ; ensorte qu'au pôle, le Soleil est visible pendant six mois, & invisible pendant les six autres mois. Tout cela est une suite évidente du mouvement annuel du Soleil, & de ce que nous avons dit (9).

Des Planetes & des Etoiles fixes.

128. On a donné le nom *d'Etoiles fixes*, à celles des Etoiles que l'on a observé n'avoir d'autre mouvement que celui que doivent paroître avoir toutes les parties fixes du Ciel , en vertu du mouvent diurne de la terre. Et on a , au contraire, nommé *Etoiles errantes* ou *Planetes*, celles qui , outre ce mouvement, en ont un particulier. On en compte ordinairement fept de cette derniere efpece ; on leur a donné les noms & on les a défignées par les caracteres qui fuivent. . . . .

Saturne, Jupiter, Mars, le Soleil, Vénus, Mercure, la Lune.
♄   ♃   ♂   ☉   ☿   ♀   ☾

De cesfept Astres , il n'y a véritablement que laLune dont le mouvement propre fe faffe autour de la terre. Les autres font leurs révolutions autour du Soleil qui est fixe ou fenfiblement fixe , & autour duquel la terre fait une révolution en un an.

Ces planetes font leur cours autour du Soleil, d'Occident en Orient, tandis que par le mouvement diurne de la terre elles paroiffent fe mouvoir d'Orient en Occident. Les durées de leurs révolutions font inéga-

les & fubordonnées à leurs diftances au Soleil. Saturne emploie 10759 jours 8 heures
à achever la fienne; Jupiter en emploie 4332$\frac{1}{2}$;
Mars, 687; la Terre, 365$\frac{1}{4}$; Venus, 225;
Mercure, 87. Saturne & Jupiter font ac-
compagnés de Lunes ou Satellites qui en
même-temps qu'ils tournent avec ces Planetes autour du Soleil, tournent auffi autour d'elles, comme la Lune tourne autour
de nous, en même-temps qu'elle nous ac-
compagne dans notre courfe annuelle autour
du Soleil. Ces petites Lunes font fujettes à
de fréquentes éclipfes qui peuvent (particuliérement celles de Jupiter) devenir fort
utiles pour la détermination des longitudes
en Mer, fi on parvient enfin à pouvoir les
obferver malgré l'agitation du vaiffeau.

129. Les Planetes font faciles à diftinguer des Etoiles fixes, par leur lumiere qui
eft moins étincelante, parce qu'elles l'em-
pruntent du Soleil; au lieu que les Etoiles
fixes font lumineufes par elles-mêmes, &
paroiffent être autant de Soleils, que nous ne
voyons auffi petits, que parce qu'ils font à
une diftance immenfe de nous. Elles font
encore faciles à trouver dans le Ciel, par
une autre raifon; c'eft que quoique leur
mouvement autour du Soleil, fe faffe
dans un plan particulier pour chacune,
néanmoins ces plans ou cercles, s'écartent

peu de celui que le Soleil paroît décrire en un an : Vénus qui s'en écarte le plus, n'en est jamais éloignée de plus de 8 degrés, tantôt d'un côté de l'Ecliptique, tantôt de l'autre.

130. Cette propriété des mouvements des Planetes, de ne point s'écarter au-delà de 8 degrés de part & d'autre de l'Ecliptique, a donné lieu d'imaginer dans le Ciel, une zone ou bande à laquelle on a donné le nom de *Zodiaque*, & qui occupe, en tout, un espace de 16 degrés, 8 de part & d'autre de l'Ecliptique. Le Zodiaque comprend donc tout l'espace que les Planetes parcourent dans le Ciel.

De toutes les Planetes, celle dont les mouvements nous intéressent le plus, est la Lune. Nous en parlerons dans peu.

131. A l'égard des Etoiles fixes, elles font répandues dans toutes les parties du Ciel. Comme il auroit été impossible de donner un nom particulier à toutes, on est convenu d'en rassembler un certain nombre sous un nom commun qui est celui d'une figure que l'on a conçue dessinée sur l'espace qu'elles occupent. Cet assemblage d'Etoiles, s'appelle une *Constellation*.

La figure que l'on a imaginée pour chaque constellation, ne représente pas toujours l'ordre de la distribution naturelle des Etoiles.

les. Par exemple, on ne doit point s'imaginer que l'espace qu'on appelle *la grande Ourse*, ressemble à un ours : il ne lui ressemble que sur les cartes.

Quoi qu'il en soit, c'est de cette maniere qu'on partage d'abord le Ciel étoilé ; & les noms des signes de l'Ecliptique que nous avons rapportés ci-dessus, qu'on appelle plus communément les signes du zodiaque, font ceux des constellations qui se trouvent comprises dans le zodiaque. Quoique depuis que ces noms ont été imaginés, les signes de l'écliptique considérés comme mesure de la longitude du Soleil, ne répondent plus aux constellations dont ils portent le nom, on ne continue pas moins d'appeller le Bélier, le Taureau &c, le premier, le second &c, signes de la longitude du Soleil.

Quoiqu'on puisse toujours trouver facilement une Etoile quelconque dans le Ciel, à l'aide des catalogues que les Astronomes en ont dressé, il est néanmoins utile de se rendre les principales, familieres à la vue : c'est pour cette raison que nous plaçons à la fin de ce volume, les Planches VII & VIII qui représentent les Etoiles principales de chaque hémisphere. Pour s'en servir à reconnoître les Etoiles, il faut faire attention, sur la carte, à ce que la disposition des Etoiles de chaque constellation, a de particu-

lier, tant par rapport à cette conſtellation ;
que par rapport à ſes voiſines ; & pour plus
d'ordre, il faut commencer par celles qui
ſont voiſines du pôle élevé. C'eſt ainſi que
vers le Nord, on reconnoîtra *la grande Ourſe*
autrement appellée *le grand Chariot*, aux ca-
raĉteres ſuivants. Elle eſt formée de ſept Etoiles principales, dont quatre forment un quadrilatere preſque reĉtangle. Si l'on imagine le
côté de ce quadrilatere qui eſt le plus près de
l'épaule, prolongé vers le Nord ; ce côté paſſera très-près d'une Etoile aſſez belle qui eſt
préciſément l'Etoile polaire. Cette Etoile
n'eſt pas exaĉtement au pôle ; elle en eſt à
deux degrés eeviron. Les trois autres Etoiles ſont preſque en ligne droite. *Caſſiopée* eſt
remarquable par cinq Etoiles principales qui
forment à peu près la lettre *M.* On reconnoîtra le *Taureau* par un amas de petites
Etoiles fort ſerrées, & par une Etoile remarquable par ſa grandeur, ſon éclat & ſa
couleur rouge ; cette Etoile s'appelle *Al-*
débaran.

De la Lune ; de ſes Phaſes, & de ſes Eclipſes ; du Nombre d'or, & des Epaĉtes.

132. La Lune, indépendamment du mouvement diurne qui lui eſt commun avec tous

les Aſtres, a encore un mouvement autour
de la terre, qui lui eſt particulier, & qui ſe
fait d'Occident en Orient. ce mouvement ne
ſe paſſe point dans l'Ecliptique même, comme celui du Soleil; mais il s'en écarte peu;
car la trace que décrit la Lune, & qu'on
appelle ſon *Orbite*, n'eſt jamais inclinée à
l'Ecliptique, de plus 5° $\frac{1}{3}$.

133. La Lune emploie 27^j 7^h 43′ 12″ à
revenir à un même point du Ciel, à une
même Etoile : & cet eſpace de temps s'appelle ſa révolution ou ſon *mois périodique*.

Si la Lune avoit toujours la même vîteſſe,
elle avanceroit donc chaque jour, vers l'O-
rient, de 13° 10′ 35″.

134. La révolution de la Lune, à l'égard
du Soleil, eſt plus longue : elle eſt de 29^j 12^h
44′ 3″; c'eſt-à-dire, que ſi la Lune eſt aujour-
d'hui au méridien avec le Soleil, elle ne ſe
retrouvera au méridien avec lui, qu'au bout
de 29 jours & demi, environ. Enſorte que la
quantité moyenne dont la Lune avance chaque jour vers l'Orient, à l'égard du Soleil, eſt
de 12° 11′ 27″.

La différence de ces deux révolutions, vient
de ce que le Soleil s'avançant, par ſon mouvement annuel, dans le même ſens que la
Lune; celle-ci, dans un intervalle de temps
donné, s'éloigne moins du Soleil, que des
Etoiles. Auſſi voit-on que la différence de

13° 10′ 35″ à 12° 11′ 27″, eſt de 59′ 8″ qui
(120) eſt préciſément la quantité moyenne
dont le Soleil s'avance vers l'Orient dans un
jour.

Cette révolution de la Lune, à l'égard du
Soleil, eſt ce qu'on appelle une *Lunaiſon*, un
Mois ſinodique, une *Révolution ſinodique*. C'eſt
l'intervalle d'une nouvelle Lune, à la nouvelle
Lune ſuivante, ou d'une pleine Lune, à la pleine
Lune ſuivante.

135. La vîteſſe de la Lune n'eſt pas conſ-
tamment la même pendant la durée de ſa révolution. La plus grande vîteſſe a lieu lorſque
la Lune eſt le plus près de la Terre; & ce
point de la plus grande proximité, s'appelle le
Périgée de la Lune. Depuis le Périgée, la
Lune s'éloigne de la Terre, & diminue de
vîteſſe, juſqu'à un certain terme qu'on appelle l'*Apogée*, où ſa diſtance eſt la plus grande.
Paſſé ce terme, la vîteſſe augmente juſqu'au
Périgée.

Ainſi, les principales inégalités du mouvement de la Lune, dépendent de ſa diſtance à
l'Apogée; c'eſt-à-dire, de l'angle formé au
centre de la Terre, par la droite qui iroit de
ce centre au point de l'Apogée, & par celle
qui iroit de ce même centre, à la Lune. Cet
angle s'appelle l'*Anomalie*.

136. L'Apogée & le Périgée de la Lune
ne répondent pas toujours aux mêmes points

du Ciel ; c'eft ce qui fait que la révolution de la Lune à l'égard de fon apogée, & qu'on appelle fa révolution *anomaliftique*, n'eft pas la même qu'à l'égard des Etoiles : elle eft de $27^j 13^h 18' 34''$.

137. Enfin, le mouvement de la Lune fe faifant dans un plan incliné à l'écliptique, elle eft au Nord de l'Ecliptique pendant environ une moitié de fa révolution ; & au Sud, pendant un pareil intervalle, à peu près. Les points où elle paffe du Nord au Sud de l'Ecliptique, c'eft-à-dire, où fon orbite coupe l'Ecliptique, s'appellent les *Nœuds*.

138. La diftance de la Lune à la Terre varie depuis $55\frac{1}{2}$ demi-diametres de la Terre, jufqu'à $64\frac{3}{4}$; enforte que fa diftance moyenne eft à peu près de $60\frac{1}{4}$ demi-diametres terreftres. Cette diftance eft environ la 340e partie de celle de la Terre au Soleil.

139. La Lune eft vifible à nos yeux, non par elle-même, mais par la lumiere qu'elle reçoit du Soleil, & que fa furface renvoie enfuite vers nous. C'eft par cette raifon que nous ne voyons pas toujours en entier l'hémifphere de la Lune qui fe préfente directement à nous ; & ce qui, par conféquent, donne lieu à ce qu'on appelle les *Phafes* de la Lune, ou les différents afpects fous lefquels nous la voyons.

En effet, concevons que *Q K O I* (*Fig.* 32) foit l'orbite de la Lune ; *T* le centre de la

Terre ; & que le Soleil soit dans la droite TS, mais à une distance immense de T. Les rayons qui partent de cet astre , & qui tombent sur la Lune , en quelque endroit que ce soit de son orbite , peuvent sans erreur sensible , être considérés comme paralleles.

Supposons que la Lune se trouve successivement en Q, K, O & I ; les points Q & O étant dans le plan qui passe par la Terre & par le Soleil ; & les points K & I étant à 90° de ce plan.

Si l'on conçoit , dans chaque position de la Lune , des tangentes à son globe & qui soient paralleles à la ligne TS ; il est évident que ERF, LGV, NPM, ACB seront pour chaque position , la partie de la surface de la Lune qui reçoit les rayons du Soleil. Mais un Observateur placé en T, ne verra tout l'hémisphere éclairé de la Lune que lorsqu'elle sera en O. Quand elle sera en I, il ne pourra voir que la partie BC du disque éclairé BCA. Quand la Lune sera en Q, comme elle ne présentera à l'Observateur que l'hémisphere opposé à celui ERF qui est éclairé, elle ne sera pas visible. Enfin quand elle sera en K, l'Observateur verra seulement la partie LG du disque éclairé LGV ; ensorte qu'en allant de O en I, & de I en Q, la partie visible de la Lune diminuera continuellement, jusqu'à disparoître ; puis elle augmentera continuellement de

Q en K, & de K en O où l'on verra tout l'hémisphere éclairé.

140. Quand la Lune est en Q, entre le Soleil & la Terre, cette Phase s'appelle la *nouvelle Lune*. C'est de ce point qu'on compte l'*âge* de la Lune, ou le nombre de jours écoulés depuis son renouvellement. Le jour de la nouvelle Lune, cette planete se leve & se couche à peu près en même temps que le Soleil, & passe aussi au méridien à peu près en même temps que lui. Mais dans les jours suivants, son passage au méridien retarde, & la quantité moyenne de ce retard est de 49' environ.

Lorsque la Lune est parvenue en K, à 90° du Soleil, on dit qu'elle est dans son *premier Quartier*; alors elle se leve vers le temps où le Soleil est au méridien. En O, au-delà de la terre, par rapport au Soleil, arrive la *pleine Lune*: à cette phase la Lune se leve lorsque le Soleil se couche. Enfin lorsqu'elle arrive en I où il ne reste plus que 90° à décrire pour se renouveller, on dit qu'elle est à son *dernier Quartier*; alors elle se leve vers minuit.

On appelle aussi, le point Q, la *Conjonction*; parce que la Lune & le Soleil paroissent se confondre lorsque la Lune arrive en ce point: & le point O s'appelle l'*Opposition*. Ces deux points sont nommés aussi les *Sizigies*; & la ligne Q Q S s'appelle la ligne des sizigies: les

L iv

deux points *K* & *I* s'appelle les *Quadratures.*

141. Dans ce que nous venons de dire, nous avons tacitement regardé la Lune comme faisant son mouvement dans le plan même où se trouvent continuellement le Soleil & la Lune ; ce qui n'est pas rigoureusement vrai, puisque (132) la Lune se meut dans un plan incliné à l'écliptique, d'environ 5°. Mais la modification que cette circonstance apporte à la description que nous venons de faire des phases de la Lune, est facile à appercevoir ; car il est clair, par exemple, que dans la nouvelle Lune on pourra voir une petite partie du disque éclairé ; que dans la pleine Lune, on verra un peu moins que le disque entier ; & dans les autres phases, à proportion.

Le seul cas où la Lune soit véritablement dans le plan de l'écliptique, c'est lorsqu'elle passe par ses nœuds. Si cette circonstance concourt avec les sizigies, alors il y aura *Eclipse* ; c'est-à-dire, *Eclipse de Soleil* si la Lune passe à l'un de ses nœuds lorsqu'elle se renouvelle ; & *Eclipse de Lune* si elle passe à l'un de ses nœuds lorsqu'elle est pleine. Parce que dans le premier cas, la Lune cache à la Terre, le Soleil ou une partie du Soleil, selon que sa distance à la Terre fait paroître son diametre plus ou moins grand que celui du Soleil. Et dans le second cas, la Lune passant au delà de la terre, par rapport au Soleil, traverse un

efpace où les rayons du Soleil arrêtés par la
terre, ne pénetrent pas; elle eft donc dans
l'ombre & par conféquent invifible. Au refte,
il n'eft pas abfolument néceffaire pour qu'il y
ait éclipfe, que la Lune foit exactement dans
l'un de fes nœuds, lors des fizigies. Il peut y
avoir, & il y a en effet fouvent éclipfe, lorfque la Lune eft dans le voifinage de fes
nœuds lors des fizigies; mais il ne peut y avoir
éclipfe que vers les fizigies.

142. Si l'on compare la durée de la révolution finodique de-la Lune, avec celle de
l'année, on voit qu'une année ne peut pas
comprendre un nombre exact de lunaifons;
mais que chaque lunaifon étant de 29 jours 12
heures $\frac{3}{4}$ à peu près, 12 lunaifons ne font
qu'un peu moins de 354 jours $\frac{1}{2}$; enforte que
fi, par exemple, la Lune étoit nouvelle au
premier Janvier d'une année, elle fe trouveroit
âgée de près de 11 jours, à la fin de cette même
année. A la fin de l'année fuivante, elle le
feroit d'environ 22 jours; & au bout de trois
ans il y auroit eu 37 lunaifons & environ trois
jours. Ce n'eft qu'après un nombre d'années
plus confidérable, que la Lune fe retrouve
dans les mêmes pofitions à l'égard de la Terre
& du Soleil, les mêmes jours de l'année.

Si l'on prend 235 lunaifons, qui comme nous
l'avons dit (134) font de 29^{j}12^{h}44'3" chacune,
on verra qu'elles répondent à 6939^{j}16^{h}32'.

Or 19 années de $365\frac{1}{4}$, comme on les compte dans l'état actuel du Calendrier, font 6939ᵈ 18ʰ; donc au bout de 19 ans, les nouvelles & pleines Lunes, & en général, les phases semblables de la Lune, arrivent aux mêmes jours du mois, & presque à la même heure, car la différence n'est que de 1ʰ 28′. On a donné à cette période remarquable, le nom de *Cycle d'or*. Nous ne la considérerons ici que par rapport à son usage pour trouver les nouvelles & les pleines Lunes. Mais avant de faire connoître cet usage, il faut enseigner la maniere de trouver la date du Cycle d'or, c'est-à-dire, de trouver le *Nombre d'or* qui répond à une année proposée.

143. *Pour trouver le nombre d'or*, il faut ajouter 1 à l'année proposée; & divisant le le tout par 19, le reste, sans aucun égard au quotient, marquera le nombre d'or. Par exemple, pour 1770; je divise 1771 par 19; le reste de la division est 4; 4 sera donc le nombre d'or en 1770.

On ajoute 1 à l'année proposée, parce qu'au commencement de l'Ere Chrétienne, il y avoit déja une année que le cycle d'or étoit révolu.

144. Les *Epactes* sont des nombres qui marquent pour chaque année, quel âge avoit, à peu près, la Lune à la fin de l'année précédente. L'âge de la lune, & par conséquent

l'épacte, augmente chaque année d'environ
11 jours (142). Ainsi lorsque la premiere année du nombre d'or est écoulée, la lune a
onze jours. L'épacte de la seconde année est
donc 11 ; celle de la troisieme 22 ; celle de la
quatrieme 33, ou simplement 3, en retranchant 30, quoique la révolution de la Lune ne
soit que de 29 jours ½; parce que l'épacte augmentant de moins de 11 jours chaque année,
pour tenir compte à peu près de ce qu'il y a
de trop, on compte dans ce calcul, les révolutions de la Lune, comme si elles étoient de
30 jours.

Ainsi, *pour trouver l'Epacte* correspondante
au nombre d'or ; il faut diminuer le nombre
d'or, d'une unité, & multipliant le reste par
11, si du produit on retranche 30 autant de
fois qu'il y est compris, le reste sera l'épacte.
Par exemple, en 1770, où le nombre d'or
(143) est 4; je multiplie 3 par 11, & j'ai 33,
dont ôtant 30, il reste 3 pour l'épacte de 1770,
ou l'âge qu'aura la Lune à la fin de 1769. Il
faut seulement observer que pour la premiere
année du nombre d'or, où l'on auroit zéro
suivant cette regle, on écrit 29. Cela revient au
même, car l'un & l'autre représentent également
la fin ou le renouvellement d'une lunaison.

La regle que nous venons de donner, peut
être d'usage depuis 1700 jusqu'à 1800. Mais
elle souffre une modification à chaque siecle,

à caufe de l'omiffion de la biffextile (122) ;
qui ôtant un jour à l'année, change néceffairement l'âge de la Lune.

145. Nous avons vu (143) comment on
trouve le nombre d'or, & comment on en
déduit l'épacte. Voici l'ufage qu'on peut en
faire pour trouver à peu près l'âge de la
Lune, pour un jour propofé.

Pour trouver l'âge de la Lune. Ajoutez enfemble l'Epacte, le nombre des mois écoulés
depuis Mars inclufivement, jufqu'à celui dont
il s'agit, auffi inclufivement, & le quantieme
du mois. La fomme, fi elle eft au-deffous
de 30, fera l'âge de la Lune. Mais fi elle eft
au-deffus de 30, l'âge de la Lune fera l'excès
au-deffus de 30 fi le mois a 31 jours, & l'excès
au-deffus de 29, s'il n'a que 30 jours. Par
exemple, on demande l'âge de la Lune, le 17
Juin 1770 : j'ajoute enfemble les nombres 3,
4 & 17, qui font l'Epacte, le nombre des
mois depuis Mars, & le quantieme du mois ;
la fomme 24 me fait voir que la Lune aura 24
jours, le 17 Juin 1770.

S'il s'agiffoit de Janvier ou Février ; on
ajouteroit feulement l'épacte & le quantieme
du mois.

Ces pratiques font fondées fur ce que l'âge
de la Lune augmentant de 11 jours chaque
année, cela donne environ un jour d'augmentation par mois.

S'il s'agit de trouver la nouvelle Lune pour un mois proposé , on le peut donc facilement , par un moyen semblable , en ajoutant seulement l'épacte & le nombre des mois écoulés depuis Mars, & retranchant la somme de 29 ou de 30 jours , selon que le mois a 31 ou 30 jours. Si la somme étoit trop forte , on la retrancheroit de 60.

Ainsi , si l'on demande la nouvelle Lune de Juin 1770 ; j'ajoute 3 & 4 , & je retranche la somme 7 , de 30 , parce que le mois n'a que 30 jours ; le reste 23 me fait voir que la Lune sera nouvelle le 23 Juin.

Nous ne nous arrêterons pas à donner une explication plus détaillée de ces pratiques, tant parce que ce qui précede en fait assez appercevoir le fondement , que parce que les résultats qu'elles fournissent , ne sont que des approximations sur lesquelles on ne doit compter qu'à un ou deux jours près , dans plusieurs cas. Nous passons à une méthode plus exacte.

De la maniere de calculer les Phases de la Lune.

I 46. LA méthode que nous allons exposer , donne le temps des phases à une heure & demie près. Cette exactitude est suffisante pour l'objet que nous nous proposons , & qui est de déterminer l'heure du flux & reflux de la Mer, ce que nous ferons dans la Section suivante. Trois heures d'incertitude sur le vrai temps des phases, ne peuvent produire qu'environ 10 minutes d'erreur sur le temps de la haute ou de la basse Mer.

Cette méthode est fondée sur l'usage des Tables XIV, XV & XVI que l'on trouve à la fin de ce volume, & dont voici l'explication. Les nombres de la colonne marquée *P*, dans la Table XIV, indiquent quelle est la premiere phase qui a eu lieu ou qui aura lieu en Janvier de l'année correspondante. 1 marque une nouvelle Lune; 2, un premier Quartier ou la seconde Phase; 3, une pleine Lune; 4, un dernier Quartier. Et dans l'usage que nous en ferons, la nouvelle Lune suivante seroit marquée par 5; le premier Quartier suivant, par 6; la pleine Lune suivante, par 7; le dernier Quartier suivant, par 8.

Par exemple, vis-à-vis de l'année 1769, on trouve 1 dans la colonne *P*; cela signifie que la premiere des phases de la Lune qui auront lieu en Janvier 1769, sera la nouvelle Lune.

Les nombres de la colonne marquée *A*, expriment quelle est l'anomalie de la Lune, lors de cette phase. Cette anomalie, pour plus de commodité, est comptée en milliemes; ensorte que 1000 des parties qui l'expriment, font 360°, ou une révolution entiere.

Les jours, heures & minutes qui sont à

côté de l'année, marquent à quelle date de
l'année tombe la phase correspondante dans
la colonne *P*.

Dans la Table XV, les jours, heures & minutes que l'on voit à côté des mois, marquent
(en y comprenant les mois) le temps qui a dû
s'écouler depuis la première phase de l'année,
jusqu'à la phase marquée par le nombre correspondant *P*. Par exemple, à côté d'Avril &
dans la quatrieme ligne de ce mois, on trouve
28^j 5^h 52′, & le nombre *P* correspondant est 4.
Cela signifie que depuis la première phase de
l'année jusqu'au dernier quartier en Avril,
lorsqu'il doit y en avoir un, il s'écoule 28^j 5^h
52′ outre les mois.

Les nombres de la colonne *A* de cette même Table XV marquent l'augmentation que
prend l'anomalie, dans cet intervalle; on en
a rejetté les révolutions complettes.

Si les mouvements de la Lune conservoient
toujours le rapport que supposent ces deux
Tables, il suffiroit pour calculer le moment
d'une phase quelconque, d'ajouter les jours,
heures & minutes qui conviennent à l'année,
avec les jours, heures & minutes qui, dans
la Table des mois, répondent au nombre *P*
qui avec le nombre *P* de la Table des années
forme le nombre qui marque la phase dont il
s'agit.

Par exemple, pour avoir la pleine lune ou

la phase 3 de Janvier 1769 ; j'ajouterois comme il suit.

Pour 1769. . . . . 6j 14^h 13'
Janvier. 14   19   6
                        _____
Somme. . . . . 21j   9^h 19'

C'est-à-dire que je prendrois, dans la Table XIV, les nombres qui correspondent à 1769 ; & comme le nombre *P* pour 1769 est 1, celui qui avec ce nombre *P* fera la phase 3 dont il s'agit, est 2 ; je prendrois donc dans la Table des mois, les jours, heures & minutes qui pour Janvier répondent au nombre 2 de la colonne *P*. Et la somme 21j9^h 19' seroit l'heure de la pleine Lune de Janvier 1769, si les mouvemens de la Lune étoient tels que nous venons de dire.

Mais à cause de leur irrégularité, ce premier calcul a besoin d'une correction que fournit la Table XVI, en opérant comme il suit.

En même temps qu'on ajoutera les heures & minutes qui conviennent à l'année & au mois, on ajoutera aussi les nombres *A* qui leur correspondent ; & après avoir rejetté les milles s'il y en a, on cherchera dans la Table XVI, les jours, heures & minutes correspondantes à la somme des nombres *A*, & on les ajoutera aux heures & minutes déja trouvées.

Si l'on calcule pour un autre Méridien que
Paris,

Paris, on ajoutera à cette somme, la différence des Méridiens, ou on la retranchera, selon que le lieu sera plus oriental, ou
plus occidental que Paris.

EXEMPLE I.

On demande le moment de la pleine Lune
de Janvier 1769, pour Paris.

La phase dont il s'agit est 3; & comme
le nombre P pour 1769 est 1, le nombre P
qu'on doit prendre pour Janvier est 2. Donc

			Nombres A	
Pour 1769........	6ʲ 14ʰ 13′	 174	{	Tables XIV
Janvier..........	14 19 6	536	}	& XV.
Somme.........	21ʲ 9ʰ 19′	710		
Correction correspte. à la Somme des nombres A }	..... 5 35	...Table XVI.		
Temps de la pleine Lune	21ʲ 14ʰ 54′			

EXEMPLE II.

Etant à Québec, c'est-à-dire à 4ʰ 49′ à
l'Occident de Paris, on demande le temps
du premier quartier en Juin 1765.

La phase dont il s'agit est naturellement
2; mais comme la premiere phase de l'année est 3, c'est-à-dire, est marquée par
un nombre plus grand que celui de la phase
dont il s'agit, la phase actuelle doit être
comptée pour 2 plus 4 ou 6. Ainsi le nombre P qui, pour les mois, fait 6 avec le nombre P pour l'année, étant 3, nous devons
prendre dans Juin, les nombres qui répon-

NAVIGATION.   K

dent au nombre 3 de la colonne *P.* Donc

	Nombres A
Pour 1765. . . . . 5ʲ 19ʰ 52′ 124	
Pour Juin. 18 19 47 162	
Somme. 24 15 39	286
Correction pour les nombres A. . 1 5 26	
Différence des Méridiens. 0 4 49	
Temps du premier Quartier. . .25ʲ 16ʰ 16′	

147. On peut, par la même méthode, déterminer la phase la plus prochaine d'une date proposée ; & nous en aurons besoin par la suite.

Par exemple, s'agit-il de trouver quelle sera la phase la plus prochaine du 17 Octobre 1769 ? On cherchera dans la table des mois, quel est le jour & l'heure d'Octobre qui avec les jours & heures qui dans la Table pour les années, répondent à l'année proposée, approche le plus de 17 ; le nombre correspondant *P*, joint au nombre *P* qui convient à l'année, fera connoître la phase ; & alors on calculera l'heure & la minute de cette phase, comme ci-dessus. Si ce temps diffère de moins de quatre jours de la date proposée, ce sera celui de la phase la plus prochaine ; mais s'il en diffère de 4 jours, ou plus ; alors on calculera l'heure de la phase suivante ou précédente, selon celle de ces deux qui sera la plus prochaine. Ainsi je vois que pour 1769, le nombre *P* est 1 auquel il répond 6ʲ 14ʰ 13′. Je trouve dans la Table des mois, que les jours & heures d'Octobre qui ajoutés à 6^j 14^h $13'$; approchent le plus de 17^j, font 7^j 9^h $51'$, & le nombre correspondant P, étant 2, qui joint avec le nombre P ou 1 de l'année, fait 3, j'en conclus que la phaze la plus prochaine du 17 Octobre 1769, sera la pleine Lune.

Pour en déterminer le temps précis, j'opere donc comme il suit, selon ce qui a été dît ci-deſſus.

					Nombres A	
Pour 1769	6^j	14^h	$13'$	174	
Octobre	7	9	51	181	
Somme	14^j	0^h	4	355	
Correction pour les nombres A	0	22	24		
Temps de la pleine Lune	14^j	22^h	$28'$		

De la maniere dont on détermine la poſition des Aſtres à l'égard de l'Ecliptique & à l'égard de l'Equateur.

148. Pour fixer la poſition des Aſtres dans le Ciel, on peut employer deux méthodes principales : la premiere conſiſte à déterminer leur longitude & leur latitude ; dans la feconde, c'eſt par leur afcenſion droite & leur déclinaiſon qu'on fixe leur poſition.

Concevons que (*QET Fig.* 33) foit l'Equateur ; *CED* l'Ecliptique ; *PCT* le colure des

K ij

Solftices ; *P* & *P′* les pôles de l'Equateur &
de l'Ecliptique. Soit *S* un Aftre quelconque.
Si par le pôle *P′* de l'écliptique on conçoit
l'arc de grand cercle *P′SA* , qui fera néceffairement perpendiculaire à l'Ecliptique, il
eft clair que la pofition de l'Aftre *S* fera connue fi, fachant d'ailleurs dans quel hémifphere il eft placé, on connoît l'arc *SA* qui mefure fa diftance à l'Ecliptique, & l'arc *E A*
qui mefure la diftance de l'arc *P′S A* au
point équinoxial *E* ; & ce font en effet ces
arcs que l'on prend pour fixer la pofition des
Aftres.

149. L'arc *S A* de grand cercle perpendiculaire à l'Ecliptique, compris entre un
Aftre *S*, & l'Ecliptique, s'appelle la *Latitude* de cet Aftre. Et le cercle *P′SA* s'appelle *Cercle de latitude*. La latitude eft auftrale, ou boréale, felon que l'Aftre eft dans
l'Hémifphere auftral, ou dans l'Hémifphere
boreal.

Quant à la *longitude* d'un Aftre, c'eft l'arc
EA de l'Ecliptique compris entre le point
équinoxial *E* du Bélier, ou du Printemps,
& le cercle *P′SA* de latitude de l'Aftre, cet
arc étant compté d'Occident en Orient.

150. Dans la feconde maniere de déterminer la pofition des Aftres ; au lieu de les rapporter à l'Ecliptique, comme dans la précédente,
on les rapporte à l'Equateur, de la maniere fuivante

On conçoit par le pôle *P* de l'Equateur, & par l'Astre *S*, le Méridien *PSI*, qu'on appelle, alors, un cercle de *déclinaison*. Il est clair que la position de l'Astre sera connue si, sachant d'ailleurs dans quel Hémisphere il est placé, on connoît l'arc *S I* qui mesure sa distance à l'Equateur, & l'arc *E I* qui mesure la distance de l'arc *PSI* au point équinoxial du Bélier.

151. On appelle *déclinaison* d'un Astre, l'arc *S I* de grand cercle perpendiculaire à l'Equateur, compris entre cet Astre & l'Equateur. La déclinaison est australe ou boréale, selon que l'Astre est dans l'Hémisphere austral ou dans l'Hémisphere boréal.

152. *L'Ascension droite* d'un Astre est l'arc de l'Equateur compris entre le point équinoxial du Bélier, & le cercle de déclinaison de cet Astre, cet arc étant compté d'Occident en Orient.

153. Quand on veut déterminer le lieu d'un Astre, par le calcul; c'est ordinairement par sa longitude & sa latitude ; parce que c'est au plan de l'Ecliptique que les mouvements des Astres sont rapportés dans les Tables astronomiques.

Mais lorsqu'on veut déterminer le lieu d'un Astre par observation ; c'est ordinairement son ascension droite & sa déclinaison que l'on cherche.

K iij

154. Mais, de ces deux plans, l'Ecliptique & l'Equateur, dès que l'on connoît la position d'un Astre à l'égard de l'un, il est toujours facile d'en conclure sa position à l'égard de l'autre. En effet, le triangle sphérique $PP'S$ (*Fig. 33*) a pour côtés 1°, PP' qui étant la distance du pôle de l'Equateur à celui de l'Ecliptique, est la mesure de l'inclinaison de ces cercles, & par conséquent est de 23° 28′. 2°, $P'S$ qui est le complément de la latitude de l'Astre. 3°, PS qui est le complément de la déclinaison. De plus, l'angle $PP'S$ a pour mesure l'arc AD qui est le complément de la longitude; & l'angle $P'PS$ a pour supplément DPS mesuré par l'arc TI qui est le complément de l'ascension droite. On voit donc que dès qu'on connoîtra la latitude & la longitude, ou la déclinaison & l'ascension droite, comme on connoît toujours le côté PP', on aura trois choses connues dans le triangle $P'PS$; & que par conséquent il sera facile d'en conclure, par les regles données dans la Trigonométrie sphérique, les deux choses inconnues, qui sont toujours des parties de ce triangle.

Pour le Soleil, le calcul est plus simple; parce que les mouvements de cet Astre se faisant dans l'Ecliptique, sa latitude est toujours zéro. Alors la longitude, l'ascension droite, & la déclinaison forment les trois

côtés d'un triangle fphérique rectangle *AQS*
(*Fig.* 30) dont l'angle *SAQ* oppofé à la déclinaifon *QS* eft de 23° 28'; c'eft-à-dire eft
l'inclinaifon de l'Ecliptique à l'Equateur; ainfi
l'une quelconque de ces trois chofes étant
donnée; la longitude, l'afcenfion droite, &
la déclinaifon, on pourra toujours trouver
chacune des deux autres, par l'une des trois
proportions fuivantes, fondées fur ce qui a
été dit (*Géom.* 350, 51 & 52).

R : *fin* AS : : *fin* QAS ou *fin* 23°28' : *fin* QS
R : *cof* 23°28' : : *cot* AQ : *cot* AS
R : *fin* AQ : : *tang* 23°28' : *tang* QS

Nous donnerons, dans peu, le moyen de
calculer la longitude du Soleil, d'après les
Tables Aftronomiques que l'on trouvera à
la fin de cet ouvrage. On y trouvera auffi
des Tables de la déclinaifon & de l'afcenfion droite, déduites de ces analogies.

155. A l'égard des Etoiles, la Table de
leurs pofitions, que l'on trouvera auffi à la
fin de ce Volume, eft fondée fur les obfervations, à quelques petites réductions près
dont ce n'eft pas ici le lieu de parler.

Quoi qu'elles foient fixes dans le Ciel, on
voit néanmoins par ce Catalogue (Table
XIII) que leurs afcenfions droites & leurs
déclinaifons varient; mais cela vient de ce
que le point du Bélier rétrograde tous les

K iv

ans d'une certaine quantité ; & comme les afcenfions droites fe comptent de ce point, elles doivent changer lorfqu'il change. Ce changement qui fe fait dans le fens de l'E-cliptique, en produit un auffi dans les décli-naifons. Ce mouvement du point du Bélier eſt ce qu'on appelle la *préceſſion des Equinoxes.* Les Etoiles ont encore quelques autres petits mouvements apparents.

156. Voici comment on peut concevoir qu'on a pu, par obfervation, déterminer les déclinaifons & les différences d'afcenſion droite des Etoiles.

Soit HOR (*Fig.* 34) l'horizon. QT l'Equa-teur ; P le pôle ; CM, DN les paralleles que décrivent deux Etoiles, en vertu du mou-vement diurne.

Concevons que dans le plan du Méridien RQH, on ait placé un inſtrument propre à mefurer les angles. En quelque endroit que cet inſtrument ſoit placé, ſon centre pourra être regardé comme le centre de l'horizon, à cauſe de la petiteſſe de la terre en compa-raiſon de ſa diſtance aux Aſtres. Donc ſi ayant dirigé horizontalement un des diametres de cet inſtrument, on fait mouvoir l'autre dia-metre juſqu'a ce qu'il rencontre l'Etoile lors de ſon paſſage au Méridien, on aura la me-ſure de l'arc HC. Il ne s'agira plus, pour avoir le déclinaifon QC de cette Etoile, que de retrancher de *HC*, l'arc *HQ* qui mefure l'inclinaifon de l'Equateur à l'Horifon, incli-naifon qui fera connue fi l'on connoît la la-titude ou la hauteur du pôle, puifque *PQ* étant de 90°, *HQ* & *PR* doivent être en-femble de 90°, enforte que *HQ* eft le com-plément de la hauteur *PR* du pôle. Or nous avons vu (22) & nous verrons plus particu-liérement, dans peu, comment on détermi-ne la hauteur du pôle. On fera la même chofe pour chacune des Etoiles , & on au-ra leurs déclinaifons. Mais ces déclinaifons ont befoin de quelques corrections : nous en parlerons dans peu.

Quant à la différence d'afcenfion droite entre deux Etoiles *E* & *E'* ; c'eft par la dif-férence des temps auxquels elles arrivent au Méridien, qu'on la détermine. Puifque (120) les Etoiles emploient 23^h 56' 4" à faire leur révolution ou 360°, il s'enfuit que, par heure, elles font 15° 2' 28" ; que par minu-te, elles font 15' 2" 28''', & ainfi à propor-tion. Donc fi la différence des temps entre le paffage de l'Etoile *E*, & celui de l'Etoile *E'*, eft de 1 heure, on en conclura que l'E-toile *E'* a 15° 2' 28" d'afcenfion droite de plus que l'Etoile *E*, fi elle paffe après cel-le - ci ; ou de moins, fi elle paffe avant.

Du calcul de la Longitude, de l'Ascension droite, & de la Déclinaison du Soleil, pour un temps & un lieu proposés quelconques.

157. Si le Soleil s'avançoit dans l'Écliptique avec une vîtesse constante, une opération fort simple suffiroit pour déterminer sa longitude pour un instant proposé quelconque. Mais cette vîtesse varie sans cesse depuis le point du périgée ou de la plus grande proximité à l'égard de la terre, jusqu'à l'apogée ou le point de la plus grande distance : elle va en diminuant depuis le premier de ces points jusqu'au second ; & croît ensuite depuis le passage par ce second point jusqu'au retour au premier ; mais de maniere qu'à distances égales de part & d'autre de la ligne qui joint ces deux points, & qu'on appelle la ligne des *Absides*, la vîtesse est la même.

Comme les inégalités dans le mouvement du Soleil dépendent de la distance angulaire à la ligne des absides, c'est-à-dire de l'angle que forme avec la ligne des absides, la ligne droite qu'on peut imaginer menée de la terre au Soleil ; c'est à cette premiere ligne qu'on rapporte, en effet, le calcul de ces inégalités. Et l'on appelle *Anomalie*, l'angle compris entre la ligne des absides, & la diſtance actuelle de la terre au Soleil, cet angle étant compté depuis l'apogée.

Or la longitude étant comptée (149) depuis le point du Bélier, il s'enſuit que la longitude dépend de deux choſes, de la diſtance de la ligne des abſides au point du Bélier, & de l'anomalie.

I 5 8. Pour calculer plus commodément cette longitude, on a dreſſé des Tables qui repréſentent les arcs que le Soleil décriroit dans des intervalles de temps connus ſi ſon mouvement étoit uniforme ; & des Tables qui repréſentent la poſition de l'apogée pour une même époque d'année en année, qui eſt le 31 Décembre à midi de l'année précédente, dans les années communes, & le 1er Janvier à midi de l'année courante, dans les années biſſextiles.

La différence de ces deux arcs fait donc connoître pour un inſtant quelconque, quelle feroit l'anomalie du Soleil à cet inſtant, ſi le mouvement de cet Aſtre étoit uniforme, & cette anomalie s'appelle *Anomalie moyenne*.

Par des calculs fondés tant ſur les obſervations que ſur la Géométrie, on a déterminé pour chaque degré & partie de degré de l'anomalie moyenne, la différence qu'il devoit y avoir entre cette anomalie moyenne & l'anomalie vraie ; on a formé des Tables de cette différence, qu'on appelle *Equation du centre*, au moyen defquelles tout le calcul de la longitude fe réduit à de fimples additions & fouftractions comme on va le voir. Mais avant que d'enfeigner cet ufage des Tables du Soleil, il faut rendre compte de quelques autres points qu'elles fuppofent.

1°. Les 24 heures du jour y font fuppofées comptées aftronomiquement; c'eft-à-dire, de fuite, & d'un midi à l'autre.

2°. Ces Tables font calculées pour le Méridien de Paris. Enforte que s'il s'agit d'un autre lieu, il faut avoir égard à la différence des Méridiens, en ajoutant cette différence réduite en temps (18) à l'heure propofée, fi le lieu eft plus occidental que Paris; ou la retranchant s'il eft plus oriental.

3°. Les temps correfpondants aux mouvements que ces Tables repréfentent, font des temps moyens (121); enforte que lorfqu'il s'agira de calculer le lieu du Soleil pour un temps vrai propofé quelconque; comme fi l'on demandoit le lieu du Soleil dans l'Ecliptique, ou fon afcenfion droite, ou fa déclinaifon, au midi vrai, c'eft-à-dire lorfqu'il paffe véritablement au Méridien, un jour propofé; il faudroit réduire le temps vrai en temps moyen, en ajoutant à celui-là, ou en retranchant la différence de ces deux temps que l'on connoîtra par la Table I, qui a pour titre *Table de l'Equation du temps*. Mais

comme cetteTable fuppofe que l'on connoiffe
déja à peu près le lieu du Soleil , s'il n'en étoit
pas ainfi , on calculeroit le lieu du Soleil pour
le temps vrai propofé , comme fi c'étoit un
temps moyen : avec cette longitude qui différera très-peu de la véritable, on trouvera l'é-
quation du temps, à l'aide de laquelle & de
la Table des mouvements du Soleil , il fera
facile de voir ce qu'on doit ajouter ou retrancher à la longitude déja calculée , pour
avoir celle qui convient à la correction du
temps. On va en voir des exemples.

4°. Enfin, fi l'année pour laquelle on calcule eft biffextile, on retranchera un jour ,
de la date propofée , dans les mois de Janvier & Février feulement.

Cela pofé, voici comment, à l'aide des Tables dont il s'agit , & que nous avons raffem-
blées à la fin de ce volume, on pourra calculer la longitude, l'afcenfion droite & la déclinaifon du Soleil.

159. *Pour la longitude.* On ajoutera enfemble d'une part, les mouvements moyens
du Soleil qui conviennent à l'année (Table
II); ceux qui conviennent aux mois, (Table III); ceux qui conviennent aux jours
du mois, aux heures , minutes & fecondes (Table IV). Et l'on aura la longitude
moyenne du Soleil.

On ajoutera d'une autre part, les mouvements correspondants de l'apogée, que l'on trouvera dans les mêmes Tables.

On retranchera la seconde somme de la première, pour avoir l'anomalie moyenne, avec laquelle on trouvera (Table V.) l'équation du centre que l'on ajoutera à la longitude moyenne, ou que l'on en retranchera, selon que l'indiqueront les titres qui sont au haut de chaque colonne, & l'on aura la longitude vraie du Soleil.

Sur quoi il faut observer que l'équation du centre que donne cette Table, n'étant calculée que pour chaque degré de l'anomalie moyenne, si celle-ci avoit, en outre, des minutes & secondes, on calculeroit à l'aide de la différence qui se trouve à côté de l'équation, le surplus qui convient aux minutes & secondes, par cette proportion... Si 60 minutes ou 3600″ de différence dans l'anomalie moyenne, donnent, dans l'équation, la différence marquée dans la Table ; combien le nombre de minutes & secondes dont il s'agit, donnera-t-il : & à l'inspection de la Table, on jugera facilement si ce surplus doit être ajouté ou retranché.

EXEMPLE I.

On demande la longitude vraie du Soleil, à Paris, le 18 Février 1768, à midi temps vrai.

Mouvements moyens du Soleil.		Mouvem. de l'Apogée.
Pour 1768	9s 10° 38' 34"	3s 8° 57' 43"
Février.	1 0 33 18	 5
Le 17 (à cause de la Biss.)	0 16 45 22	 3
Long. moy. du Soleil. . .	10 27 57' 14"	3s 8° 57' 51"
Equation du centre. . . .	0 1 28 24	10 27 57 14
Long. vraie approchée. .	10s 29° 25' 38"	7s 18° 59' 23" Anom. moy.

Ce feroit la longitude vraie, s'il s'agiffoit du
temps moyen. Mais la Table I fait voir que
pour cette longitude il faut ajouter 14' 22" au
temps vrai pour avoir le temps moyen correfpondant : or pendant cet intervalle, le Soleil (Table IV) décrit 36" ; il faut donc ajouter ces 36" à la longitude trouvée, pour avoir
enfin la véritable, de 10s 29° 26' 14".

EXEMPLE II.

On demande la longitude vraie du Soleil
pour le 22 Mai 1769 à 7h 42' du matin, temps
vrai, à Breft.

Ce temps compté aftronomiquement répond au 21 Mai à 19h 42' ; & réduit au Méridien de Paris plus oriental que Breft, de
27' 23", c'eft le 21 Mai 1769 à 20h 9' 23".
Donc. . . . .

Mouvements moyens du Soleil.		Mouvem. de l'Apogée.	
Pour 1769	9s 10° 24' 14"	3s 8° 58' 48"	
Mai	3 28 16 40	 22	
Le 21	0 20 41 55	 4	
20 heures	49 17	3s 8° 59' 14"	
9 minutes.	22	2 0 12 29	
23 fecondes	1		
Long. moy. du Soleil..	2s 0° 12' 29"	10s 21° 13' 15" Anom. moy.	
Equation du centre. . . .	1 11 11	Equat. du temps... 3' 48" fouft.	
		Mouvem. correfp.. 9"	
Long. vraie approchée 2s	1° 23' 40"	Donc long. vraie. 2s 1° 23' 31"	

Lorfque la fomme des mouvements de l'a-
pogée excede la longitude moyenne, on ajoute
à celle-ci, 12 fignes, comme dans le dernier
exemple.

160. *Pour l'Afcenfion droite*. On calculera,
felon ce qui précéde (159), la longitude du Soleil, pour l'inftant propofé. Avec cette longitude, on trouvera dans la Table VI, la quantité
que l'on doit ajouter à cette longitude, ou en
retrancher, pour avoir l'afcenfion droite.

Par exemple, fi l'on demande l'afcenfion
droite du Soleil pour le 22 Mai 1769, à 7^h
42′ du matin, temps vrai, à Breft. Après
avoir réduit réduit ce temps, au 21 Mai,
20^h 9′ 23″ à Paris, comme dans l'exemple
précédent, on calculera de même la longitude qui convient à cet inftant, & l'on trouvera 2^s 1° 23′ 31″, avec lefquels (Table VI)
on trouvera qu'il faut ôter 2° 7′ 40″ de cette
longitude, pour avoir l'afcenfion droite, qui
fera par conféquent de 1^s 29° 15′ 51″.

161. *Pour la déclinaifon.* Calculez par ce qui
a été dit (159) la longitude du Soleil, pour
l'inftant propofé ; & avec cette longitude,
cherchez dans la Table VII, la déclinaifon
correfpondante.

Ainfi, pour la même époque que dans
l'exemple précédent, où la longitude étoit
de 2^s 1° 23′ 31″, on trouvera (Table VII)
que la déclinaifon correfpondante eft boréale,
& de 20° 27′ 56″.   *De*

De la maniere dont on détermine la position des Astres à l'égard de l'horison.

162. Pour déterminer la situation d'un Astre, à l'égard de l'horison, on conçoit que par le zénith *Z* (*Fig.* 35) & par l'Astre *S*, on ait fait passer l'arc de grand cercle *ZST*, qui est nécessairement perpendiculaire à l'horison. La partie *ST* de cet arc, comprise entre l'Astre & l'horison, est ce qu'on appelle la *hauteur* de l'Astre. *ZST* s'appelle un *Vertical*, ou un *Cercle de hauteur*.

Ainsi, les *Verticaux* sont des grands cercles de la sphere, perpendiculaires à l'horison, & qui par conséquent passent tous par le zénith & par le nadir.

163 La hauteur *ST* d'un Astre sur l'horison, ne suffit pas pour connoître la position de cet Astre par rapport à l'horison. Il faut connoître encore la distance *RT* ou *HT* de son vertical, au Méridien; c'est-à-dire au Sud ou au Nord de l'horison. Cet arc *RT* est ce qu'on appelle *l'Azimuth* de l'Astre, lequel, ainsi que la hauteur, change continuellement à mesure que l'Astre décrit son parallele. On donne aussi le nom d'Azimuth, à l'angle *RZT*, ou *HZT* formé au zénith, & compris entre le vertical & le Méridien.

164 On peut encore fixer la pofition d'un
Aftre fur l'horifon, en employant au lieu de
l'arc *RT*, l'arc *TE* qui mefure la diftance du
vertical *ZT* de l'Aftre, au *premier Vertical
ZE*. On appelle premier vertical, celui qui
paffe par le vrai point d'Eft & le vrai point
d'Oueft, c'eft-à-dire par les interfections
de l'Equateur & de l'horifon.

L'arc *TE*, ou l'angle *TZE* qui mefure la
diftance du vertical d'un Aftre, au premier
vertical, s'appelle *l'Amplitude* de l'Aftre. Elle
varie à mefure que l'Aftre fe meut dans fon
parallele.

165. L'amplitude *EI* d'une Aftre qui fe
leve, c'eft-à-dire l'arc de l'horifon compris
entre le vrai point d'Eft, & celui où le parallele de cet Aftre coupe l'horifon, s'appelle *l'Amplitude ortive*. Et l'amplitude d'un
Aftre qui fe couche, s'appelle *Amplitude occafe*.

Si par le point *S* où fe trouve un Aftre,
on conçoit un cercle de la fphere parallele
à l'horifon; ce cercle s'appelle un *Almican-
tarath*.

De l'effet que la pofition de l'Obfervateur peut produire dans la pofition appa-rente des Aftres; ou de la Parallaxe.

166. Comme le mouvement journalier

de la terre se fait autour d'un de ses diametres, le mouvement apparent que les Astres ont chaque jour, en vertu de celui-là,
se fait donc aussi autour d'un diametre, & par
conséquent autour du centre de la terre. Et
puisque nous ne pouvons observer que de
dessus la surface, il est clair qu'à moins que
les Astres ne soient à une distance immense
de nous, nous ne devons pas voir leurs mouvements & leurs situations tels qu'ils sont
réellement.

En effet, soit C (*Fig. 36*) le centre de la
terre : T un point de sa surface; L un Astre
quelconque; & ZQM le Ciel. Si l'on observe l'Astre L, du point T, il est visible que le
point du Ciel auquel il paroîtra répondre,
est B. Mais si on l'observe du centre C de la
terre, le point auquel il paroîtra répondre,
est D. Ensorte que si l'on compare l'Astre à
l'horison, il paroîtra dans le premier cas,
n'être élevé que de la quantité $O.B$, ou de
la quantité angulaire QTB; tandis que du
centre C, il paroîtroit élevé de la quantité
QCD égale à OTA, (en menant TA parallele à CD). D'où l'on voit que la différence d'aspect, est mesurée par l'angle BTA égal
à TLC, à cause des paralleles.

167. Cet angle BTA ou TLC qui mesure
la différence de la hauteur d'un Astre vu de
la surface, à sa hauteur vu du centre de la

L ij

terre, s'appelle la *Parallaxe* de hauteur ; & on appelle, en général, parallaxe, la différence des lieux auxquels paroît un objet vu de deux points différents.

168. Le rayon CT étant perpendiculaire à l'horifon TO, il s'enfuit que le plan du triangle LTC qui paffe par la verticale CT, eft lui-même un plan vertical. Donc quoique la parallaxe altere la hauteur des Aftres, elle ne les écarte nullement du vertical où ils fe trouvent. Ainfi elle ne change rien à leur azimuth, ni à leur amplitude. L'effet de la parallaxe à l'égard de l'horifon, eft donc feulement de faire paroître l'Aftre moins élevé qu'il n'eft réellement.

169. La parallaxe diminue à mefure que l'Aftre s'éleve fur l'horifon. Elle eft la plus grande lorfque l'Aftre paroît être à l'horifon, & elle eft nulle au zénith.

En effet, foit H le point de l'horifon où l'Aftre fe leve ; dans le triangle H T C on a *fin* THC : R : : TC : HC ; & dans le triangle LTC, où LC eft égale à HC comme rayons du parallele de l'Aftre, on a *fin* T L C : *fin* LTC ou *fin* LTZ : : TC : LC ou HC ; donc *fin* THC : R : : *fin* TLC : *fin* LTZ, ou R : *fin* LTZ : : *fin* THC : *fin* TLC ; d'où l'on voit que le finus de la parallaxe TLC, fera d'autant plus petit que le finus de la parallaxe horifontale THC, ou que la parallaxe actuelle fera d'autant plus petite que la parallaxe horifontale, que le finus de la diftance apparente *LTZ* au zénith fera plus petit par rapport au rayon.

170. Si l'Aftre change de diftance à la terre, reftant néanmoins à même hauteur angulaire apparente au - deffus de l'horifon; alors le finus de la parallaxe diminue comme la diftance augmente. Car foient *LC*, *L'C* deux diftances différentes auxquelles un Aftre fe trouve à même hauteur apparente au-deffus de l'horifon. Dans le triangle *LTC* on aura *fin* TLC : *fin* LTC : : TC : CL ; & dans le triangle TL'C, on a *fin* L'TC ou *fin* LTC : *fin* T L'C : : C L' : T C, donc (*Géom.* 100) *fin* T LC : *fin* T L'C : : CL' : CL.

171. On voit donc que plus un Aftre eft loin de la terre & plus fa parallaxe eft petite. C'eft par cette raifon que les Etoiles fixes n'ont aucune parallaxe fenfible. Le Soleil quoique très-loin, eft incomparablement plus près de nous que les Etoiles ; néanmoins fa diftance excede 30 millions de lieues. Auffi la parallaxe horifontale du Soleil n'eft-elle que d'environ 10″. Cette quantité eft trop petite pour mériter qu'on y ait égard dans les obfervations qui ont rapport à la Navigation.

172. Il n'en eft pas de même de la parallaxe de la Lune. Comme cette planete n'eft éloignée de la terre que d'environ 60

demi-diametres de celle-ci, l'angle *TLC* ou *THC* quoique petit, a néanmoins une grandeur fensible. La parallaxe horifontale de la Lune n'eft pas plus petite que 54', & elle va quelquefois jufqu'à 1° 1' $\frac{1}{2}$. On eft donc obligé d'y avoir égard.

173. L'Aftronomie fournit différents moyens pour déterminer la parallaxe ; ce n'eft pas ici le lieu d'entrer dans ce détail ; il nous fuffit de dire que les Tables des mouvements de la Lune fourniffent les moyens de la calculer pour chaque inftant. On la trouve, d'ailleurs, toute calculée pour chaque jour, dans le livre de *la Connoiffance des Temps* que l'Académie publie chaque année.

174. Quoique la parallaxe n'affecte point les amplitudes ni les azimuths des Aftres, elle altere néanmoins les afcenfions droites, les déclinaifons, les longitudes & les latitudes. Nous donnerons, plus bas, les moyens de calculer ces effets.

De l'effet que doit produire fur la hauteur apparente des Aftres, l'élévation de l'œil de l'Obfervateur au-deffus de la furface de la Mer.

175. Lorfqu'on obferve les Aftres à ter-

re, on les compare facilement à l'horifon ,
par le moyen du fil à plomb , fans être obligé de voir l'horifon. Mais à la Mer , l'agitation
du Vaiffeau interdit l'ufage de ce moyen. On
eft obligé de regarder le terme de l'horifon
vifible, c'eft - à - dire de vifer à l'endroit où
cet horifon paroît couper le Ciel.

Delà il arrive qu'on eftime la hauteur des
Aftres plus grande ou plus petite qu'elle n'eft
en effet, felon que le point où l'on vife, eft
du même côté que l'Aftre , ou du côté oppofé.

En effet foit, *A* (*Fig.* 38) le lieu d'un
Aftre dans le Ciel; & foit *T* le lieu d'où on
l'obferve, lequel eft élevé au-deffus de la furface *D* de la Mer, de la quantité *D T.* Si par
le point *T* on conçoit l'horifontale *TB , AB*
fera la vraie hauteur de l'Aftre. Mais fi l'on
vife au point *R* ou *R'* , où l'horifon vifible
femble couper le Ciel ; alors on vife fuivant
la droite *TRE*, ou *E'TR'* tangente à la furface de
la Mer ; ce qui augmente la diftance apparente
de l'Aftre à l'horifon , de la quantité *B E* , ou la
diminue de la quantité *B E'*, nous avons vu en
Géométrie comment on calcule l'angle *BTE*
& par conféquent fon égal *BTE'*; pour les différentes hauteurs *D T* de l'œil ; & l'on en trouvera une table toute calculée vers la fin de cet
ouvrage, (Table X). Il fera donc facile , à l'aide de cette table, de corriger les hauteurs ob-

L iv

fervées., en retranchant la valeur de l'angle *BTE* quand l'obfervation aura été faite par devant, c'eſt - à - dire en regardant l'horiſon du côté de l'Aſtre ; ou au contraire en ajoutant cet angle, quand l'obfervation aura été faite par derriere, c'eſt - à - dire en regardant l'horiſon du côté oppoſé à l'Aſtre.

De la Réfraction.

176. La hauteur des Aſtres ſur l'horiſon, eſt altérée par une cauſe différente de la parallaxe, & dont l'effet ſe fait en ſens contraire ; c'eſt la *réfraction.*

L'air qui environne la terre, & qu'on nomme *Atmoſphere*, a la propriété de rompre les rayons de lumiere, c'eſt - à - dire de les détourner de la route qu'ils ſuivoient en y arrivant.

Soit *S B* (*Fig.* 37) un rayon qui parti du Soleil ou de tout autre Aſtre, rencontre l'Atmoſphere en *B* : au lieu de ſuivre la même route *SBD*, il ſe détourne à commencer du point *B*, & pénétrant ſucceſſivement dans des couches d'air de plus en plus denſes, il continue de ſe rompre, & arrive en *T*, à l'œil, après avoir décrit dans l'air une ligne courbe *B T* qui a pour tangente, au point *T*, la ligne *TO* ; enforte que l'objet, au lieu de paroître en *S*, paroît en *O* ſur la ligne ſuivant

laquelle le rayon a fait fon impreſſion dans
l'œil.

177. Tous les différents détours fucceffifs qu'éprouve un rayon de lumiere qui pénetre dans l'Atmofphere, fe font dans un
plan vertical; c'eſt-à-dire dans le plan qui
paſſe par l'Aſtre, par le centre de la terre,
& par le zénith; enforte que la réfraction,
comme la parallaxe, ne change rien aux azimuths, ni aux amplitudes des Aſtres; mais
elle les fait paroître plus élevés qu'ils ne le
font réellement, ou qu'ils ne le paroîtroient
fi la parallaxe feule altéroit leur hauteur.

178. Comme les rayons ont d'autant plus
de trajet à faire dans l'air, que les aſtres font
moins élevés fur l'horifon, ils doivent donc
être d'autant plus rompus ou plus réfractés
qu'ils font plus près de l'horifon; enforte que la
différence du lieu apparent d'un Aſtre, a fon
lieu vrai, cauſée par la réfraction, diminue à
mefure que les Aſtres font plus voifins du
zénith où elle devient nulle, parce que les
rayons qui entrent perpendiculairement à la
furface de l'Atmofphere ne fouffrent aucune
réfraction.

179. La propriété qu'a l'air, de rompre
les rayons de lumiere, dépend beaucoup de
fa denfité. Dans les régions les plus élevées,
où il eſt plus rare, c'eſt-à-dire, où dans
le même efpace, il y a une moindre quan-

tité d'air, les rayons font moins réfractés que
dans le voifinage de la furface de la terre.
Les vapeurs qui s'élevent de l'horifon con-
tribuent à augmenter l'effet de la réfraction
près de la terre. En Hiver, où l'air est plus
denfe qu'en Eté, la réfraction est plus forte,
toutes chofes d'ailleurs égales, qu'en Eté.
Mais dans le voifinage de l'horifon la réfraction
est plus variable que par-tout ailleurs, parce
que les vapeurs qui s'élevent de la terre, y font
en plus grande quantité & plus variables que
dans les régions plus élevées. En général, les
réfractions étant dépendantes de l'état de l'air,
ne font pas les mêmes dans tous les lieux
de la terre, ni à différentes élevations, ni à
différents intervalles de temps.

180. Les différences de réfraction, occafionnées par la différence de la température
de l'air, peuvent être négligées pour l'ufage
de la Navigation. Mais les irrégularités de
cette réfraction dans le voifinage de l'horifon, doivent faire éviter, autant qu'il est poffible, de prendre les hauteurs des Aftres lorfqu'ils font près de l'horifon.

181. La réfraction horifontale éleve communément les Aftres, de 32 ou 33'; enforte
qu'un Aftre qui n'a point de parallaxe fenfible, paroît à l'horifon, lorfqu'il est encore
de 32 ou 33' au-deffous. On trouvera vers
la fin de ce volume, une Table des réfractions à différentes hauteurs, (Table XI).

182. L'Atmofphere donne encore lieu à un autre phénomène : c'eſt le *Crépuſcule* ; ce jour que l'on voit affez long-temps avant le lever du Soleil & après ſon coucher. Il eſt occaſionné par des rayons du Soleil qui rencontrant l'Atmoſphere, s'y rompent d'abord, puis ſont réfléchis vers la terre, par d'autres particules d'air. On a remarqué que le crépuſcule du matin, ou l'aurore, commence lorſque le Soleil eſt encore 18° au-deſſous de l'horiſon, & ne finit le ſoir qu'au même terme.

Des diametres du Soleil & de la Lune.

183. Ce qu'on entend par le *Diametre* des Aſtres, ce n'eſt pas la grandeur abſolue du diametre de leur Globe, mais ſeulement l'angle ſous lequel on voit ce diametre. Cet angle diminue à meſure que la diſtance de l'Aſtre augmente, & en même raiſon que cette diſtance, lorſqu'il eſt petit.

En effet, ſoit AB (*Fig. 39*) le demi-diametre réel d'un objet : les angles ACB, ADB, feront ceux ſous leſquels on peut voir ce demi-diametre, des points C & D ; c'eſt-à-dire, feront les demi-diametres apparents. Or dans le triangle rectangle ACB, il eſt viſible que *ſin* $ACB : R :: AB : AC$; & dans le triangle rectangle ADB, $R : ſin ADB :: AD : AB$; donc *ſin* $ACB : ſin ADB :: AD : AC$.

Mais quand les angles font petits, les finus font en même rapport que ces angles ; donc ACB : ADB :: AD : AC.

184. Nous avons vu (170) qu'à hauteurs angulaires apparentes égales au-deffus de l'horifon, les parallaxes d'un Aftre diminuoient comme la diftance augmente ; donc à même hauteur apparente fur l'horifon, les diametres font comme les parallaxes. A des hauteurs différentes au-deffus de l'horifon, il n'en eft pas de même. Car nous avons vu (169) que les parallaxes diminuoient comme le finus de la diftance apparente au zénith. Mais à mefure qu'un Aftre s'éleve fur l'horifon TO (*Fig. 36*), fa diftance LT à l'Obfervateur T, diminue, & par conféquent fon diametre augmente en même raifon.

Soit par exemple D fon diamêtre lorfqu'il eft en H dans l'horifon ; & d fon diametre en L. On aura $D : d :: TL : TH$ fuivant ce qui vient d'être démontré. Or dans le triangle LTC on a $TL : TC :: fin\ LCT : fin\ CLT$; & dans le triangle HTC on a $TC : HT :: fin\ THC : fin\ HCT$. Multipliant ces deux proportions, on aura $TL : TH$, & par conféquent $D : d :: fin\ LCT \times fin\ THC : fin\ HCT \times fin\ CLT$, ou parce que les angles THC, TLC qui font les parallaxes, étant fort petits font entr'eux comme leurs finus, on a $D : d :: fin\ LCT \times THC : fin\ HCT \times CLT$: ou en divifant, :: $\frac{THC}{\sin HCT} : \frac{CLT}{\sin LCT}$; c'est-à-dire que les diametres d'un Aftre à différentes hauteurs au-deffus de l'horifon, font comme la parallaxe divifée par le finus de la diftance réelle au zénith.

185. Les Etoiles fixes n'ont pas de diametre fenfible. Le diametre du Soleil varie pendant l'année, puifque la diftance de cet Aftre à la terre, varie ; mais ces variations font fort petites. On en trouvera une Table, vers la fin de ce volume, (Table XII). Quant aux changements de ce diametre, à différentes hauteurs fur l'horifon, ils font abfolument infenfibles.

A l'égard de la Lune, fon diametre varie fenfiblement pendant le cours de chaque lunaifon, parce que fa diftance à la terre varie fenfiblement dans cet intervalle : il varie auffi à mefure que la Lune s'éleve fur l'horifon. Sa diftance à la terre n'eft pas affez grande, pour que la différence entre fa diftance au centre, & fa diftance à la furface de la terre, n'en produife pas une fenfible fur le diametre vu de différents points du Globe terreftre.

Mais comme les variations de ce diametre exigent beaucoup de calculs, le meilleur expédient, & celui que nous fuppoferons par la fuite, eft d'avoir recours au livre de la *Connoiffance des Temps*, où l'on trouve ces diametres calculés, pour chaque jour, tels qu'ils feroient vus à l'horifon. On y trouve auffi une Table, fondée fur les principes que nous venons d'expofer, & qui fait connoître les changements qu'il faut faire à ce diametre, pour les différentes hauteurs de la Lune au-deffus de l'horifon.

De la maniere de calculer les différentes circonftances du mouvement diurne des Aftres, leur lever, leur paffage au Méridien, leur coucher, & leur fituation à l'égard de l'horifon.

186. *Pour déterminer l'heure du paffage d'une Etoile au Méridien, un jour propofé;* il faut retrancher l'afcenfion droite du Soleil calculée pour le midi de ce jour, par la méthode donnée (160), de l'afcenfion droite de l'Etoile, (augmentée de 360° ou 12 fignes, fi elle eft trop petite); le refte réduit en temps à raifon de 15° par heure, donnera l'heure du paffage de l'Etoile au Méridien, à moins de 4′ près. Ce feroit l'heure vraie du paffage, fi les Etoiles n'anticipoient pas chaque jour, fur le Soleil. Mais comme (120) elles gagnent, chaque jour, environ 3′ 56″ de temps, fur le Soleil, il eft évident que de fix heures en fix heures, el-

les ont environ une minute d'avance ; c'eſt pourquoi, ſi l'heure trouvée, comme il vient d'être dit, approche de 6 ou de 12, ou de 18, ou de 24 heures, on en tranchera 1′ ou 2′, ou 3′ ou 4′, & l'on aura l'heure du paſſage au Méridien, à moins d'une minute près.

Par exemple on demande l'heure du paſſage d'*Aldébaran* au Méridien de Breſt, le 23 Juin 1769. Par le Catalogue des Etoiles (Table XIII) je trouve qu'à la fin de Juin 1769, l'aſcenſion droite d'Aldébaran ſera de 2ˢ 5° 40′ 40″. Et d'après les préceptes donnés (160), ayant de plus égard à la différence des Méridiens, je trouve que l'aſcenſion droite du Soleil le 23 Juin à midi ſera de 3ˢ 2° 21′ 30″; retranchant donc celle - ci de celle de l'Etoile augmenté de 12ˢ, nous aurons 11ˢ 3° 19′ 10″ qui réduits en temps donnent 22ʰ 13′ ⅓ dont je retranche 3′ ½ d'après ce qui vient d'être obſervé ci-deſſus, & j'ai 22ʰ 10′, pour l'inſtant demandé, à moins d'une minute près. C'eſt - à - dire qu'Aldébaran paſſera au Méridien de Breſt, le 23 Juin 1769, à 22ʰ 10′, ou le 24 Juin à 10ʰ 10′ du matin.

187. Si l'on vouloit connoître l'inſtant de ce paſſage, avec plus de préciſion, il faudroit calculer l'aſcenſion droite du Soleil, pour l'inſtant déterminé par cette premiere opéra-

tion ; & la retranchant de celle de l'Etoile, le
reste réduit en temps à raison de 15° par heure,
donneroit l'heure, la minute, & la seconde
de ce paffage.

188. *Pour déterminer l'heure du lever ou du
coucher du Soleil, ou d'une Etoile.* Dans la *Figure*
35 où QA repréfente l'Equateur, BC le parallele d'un Aftre, P le pôle, RH l'horifon ;
Z le zénith ; concevez que I foit le point où
le parallele coupe l'horifon, & par conféquent le lieu du lever ou du coucher, felon
que I eft à l'Eft, ou à l'Oueft. Si vous imagi-
nez le cercle de déclinaifon PIO ; l'angle
QPI qu'on appelle *Angle horaire*, réduit en
temps à raifon de 15° par heure, s'il s'agit du
Soleil, donnera l'intervalle de temps entre
midi, & le lever ou le coucher du Soleil.
Mais s'il s'agit d'une Etoile, après avoir réduit en temps, à raifon de 15° par heure,
l'angle QPI, on en retranchera autant de
minutes qu'il contiendra de fois fix heures ; le
refte étant retranché de l'heure du paffage de
l'Etoile au Méridien, trouvé comme il vient
d'être dit (187), donnera l'heure & la minute
du lever de l'Etoile ; & on aura le coucher,
en ajoutant au contraire, ces deux quantités.

189. Si l'on veut avoir plus de précifion,
on retranchera de l'angle QPI, le mouvement que le Soleil doit avoir en afcenfion
droite pendant l'intervalle de temps qui répond

pond à l'angle QPI réduit en temps à raison de 15° par heure. Or l'on aura ce mouvement en calculant l'ascension droite du Soleil pour le midi du jour même, & pour celui du jour suivant ou du précédent, ce qui fera connoître le mouvement pour 24 heures, & par conséquent pour l'intervalle en question, parce qu'en 24 heures le mouvement en ascension droite, est sensiblement uniforme.

190. Il reste donc à savoir comment on détermine l'angle horaire QPI. S'il s'agit du lever *réel*; c'est-à-dire, de l'instant précis où un Astre est véritablement à l'horison, instant qui retarde sur celui du lever *apparent*, parce que (176) la réfraction fait paroître les Astres à l'horison plutôt qu'ils n'y sont réellement; on remarquera que le cercle de déclinaison PIO forme avec le méridien & avec l'horison, un triangle sphérique PHI rectangle en H, dans lequel PH est la hauteur du pôle sur l'horison, & l'angle HPI est le supplément de l'angle horaire. Supposant donc que l'on connoisse la hauteur du pôle, & la déclinaison de l'Astre, on trouvera (*Géom.* 351 & 352) l'angle HPI par cette proportion.... cot PH: cot PI :: R : cos HPI ou cos ZPI; c'est-à-dire la cotangente de la hauteur du pôle ou de la latitude, est à la tangente de la déclinaison, comme le rayon est au cosinus de l'angle horaire. Cet angle horaire sera de moins de 90° si la dé-

clinaifon & la latitude font de dénomination différente ; & de plus de 90° fi elles font de même dénomination.

Par exemple , on demande l'heure du lever d'*Aldébaran*, à Breft le 23 Juin 1769. Je trouve dans le Catalogue (Table XIII) que la déclinaifon d'Aldébaran , en Juin 1769, eft de 16° 2′ *N* ; & comme la latitude de Breft eft de 48° 23′ *N*, je fais cette proportion... *cot* 48° 23′ : tang 16° 2′ : : R : cofinus de l'angle horaire.

J'opere donc comme il fuit. . . . . à

Log. tang. 16° 2′ 9,45845
Log. du Rayon. . . . . 10, ...
Complément Arith. log. cot. 48° 23′. . 0,05141
Somme , log. cof. angle horaire. . . . 9,50986

Qui répond à 18° 52′ ; c'eft donc le complément de l'angle horaire , lequel devant être de plus de 90° felon ce qui vient d'être dit , fera donc de 90° plus 18° 52′, ou de 108° 52′; ce qui, à raifon de 15° par heure, donne 7ʰ 15′ 28″ , dont retranchant 1′ ⅓ environ pour l'anticipation des Etoiles , dans cet intervalle, il refte 7ʰ 14′ pour l'intervalle entre le lever d'Aldébaran & fon paffage au Méridien. Or ce paffage au Méridien de Breft le 23 Juin 1769, eft à 22ʰ 10′; donc le lever fera à 14ʰ 56′ , c'eft - à - dire le 24 à 2ʰ 56′ du matin.

191. A l'égard du Soleil, comme il chan-

ge de déclinaison entre son lever , son coucher, & son paffage au Méridien , on doit à
la rigueur, employer pour fa déclinaison , non
pas celle qu'il doit avoir à midi , mais celle
qu'il doit avoir à son lever ou à son coucher.
Cependant comme le changement en déclinaison eft toujours affez petit , il fuffira d'employer la déclinaison qui convient à l'heure
du lever ou du coucher groffiérement eftimée.

192. S'il s'agit du lever ou du coucher
apparent ; alors il faut concevoir que *RIH* eft
un parallele à l'horifon , & qui en eft éloigné
en deffous , d'une quantité égale à la réfraction, c'eft-à-dire d'une quantité égale à $32'\frac{1}{2}$,
plus à l'abaiffement de l'horifon dû à la hauteur de l'œil au-deffus de la furface de la Mer,
& qui eft de $4'\frac{1}{4}$ pour 15 pieds que nous fuppoferons être la hauteur de l'œil. Ayant imaginé
le vertical *ZI*, le triangle fphérique *ZPI* ferri-
ra à calculer l'angle horaire.

En effet, on connoît dans ce triangle , le
côté *ZI* qui eft alors de 90° 37′ , le côté *PI*
qui eft le complément de la déclinaison , &
le côté *ZP* qui eft le complément de la hauteur du pôle. On connoît donc les trois côtés de ce triangle , & il fera par conféquent
facile d'en calculer l'angle *ZPI* par la regle
donnée (*Géom.* 361 , Queftion VI.) & dé-
montrée (*Alg.* 420), laquelle en opérant
par logarithmes fe réduit à ceci.

M ij

On ajoutera enfemble les trois côtés ZP, PI, ZI, & *ayant pris la moitié de la fomme, on en retranchera fucceffivement chacun des deux côtés* ZP, PI, *de l'angle cherché, ce qui donnera deux reftes. Alors on ajoutera enfemble les logarithmes des finus des deux reftes qu'on vient de trouver, & les compléments arithmétiques des logarithmes des finus des deux côtés de l'angle cherché. Prenant la moitié de cette fomme, on aura le logarithme du finus de la moitié de l'angle cherché.*

Par cette regle on pourra calculer le lever & le coucher apparent des Etoiles, & du centre du Soleil.

193. S'il s'agiffoit du lever ou du coucher apparent d'un des bords du Soleil : on calcu-leroit l'angle horaire ZPC (*Fig.* 40) felon la derniere regle qu'on vient de donner, & en ptenant pour ZC, 90° 37' moins ou plus le demi-diametre du Soleil, felon qu'il s'agit du bord inférieur, ou du bord fupérieur.

194. *Pour calculer l'amplitude ortive, ou occafe.* S'il s'agit de l'amplitude vraie ; c'eft-à-dire, abftraction faite de la réfraction, & de la hauteur de l'œil au-deffus du niveau de la Mer ; on calculera l'arc IH (*Fig.* 35) com-plément de cette amplitude EI, à l'aide du triangle PHI rectangle en H, dans lequel on fuppofe que l'on connoît la hauteur PH du pôle, & le complément PI de la déclinaifon : on trouvera (*Géom.* 350 & 352) que la propor-

tion à faire, eft *cof* PH : R : : *cof* PI : *cof* HI ; c'eft-à-dire *le cofinus de la latitude, eft au rayon, comme le finus de la déclinaifon, eft au finus de l'amplitude ortive ou occafe.*

195. Mais s'il s'agit de l'amplitude ortive ou occafe apparente, on imaginera que *RH* (*Fig.* 35) foit un parallele à l'horifon ; & qui en foit éloigné, en deffous, de 37' valeur de la réfraction y compris l'abaiffement de l'horifon dû à la hauteur de l'œil. Alors dans le triangle *ZPI* où l'on connoît les trois côtés, favoir *ZP* complément de la hauteur du pôle, *PI* complément de la déclinaifon, & *ZI* de 90° 37', on calculera l'angle *PZI*, par la regle que nous venons de donner (192). Son complément *IZE* fera l'amplitude apparente.

196. Si l'on veut avoir l'amplitude apparente d'un des bords du Soleil ; toute la différence dans le calcul, confiftera à n'employer pour *ZC* (*Fig.* 40), que 90° 37' moins ou plus le demi-diametre du Soleil, felon qu'il s'agira du bord inférieur ou du bord fupérieur.

197. Quant aux autres circonftances du mouvement diurne ; voici comment on les déterminera.

Soit *S* le lieu de l'Aftre dans fon parallele (*Fig.* 35). Si l'on imagine le cercle de déclinaifon *PSV*, on aura un triangle *ZSP* dont

M iij

le côté ZP est le complément de la hauteur
du pôle, ou de la latitude ; le côté PS est le
complément de la déclinaison ; le côté ZS
distance de l'Aftre au zénith, est le complément de la hauteur de l'Aftre fur l'horifon ;
l'angle ZPS est l'angle horaire ou la diftance
de l'Aftre au Méridien ; l'angle PZS est l'azimuth. Ainfi connoiffant trois de ces cinq chofes, on pourra, par les regles de la Trigonométrie fphérique, trouver les deux autres : nous en verrons plus bas des exemples.

✳✳✳✳✳✳✳✳✳✳✳✳✳✳✳✳✳✳✳✳✳✳✳✳

TROISIEME SECTION,

Dans laquelle on enseigne l'usage des connoissances précédentes, dans la Navigation.

Du flux & reflux de la Mer.

198. C'est sur les mouvements du Soleil & de la Lune qu'est réglée l'inondation périodique que la mer fait sur les côtes, deux fois le jour. On sait que les eaux de la mer s'élevent, chaque jour, pendant environ six heures : que parvenues à leur plus grande hauteur, elles restent en cet état, pendant environ un demi-quart d'heure ; baissent ensuite pendant un peu plus de six heures, après quoi elles recommencent à s'élever.

199. Le mouvement par lequel les eaux de la mer s'élevent & se répandent sur les côtes, s'appelle le *Flux*, ou le *Flot* ; & l'on appelle *Reflux*, *Ebe* ou *Jusant*, celui par lequel elles baissent ou se retirent. Lorsqu'elles ont atteint le terme de leur plus grande hauteur, on dit alors que la mer est *pleine*, ou qu'elle est *étale* ; & le moment où elle cesse de se retirer, s'appelle le moment de la *Basse-Mer*. Tous ces différents états de la mer

M iv

font compris fous le nom général de *Marée.*

200. On a reconnu que les marées étoient dépendantes des mouvements de la Lune, à ce que 1°, les temps moyens de leurs retours fuivent les mêmes loix que ceux de la Lune à l'égard du Soleil. Nous avons vu (134) que fi les mouvements de la Lune étoient uniformes, la quantité dont elle s'avanceroit chaque jour vers l'Orient, par rapport au Soleil, feroit de 12° 11′ 27″; enforte que fon retour au méridien retarderoit chaque jour, de 48′ 46″ de temps, fur celui du Soleil; & c'eft en effet la quantité moyenne dont la marée retarde chaque jour.

2°. Au bout de 29 jours ½ environ, qui font la durée d'une lunaifon, ou le temps que la Lune met à revenir dans une même pofition à l'égard du Soleil, les marées reviennent à la même heure. Elles reviennent encore à la même heure, tous les 15 jours environ; c'eft-à-dire, que fi 15 jours environ auparavant, il y a eu haute mer à midi, il y aura auffi haute mer, aujourd'hui à midi; mais la haute mer d'aujourd'hui à midi, fera celle qui a eu lieu à minuit il y a 15 jours.

3°. L'Epoque des nouvelles & des pleines Lunes, eft non feulement celle du retour des marées à la même heure; c'eft auffi celle de la plus forte marée d'une même lunaifon. On donne le nom de *grandes Eaux, Malines,* ou

Reverdies, à ces plus grandes marées. Plus la mer s'éleve lors du flux, plus auffi elle fe retire lors du jufant, c'eft-à-dire, qu'elle laiffe à découvert une plus grande partie de la plage, que dans les autres marées.

201. Quant à la part que le Soleil peut avoir aux marées : elle eft fondée 1° fur ce que les marées font réglées, comme nous venons de le dire, non fur le retour de la Lune à un même point du Ciel étoilé, mais fur fon retour à une même pofition à l'égard du Soleil. La Lune s'avançant (133) chaque jour vers l'Orient, de 13° 10′ 35″ par fon moyen mouvement à l'égard des Etoiles, retarde chaque jour à leur égard de la quantité moyenne 52′ 42″ de temps ; mais le retard moyen des marées n'eft que de 48′ 46″ qui eft auffi le retard moyen de la Lune à l'égard du Soleil ; donc les marées dépendent auffi du Soleil.

2°. D'ailleurs nous venons de voir que les plus fortes marées avoient lieu lors des fizigies, ou des nouvelles & pleines Lunes ; c'eft-à-dire, lorfque le Soleil & la Lune étant à peu près fur une même ligne, font dans la pofition la plus favorable pour réunir leur action. Si la Lune feule agiffoit, il n'y auroit aucune raifon pour que fon action fût plus grande dans la ligne des fizigies, qu'à toute autre diftance de cette ligne.

3° Les grandes marées, celles des nouvelles & des pleines Lunes, font plus grandes vers l'Equinoxe ou peu de temps après, que dans tout autre temps de l'année ; c'eſt-à-dire lorſque le Soleil étant voiſin de l'Equateur, répond au milieu de la terre.

202. La raiſon générale de ces faits eſt fondée ſur ce que les parties de la terre & des eaux ont vers le Soleil & vers la Lune, une tendance ou peſanteur ſemblable à celle qu'elles ont vers le centre de la Terre, quoique beaucoup moindre que cette derniere peſanteur. Cette force qui porte ou tend à porter les eaux vers chaque Aſtre, agit d'autant plus fortement ſur chaque particule, que le quarré de la diſtance à l'Aſtre eſt plus petit. Elle diminue donc davantage la peſanteur à l'égard de la terre, pour les parties plus voiſines de l'Aſtre, que pour celles qui en ſont plus éloignées, l'équilibre des eaux doit donc en être troublé ; & par conſéquent dans la partie du Globe qui eſt du côté de l'Aſtre, les parties les plus éloignés, doivent par leur excès de peſanteur à l'égard de la terre, ſoulever celles qui ſont plus voiſines de l'Aſtre, & les faire élever vers lui. Dans l'hémiſphere oppoſé la peſanteur vers l'Aſtre ajoute à la peſanteur vers le centre de la Terre, mais d'autant moins que les parties ſont plus éloignées : celles-ci doivent donc, par une raiſon ſemblable être ſoulevées par les parties moins éloi-

gnées de l'Astre ; & par conséquent l'hémisphere opposé à l'Astre, doit s'alonger aussi
dans un sens opposé à ce même Astre.

203. On voit par-là 1°. pourquoi le flux
& reflux a lieu deux fois jour. En effet, puisqu'en même-temps que la Mer s'éleve vers
l'Astre, elle s'éleve aussi, en sens contraire,
dans la partie opposée, il doit y avoir haute
mer quand l'Astre est sur l'horison, & quand
il est au-dessous.

2°. Pourquoi les grandes marées ont lieu
aussi bien dans les pleines Lunes que dans les
nouvelles Lunes, quoique dans le premier
cas le Soleil & la Lune étant de côtés opposés de la terre, l'effet de l'un sembleroit devoir détruire celui de l'autre. C'est une suite
de ce que, par l'action de chaque Astre, la
mer doit s'élever vers l'Astre & vers la partie qui lui est opposée.

3°. Pourquoi, dans ces deux cas, les marées
font les plus fortes que dans tout autre position.

4°. On voit, en même-temps, que dans les
autres positions, le point le plus élevé de la
mer ne répond ni au Soleil, ni à la Lune ;
mais se trouve placé entre-deux, & plus près
de celui de ces deux Astres qui agit le plus
fortement.

204. Or eu égard à ce que la tendance
ou pesanteur des eaux, vers chaque Astre,
diminue ou augmente comme le quarré de

la diftance à cet Aftre augmente ou diminue, la force de la Lune pour élever les eaux,
eft plus grande que celle du Soleil , quoique
ce dernier, comme beaucoup plus gros, fem-
bleroit devoir produire un plus grand effet ;
mais la plus grande proximité de la Lune , fait
plus que compenfer ce quelle a , en maffe ,
de moins que le Soleil.

205. On voit encore facilement pourquoi les marées font les plus foibles dans les
quadratures; parce qu'alors la Lune étant à 90°
du Soleil , l'élevation des eaux que l'un de
ces deux Aftres tend à produire , diminue
celle que l'autre tend auffi à produire, & en
eft auffi diminuée.

Et puifque dans les fizigies voifines du peri-
gée, la Lune eft plus près de la terre, que
dans celles qui ont lieu vers l'apogée, les marées doivent être plus fortes dans ce premier
cas que dans le fecond.

206. Les mêmes principes font voir auffi
pourquoi dans les rivieres, & dans les mers de
peu d'étendue, il n'y a point ou prefque point
de flux & reflux ; c'eft qu'eu égard à la grandeur du Globe terreftre , tous les points dans
une étendue médiocre font fenfiblement à la
même diftance de l'Aftre; l'équilibre n'eft donc
pas fenfiblement troublé par la différence des
pefanteurs occafionnées par la différence des
diftances de chaque point à l'Aftre.

207. Les deux marées qui se succedent dans un même jour ne sont point également fortes. L'une est plus forte que l'autre pendant six mois, & plus foible pendant les six autres mois. Dans nos Ports, les marées du matin sont les plus fortes en Hiver, c'est le contraire en Eté.

208. Si le retard des marées étoit constamment le même, chaque jour; comme elles reviennent aux mêmes heures dans les nouvelles & pleines Lunes, il suffiroit pour être en état de connoître l'heure de la pleine mer pour un jour proposé, dans un Port connu, de savoir à quelle heure elle a lieu à la nouvelle Lune ou à la pleine Lune; & d'ajouter à cette heure, autant de fois 49' qu'il s'est écoulé de jours depuis la nouvelle ou pleine Lune qui a précédé le jour dont il s'agit. Mais ce retard n'est pas toujours le même, tant parce que le mouvement de la Lune n'est pas uniforme, que parce qu'il dépend aussi du Soleil. C'est pourquoi nous allons exposer une méthode plus exacte pour calculer l'heure de la pleine mer.

209. Nous supposerons que l'on connoisse *l'établissement*, c'est-à-dire l'heure de la haute mer, le jour de la nouvelle ou de la pleine Lune, dans le Port dont il s'agit. Cette heure n'est pas la même pour tous les Ports; elle varie selon la position des Côtes, &c. mais elle est constamment la même pour un même Port.

La Table XVII donne l'établiffement de quelques Ports de France, d'Angleterre, d'Irlande & de Hollande.

Cela pofé, on calculera par la méthode donnée (147) le jour, l'heure, & la minute de la phafe la plus prochaine du jour propofé : à ce temps on ajoutera ou on en retranchera la correction indiquée par la Table XVIII ; le réfultat fera l'heure de la pleine mer.

Par exemple, on demande l'heure de la haute mer, à Breft, le 17 Octobre 1769.

Je trouve (147) que la phafe la plus prochaine du 17 Octobre 1769, eft une pleine Lune qui doit arriver le 14 à 22^h 28' pour Paris, ou à 22^h 0' pour Breft. Et comme le 17 tombe 2 jours après, je vois par la Table XVIII, que pour 2 jours après la pleine Lune, il faut ajouter 1^h 11' à l'établiffement du Port qui (Table XVII) étant 3^h 15', me donne 4^h 26' pour l'heure de haute mer à Breft le 17 Octobre 1769.

210. Si l'on veut avoir ce temps avec plus de précifion, on prendra la différence entre 17^j 4^h 26' & 14^j 22^h 0' ; c'eft 2^j 6^h 26' auxquels dans la même Table XVIII répondent 1^h 19' qui ajoutés à l'heure de l'établiffement donnent 4^h 34' pour l'heure plus exacte de la haute mer.

211. Au refte, le temps déterminé par cette méthode, pourra fouvent différer de ce-

lui qu'on obfervera ; parce que les vents peuvent altérer confidérablement l'heure & la quantité des marées. Néanmoins la différence n'ira guere, en général, à plus d'un quart-d'heure, fi ce n'eft dans des cas fort rares.

212. On peut auffi employer la Table XVIII à trouver l'établiffement du Port, en faifant l'inverfe de l'opération précédente. C'eft-à-dire, qu'ayant obfervé l'heure de la haute mer, on en retranchera ou on lui ajoutera la quantité que la Table XVIII donneroit au contraire à ajouter ou à retrancher, felon le nombre de jours dont la date propofée eft éloigné de la phafe la plus prochaine de la Lune.

Ainfi, dans l'exemple précédent, fi la haute mer eft obfervée à Breft le 17 Octobre 1769 à 4^h 34' : ayant calculé (147) la phafe la plus prochaine & trouvé quelle doit arriver le 14 à 22^h 0', on en prendra la différence avec l'heure de l'obfervation : c'eft 2^j 6^h 34' ; or la Table XVIII fait voir que pour un pareil intervalle après la pleine Lune, on a dû ajouter 1^h 19' à l'établiffement pour avoir 4^h 34', heure de la haute mer ; donc il faut au contraire retrancher 1^h 19' de 4^h 34', & il reftera 3^h 15' pour l'établiffement de Breft.

Description de quelques Instruments pour observer en Mer la hauteur des Astres.

213. Comme la plupart des usages que nous allons enseigner sont fondés sur l'observation de la hauteur des Astres, nous commencerons par décrire les principaux instruments & les moyens que l'on emploie en mer pour cette observation. Nous nous bornerons, pour les instruments, aux deux qui sont le plus en usage aujourd'hui, savoir le *Quartier Anglois* & l'*Octans*.

Description & usage du Quartier Anglois.

214. Le quartier Anglois (*Fig.* 41) est composé de deux arcs de cercle de rayons différents, mais qui ont leur centre au même point *C*. L'arc du plus petit rayon est communément de 60°, & l'autre de 30°. Le premier est divisé de degrés en degrés seulement : le second l'est de 10 minutes en 10 minutes ; & l'on y rend les minutes sensibles, par des transversales. Au centre *C*, est élevé perpendiculairement au plan de l'instrument, un marteau percé d'une fente à travers laquelle on vise à l'horison : cette fente répond perpendiculairement au centre.

Des deux pinules ou marteaux *A* & *B*, mobiles

biles chacune fur l'un des arcs , celle que porte l'arc du plus petit rayon eft garnie au milieu de fon épaiffeur , d'un verre convexe def-
tiné à porter fur le milieu de la fente *C*, l'image du Soleil. Quant au marteau *A* , il eft percé d'un trou auquel on applique l'œil pour
voir l'horifon à travers la fente *C*.

Lorfqu'on veut faire ufage de cet inftrument , on fixe le marteau *B* fur l'une des divifions de l'arc *FG* ; puis tournant le dos au
Soleil on fait tomber l'ombre du marteau *B* ,
fur le marteau *C*, & l'image du Soleil formée
par le verre convexe, fur un petit cercle tracé
fur le marteau *C*. Alors on fait gliffer la pinnule *A* jufqu'à ce que , regardant à travers
cette pinnule & la fente du marteau *C*, on
apperçoive la ligne de féparation de la Mer
& du Ciel.

La fomme des degrés de *FB* & de *EA*
donne l'angle *SCA* de la hauteur apparente
du Soleil au-deffus de l'horifon : il faut enfuite 1°. ajouter à cet angle la correction
(175) dûe à l'inclinaifon de l'horifon, relativement à la hauteur de l'œil (on la trouve
Table X), 2°. retrancher la réfraction, que
l'on trouve *Table XI*.

La hauteur que l'on mefure avec cet inftrument, eft celle du centre du Soleil, puifqu'on
fait tomber l'image de cet Aftre fur le petit
cercle qui a fon centre au milieu de la fente ,

NAVIGATION. N

Ainsi il n'y a point de correction à faire pour le diametre du Soleil.

Description & Usage de l'Octans.

215. La construction & l'usage de cet instrument qui est le plus parfait qu'on ait imaginé jusqu'ici pour observer à la Mer, sont fondés sur une propriété des miroirs plans qu'il est à propos de faire connoître avant que d'aller plus loin.

Soient *D E* & *CB* (*Fig.* 42) deux miroirs plans ; si un rayon de lumiere venu suivant la ligne *OK* rencontre la surface du miroir *DE*, il rejaillit ou se réfléchit lorsqu'il est en *K*, de maniere que sa nouvelle route *KA* fait, avec le miroir *DE*, un angle *AKD* égal à celui *OKE* qu'elle faisoit avec le même miroir, du côté opposé. C'est une propriété constatée par l'expérience, & que l'on énonce en disant que l'angle de réflexion *AKD* est égal à l'angle d'incidence *OKE*.

Donc si le rayon réfléchi *KA* rencontre sur sa route le miroir plan *BC*, il se réfléchira de nouveau, en faisant l'angle de réflexion *SAB* égal à l'angle d'incidence *KAC*. Concevons maintenant que l'on fasse tourner le miroir *BC* autour du point *A*, de la quantité angulaire quelconque *BAF*, ensorte qu'il vienne dans la position *FG*. Il est clair que l'angle d'incidence du rayon *KA* étant plus petit, l'angle

de réfléxion doit être auffi plus petit ; & que
par conféquent le rayon refléchi ne peut plus
être *A S*, mais une autre ligne *A S'* qui faffe
un angle moindre avec *G F*, & qui par conféquent fera un angle avec *A S*. Or cet angle *SAS'* eft précifément le double de celui
BAF que fait la pofition actuelle *FG* du miroir,
avec fa premiere pofition *BC*.

En effet, l'angle *KAS* compris entre l'incident *K A* & fon réfléchi *A S*, vaut toujours
180° moins la fomme de l'angle d'incidence
& de l'angle de réflexion, c'eft-à-dire moins
le double de l'angle d'incidence ; donc fi par
le mouvement du miroir l'angle d'incidence
diminue ou augmente d'une certaine quantité, l'angle compris entre l'incident & le réfléchi augmentera au contraire ou diminuera
du double de cette quantité. C'eft-à-dire
que l'augmentation *SAS'* furvenue à l'angle
KAS en vertu du mouvement du miroir, fera
double de la diminution *G A C* que reçoit par
la même caufe, l'angle d'incidence *KAC*, ou
double du mouvement angulaire du miroir.

Donc réciproquement fi l'on fuppofe qu'un
œil placé en *O* fur la droite *K O* voie l'objet *S*
à l'aide des deux miroirs *B C*, *E D* en vertu
des deux réflexions que le rayon *S A* éprouve
fucceffivement en *A* & en *K*, il ne pourra voir
le même objet placé en *S'* qu'autant que le miroir *DE* reftant à la même place, on fera mou-

N ij

voir le miroir BC, d'une quantité BAF qui foit moitié de l'angle SAS' compris entre les deux pofitions de l'objet. D'après ces principes, voici la conftruction de l'Octans.

216. BAC (*Fig.* 43) eft un demi-quart de cercle, ou une huitieme partie du cercle, dont l'arc BC eft divifé en 90 parties. Au centre A, & perpendiculairement au plan de l'inftrument, eft placé un miroir plan fixé à l'alidade AD, & mobile avec elle autour du centre A. A quelque diftance de A, eft placé perpendiculairement au plan de l'inftrument, & fixé au côté AB, un petit miroir plan, de glace, dont il n'y a qu'une partie qui foit étamée, favoir celle qui eft la plus voifine du côté AB, ou du plan de l'inftrument ; l'autre partie eft fans étain, & fert à voir directement l'horifon auquel on vife à l'aide d'une pinnule ou d'une petite lunette que l'on place fur le côté AC, de maniere que fon axe réponde fur le petit miroir, au milieu de la ligne qui fépare la partie étamée de la partie non étamée. Quelquefois le petit miroir eft entiérement étamé, à la réferve d'un petit efpace vers le milieu que l'on laiffe tranfparent pour voir directement l'horifon.

La pofition du miroir K, & celle du miroir A doivent être telles que lorfque l'alidade AD tombera fur le rayon AC qui va au point zéro de la graduation de l'arc BC, A foit parallele à K.

On observera de plus, pour faciliter les observations qui se feroient près du zénith, d'incliner un peu le miroir *A* à l'égard de la ligne de foy de l'alidade ; c'est-à-dire, de tourner la partie inférieure de ce miroir un peu plus vers *B* que vers *C*.

217. L'instrument étant tenu dans un plan vertical, & l'alidade étant sur zéro, si à l'aide de la lunette on regarde le terme de l'horison à travers la partie transparente, on doit voir en même temps son image dans la partie étamée, placée à côté, sur une même ligne droite perpendiculaire au plan de l'instrument. Car, à cause de la médiocrité de l'intervalle *A K*, les rayons *HA* qui venant de l'extrémité de l'horison, tombent sur le miroir *A*, sont sensiblement parallelles à ceux *HKO* qui viennent du même terme sur la partie transparente du miroir *K*. Mais les deux miroirs étant parallelles, il est aisé de voir qu'après les deux réflexions, le dernier réfléchi *K O*, sera parallele à *HA* ; il sera donc aussi parallele à *HK*, & placé à côté de lui.

218. Supposons présentement que l'alidade *AD* étant toujours sur le premier point de la graduation, on veuille observer un Astre *S*, & déterminer sa hauteur *S A H* au-dessus de l'horison.

Tenant l'instrument verticalement & dans le plan que l'on conçoit passer par le centre *A* & par l'Astre, on visera, à l'aide de la lunet-

N iij

te, au terme de l'horifon, à travers de la partie non étamée ; puis on fera defcendre l'alidade vers *B* jufqu'à ce qu'on voie arriver l'image de l'Aftre fur la partie étamée du petit miroir, & qu'on l'y voie placée fur une même ligne avec l'horifon vû par la partie non étamée. Alors, l'angle *C A D* parcouru par l'alidade, & par conféquent par le miroir *A*, fera précifément la moitié (215) de l'angle *HAS*. Mais comme l'arc *B C* de 45°, eft divifé en 90° parties qui font par conféquent d'un demi-degré chacune, il s'enfuit que pour avoir tout de fuite le nombre de degrés de la hauteur *HAS*, il n'y a qu'à compter les demi-degrés de *C D*, pour des degrés entiers.

219. Il faut, autant qu'il eft poffible, faire convenir l'image de l'Aftre, ou du point qu'on en obferve, avec le point d'interfection de l'horifon & de la ligne qui fépare la partie étamée, de celle qui ne l'eft pas. Néanmoins quand le point qu'on obferve feroit à quelque diftance de cette derniere ligne, l'erreur qui peut en réfulter eft fort petite & peut être négligée. Mais ce qui importe plus, c'eft de bien déterminer le contact de l'Aftre avec l'horifon. Pour mieux s'en affurer, on fait balancer légérement l'octans à dróite & à gauche, alors fi le contact eft exact & que l'Aftre ne change pas fenfiblement de hauteur pendant cette manœuvre, il doit, au moindre mouve-

ment, paroître fe détacher de l'horifon, en s'é-
levant. Tel eft l'ufage de l'octans, lorfqu'on
prend hauteur par devant ; mais il faut ajouter à tout ceci quelques obfervations.

220. Avant que de faire ufage de cet inftrument, il faut le vérifier : cette vérification
doit avoir deux objets ; le premier, de s'affurer fi le petit miroir *K* eft perpendiculaire au
plan de l'inftrument. S'il ne l'étoit pas, on s'en
appercevroit à ce qu'en regardant l'horifon à
travers la partie non étamée, & fon image
dans la partie étamée, celle - ci ne fe trouveroit point dans un même alignement avec la
premiere, mais feroit un angle avec elle. Pour
y remédier, on a placé fur le pied de la mon-
ture du petit miroir, une petite vis qui fert à le
redreffer.

On peut faire encore cette vérification le foir
pendant le crépufcule, en regardant, à travers
la partie étamée, quelque Aftre brillant ; alors fi
l'on fait mouvoir un peu l'alidade, de part &
d'autre du point zéro de la graduation, on pourra faire fuivre à l'Aftre, la ligne qui fépare la
partie étamée de la partie non étamée, ou
une parallele à cette ligne, fi le petit miroir
eft perpendiculaire au plan de l'inftrument. Si
au contraire il ne l'eft pas, l'Aftre pendant ce
mouvement de l'alidade, paroîtra décrire une
ligne oblique à cette ligne de féparation.

Le fecond objet de vérification, eft le pa-

N iv.

rallélisme des miroirs. Lorsqu'on se sera assuré
que le petit miroir K est perpendiculaire au
plan de l'instrument, on reconnoîtra que les
deux miroirs sont bien disposés, si en regardant le terme de l'horison, ou un autre objet
quelconque fort éloigné, on peut en mettant
l'alidade sur le point zéro de la graduation, faire
arriver l'image de cet objet, avec cet objet
même, vu à travers la partie non étamée, les
faire arriver, dis-je, dans un même point, ou
dans une même ligne perpendiculaire au plan
de l'instrument. Si, lors de ce concours, l'a-
lidade ne répondoit pas à zéro, ce seroit une
preuve que les deux miroirs, ne sont pas disposés comme il le faut, & les hauteurs que l'on
obserroit seroient trop grandes ou trop petites, selon que le point où l'alidade doit
être arrêtée pour ce concours, seroit en de-
dans ou en dehors de l'arc AB. Il faudroit
donc ou corriger la position des miroirs, en
touchant à leurs supports, ou bien retrancher,
dans le premier cas, & ajouter, dans le second, à chaque hauteur observée, la quanti-
té dont l'alidade se trouve éloignée du point 0°,
lors de la vérification.

2 2 1. Quant aux miroirs eux-mêmes, il est
essentiel qu'ils soient parfaitement plans, &
que les deux faces soient exactement paralleles, s'ils sont de glace; sans quoi l'image, qui
en général se répete autant de fois qu'il y a

de furfaces différemment pofées, feroit irréguliere, & ne feroit pas vue dans fes véritables dimenfions. Lorfqu'on obferve le Soleil, on tempere la force de fa lumiere, à l'aide de quelques verres colorés placés entre les deux miroirs, & qui tiennent à l'inftrument par un petit bras qui a un jeu de charniere.

222. Le point du Soleil, que l'on obferve, n'eft pas le centre, que rien ne détermine à la vue, d'une maniere affez précife; c'eft un de fes bords, & communément c'eft le bord inférieur. Il y a donc alors trois corrections à faire, pour avoir la hauteur du centre; favoir celle qui eft dûe à l'inclinaifon de l'horifon (175), & qui eft à fouftraire; celle qui eft dûe à la réfraction (176), elle doit être retranchée; enfin le demi-diametre du Soleil, qui doit être ajouté.

Quant aux Etoiles, il n'y a que les deux premieres de ces corrections qui aient lieu.

223. Pour pouvoir employer l'octans à d'autres obfervations que celles du Soleil, il eft indifpenfable d'employer une lunette, au lieu de pinnule. Nous rapporterons ici, d'après M. l'Abbé de la Caille, les dimenfions qu'il convient de lui donner. Le verre objectif doit être de 10 pouces de foyer, & de 25 ou 30 lignes de diametre. L'oculaire que l'on peut prendre concave, ou plan concave, doit avoir trois pouces & demi ou quatre pouces

de foyer, & deux ou trois lignes d'ouverture. La lunette doit être tellement placée que
fon axe foit parallele au plan de l'inſtrument,
& paſſe par le milieu de la ligne qui, ſur le
petit miroir, ſépare la partie étamée, de la
partie non étamée.

224. Lorſque l'horiſon eſt embrumé au-
deſſous de l'Aſtre, ou qu'il eſt embarraſſé par
quelque terre peu éloignée ; alors on eſt obligé de prendre hauteur par derriere, c'eſt-à-dire, de tourner le dos à l'Aſtre. Pour rendre
l'octans propre à cette ſorte d'obſervation, on
place ſur une avance ajoutée au rayon *A B*
(*Fig.* 44) une petite glace *K*, en partie étamée, & en partie tranſparente, comme ci-devant ; mais dont la poſition eſt telle que lorſque l'alidade eſt ſur le point 0° de la graduation, ce petit miroir *K* eſt dans une direction perpendiculaire au grand *A*. Une pinnule
placée ſur cette même avance, à quelque diſtance du petit miroir *K* ſert à voir, tout à la
fois, l'horiſon à travers la partie tranſparente, & l'image de l'Aſtre ſur la partie étamée.
On fait arriver cette image ſur le miroir *K*,
en tirant à ſoi l'alidade *A D* ; & le rayon *S A*
parti de l'Aſtre, arrive à l'œil *O*, ſuivant
K O, après deux réflexions ſucceſſives en *A*
& en *K*. Mais l'image eſt vue renverſée ; parce que, pour peu de hauteur que l'Aſtre ait ſur
l'horiſon, les deux miroirs font un angle ob-

tus; or il eſt aiſé de voir, par l'inſpection de
la *Fig.* 45, & en faiſant attention au principe
que l'angle de réflexion eſt égal à l'angle d'incidence, il eſt aiſé, dis-je, de voir que le point *A* de
la droite de l'objet *AB*, eſt vu par l'œil *O*, ſur
le miroir *FE*, après les deux réflexions en *C*
& en *F*, ſuivant *O a*; & que le point *B* de la
gauche eſt vu ſuivant *O b*, enſorte que l'objet
A B eſt vu, comme le ſeroit un objet tel
que *a b* vu directement du point *O*.

225. Pour vérifier cet inſtrument, on viſe
à l'horiſon, à travers la partie tranſparente du
miroir *K*, & on fait mouvoir l'alidade de *B*
vers *C* juſqu'à ce que la partie oppoſée de
l'horiſon, vienne ſe joindre, ſur la partie étamée, à côté de l'horiſon vu par la tranſparente. Alors l'alidade, qui devoit marquer zéro, ſi les deux tangentes imaginées de l'œil
aux extrémités oppoſées de l'horiſon, étoient
en ligne droite, doit marquer au-delà de la
premiere diviſion, le double de l'inclinaiſon
de l'horiſon dû à la hauteur de l'œil. Si elle
marquoit plus ou moins, on ajouteroit ou
on retrancheroit la différence aux hauteurs obſervées.

226. Lorſqu'après avoir vérifié l'inſtrument, on en fait uſage pour prendre hauteur
par derriere; il y a, comme on l'a vu, trois
corrections à appliquer à cette hauteur, pour
le Soleil & la Lune, & deux ſeulement pour

les Étoiles ; mais elles doivent être appliquées
en sens contraire de ce qui a été dit (221) ;
c'est une suite de ce que les objets paroiffent
renverfés , dans cette obfervation.

Différentes méthodes pour trouver en Mer, la latitude ou la hauteur du Pôle.

227. On peut propofer un grand nombre
de méthodes pour trouver la latitude ; mais la
plus fimple de toutes , & la plus sûre , confifte à obferver la hauteur méridienne des Aftres , ou leur diftance méridienne au Zénith ;
c'eft-dire la diftance à laquelle ils font du
Zénith , lorfqu'ils paffent au Méridien. On
ne doit recourir aux autres méthodes que
lorfqu'on ne peut pratiquer celle-ci.

On eft affez dans l'ufage d'employer , dans
le calcul , la diftance méridienne au Zénith ,
au lieu de la hauteur même dont elle eft le
complément ; nous nous conformerons à cet
ufage. Il faut feulement obferver que les
corrections qu'on auroit faites à la hauteur ,
en vertu de ce qui a été dit (166, 175 &
176) doivent être appliqués en fens contraire,
lorfqu'il s'agit de la diftance au Zénith.

228. Pour pouvoir conclure la latitude,
de l'obfervation de la diftance méridienne
d'un Aftre au Zénith , il faut connoître la

déclinaison de cet Astre. Nous en avons donné les moyens (156 & 161).

229. Dans l'énoncé de la regle suivante, lorsque nous disons que la distance du Zénith à l'Astre est de même dénomination que la déclinaison, nous entendons que si la déclinaison est Nord, par exemple, l'Astre est au nord du Zénith ; & qu'il est au Sud du Zénith, si la déclinaison est Sud. Si au contraire, la déclinaison étant Nord, ou Sud, l'Astre étoit au Sud, ou au Nord du Zénith, alors nous entendons que la distance du Zénith à l'Astre, est de dénomination différente de la déclinaison.

Or pour un Observateur placé soit sur l'Hémisphere boréal, soit sur l'Hémisphere austral, un Astre est au Sud du Zénith, si en se tournant vers l'Astre, il le voit se mouvoir de gauche à droite ; & l'Astre est au Nord, s'il paroît se mouvoir de droite à gauche.

Il faut cependant observer que pour les Etoiles de perpétuelle apparition, comme elles passent deux fois au Méridien, la regle est tout le contraire lorsqu'elles décrivent la partie inférieure de leur parallele.

Cela posé, voici la regle qu'on doit suivre pour conclure la latitude, de l'observation de la distance méridienne au Zénith.

230. *Si la distance du Zénith à l'Astre,*

est de même dénomination que la déclinaison, prenez la différence entre cette distance au Zénith, & la déclinaison; & vous aurez la latitude si l'Astre n'est pas au-dessous du pôle élevé. S'il y est, au contraire, ajoutez la déclinaison, & la distance au Zénith; & le supplement de cette somme sera la latitude.

Si, au contraire, la distance du Zénith à l'Astre, est de dénomination différente de la déclinaison, ajoutez la distance au Zénith, avec la déclinaison; & vous aurez la latitude.

Pour appercevoir la raison de cette regle, il suffit de jetter les yeux sur la Fig. 46, où PZOT représente le Méridien, HQO l'horizon, EQT l'Equateur, Z le Zénith, & P le pôle : & de supposer que l'Astre est successivement entre O & E, ou entre E & Z, ou entre Z & P, ou enfin entre P & H.

231. Pour donner quelques exemples de cette regle, supposons que le 27 Juin 1769, étant au Nord de la ligne ou de l'Equateur, par 28° 32′ de longitude orientale comptée depuis Paris, on ait observé le bord inférieur du Soleil à midi, & trouvé qu'il étoit au Nord du Zénith, de 10° 42′.

Je corrige d'abord cette observation en ôtant 15′ 45″ (Table XII) pour le demi-diametre du Soleil, ajoutant 4′ 15″ (Table X) pour l'inclinaison de l'horison dûe à la hauteur de l'œil que je suppose de 15 pieds, & ajoutant 0′ 12″ pour la réfraction; j'ai donc 10° 30′ 42″ pour la distance vraie au Zénith.

Je calcule (161) la déclinaison pour midi du 27 Juin 1769, temps vrai, sous un Méridien à l'Est de Paris, de 28° 32′, ou de 1ʰ 54′ 8″; c'est-à dire pour Paris le 26 Juin à 22ʰ 5′ 52″; je trouve 23° 18′ 39″ de déclinaison boréale. Et puisque la distance du Zénith à l'Astre, est de 10° 30′ 42″ boréale, je prends la différence de ces deux quantités, & j'ai 12° 48′ pour la latitude.

232. Supposons, pour second exemple, qu'en Mai 1770, on observe la distance méridienne de *Régulus*, au Sud du Zénith; & qu'on la trouve de 23° 52′.

J'ajoute 4′ 15″ pour l'inclinaison de l'horison, & 0′ 32″ pour la réfraction; j'ai 23° 56′ 47″ pour la distance vraie au Zénith.

Par la Table XIII, je trouve que la déclinaison de Régulus, en Mai 1770, sera de 13° 5′ 10″ Nord, & puisque ces deux quantités sont de dénomination contraire, je les ajoute; ce qui me donne 37° 2′ pour la latitude.

233. On peut remarquer, en passant, qu'il n'est pas nécessaire pour les Etoiles, de connoître la longitude du lieu, ni la date précise de l'observation; parce que leur déclinaison apparente, qui varie peu dans une

année, ne varie dans quelques jours, que d'une quantité infensible.

234. Lorfqu'on n'a pu obferver la hauteur méridienne du Soleil, & que cependant on a befoin de connoître la latitude avant que la nuit permette d'y employer les Etoiles ; alors il faut faire ufage des hauteurs du Soleil prifes hors du Méridien.

On peut, par exemple, obferver deux hauteurs du Soleil, à deux inftants différents, & qui foient éloignés d'une heure & demie au moins. Alors fi à l'aide d'une montre, on compte le temps écoulé dans l'intervalle des deux obfervations ; connoiffant d'ailleurs la déclinaifon du Soleil, on pourra trouver la latitude, de la maniere fuivante qui eft également applicable aux Etoiles.

Soit HOR (*Fig.* 47) l'horifon ; HZR le méridien ; Z le zénith ; P le pôle ; ZNO, ZMQ les deux verticaux dans lefquels on a obfervé l'aftre ; PN, PM deux cercles de déclinaifon.

Après avoir corrigé les hauteurs obfervées, de la quantité dûe à l'inclinaifon de l'horifon, à la réfraction, & au demi-diametre, on connoîtra donc les arcs NZ & MZ compléments des hauteurs mefurées & réduites ; les arcs PN & PM compléments de la déclinaifon de l'Aftre, que l'on trouve comme il a été dit (161), ou par la Table XIII s'il s'agiffoit d'une Etoile.

Étoile. De plus, l'angle *N P M* qui répond à l'intervalle de temps écoulé entre les deux obfervations, fera connu, en réduifant ce temps en degrés, à raifon de 15° par heure, pour le Soleil, & à raifon de 15° 2′ 28″ par heure, pour les Etoiles.

Cela pofé; imaginant l'arc de grand cercle *M N*, on aura un triangle fphérique *MPN* dont on connoîtra les deux côtés *MP*, *PN* & l'angle compris *MPN*; on pourra donc (*Géom.* 361. Queft. IV & V) calculer l'angle *PMN*, & le côté *MN*. Alors dans le triangle fphérique *MZN* où l'on connoît les trois côtés, il fera facile (192) de calculer l'angle *ZMN*. Retranchant donc l'angle calculé *PMN*, de l'angle calculé *ZMN*, on aura l'angle *ZMP*. Or dans le triangle *ZMP* où l'on connoît actuellement les côtés *ZM* & *PM*, & l'angle compris *ZMP*, il fera facile (*Géom.* 361. Queft. IV) de calculer le côté *ZP* qui eft le complément de la hauteur *PH* du pôle, & par conféquent de la latitude.

235. Quoique cette même méthode puiffe, ainfi que nous venons de l'infinuer, être appliquée aux Etoiles; on ne peut cependant que très-rarement fe trouver dans la néceffité de le faire, puifqu'il eft bien rare que pendant la nuit il n'y ait quelque Etoile dont on ne puiffe prendre la hauteur méridienne, obfervation que l'on doit toujours préférer.

Car nous ne devons pas négliger de faire remarquer qu'outre que cette méthode exige la
mesure de deux hauteurs, dont chacune eſt
toujours ſuſceptible de quelque erreur, il y a
encore une autre erreur à craindre dans la
meſure du temps ; erreur d'autant plus à craindre que chaque ſeconde de temps répond
à 15″ de degré ſur la valeur de l'angle
MPN.

236. Si, pour éviter cet inconvénient,
on prenoit le parti de meſurer, dans un même
inſtant, les hauteurs QM, ON, (Fig. 47) de
deux Etoiles connues ; alors il eſt bien vrai
que par la différence connue par la Table
XIII, de l'aſcenſion droite de ces Etoiles,
on auroit l'angle MPN avec la plus grande
préciſion ; & l'on pourroit par le même calcul
que dans le cas précedent, conclure le complément ZP de la latitude. Mais cette obſervation exigeroit le concours de deux Obſervateurs ; & d'ailleurs, comment s'aſſurer qu'a-
vec deux Obſervateurs, les deux obſervations
feront parfaitement ſimultanées. Il eſt bien
vrai qu'on pourroit encore faire les deux obſervations l'une après l'autre, en obſervant de
les faire ſuivre le plus immédiatement qu'il
feroit poſſible ; & il y auroit moyen, comme
nous le verrons en parlant des longitudes,
de réduire l'une des hauteurs obſervées, à ce
qu'elle auroit été à l'inſtant de l'obſervation de

l'autre ; mais on retomberoit dans la nécessité de mesurer le temps.

237. En général, les méthodes de trouver la latitude, qui exigent des hauteurs prises hors du méridien, quoique bonnes dans la spéculation, ont toutes plusieurs inconvénients dans la pratique, sur-tout à la mer. Elles supposent ou la mesure du temps, ou la simultanéité de quelques observations, ou plusieurs mesures, ou encore la mesure de l'azimuth ou de l'amplitude. Ces dernieres sont sans contredit les plus vicieuses dans la pratique ; car l'azimuth ou l'amplitude doit alors être mesuré avec le compas de variation, qui est bien éloigné de pouvoir donner une précision suffisante. Nous ne ferions pas même mention de ce dernier moyen, si nous ne croyons nécessaire de prévenir les Commençants qui trouveroient ces méthodes dans quelques Livres, qu'elles n'y ont été sans doute proposées que pour servir d'exemples de calcul des triangles sphériques.

238. On a proposé aussi de déterminer la latitude sans le secours de la déclinaison, par l'observation de trois hauteurs d'un même Astre, prises hors du méridien, & par les intervalles de temps écoulés entre les observations. Ce moyen est sujet aux mêmes difficultés que nous venons d'exposer ; ainsi nous ne nous y arrêterons pas ici : on trouvera

néanmoins dans la quatrieme Section, quelques recherches fur ce cas.

Ufage des obfervations de latitude, pour la correction des Routes.

239. La mefure du fillage étant fujette à autant d'incertitudes que nous l'avons vu (47); & celle du rhumb de vent étant auffi fort incertaine, tant par la petiteffe de la rofe des vents, que par la variation qui change prefque fans ceffe, & par la dérive qui varie felon la direction & la force du vent, la pofition de la voilure, & la direction de la route; il eft donc de la plus grande importance, de chercher à rectifier ces éléments, auffi fouvent que l'occafion peut s'en préfenter.

Les obfervations de latitude font prefque le feul guide que l'on puiffe confulter. Mais elles ne fuffifent pas pour reconnoître toutes les erreurs qu'on a pu commettre dans l'eftime. En effet, l'erreur en latitude peut réfulter de deux caufes; de l'erreur commife fur la mefure du chemin, & de celle que l'on auroit commife fur le rhumb de vent. Enforte que fi en comparant la latitude obfervée, avec la latitude eftimée ou conclue de la mefure du chemin & de celle du rhumb de vent, on trouve de la différence, on peut bien en conclure que la mefure du chemin, ou le rhumb de vent , ou tous les deux font fautifs ; mais on ne peut pas en conclure immédiatement pour combien chacun a contribué à cette erreur. Il faut s'aider encore des conjectures les plus probables que l'on pourra faire fur la prépondérance de l'une de ces caufes , fur l'autre. D'après ces conjectures on attribuera, à l'une des deux, une partie de l'erreur en latitude , proportionnée à l'effet dont on la juge capable ; cette fuppofition déterminera l'erreur qu'on a fait fur la mefure de cette premiere caufe ; & la partie reftante de l'erreur en latitude , fervira à déterminer l'erreur qu'on a commife dans la mefure de la feconde. Examinons d'abord les deux cas les plus fimples.

240. Si la route que l'on fuit approche beaucoup de la ligne Nord & Sud ; c'eft-à-dire, fi elle tombe entre le *NNO* & le *NNE*, ou entre le *SSO* & le *SSE*, l'erreur en latitude ne doit être attribuée qu'à l'erreur commife fur la mefure du chemin ; parce que celle qu'on auroit commife fur le rhumb de vent , à moins qu'elle ne foit confidérable , ne peut produire qu'un très-petit effet fur la latitude, ainfi qu'il eft facile de le voir.

Alors , pour corriger la diftance, on fera cette proportion que l'on peut d'ailleurs exécuter facilement fur le quartier de réduction..
Le chemin fait fuivant la ligne Nord & Sud (que

l'on trouvera par les regles de la premiere Section) *est au nombre des lieues de distance , comme le nombre des minutes de l'erreur en latitude , est à un quatrieme terme* dont le tiers sera le nombre de lieues qu'on doit ajouter au chemin , ou en retrancher , selon que la latitude observée sera plus grande ou plus petite que la latitude estimée.

Par exemple , étant parti de 36° 42′ de latitude Nord , on a couru , selon l'estime, 100 lieues au N¼NE ; & ayant observé la latitude , on l'a trouvée de 42° 0′.

On trouvera par les regles de la premiere Section, que le nombre des lieues Nord & Sud, est 98 ; & que par conséquent la latitude d'arrivée, *estimée* ou conclue de l'estime, est 41° 36′ ; la différence ou l'erreur est donc de 0° 24′. On fera donc cette proportion 98 : 100 : : 24′ font à un quatrieme terme 24′½ qui est le nombre de minutes de grand cercle que vaut l'erreur faite sur la route. Prenant donc le tiers , puisque chaque minute vaut un tiers de lieue , on aura 8 lieues & ⅙ pour l'augmentation qu'on doit faire à la route qui par conséquent doit être censée avoir été de 108 lieues & ⅙.

Pour appercevoir la raison de cette regle , il suffit de jetter les yeux sur la *Figure* 48 où *CB* représente la route estimée, *CA* le chemin estimé en latitude ; *CE* la vraie route,

& *CD* le vrai chemin fait en latitude. A caufe des paralleles *A B* & *D E*, on a *CA* : *CB* :: *AD* : *BE*; or *AD* : *BE* comme le nombre des minutes de *AD*, eft au nombre des minutes de *BE*.

241. Si la route eft fort voifine de la ligne Eft & Oueft, c'eft-à-dire, fi elle tombe entre l'*OSO*, & l'*ONO*, ou entre l'*ESE* & l'*ENE*; alors l'erreur en latitude ne doit être attribuée qu'à l'erreur commife fur le rhumb de vent. Car les erreurs commifes fur la route, influent d'autant moins fur la latitude, que le rhumb de vent approche plus de 90°, puifque alors on avance fort peu en latitude.

Dans ce cas, pour avoir le rhumb corrigé, on fera cette proportion . . . . *La différence des latitudes de départ & d'arrivée, réfultante de l'eftime, eft à la différence des mêmes latitudes, réfultante de l'obfervation, comme le cofinus du rhumb eftimé, eft au cofinus du rhumb corrigé.*

Par exemple, on eft parti de 22° 43′ de latitude Nord; on a couru felon l'eftime 134 lieues à l'*O*$\frac{1}{4}$*SO*; & ayant obfervé la latitude, on l'a trouvée de 20° 52′.

Par les regles de la premiere Section, on trouvera que la latitude d'arrivée réfultante de l'eftime, feroit 21° 24′; l'erreur eft donc de 0° 28′. On fera donc cette proportion 1° 19′ : 1° 51′ :: *cof* 78° 45′ eft à un quatrieme terme qui fera le cofinus du rhumb corrigé.

O iv

On trouvera donc que le rhumb corrigé eſt
de 74° 5′; c'eſt-à-dire qu'on a couru à l'O$\frac{1}{4}$SO
4° 40′S.

Voici la démonſtration de cette regle. Soient
CA & CD (*Fig.* 49) la différence de latitude
eſtimée, & la différence de latitude obſervée;
CB la route eſtimée, & CE la vraie route. Si
du centre C & du rayon CB ou CE, on conçoit l'arc BER, il eſt évident (*Géom.*269)
qu'en conſidérant CB comme rayon, CA &
CD ſont les coſinus du rhumb eſtimé BCA,
& du rhumb corrigé ECD; donc $CA : CD ::$
$\cos BCA : \cos ECD$.

242. Par cette même figure, on voit
auſſi que pour exécuter cette correction par
le quartier de réduction, il n'y a autre choſe à
faire, qu'à porter ſur la ligne Nord & Sud, le
chemin CD qui convient à la différence des
latitudes d'arrivée & de départ, déduite de
l'obſervation; & faire convenir le nombre CE
des lieues de diſtance, avec la parallele à la
ligne Eſt & Oueſt, qui paſſeroit par D.

243. Quoique dans les routes voiſines de
la ligne Eſt & Oueſt, l'erreur en latitude ne
provienne point, ou participe peu de l'erreur
ſur le chemin, il ne s'enſuit pas qu'il n'y aie
d'autres corrections à faire à l'eſtime, que
celles qui dépendent du rhumb de vent. En
effet, l'erreur ſur la route, produit au contraire,
alors, le plus grand effet ſur la longitude. Il

est donc dans ce cas, plus important que dans tout autre, de se rendre attentif à la mesure du sillage, puisque l'observation de la latitude n'est pas propre dans ce cas à faire connoître l'erreur faite sur le chemin.

Si l'on a lieu de soupçonner de l'erreur sur la longueur de la route, on n'a pour la déterminer, que les conjectures les plus probables que l'on pourra former d'après l'examen des circonstances de la navigation. Mais en général, il y a moins d'inconvénient à supposer la route trop grande, qu'à la supposer trop petite.

244. Dans les autres routes ; l'erreur en latitude, provenant du rhumb & de la distance, tout à la fois ; il faut partager cette erreur, en deux parties dont on attribuera l'une à la distance, & l'autre au rhumb de vent. On regardera chacune de ces deux parties, comme s'il n'y avoit qu'une seule cause d'erreur en latitude, & que cette cause fût celle à laquelle on attribue cette partie de l'erreur totale. Alors on déterminera la distance corrigée, comme il a été dit (240) ; & le rhumb corrigé, comme il a été dit (241). La difficulté ne consiste donc que dans la maniere de partager l'erreur totale, entre les deux causes qui peuvent la produire : voici les Observations générales qui doivent guider.

245. 1°. Si l'on a lieu de croire que le

rhumb de vent & la diſtance pechent tous deux par défaut , c'eſt-à-dire , ont été eſtimés trop petits ; on attribuera , à la diſtance , plus que l'erreur en latitude , ſi cette derniere erreur eſt auſſi par défaut ; & l'on attribuera au rhumb de vent , l'excédent de celle-là , ſur l'erreur en latitude. Si au contraire l'erreur en latitude eſt par excès ; c'eſt au rhumb de vent qu'il faudra attribuer plus que l'erreur en latitude , & l'on attribuera à la diſtance , l'excédent ſur l'erreur en latitude.

Par exemple , ſi la latitude eſtimée étoit plus petite que la latitude obſervée, de 18′ ; & qu'en même temps , on eût lieu de croire que le rhumb de vent & la diſtance ont été eſtimés trop petits ; on attribueroit plus de 18′ à la diſtance , & l'excédent au-delà de 18′ , au rhumb. Si au contraire la latitude eſtimée étoit plus grande que la latitude obſervée , de 18′ ; l'on attribueroit plus de 18′ au rhumb de vent , & l'excédent au-delà de 18′ , à la diſtance.

La raiſon de cette regle ſera évidente ſi l'on fait attention que la diſtance reſtant la même , on ne peut augmenter le rhumb de vent , ſans diminuer la différence en latitude ; puis donc qu'on ſuppoſe , dans le premier cas , qu'il faut en effet l'augmenter , il faudra que l'erreur attribuée à la diſtance ſoit capable de produire non-ſeulement l'erreur obſervée en latitude , mais encore la quantité dont cette erreur eft diminuée par la fauffe eftime du rhumb de vent. C'eft-à-dire que dans cette occafion l'erreur en latitude n'eft telle qu'on l'obferve, que parce que le rhumb de vent ayant été eftimé trop petit, cette fauffe eftime a compenfé une partie de l'erreur que la diftance feule a produit; donc l'erreur fur la diftance doit, à elle feule, avoir produit plus que l'erreur obfervée.

246. 2°. Si au contraire on a lieu de foupçonner que le rhumb de vent, & la diftance pechent par excès, on fera précifément le contraire de ce qui vient d'être dit dans l'obfervation précédente, pour chacun des deux cas qu'elle comprend.

247. 3°. Si l'on a lieu de juger que la diftance peche par défaut, & le rhumb de vent par excès, ou au contraire; alors on attribuera, à l'un, une partie feulement de l'erreur en latitude, & l'autre partie à l'autre; car alors l'erreur faite fur chacun, contribue dans le même fens, à altérer la latitude.

248. Quant à la quantité précife qu'on doit attribuer à chacun; ce n'eft qu'en faifant les conjectures les plus plaufibles fur les circonftances de la route du vaiffeau, qu'on peut la déterminer. On doit cependant obferver que comme on eft en général moins fûr de la diftance, que du rhumb, on doit, fi aucune conjecture ne détermine à faire autrement,

attribuer plus à la diftance qu'au rhumb.

Exemple I.

On eft parti 247° 12′ de longitude , & 23°
10′ de latitude Nord : on a couru, felon l'eftime, 100 lieues , dans le $NO\frac{1}{4}O$; & ayant
obfervé la latitude , on l'a trouvée de 26° 5′.
Mais, examen fait des circonftances de la
route , on a lieu de croire qu'on s'eft plus
approché vers l'Oueft , & que l'on a fait plus
de chemin. On demande comment on doit
corriger le rhumb & la diftance pour faire
convenir l'un & l'autre avec la latitude obfervée. Ici le rhumb & la diftance pechent
donc par défaut ; ainfi nous tombons dans un
des cas de la premiere obfervation (245) ; &
pour favoir dans lequel, je cherche par les
regles de la premiere Section , le chemin fait
en latitude ; je le trouve de 55, 6 lieues ; par
conféquent la latitude d'arrivée , eftimée , eft
de 25° 57′, plus petite que la latitude obfervée , de 8′. L'erreur en latitude eft donc aufli
par défaut. Ainfi (245) je dois attribuer à la
diftance, plus que 8′, & l'excédent au rhumb.

Je fuppofe que d'après l'examen de ce qui
a pu occafionner l'erreur fur la diftance , je
voie que je ne puis pas attribuer plus de 14′ à
cette caufe. J'aurai donc 14′ pour l'erreur en
latitude , dûe à la route ; & par conféquent
6′ , ou l'excédent fur 8′ , pour ce que je dois

attribuer au rhumb. Cela pofé, je calcule felon la regle donnée (240) quelle a du être l'erreur fur la route, pour produire 14′ fur la latitude; je trouve 8 ⅖ lieues. La diftance corrigée eft donc 108 ⅖.

Donc fi la route avoit été eftimée de 108 ⅖ lieues, la latitude eftimée auroit été trouvée de 14′ plus grande, c'eft-à-dire qu'on l'auroit trouvée de 26° 11′; & par conféquent de 6′ plus forte que l'obfervée. Cette erreur étant dûe au rhumb de vent, je calcule par la regle donnée, (241) le rhumb corrigé qui donnera une diminution de 6′ fur la latitude réfultante de la correction précédente. Je fais donc cette proportion… 3° 1′ différence de latitude nouvellement eftimée, font à 2° 55′ différence de latitude obfervée, comme le cofinus de 56° 15′ rhumb eftimé, eft au cofinus du rhumb corrigé, lequel rhumb corrigé fera donc de 57° 30′; c'eft-à-dire que la route étoit dirigée au NO ¼ O 1° 15′ O.

Avec la différence de latitude obfervée & le rhumb corrigé, on trouvera par les regles de la premiere Section, que la différence de longitude, eft 5° 3′. Et fi l'on n'avoit fait aucune correction, on l'auroit trouvée de 4° 36′.

EXEMPLE II.

On eft parti de 52° 42′ de longitude, & 8° 43′ de latitude Sud. On a couru 143 lieues

au SE 3° E ; & l'on a obfervé la latitude que
l'on a trouvée de 13° 47'. Mais d'après l'examen fait des circonftances de la route, on a
lieu de croire que cette latitude qui ne s'accorde pas avec la latitude eftimée, peche
parce que la diftance a été eftimée trop petite,
& le rhumb trop grand.

On trouvera par les regles de la premiere
Section que le chemin fait en latitude eft 95 $\frac{3}{4}$;
& que par conféquent la latitude d'arrivée eft
13° 30'. L'erreur en latitude eft donc 17'.

Je fuppofe qu'on n'ait rien obfervé qui
donne lieu d'attribuer cette erreur, plutôt à
la diftance qu'au rhumb ; dans ce doute j'en
attribue plus à la diftance qu'au rhumb ; parce
que la mefure de la diftance eft la plus incertaine. J'attribue donc 10' à la diftance, &
7' au rhumb.

Je détermine, par la regle donnée (240)
l'erreur de la route, qui a pu produire 10' d'erreur fur la latitude ; je trouve 5 lieues. La diftance corrigée eft donc 148 lieues. D'où je
conclus que fi la diftance eût été eftimée de
148 lieues, il n'y auroit eu que 7' d'erreur fur
la latitude ; enforte que la latitude eftimée auroit été trouvée de 13° 40'.

Je détermine le rhumb corrigé qui puiffe
ajouter ces 7' qui manquent encore, & dans
cette vue, je fais (241) cette proportion . . . 4° 57' différence de latitude nouvelle-

ment eſtimée, ſont à 5° 4′ différence de latitude réſultante de l'obſervation, comme le
coſinus du rhumb eſtimé 48°, eſt au coſinus du
rhumb corrigé ; je trouve ce rhumb, de 46° 46′;
c'eſt-à-dire, que la route étoit dirigée au SE 1°
46′ E.

Avec la différence de latitude obſervée, &
le rhumb corrigé, on trouvera par les regles
de la premiere Section, que la différence de
longitude eſt de 5° 30′. Par la diſtance & le
rhumb eſtimés, on l'auroit trouvée de 5° 26′.

Moyens de déterminer, en Mer, l'heure qu'il eſt ſous le Méridien où l'on ſe trouve.

249. Les moyens qu'on peut employer
pour déterminer l'heure, ſont les obſervations
du lever & du coucher des aſtres, ou celles
de leur hauteur ſur l'horiſon. On compare
l'heure que marque la montre, lors de cette
obſervation, à celle que l'on déduit du calcul fondé ſur cette même obſervation, & fait
d'après les regles preſcrites (190 & ſuiv.).
La différence fait connoître l'avance ou le
retard de la montre.

250. Comme les regles que nous avons
données (190 & ſuiv.) ſuppoſent que l'on
connoît la latitude ; ſi le vaiſſeau a changé de
lieu depuis l'obſervation de latitude, il eſt

clair que pour avoir la latitude du lieu où l'on se trouve, il faudra commencer par appliquer à celle qui a été obfervée, la réduction qu'exige le chemin qu'on a pu faire fuivant la ligne Nord & Sud, depuis cette obfervation; ce qui eft facile par les regles pour la réduction des routes, données dans la premiere Section.

251. Lorfqu'on emploie le lever ou le coucher du Soleil; comme il pourroit y avoir de l'incertitude à déterminer, à la vue, le moment où fon centre eft à l'horifon, il vaut mieux obferver le moment où l'un de fes bords quitte l'horifon, & calculer l'angle horaire comme il a été dit (193).

Suppofons, par exemple, qu'étant par 29° o' de longitude occidentale comptée de Paris, on ait obfervé la latitude de 39° 58'N, le 20 Mai 1770 à midi; & que le même jour on ait obfervé le coucher du bord inférieur du Soleil, lorfque la montre marquoit 7ʰ 20'. Depuis midi jufqu'à ce moment on a fait 18 lieues à l'ONO.

Je commence par chercher le changement en latitude, & le changement en longitude par les regles de la premiere Section; je trouve le premier de 6,9 lieues qui valent 21'; ainfi la latitude au moment de l'obfervation du coucher du Soleil, étoit de 40° 19'N.

Le changement en longitude eft de 1° 12'O.

Donc

Donc la longitude , lors de l'obſervation du coucher, eſt de 30° 12' qui, en temps, valent 2ʰ 0' 48ˮ. Je calcule la déclinaiſon du Soleil pour le jour de l'obſervation & l'heure indiquée par la montre, augmentée ou diminuée de la différence des méridiens, en temps, ſelon qu'on ſera à l'Oueſt, ou à l'Eſt de Paris. Je calcule donc, ici, pour 9ʰ 21'. Cette déclinaiſon ne peut differer que très-peu de celle qui convient au véritable inſtant de l'obſervation, & n'en différera nullement ſi la montre marque l'heure véritable. Je trouve, pour cette déclinaiſon 20° 7' 30ˮ. Cela poſé conformément à ce qui a été dit (192) pour calculer l'angle horaire ZPC dans le triangle ZPC (Fig. 40), j'ajoute enſemble le côté ZP, complément de la latitude , le côté PC complément de la déclinaiſon , & le côté ZC de 90° 20', c'eſt-à-dire, de 90° moins le demi-diametre 15' 49ˮ du Soleil, plus l'inclinaiſon 4' 15ˮ de l'horiſon, dûe à la hauteur de l'œil, plus la réfraction qui, à cette diſtance apparente du zénith, ou à 89° 48' environ , eſt de 31'½. De leur demi-ſomme je retranche les côtés ZP, PC; puis prenant les logarithmes des deux reſtes, j'opere comme il ſuit. . . . .

Log. fin. du premier refte 55° 16′ 9,91477
Log. fin. du fecond refte 35° 4′ 9,75931
Complément Arith. log. fin. Z P, 49° 41′ 0,11777
Complément Arith. log. fin. P C, 69° 52′½ 0,02737

Somme 19,81922
Demi-fomme ou log. fin. ½ Z P C′. . . . 9,90961

Donc l'angle horaire Z P C eft de 108° 36′ qui réduits en temps, à raifon de 15° par heure, valent 7ʰ 14′ 24″; donc puifque la montre marquoit 7ʰ 20′, elle avançoit de 5′ 36″.

Cette avance de 5′ 36″ fur le temps du méridien actuel, n'eft pas l'erreur abfolue de la montre. C'eft-à-dire, que fuppofant que la montre ait été mife à l'heure précife, lors de l'obfervation de latitude ce même jour à midi, fi elle a marqué 7ʰ 20′ au moment du coucher, au lieu 7ʰ 14′ 24″ qu'elle devoit marquer pour être à l'heure du méridien actuel, il ne s'enfuit pas qu'elle ait eu une accélération de 5′ 36″. Car la différence des méridiens des deux obfervations étant de 1° 12′ O qui valent 4′ 48″, il eft clair que fi elle étoit parfaitement réglée, elle auroit dû être trouvée de 4′ 48″ en avance fur l'heure du méridien d'arrivée; elle n'a donc véritablement avancé que de 48″ dans l'intervalle des deux obfervations, fi toutefois, la longitude a été bien déterminée.

252. Quoique nous ayons préféré l'obfervation du coucher apparent de l'un des bords du Soleil, on peut auffi, fi l'on veut, plemoyer le coucher réel du centre; le calcul

de l'angle horaire ne différera qu'en ce qu'on prendra pour ZC, 90° précis. Quant à l'obfervation, il faut remarquer que lorfque le centre du Soleil fera véritablement à l'horifon, il paroîtra être au-deſſus, d'environ 37′ ſavoir $32\frac{1}{2}$ par l'effet de la réfraction, & $4′\frac{1}{4}$ pour l'inclinaiſon de l'horifon, dûe à la hauteur de l'œil. Ainſi le moment qu'il faut obſerver, c'eſt celui où le bord inférieur du Soleil paroît au-deſſus de l'horifon, d'une quantité un peu plus grande que le demi-diametre du Soleil.

253. Au reſte, l'obſervation du lever ou du coucher n'eſt pas celle qui peut donner l'heure avec la plus grande exactitude. L'incertitude des réfractions à l'horifon (176 & ſuiv.), donnera preſque toujours lieu à quelque différence entre le calcul & l'obſervation. On ne peut guere's compter ſur une détermination plus précife qu'à une demi-minute de temps, près.

254. Pour avoir l'heure avec plus de précifion, il vaut mieux employer les hauteurs du Soleil, prifes lorfque cet aſtre a quelques degrés d'élévation. Suppofant donc qu'on ait meſuré la hauteur ST (Fig. 35) ; alors dans le triangle ZPS où l'on connoît ZP complément de la latitude corrigée comme dans l'exemple précédent, le côté PS complément de la déclinaifon qu'il ſuffit de calculer pour l'inſtant marqué à la montre & réduit au méridien de Paris ; & ZS complément de la

P ij

hauteur obfervée & corrigée comme il a été dit (222) ; on calculera l'angle horaire de la même maniere que dans l'exemple précédent, & on le réduira en temps à raifon de 15° par heure.

255. Quant à la maniere d'avoir l'heure pendant la nuit ; c'eft de même en obfervant la hauteur des Etoiles ; & calculant de même l'angle horaire ZPS dans le triangle ZPS (*Fig.* 35) dont on connoît alors le côté ZP complément de la latitude, le côté SZ complément de la hauteur obfervée corrigée, & le côté SP complément de la déclinaifon que l'on détermine à l'aide des catalogues d'Etoiles, tels qu'on en voit un effai (Table XIII).

Mais pour déduire de la valeur de cet angle horaire, l'heure de l'obfervation ; on le réduira d'abord, en temps, à raifon de 15° par heure ; de ce temps l'on retranchera le mouvement (réduit en temps) que le Soleil doit avoir en afcenfion droite pendant cet intervalle, & l'on aura le temps qui doit s'écouler ou qui a dû s'écouler, entre l'obfervation de la hauteur, & le paffage de l'étoile au méridien. C'eft pourquoi calculant (186) l'heure du paffage de l'étoile au méridien, on ajoutera ces deux quantités, ou l'on prendra leur différence, felon que l'obfervation aura été faite à l'Oueft ou à l'Eft du méridien.

Par exemple, le 25 Juillet 1770, étant par

32ᵉ 50′ de longitude Occidentale comptée de Paris, & 40° 12′ de latitude Nord, on obferve la hauteur de *Sirius*, & on la trouve de 18° 23′, vers l'Eft. La montre marque alors 7ʰ 1′ : on demande l'heure qu'il eft véritablement.

Je corrige (222) la hauteur obfervée 18° 23′, & je la réduis par conféquent à 18° 15′ ⅔. Par la Table XIII je trouve que la déclinaifon de *Sirius* en Juillet 1770, eft de 16° 24′ 37″ Sud. Cela pofé, dans le triangle Z S′ P, (*Fig.* 35) où S′ repréfente le lieu de Sirius, nous connoiffons Z P de 49° 48′ complément de la latitude ; Z S′ de 71° 44′ ⅓ complément de la hauteur obfervée corrigée ; & P S′ de 106° 24′ 37″ fomme de la déclinaifon, & de 90°. Calculant donc (192) l'angle horaire Z P S′, je trouve 47° 26′ qui réduits en temps valent 3ʰ 9′ 44″.

Pour trouver le mouvement du Soleil en afcenfion droite, dans cet intervalle ; je calcule l'afcenfion droite du Soleil pour le midi du lieu de l'obfervation, le 24 Juillet 1770, & le midi du 25 ; c'eft-à-dire pour 2ʰ 11′ 20″ que l'on compte alors à Paris ; & ayant réduit ces afcenfions droites en temps, je trouve 8ʰ 15′ 17″ & 8ʰ 19′ 14″. D'où je vois que le mouvement en afcenfion droite en 24 heures, eft de 3′ 57″ ; donc pendant l'intervalle de 3ʰ 9′ 44″, ce mouvement fera de

0′ 30″; ainsi le temps que Sirius doit employer depuis le moment de l'obſervation ,
juſqu'à ſon paſſage au méridien , eſt de 3ʰ 9′
14″. Il reſte donc à ſavoir l'heure de ſon
paſſage au méridien.

Or, par la Table XIII, je vois que ſon aſcenſion droite eſt de 98° 45′ 45″, ou de 6ʰ 35′
3″; & puiſque celle du Soleil eſt de 8ʰ 15′ 17″
le 24 à midi au méridien actuel, la différence
d'aſcenſion droite à cette même heure, ſera
de 22ʰ 19′ 46″, c'eſt-à-dire que ſi le Soleil
n'avoit point de mouvement en aſcenſion
droite , du 24 au 25, Sirius paſſeroit au méridien, le 24 à 22ʰ 19′ 46″ ou le 25 à 10ʰ 19′
46″ du matin ; mais puiſqu'en un jour le
mouvement du Soleil en aſcenſion droite eſt
alors de 3′ 57″, en 22ʰ 19′ 46″, il ſera de 3′
41″; donc l'heure vraie du paſſage de Sirius
au méridien le 25 ſera 10ʰ 16′ 5″ du matin.
Puis donc qu'au moment de l'obſervation, il
eſt éloigné du méridien de 3ʰ 9′ 14″, il s'enſuit
que le moment vrai de l'obſervation , eſt 7ʰ 6′
51″ ; donc la montre retarde de 5′ 51″.

Remarque.

256. Les méthodes précédentes peuvent
ſervir à faire connoître l'erreur de la montre à
l'égard du méridien ſous lequel on ſe trouve
lors de l'obſervation. Mais de ce que l'on
trouveroit une différence entre l'heure de la

montre, & l'heure calculée, il ne faut pas en conclure que la montre a varié. On ne seroit fondé à le conclure que dans le cas où l'on n'auroit pas changé de méridien depuis la derniere fois que la montre a été réglée. Lors donc qu'on veut employer ces méthodes à regler les montres, ou à connoître leur variation, il faut par deux obſervations de hauteur faites à des intervalles de temps différents de quelques heures au moins, déterminer deux fois l'erreur apparente de la montre. Puis ayant déterminé par les regles de la premiere Section, le changement en longitude fait pendant l'intervalle des deux obſervations, & l'ayant réduit en temps; s'il eſt égal à la différence des deux erreurs de la montre, & dans le même ſens, on en conclura que la montre eſt bien réglée; c'eſt-à-dire qu'elle marque 24 heures d'un jour à l'autre; & dans le cas contraire, l'excédent ſera l'erreur de la montre, dans l'intervalle des deux obſervations.

Au reſte, on ne doit pas ſe borner à une ſeule obſervation pour avoir l'heure, non plus qu'à deux, pour régler la montre. Il faut en faire le plus qu'on peut, afin de compenſer par le nombre, les erreurs qui peuvent affecter chacune.

On peut encore employer pour régler les montres, la méthode des hauteurs égales ou

P iv

correspondantes. On trouvera cette méthode
& la correction qu'elle exige , expliquées
dans la quatrieme Section.

257. Les circonstances les plus favorables pour déterminer exactement l'heure , par
l'observation de la hauteur des Astres , sont
lorsque l'Astre ayant une déclinaison moindre
que la latitude , & de même dénomination ,
il passe au premier vertical ; ou lorsqu'ayant
une déclinaison plus grande que la latitude ,
& de même dénomination , il arrive au point
où son vertical & son parallele se touchent.
Mais comme on n'est pas toujours le maître
de saisir l'une ou l'autre de ces deux cironf-
tances , il faut du moins observer l'Astre le
plus près de l'une ou de l'autre qu'il est pos-
sible , en évitant néanmoins de l'observer
trop près de l'horison , & d'employer un Astre
dont la déclinaison seroit très-grande , comme
de 60° , ou plus ; car alors quoiqu'il y eût en
effet , plus d'avantage à l'observer au point
où son parallele touche son vertical , qu'en
tout autre point de ce même parallele , son
mouvement en hauteur n'est jamais aussi rapide qu'il seroit à desirer. Voici sur quoi ces
regles sont fondées.

Soit HQO (*Fig.* 50) l'horison ; HZO le
méridien ; Z le zénith ; P le pôle ; EQ l'E-
quateur ; NSL le parallele de l'Astre. Soit Ss
l'arc infiniment petit que l'Astre décrit pendant

ûn inftant ; ZSR, Zsr les deux verticaux ;
& PSM, Psm les deux cercles de déclinaifon correfpondants. Si du point Z comme
centre, on conçoit l'arc sq qui fera perpendiculaire fur ZS; le petit triangle rectangle
Sqs pourra être regardé comme rectiligne,
& l'on aura (*Géom*. 295) $Ss : qS :: R : cof sSq$
ou $:: R : fin ZSP$. D'ailleurs (*Géom*. 329) on
a $Mm : Ss :: R : cof MS$; donc multipliant
ces deux proportions, on aura $Mm : qS :: R^2 :$
$fin SP \times cof MS$.

Donc 1°. la déclinaifon MS reftant la même,
il eft clair que plus le finus de l'angle ZSP
fera grand, plus l'augmentation qS en hauteur, fera grande par rapport à la mefure Mm
de l'angle horaire correfpondant MPm. Donc
quand cet angle ZSP fera droit, c'eft-à-dire,
quand fon finus fera le plus grand qu'il eft
poffible, le changement en hauteur fera le
plus rapide qu'il eft poffible. Or il eft évident
que l'angle ZSP eft droit quand le vertical
touche ce parallele, comme on le voit par le
vertical ZR'.

2°. Dans le triangle ZSP, on a (*Géom*.
349) $fin ZSP : fin ZP :: fin PZS : fin PS$
ou $cof MS$; donc $fin ZSP \times cof MS =$
$fin ZP \times fin PZS$. Subftituant cette derniere
quantité au lieu de fon égale, dans la proportion trouvée ci-deffus, on aura $Mm : qS :: R^2 :$
$fin ZP \times fin PZS$. Donc la latitude & par

conféquent fon complément ZP reſtant le même, l'augmentation qS en hauteur ſera la plus grande qu'il eſt poſſible à l'égard de la meſure Mm de l'angle horaire, lorſque l'angle PZS ſera droit ; c'eſt-à-dire, lorſque ZSR ſera le premier vertical.

On voit, en même temps, par ces deux proportions, que l'avantage ſera toujours d'autant plus grand, que la latitude ſera plus petite, & que la déclinaiſon ſera plus petite.

3°. Et comme dans le triangle ZPS on a auſſi (*Géom.* 349.) $\sin ZS$ ou $\cos RS$: $\sin ZPS$ :: $\sin PS$ ou $\cos MS$: $\sin PZS$, d'où on conclud $\sin PZS = \dfrac{\cos MS \times \sin ZPS}{\cos RS}$; ſi l'on ſubſtitue cette quantité au lieu de $\sin PZS$ dans la derniere proportion entre Mm & qS, on aura $Mm : qS :: R^2 : \dfrac{\sin ZP \times \cos MS \times \sin ZPS}{\cos RS}$; où l'on voit que la déclinaiſon & la latitude reſtant chacune les mêmes, l'obſervation ſera d'autant plus avantageuſe que l'aſtre ſera plus élevé ſur l'horiſon, & qu'en même temps il ſera plus éloigné du méridien.

Usages de l'observation des Astres, pour déterminer la variation du Compas.

258. Nous avons dit (50) qu'on appelloit *Variation*, l'angle que fait avec la ligne méridienne, une aiguille aimantée mobile sur son pivot ou son point de suspension.

Lorsqu'on est à terre, il est très-facile de déterminer la variation. Il ne s'agit que de tracer une méridienne sur un plan horisontal ; d'appliquer la boîte de la Boussole sur ce plan, en dirigeant la ligne Nord & Sud de la Boussole, sur la méridienne ; alors il sera facile de voir quel angle l'aiguille fait avec cette méridienne. La difficulté, s'il y en a, se réduit donc à tracer la méridienne : voici comment cela se fait.

Fixez perpendiculairement au plan de niveau que vous avez préparé, une verge ou un style long de 12 ou 15 pouces, dont l'extrémité supérieure porte une plaque M (*Fig.* 51) de niveau ou à peu près, & percée d'un trou rond. Déterminez le point R qui, sur le plan, répond perpendiculairement à ce trou. De ce point comme centre décrivez un arc VQ. Observez le matin & l'après midi, les points V & Q où le centre du petit rond lumineux qui représente l'image du trou de la plaque, se trouvera sur cet arc ; puis divisez cet arc VQ en deux parties égales. La ligne SN menée par R & par le milieu de l'arc, fera la méridienne.

259. A la mer, où ce moyen ne peut être d'usage; voici les méthodes qu'on peut employer.

Premiere Méthode. Avec le compas de variation, ou avec le compas azimuthal dont nous parlerons dans peu, observez l'amplitude du bord inférieur du Soleil, au moment de son lever ou de son coucher. Calculez, par ce qui a été dit (196) l'amplitude de ce même bord. La différence de l'amplitude calculée, à l'amplitude observée, donnera la variation.

Par exemple, le 25 Juillet 1769, étant par la latitude de 56° Nord, & 25° de longitude occidentale comptée de Paris, on a relevé le bord inférieur du Soleil, à son lever; & on a trouvé qu'il répondoit à l'E N E 4° 15' E de la Bouffole. Je calcule (161) la déclinaison du Soleil pour le 25 Juillet 1769, à l'heure de son lever grossiérement estimée, par exemple pour quatre heures du matin; c'est-à-dire pour 5^h 40' que l'on compte alors à Paris. Je la trouve de 19° 38' ⅔. Donc conformément à ce qui a été dit (196), je suppose dans le triangle ZPC (*Fig.* 40), que ZP complément de la latitude, est de 34°; que PC complément de la déclinaison, est de 70° 21' ⅓ ½

& que *ZC* diſtance apparente du centre du Soleil au Zénith eſt de 90° moins 15′ ⅙ demi-diametre *CT* du Soleil, plus 31′ ½ pour la ré-fraction, plus 4′ ¼ pour l'inclinaiſon de l'ho-riſon dûe à la hauteur de l'œil, c'eſt-à-dire de 90° 20′ : & ſelon la regle donnée (192) je calcule l'angle *PZC* ou *PZT* que je trouve de 52° 46′ ½. Son complément *EZT*, & par conſéquent l'amplitude *ET* ſera donc de 37° 14′. C'eſt-à-dire que le bord inférieur du So-leil s'eſt levé au NE 7° 46′ E ; donc puiſqu'au compas il paroiſſoit répondre à l'ENE 4° 15′ E, il s'enſuit que la ligne Eſt & Oueſt de la Bouſſo-le, avançoit vers le Nord, de 19° ; que par conſéquent l'aiguille décline du Nord à l'Oueſt, de cette même quantité ; donc la va-riation eſt de 19°.

260. *Seconde Méthode.* Employez un aſtre dont le parallele puiſſe rencontrer le premier vertical, & relevez cet aſtre lorſqu'il paſſe au premier vertical, c'eſt-à-dire lorſqu'il répond au vrai point d'Eſt ou d'Oueſt. Alors ſi, ſur le compas, il répond au point d'Eſt ou d'Oueſt du compas, il n'y a pas de variation ; ſi, au contraire, il s'en écarte, la quantité de cet écart ſera la variation. Il ne s'agit donc que de ſavoir comment on s'aſſûrera que l'Aſtre répond au vrai point d'Eſt ou d'Oueſt : le voici. . . .

Connoiſſant la latitude du lieu & la décli-

naifon de l'aftre, on connoîtra dans le triangle *P Z M* (*Fig.* 35) rectangle en *Z* puifqu'on fuppofe que *Z E* eft le premier vertical,
le côté *Z P* complément de la latitude, & le
côté *P M* complément de la déclinaifon. On
pourra donc calculer l'angle horaire *Z P M*,
& l'arc *Z M* complément de la hauteur
qu'aura l'Aftre lors de fon paffage au premier
vertical.

Pour avoir l'angle horaire on fera cette proportion (*Géom.* 351 & 352) *cot* PZ : *cot* PM :: R :
cof ZPM ; c'eft-à-dire, la tangente de la hauteur du pôle, eft à la tangente de la déclinaifon, comme le rayon eft au cofinus de l'angle
horaire, que l'on réduira en temps, de la maniere qui a été déja expofée pour le Soleil &
pour les Etoiles : on pourra donc déterminer
l'heure de ce paffage, & par conféquent relever l'Aftre à cet inftant. Mais comme on peut
n'être pas fûr de la montre, il vaudra mieux
employer la hauteur après l'avoir calculée
comme il fuit. Dans le même triangle rectangle *P Z M*, on a (*Géom.* 350 & 352) *cof* PZ :
cof PM :: R : *cof* ZM ; c'eft-à-dire, le finus de
la hauteur du pôle, eft au finus de la déclinaifon,
comme le rayon eft au finus de la hauteur.

On ajoutera à cette hauteur la réfraction, &
l'inclinaifon de l'horifon, dûe à la hauteur de
l'œil, & on en retranchera le demi-diametre du Soleil fi c'eft cet Aftre qu'on obferve;

on aura par-là la hauteur que doit paroître avoir le bord inférieur l'Aſtre lorſqu'il
paſſera au premier vertical. Lors donc qu'on
verra que l'Aſtre approchera d'avoir cette
hauteur, on l'obſervera avec un octans, dont
on aura mis l'alidade ſur le point précis de la
hauteur calculée & réduite ; & on le fera en
même temps ſuivre & relever avec le compas
de variation, juſqu'au moment où il ſera parvenu à cette hauteur.

261. *Troiſieme Méthode*. On peut encore
trouver la variation, par le moyen de l'azimuth. On obſervera l'azimuth de l'Aſtre, en
relevant cet Aſtre avec le compas de variation. En même temps, avec un octans, on
prendra ſa hauteur. Celle-ci ſervira avec la
déclinaiſon & la latitude, à calculer l'azimuth vrai PZS (*Fig.* 35) dans le triangle
PZS dont on connoîtra alors les trois côtés.
Ayant donc calculé l'angle PZS par la regle
donnée (192) on le comparera avec l'azimuth obſervé, & on aura facilement la variation.

Par exemple le 18 Octobre 1769 , étant
par 36° 45′ de latitude Nord , & 43° 52′ de
longitude occidentale comptée de Paris ; vers
les 9 heures du matin on a obſervé la hauteur
du bord inférieur du Soleil de 27° 0′ ; & ayant
relevé ce même bord, au compas , on l'a
trouvé au S S E 4° E, on demande la variation
du compas.

· Je calcule (161) la déclinaifon du Soleil pour le 18 Octobre 11ʰ 55′ du matin qui eſt l'heure à peu-près que l'on compte alors à Paris. On peut même, ſi l'on ne connoît pas l'heure, ſe contenter de celle qui convient à midi du lieu de l'obſervation. Je trouve cette déclinaiſon de 9° 50′ auſtrale. Je corrige la hauteur obſervée, & la réduis à 27° 10′. Cela poſé, puiſque la déclinaiſon eſt auſtrale, je prends le triangle $Z P S'$ (*Fig.* 35) : & connoiſſant $Z P$ de 53° 15′ complément de la latitude ; $Z S'$ de 62° 50′ complément de la hauteur obſervée & réduite ; $P S'$ de 99° 50′ c'eſt-à-dire, de 90° plus la déclinaiſon ; je calcule l'angle $P Z S'$ que je trouve de 128° 30′ ; d'où je conclus l'azimuth $R Z S'$ ou $R T'$, de 51° 30′ ; c'eſt-à-dire que l'Aſtre répondoit véritablement au SE ¼ E 4° 45′ S ; donc puiſque ſur le compas il répondoit au SSE 4° E, c'eſt une preuve que la ligne Eſt & Oueſt du compas déclinoit vers le Nord, & que par conſéquent l'aiguille déclinoit à l'Oueſt, de 25°.

R E M A R Q U E S.

262. Lorſque la latitude eſt fort grande, les aſtres en s'élevant ou en ſe couchant, raſent aſſez long-temps l'horiſon ; enſorte que ſans s'élever ſenſiblement, ils changent conſidérablement d'amplitude. Il eſt donc
difficile

difficile alors de diftinguer le contact avec l'horifon, & par conféquent l'ufage des amplitudes, dans ce cas, eft affez incertain, d'autant plus que la réfraction plus variable à l'horifon, qu'ailleurs, contribue encore à rendre l'inftant de ce contact plus douteux. Il vaut mieux alors, avoir recours aux azimuths que l'on peut déterminer d'autant plus exactement avec le compas, que les Aftres qui ont un lever ne s'élevent pas beaucoup, à de pareilles latitudes.

Quand la latitude eft médiocre, on doit préférer l'amplitude ortive, à l'azimuth, lorfqu'on releve avec le compas, parce que ce relévement eft d'autant moins fûr que l'Aftre eft plus élevé. Mais comme il eft important d'obferver la variation auffi fouvent qu'on le peut, & par conféquent d'employer les azimuths auffi fréquemment qu'on le pourra; il faut en rendre la mefure moins incertaine, en faifant ufage du *Compas azimuthal* dont voici la defcription.

Defcription & ufage du Compas azimuthal.

263. Lorfque l'Aftre dont on veut obferver l'azimuth, a quelques degrés de hauteur, il eft difficile de mefurer cet azimuth, avec le compas de variation, à quelques de-

grés près ; parce qu'on ne peut juger que par une eſtime aſſez vague, quel eſt le vrai point de la roſe qui répond au vertical de cet Aſtre.

Pour ſuppléer à cet inconvénient, on ajoute au compas de variation, un cercle de bois ou de cuivre, que l'on place ſur la boîte qui renferme la roſe des vents. Une moitié $B E D$ de ce cercle (*Fig.* 52) eſt diviſée en 90 parties qui, quoique de deux degrés chacune, ne ſont cependant comptées que pour des degrés, parce que les angles qu'elles ſervent à meſurer, ont leur ſommet en A ſur la circonférence $ABED$. Pluſieurs autres cercles, coupés par des tranſverſales comme on le voit dans la figure, ſervent à évaluer les parties de degré. Du point A part une alidade mobile autour de ce point, & jointe, en ce même point, par une charniere, à une pinnule AP qui peut être levée perpendiculairement au cercle $ABED$, ou couchée ſur ſon plan. Au centre C ſe coupent à angles droits, deux fils terminés par quatre petites lignes droites qui ſervent à orienter le cercle $ABED$, par rapport à la roſe des vents, en les faiſant répondre à quatre autres droites qui ſont à angles droits ſur cette roſe. Un fil tendu du centre O de l'alidade, au haut de la pinnule, ſert à déterminer le vertical de l'Aſtre, en ce que, regardant l'Aſtre à travers la pinnule, on doit voir en même temps,

le fil fur cet Aftre ; ou bien, fi c'eft le Soleil,
l'ombre du fil doit fe projetter fur la fente de
la pinnule.

Lors donc qu'on veut obferver l'azimuth ;
on fait répondre le point *A* de l'alidade, fur
le point d'Oueft, ou d'Eft, de la rofe, felon
que l'obfervation fe fait à l'Eft ou à l'Oueft ;
& on fait convenir les quatre petites lignes
droites dont nous avons parlé ci-deffus, avec
leurs correfpondantes fur la rofe. Puis on fait
mouvoir l'alidade jufqu'à ce que l'ombre du
fil tombe directement fur la fente de la pin-
nulle, fi c'eft le Soleil ; ou fi c'eft un autre
Aftre, jufqu'à ce que regardant à travers la
pinnule, on voie le fil, couper l'Aftre. Alors
le nombre de degrés marqués entre la ligne
A E, & l'alidade, donne l'éloignement du
Soleil ou de l'Aftre, à l'égard de la ligne Eft
& Oueft de la Bouffole. Mais comme on ne
peut mefurer que 45° de part & d'autre de
cette ligne, fi l'Aftre étoit plus près de la
ligne Nord & Sud, que de la ligne Eft & Oueft ;
alors au lieu de faire répondre le point *A* à
l'Oueft, ou à l'Eft de la Bouffole, on le feroit
répondre au Sud ou au Nord, felon la pofition
du Soleil.

Au refte, quoique cet inftrument foit d'un
ufage plus fûr que le compas, pour les azimuths ; les balancements qu'il reçoit par les
mouvemens du vaiffeau, laiffent toujours quelque incertitude.   Q ij

Différentes Méthodes pour trouver la longitude en Mer.

I. Par les Cartes de la variation de l'Aiguille aimantée.

264. Nous avons déja dit que la déclinaison de l'Aiguille aimantée, n'est pas la même en tous les lieux de la terre. Quoique la loi suivant laquelle elle varie ne soit pas encore bien connue, on sait du moins qu'elle ne varie pas brusquement d'un lieu en un autre, & que ses variations ont un certain rapport avec la longitude & la latitude des lieux.

M. Hallei, Astronome Anglois, après avoir recueilli un grand nombre d'observations de la déclinaison de l'Aiguille en divers lieux, imagina de marquer sur une Carte, tous les lieux où la déclinaison avoit été observée d'une même quantité ; par exemple tous ceux où elle étoit nulle, tous ceux où elle étoit de 5 degrés &c, & ainsi de suite. La suite de tous les points où la déclinaison est d'une même quantité forme une ligne courbe qui, à défaut d'autres moyens, & avec les attentions convenables, peut être employée utilement à trouver, à peu près, la longitude d'un lieu où

l'on auroit obfervé la déclinaifon de l'Aiguille & la latitude. En effet, il ne s'a-
git que de chercher fur la Carte, à quel
point le parallele fur lequel on fait être
arrivé, coupe la courbe des lieux où la
déclinaifon eft de la quantité obfervée ; ce
point fera celui où l'on eft arrivé.

Mais cette méthode, n'eft pas auffi sûre
qu'elle eft fimple. En effet, 1°. Les obfervations fur lefquelles ces courbes font conf-
truites, ne font pas toutes également sûres :
elles ne font point affez multipliées. 2°.
Ces courbes elles-mêmes changent avec le
temps, parce que la déclinaifon de l'Aiguille varie, dans un même lieu, avec le
temps. Il eft vrai qu'on publie de temps
à autres de nouvelles Cartes, où l'on a égard
aux changements furvenus dans les différents intervalles de temps ; mais c'eft toujours fur des obfervations dont à la vérité
on ne doit pas négliger l'ufage, mais qui
ne font encore ni affez nombreufes, ni affez répétées. Il faut donc avoir recours à
d'autres moyens.

II. *Par les Montres Marines.*

265. Puifque (15) la différence des Méridiens eft déterminée par la différence des
heures & parties d'heure que l'on compte
à un même inftant fous chacun, enforte

Q iij

que 15° de différence des Méridiens à l'Eſt, font compter une heure de plus, & 15 degrés à l'Oueſt, une heure de moins, la queſtion des longitudes peut donc être réduite à celle-ci.... *Connoiſſant l'heure que l'on compte ſur le vaiſſeau, trouver celle que l'on compte au même inſtant ſous un Méridien connu.*

266. Il ſe préſente pour la ſolution de cette queſtion, deux moyens généraux. Le premier eſt l'uſage d'une Montre ou Horloge qui puiſſe marcher uniformément pendant toute la durée d'une traverſée, nonobſtant l'agitation du vaiſſeau, les différentes températures auxquelles elle ſera expoſée, & les autres cauſes qui peuvent altérer ſon mouvement. A l'aide d'une pareille Montre on pourroit à chaque inſtant déterminer la longitude avec une très-grande facilité. L'ayant bien réglé au lieu du départ, & l'ayant mis à l'heure vraie (249) de ce même lieu, il ne s'agiroit plus pour connoître la longitude du lieu où l'on feroit enſuite, que d'ajouter à la longitude du départ, ou d'en retrancher (ſelon qu'on auroit fait route à l'Eſt ou à l'Oueſt) autant de fois 15′ de degré, que l'on trouveroit de minutes d'heure de différence entre le temps marqué à la montre, & le temps vrai du lieu d'arrivée, temps que l'on détermine par ce qui a été dit (249).

III. *Par l'obſervation de quelque Phéno-mene inſtantané, dans le Ciel.*

267. Le ſecond moyen eſt l'obſerva-tion des Aſtres ; ſoit en ſaiſiſſant un Phé-nomene inſtantané, ſoit par le mouvement même des Aſtres.

Les Eclipſes du Soleil, celles de la Lu-ne, celles des Etoiles par la Lune, & cel-les des Satellites de Jupiter, ſont des Phé-nomenes, dont l'inſtant peut être prévu par les Tables aſtronomiques, & qui à l'ex-ception de celles du Soleil, & des Etoiles par la Lune, ſont viſibles au même inſtant pour tous les lieux où ces Aſtres ſont viſi-bles. Enſorte que la comparaiſon de l'heu-re à laquelle on obſerve ces Phénomenes, avec l'heure déterminée par le calcul, fait connoître immédiatement la différence de l'heure que l'on compte ſous le Méridien de l'obſervation, à celle que l'on doit compter ſous le Méridien pour lequel on avoit calculé.

Mais outre que les Tables aſtronomi-ques, quoique très-perfectionnées depuis un ſiecle, n'ont pas encore toute l'exactitude qui ſeroit à deſirer, il eſt très-difficile d'ob-ſerver en Mer ces Phénomenes, avec une exactitude ſuffiſante.

Les Eclipſes du Soleil, & celles des Etoiles par la Lune, pourroient auſſi être

Q iv

employées pour la détermination des longitudes; mais outre la difficulté de les bien observer en Mer, ces observations exigent beaucoup de réductions; parce que ces Phénomenes ne font pas vus au même instant dans les différents lieux de la terre où ils font observables.

Les Eclipses de Lune feroient fort utiles, fi elles étoient plus fréquentes. On peut en observer les phases, à la vue fimple, à moins de 2′ de temps près; & l'erreur des Tables fur le moment de ces phases, n'eft pas plus confidérable; ensorte que ces Eclipses peuvent donner les longitudes à 4′ de temps près; c'eft-à-dire, à un degré près. Mais elles ne peuvent arriver que de fix mois en fix mois, & il fe paffe quelquefois des années entieres fans qu'on puiffe en observer une feule.

Quant aux Eclipses des Satellites de Jupiter, elles pourroient être employées avec d'autant plus davantage qu'il n'y a aucune réduction à faire aux observations, & que ces observations fe préfentent très-fréquemment, n'y ayant prefque aucune nuit où il n'y ait quelque Eclipfe à observer, fi ce n'eft dans le temps où Jupiter approche de fa conjonction avec le Soleil.

La néceffité d'employer de très-longues lunettes pour observer ces Eclipfes, les a

rendu jufqu'à préfent inutiles pour la détermination des longitudes en Mer. Mais
M. l'Abbé Rochon, Aftronome de la Marine, profitant habilement des nouveaux degrés de perfection qu'on a depuis peu donnés aux lunettes , & qui en diminuent
beaucoup la longueur , s'eft propofé
d'en rendre l'ufage applicable à ces fortes
d'obfervations, en facilitant le moyen de
ramener l'Aftre dans le champ de la lunette. Il eft bien à defirer que cette idée ait
tout le fuccès que femblent promettre les
premiers effais qui en ont été faits. On en
trouve la defcription dans l'Ouvrage qu'il
vient de publier fous le Titre d'*Opufcules*
Mathématiques, à Breft.

Si l'on parvient donc à obferver facilement les Eclipfes des Satellites de Jupiter, on aura obtenu un très-grand avantage ; mais il reftera encore un intervalle de
trois mois, pendant lequel ce moyen ne
fera pas praticable, parce que la proximité
de Jupiter au Soleil ne permet pas d'obferver fes Satellites environ fix femaines
avant & fix femaines près fa conjonction.

IV. *Par la mefure de la diftance d'une Etoi-*
le à la Lune ou au Soleil.

268. Au défaut des Phénomenes fubits ,
il refte à faire ufage des mouvements de la

Lune : voici comment ils peuvent être employés à cette recherche.

Nous avons dit (133) que la Lune avoit un mouvement propre d'Occident en Orient: la vîteffe de ce mouvement eft telle que la Lune s'avance chaque jour d'une quantité plus ou moins grande , mais renfermée dans les limites de 11 à 15 dégrés ; & dans l'état moyen cette vîteffe eft de 13° 10′ 35″ par jour, ou de 32′ 56″ de degré par heure.

Les obfervations & la théorie ont fourni les moyens de conftruire des Tables à l'aide defquelles ont peut pour un inftant quelconque déterminer à quel point du Ciel la Lune répond.

Suppofons donc qu'ayant calculé le lieu de la Lune pour un inftant quelconque compté au Méridien de Paris , par exemple , on obferve la Lune à ce même inftant fous un autre Méridien : puifqu'il ne s'écoule aucun intervalle de temps entre l'inftant pour lequel on a calculé , & celui auquel on obferve , on ne doit appercevoir entre le lieu calculé , & le lieu obfervé , d'autre différence que celle que peut occafionner la parallaxe , la réfraction & la hauteur de l'œil au-deffus de l'horifon (166 & fuiv.)

Mais fi par le défaut de connoiffance de

la longitude du lieu où l'on observe, on a cru fauffement faire l'obfervation à l'heure pour laquelle on a calculé ; ou ce qui revient au même, fi ayant fait l'obfervation à une certaine heure comptée fous le Méridien où l'on eft, on a mal eftimé l'heure que l'on doit compter à Paris à ce même inftant ; alors outre la différence dûe aux caufes que nous venons de rappeller, on en trouvera une autre qui fera précifément le chemin que la Lune aura fait par fon mouvement propre, pendant l'efpace de temps dont on s'eft trompé ; donc fi l'on connoît la vîteffe actuelle de la Lune, on pourra par cette derniere différence & par la vîteffe, connoître l'erreur dans laquelle on étoit fur le temps, ou fur la longitude.

269. Tel eft le fondement des méthodes qu'on a imaginées jufqu'ici pour trouver les longitudes par les mouvements de la Lune. Nous ne les expliquerons pas toutes ; mais lorfqu'une fois on aura bien faifi celle que nous allons expofer, il fera bien facile d'entendre & de fuivre les autres fi on le juge à propos.

270. D'après ce que nous venons de dire, on voit que nous avons deux objets à remplir ; 1°. Celui d'enfeigner à déterminer le lieu de la Lune pour un inftant quelconque propofé ; 2°. Celui de déduire

de l'obſervation, le lieu que la Lune occupe réellement dans le Ciel ; lieu qui ſera le même que le lieu calculé, ſi l'on fait ou ſi l'on a bien eſtimé l'heure que l'on comptoit à Paris au moment de l'obſervation ; mais qui s'il diffère du lieu calculé, fera connoître par ſa différence, l'erreur commiſe dans l'eſtime de la longitude.

271. Quant au premier objet, il ſe préſente deux moyens : le premier eſt de faire uſage des Tables générales des mouvements de la Lune. On trouve, dans les Livres qui les renferment, les préceptes pour ce calcul dont la méthode varie ſuivant la forme qu'on a donnée à ces Tables. Ce premier moyen eſt le plus exact, mais il eſt très-long.

272. Le ſecond, beaucoup plus expéditif, conſiſte à employer des Tables toutes calculées, des lieux de la Lune, à des intervalles de temps déterminés, comme de 12 heures en 12 heures. Dans l'uſage que l'on en fait, on ſuppoſe que dans ces intervalles de temps les mouvements de la Lune ſont ſenſiblement uniformes ; ce qui n'eſt pas rigoureuſement exact ; mais l'erreur eſt petite, & le ſeroit encore moins ſi ces lieux étoient calculés de ſix en ſix heures. Nous ferons néanmoins uſage de ce moyen, dans les calculs ſuivants ; mais nous ferons

voir enfuite comment on peut y mettre plus de précifion. Le Livre où l'on trouve ainfi les lieux de la Lune , & les autres Eléments dont on a befoin dans la recherche actuelle , eft le Livre de *la Connoiffance des Temps* que l'Académie publie chaque année.

273. A l'égard du fecond objet : on détermine , par mefure immédiate, l'arc de la diftance apparente de la Lune à une Etoile connue ; c'eft-à-dire , dont la longitude & la latitude foient connues. Puis , par les móyens que nous allons enfeigner , on en conclud l'arc de la diftance vraie de la Lune à l'Etoile ; & ayant calculé la latitude de la Lune pour l'inftant de l'obfervation , alors dans le triangle fphérique QEL (*Fig.* 53) où Q repréfente le pole de l'écliptique , QE le complément de la latitude de l'Etoile , LE la diftance de la Lune à l'Etoile , & QL le complément de la latitude de la Lune , on calcule l'angle EQL qui a pour mefure BC différence de longitude entre l'Etoile & la Lune ; ajoutant BC à la longitude connue de l'Etoile (ou le retranchant fi celle-ci étoit plus grande que celle de la Lune) on aura la longitude AC de la Lune déduite de l'obfervation.

Ces préliminaires expofés , voici la méthode.

274. 1°. On choifira une belle Etoile

parmi les Etoiles zodiacales , ou peu éloignée de celles-ci. On en fera prendre la
hauteur en même temps (s'il est poffible)
qu'on mefurera le plus exaɡtement qu'on le
pourra, la diftance de cette Etoile au bord
éclairé de la Lune, lorfque l'une & l'autre
feront élevées au-deffus de l'horifon , de 4
ou 5 degrés au moins. Pour mefurer cette
diftance , fi c'eft un octans qu'on emploie,
on pointera la lunette à l'Etoile ; & con-
fervant celle-ci dans le champ de la lunette , on tournera l'octans jufqu'à ce que fon
plan paffe par la Lune. On balancera l'octans , & on fera mouvoir l'alidade jufqu'à
ce que l'Etoile vue à travers la partie non
étamée du petit miroir paroiffe toucher ,
fans la couper, l'image du bord éclairé de
la Lune vue fur la partie étamée.

2°. En même temps qu'on prendra la
diftance de l'Etoile au bord éclairé de la
Lune , & la hauteur de l'Etoile, on fera
prendre auffi la hauteur du point du bord
éclairé dont on a mefuré la diftance à l'E-
toile. Une extrême précifion dans la mefure
de ces hauteurs , n'eft pas indifpenfable ;
il fuffit de les avoir à fept ou huit minutes près.

Si l'on ne peut faire obferver ces hauteurs au même inftant où l'on mefure la
diftance, on commencera par obferver la

hauteur de l'Etoile. A cette obfervation on fera fuccéder le plus immédiatement qu'il fera poffible, celle de la mefure de la diftance de la Lune à l'Etoile ; & à celle-ci celle de la hauteur du point obfervé du bord éclairé ; mais de maniere que les trois obfervations ne durent pas enfemble plus de 20 minutes. Alors il faudra joindre à ces obfervations le relévement du centre de la Lune ; c'eft-à-dire, faire mefurer fon azimuth ou celui de la traînée des reflets que fa lumiere forme fur la furface de la Mer.

3°. On marquera foigneufement à la Montre, l'heure, la minute, & la fraction de minute à laquelle chaque obfervation aura été faite. Nous fuppofons d'ailleurs qu'on aura eu foin de s'affurer de l'erreur de la Montre, par les moyens expofés (249 & fuiv.) Si on ne l'avoit pu jufques-là, on y employeroit la hauteur de l'Etoile ; mais dans ce cas il faudroit mefurer cette hauteur avec foin.

Ces mefures étant prifes, on procédera au calcul comme il fuit.

275. Je fuppofe que le 14 Septembre 1770, lorfque la Montre marque 2ʰ 56′ 40″ du matin, étant par la latitude Nord 36° 37′ 0″, on prenne la hauteur d'*Aldébaran*, & qu'on la trouve de 59° 11′ vers

l'Eſt ; que 11′ après on meſure l'arc de la diſtance apparente d'Aldébaran au bord éclairé de la Lune, & qu'on la trouve de 36° 1′ 50″. Que 5′ après cette ſeconde obſervation, on meſure la hauteur du point obſervé du bord éclairé, & qu'on la trouve de 35° 26′, & ſon gîſement de 90° ½ du Nord à l'Eſt ; que par l'obſervation de la hauteur de l'Etoile, ou par toute autre, on trouve que la Montre avance de 7′ 40″ ; enfin, que par l'eſtime de la route on ſe croit à 15 degrés ou 1 heure à l'Oueſt de Paris.

276. Cela poſé, je corrige d'abord l'inſtant 3ʰ 7′ 40″ de l'obſervation de la diſtance, & je le réduis à 3ʰ 0′ du matin, ou 15ʰ 0′ le 13 Septembre.

Puiſque, par eſtime, on ſe croit à 1ʰ à l'Oueſt de Paris, il s'enſuit, ſi cette eſtime eſt bonne, qu'alors on doit compter 16ʰ à Paris.

Je calcule donc le lieu de la Lune pour le 13 Septembre 1770, à 16ʰ 0′ comptées au Méridien de Paris. Et comme les réductions que nous aurons à faire à l'obſervation pour avoir le lieu de la Lune déduit de l'obſervation, exigent que nous connoiſſions la latitude, la parallaxe horifontale, & le diametre horifontal de la Lune, je les calcule en même temps.

Je

Je trouve dans le Livre de la *Connoiſſance des Temps* pour l'Année 1770, que le 13 Septembre, à minuit la longitude de la Lune eſt de . . . . 3ˢ 8° 52′ 9″.
Le 14 à Midi, elle eſt de . . . . 3ˢ 16° 1′ 32″.
Sa latitude, le 13 à Midi, eſt de . . . . . . 2 43 30.
Et le 14 à Midi, de . . . . 3 42 7.
Sa parallaxe horiſontale, le 13 à Midi, de . . 59 19.
Et le 14 à Midi, de . . . . 59 43.
Son diametre horiſontal, le 13 à Midi, de . . 32 24.
Et le 14 à Midi, de . . . . 32 37.

D'où je concluds que la Lune s'avance de 7° 9′ 23″ en longitude, en 12 heures, & par conſéquent de 2° 23′ 8″ en 4 heures ; enſorte que ſa longitude, le 13 à 16 heures, eſt de . . . . 3ˢ 11° 15′ 17″.

Que le mouvement en latitude, en 24ʰ, eſt de 58′ 37″, ou de 39′ 5″ en 16 heures ; que par conſéquent le 13 à 16 heures, la latitude eſt de . . . . 3° 22′ 35″.

Qu'en 24 heures la parallaxe horiſontale augmente de 24″, & le diametre horiſontal, de 13″ ; qu'ainſi le 13 à 16 heures, la parallaxe horiſontale eſt de . . . . 59′ 35″.
Et le diametre horiſontal, de . . . . 32′ 33″.

277. Préſentement, pour déduire de l'obſervation, le lieu de la Lune, ou ſa longitude ; il faut réduire la diſtance obſervée, à la diſtance vraie ; c'eſt-à-dire, la corriger de l'effet de la parallaxe, de la réfraction, & du demi-diametre. Mais les deux premieres de ces corrections dépendant de la hauteur apparente, à l'inſtant de l'obſervation de la diſtance ; & la hauteur de la Lune, ainſi que celle de l'Etoile n'ayant été obſervées que quelques minutes après & avant la diſtance, il faut commencer par réduire ces hauteurs à ce qu'elles ont dû être au moment de l'obſervation de la diſ-

tance. Or voici comment on y parvient.

278. 1°. A caufe de l'inclinaifon de
l'horifon de la Mer (175) je retranche 4′
de chacune des hauteurs obfervées, & je
les réduis à 59° 7′ & 35° 22′.

279. 2°. Nous avons donné (257) le rapport
entre le mouvement Mm (*Fig.* 50) d'un
Aftre S, parallélement à l'équateur, & fon
changement Sq en hauteur, pendant qu'il
décrit l'arc très-petit Sf de fon parallele.
Nous prendrons la feconde expreffion de
ce rapport, & pour l'appliquer à l'Etoile,
nous calculerons d'abord fon azimuth PZS,
ce qui eft facile (*Géom.* 361 *Queft.* VI.) dans le
triangle PZS où nous connoiffons le complément ZP de la latitude, le complément ZS de
la hauteur obfervée, & le complément PS
de la déclinaifon que le Catalogue (Table
XIII) fait voir être de 73° 58′ en Septembre 1770. Nous trouverons que cet angle
eft de 124° 5′.

Cela pofé, comme les Etoiles (120)
décrivent 360° 59′ 8″ en 24 heures, l'arc
Mm que l'Etoile décrit en 11′, fera le quatrieme terme de cette propofition ... 24^h :
360° 59′ 8″ : : 11′ font à un quatrieme
terme ; enforte que comme les deux premiers termes font toujours les mêmes, on
aura toujours l'arc Mm pour les Etoiles, en
multipliant l'intervalle de temps écoulé, par

le rapport de 360° 59' 8" à 24 heures ; ou bien fi l'on réduit le temps en fecondes, & les 360° 59' 8" en minutes, on aura le logarithme du nombre des minutes de Mm, en ajoutant au logarithme du nombre des fecondes de l'intervalle de temps écoulé, le logarithme conftant 9, 399127 qui eft la fomme du logarithme de 360° 59' 8" réduits en minutes, & du complément arithmétique de 24^h réduites en fecondes.

Alors, dans la proportion (257) $Mm : qS :: R^2 : fin \, ZP \times fin \, SZP$, on aura le logarithme de qS en ajoutant enfemble le logarithme de la valeur de Mm, celui du finus de ZP, celui du finus de SZP, & retranchant le double du logarithme du rayon.

```
Ainfi . . . Log. 11' ou 660". . . . . . . . . . . . . 2, 819544
        Log. conftant. . . . . . . . . . . . . 9, 399127
    Somme, ou Log. Mm . . . . . . . . . . . . 2, 218671
Log. fin ZP . . . . . . . . . . . . . . . . . . . 9, 904523
Log. fin SZP . . . . . . . . . . . . . . . . . . 9, 913893
    Som. moins le double du Log. du rayon . . . . 2, 037087
```

Qui répond à 109' ou 1° 49'; le changement qS en hauteur eft donc de 1° 49'; ainfi la hauteur apparente de l'Etoile, au moment de l'obfervation de diftance, eft de . . . . 60° 56'.

A l'égard de la Lune, comme on a obfervé fon azimuth, le calcul de Mm eft plus court. Comme la Lune, dans fa vîteffe moyenne,

R ij

s'avance par jour, de 13° 10′ 35″ de l'Oueſt à l'Eſt, il s'enſuit qu'en 24 heures elle ne décrit autour de la terre, que 360° moins 13° 10′ 35″ ou 346° 49′ 25″. Donc en raiſonnant comme on a fait pour l'Etoile, on aura la correction de la hauteur de la Lune, comme il ſuit. . . . .

Log. 5′ ou 300″. 2,477121
Log. conſtant. 9,381746

Somme, ou Log. M m. 1,858867
Log. ſin Z P. 9,904523
Log. ſin S Z P. 9,999983

Som. moins le double du Log. du rayon. . . 1,763373

Qui répond à 58′; ainſi la hauteur de la Lune, au moment de l'obſervation de diſtance, eſt de 34° 24′.

280. Ayant ainſi réduit les hauteurs obſervées, à un même inſtant, il faut réduire la diſtance obſervée, à la diſtance vraie.

Soient donc $R Z H$ (*Fig.* 54) le Méridien; $R O H$ l'horiſon; $Z S$, $Z O$ les verticaux de l'Etoile & de la Lune lors de l'obſervation de diſtance; e & l les lieux apparents de ces deux Aſtres; E, L leurs vrais lieux. L'Etoile E paroît en e, par l'effet de la réfraction qui à la hauteur apparente $S e$ de 60° 56′, eſt de 37″ (Table XI). La Lune L paroît en l, par la différence des effets de la parallaxe & de la réfraction : la réfraction ſeule, à la hauteur apparente de 34° 24′, l'éleveroit

de la quantité Ll' de 1' 31", & la parallaxe
l'abaifferoit d'une quantité $l'l$ qu'il s'agit de
déterminer. Or nous avons vu (169) que
la parallaxe horifontale eft à la parallaxe à
une hauteur quelconque, comme le rayon eft
au finus de la diftance apparente au zénith.
J'opere donc comme il fuit.

Log. 59' 35" ou 3575" parall. horif. 3, 553276
Log. fin. 55° 37' ½ dift. app. au zén. corr. de la réfr. . 9 , 916643

Somme, moins Log. du rayon . . . . 3 , 469919
La parallaxe $l'l$ eft donc de . . . . . . 2950" ou 49' 10".
Et par conféquent l'abaiffement réel Ll de la Lune au-def-
fous de fon vrai lieu eft de 47' 39".

281. Cela pofé, pour connoître la différence entre la diftance obfervée le, & la
diftance réelle LE, on peut dans le triangle
Zel dont on connoît le côté le diftance obfervée, le côté Ze diftance apparente de
l'Etoile au zénith, & le côté Zl diftance
apparente de la Lune au zénith, on peut, dis-
je, calculer l'angle eZl; alors dans le triangle
EZL on connoîtra l'angle EZL le côté ZE
diftance de l'Etoile au zénith corrigée de la
réfraction, & le côté ZL diftance de la Lune
au zénith corrigée de la réfraction & de la
parallaxe; on pourra donc (*Géom.* 361 *Queft.*
IV.) calculer le côté LE.

Mais comme la différence entre LE & le
doit être fort petite, ce calcul exige qu'on
détermine l'angle eZl avec une grande pré-

R iij

cifion ; que dans le calcul du triangle ZEL on ait égard non - feulement aux minutes, mais aux fecondes des arcs ZE, ZL ; enforte qu'on aura encore plutôt fait de la maniere fuivante.

Dans le triangle eZl, on calculera l'angle Zle, & l'angle Zel par la regle donnée (192), & fans poufter l'exactitude plus loin que la minute ; puis concevant les perpendiculaires Ls, Eq ; dans les triangles Lls, Eeq qu'on peut regarder comme rectilignes, on aura (Géom. 295) $Ll : ls : : R : cof Lls$ ou $cof Zle$, & $Ee : eq : : R : cof Eeq$ ou $cof Zel$; réduifant donc Ll & Ee en fecondes, il fera facile par ces proportions d'avoir en fecondes, les quantités ls & eq dont la premiere doit être retranchée de la diftance obfervée quand l'angle à la Lune Zle eft aigu, & ajoutée au contraire quand il eft obtus ; c'eft tout le contraire pour l'Etoile ; la quantité eq doit être ajoutée ou retranchée felon que l'angle eft aigu ou obtus.

Or fi l'on calcule, en effet, par la regle donnée (192) les angles Zle, & Zel on trouve Zle de 30° 50′, & Zel de 119° 46′. Il ne s'agit donc plus que d'achever comme il fuit.

POUR L'ÉTOILE.   POUR LA LUNE.

Log. Ee ou 37"... 1,568202   Log. Ll ou 2859"... 3,456214
Log. cofZel ou Eeq.. 9,695892   Log. cofZle 9,933822
───────────────────   ───────────────────
Som........ 1,264094   Som......... 3,390036
donc eq .... 19"   donc ls..... 2455" ou 40' 55".

donc la différence entre la distance observée
& la distance vraie, est de 41' 14"; donc la
distance vraie est de 35° 20' 36".

Cette distance est celle du bord éclairé
de la Lune; mais comme le lieu de la Lune
calculé ci-dessus, est celui du centre, il faut
corriger cette distance, du demi-diametre de
la Lune. Or nous avons trouvé ci-dessus, que
le diametre horifontal étoit de 32' 33";
si donc avec la hauteur vraie du bord éclairé
de la Lune favoir 35° 13', & avec les
parallaxes horifontale & de hauteur, on calcule (184) le diametre que doit avoir la Lune
à cette hauteur, on trouvera 32' 53" dont
la moitié 16' 26" doit être retranchée de la
distance réduite, parce que l'Etoile est à l'op-
posite du bord éclairé par rapport au Soleil,
ainsi qu'on peut le voir par son azimuth com-
paré à celui de la Lune. On aura donc enfin, 35° 4' 10" pour la distance vraie du centre de la Lune à Aldébaran.

282. Ces corrections finies, on conclud de l'observation le vrai lieu de la Lune, comme il suit.

R iv

On prend, dans un Catalogue d'Etoiles, la longitude & la latitude de l'Etoile ; ou fi ce Catalogue, comme celui de la Table XIII, ne renferme que les afcenfions droites & les déclinaifons, on calcule avec l'afcenfion droite & la déclinaifon, la longitude & la latitude, par la regle donnée (154). C'eft ainfi qu'on trouvera, pour Aldébaran, que fa longitude eft de 66° 34′ 55″, & fa latitude de 5° 29′ 15″. Puis dans le triangle fphérique QLE (*Fig.* 53), où Q repréfente le pole de l'écliptique QB, QC les cercles de la latitude de l'Etoile & de la Lune, on calculera par la regle donnée (192) l'angle EQL, par la connoiffance de EL, 35° 4′ 10″ ; de QE complément de la latitude de l'Etoile, & par conféquent de 84° 30′ 45″ ; & de QL complément de la latitude de la Lune, calculée ci-deffus, lequel fera par conféquent de 86° 37′ 25″. On trouvera donc facilement que cet angle eft de 35° 6′ 56″. Donc puifque la longitude de l'Etoile eft de 66° 34′ 55″, il s'enfuit que la longitude de la Lune, déduite de l'obfervation eft de 101° 41′ 51″. Or cette longitude calculée ci-deffus d'après l'eftime eft de 101° 15′ 17″ donc l'eftime fait trouver la Lune de 26′ 34″ moins avancée qu'elle n'eft réellement. Or puifque, ce même jour, la Lune décrit 7° 9′ 23′ en 12 heures, ou 0° 35′ 47″ par heure, il eft facile en faifant cette proportion 35′ 47″

font à 1 heure ou 60', comme 26' 34" font
à un quatrieme terme, de trouver que la Lune
emploie 44' 33" à décrire les 26' 34" d'erreur;
donc l'eſtime eſt fautive de 44' 33" de temps;
donc l'obſervation a été faite ſur un Méridien
qui eſt de 1ʰ 44' 33" à l'Oueſt de Paris, ou
par 26° 8' 15" de longitude occidentale com
ptée de Paris.

283. On peut employer, au même objet,
la diſtance de la Lune au Soleil. On pointe
la lunette à la Lune pour la voir à travers la
partie non étamée du petit miroir, & balan-
çant l'octans autour de la lunette, on fait
mouvoir l'alidade, juſqu'à ce que le bord du
Soleil le plus voiſin de la Lune paroiſſe toucher le bord éclairé de celle-ci. On fait de
même que pour l'Etoile, précéder cette obſervation, par celle de la hauteur du Soleil,
laquelle ſe fait & ſe réduit comme il a été dit
(274 & ſuiv.); du reſte le calcul pour réduire l'obſervation s'exécute préciſément comme pour
les Etoiles, & a la diſtance réduite comme
ci-deſſus, on ajoute le demi-diametre du Soleil pour avoir la diſtance des centres.

Lorſqu'on a calculé l'angle EQL (*Fig.*
53) ou la différence de longitude, on l'a-
joute ou on le retranche (ſelon que la Lune
a plus ou moins de longitude que le Soleil)
à la longitude du Soleil calculée pour l'heure
de Paris eſtimée ; mais au lieu de diviſer la

différence entre la longitude de la Lune calculée, & fa longitude déduite de l'obſervation, par le mouvement horaire de la Lune
à l'égard des Etoiles, comme dans le cas
précédent, on le diviſe par la différence de
ce mouvement horaire à celui du Soleil, parce que la quantité dont la Lune s'éloigne
du Soleil dans un temps donné n'eſt pas
proportionnelle à la vîteſſe de la Lune,
mais à l'excès de ſa vîteſſe ſur celle du Soleil.

REMARQUE.

284. Lorſque la diſtance de l'Etoile à
la Lune eſt fort petite; lorſqu'elle eſt par
exemple au-deſſous de 7 ou 8°; alors il ne faut
pas ſe contenter de prendre la hauteur de la
Lune & celle de l'Etoile, à 7 ou 8′ près,
ainſi que nous avons dit qu'on pouvoit le
faire. Parce que les erreurs commiſes ſur les
côtés Ze, Zl devenant comparables à la
diſtance el, le calcul des angles Zel, Zle
pourroit devenir très-défectueux; & les corrections eq, sl que l'on en déduit pour la
diſtance ſeroient fort incertaines. Si cependant
les circonſtances ne permettoient pas une
plus grande préciſion dans la meſure des
hauteurs, alors il faudroit pour corriger la
diſtance, avoir recours à d'autres moyens:
nous en parlerons dans la quatrieme Section.

De la nécessité & de la maniere de calculer plus exactement le lieu de la Lune.

285. En suppofant toutes les obfervations bien exactes, & toutes les réductions
bien faites, la méthode que nous venons d'enfeigner ne donneroit pas des réfultats auffi
exacts qu'il eft poffible, fi nous n'ajoutions ici
le moyen de déterminer plus exactement le
lieu de la Lune & fon mouvement horaire.

En effet, puifque dans fa vîteffe moyenne, la Lune décrit 32' 56" par heure, il s'enfuit qu'une minute d'erreur fur le lieu de la
Lune, répond à 1' 49" de temps ; c'eft-à-dire,
peut occafionner une erreur de 27' 15" de
degré fur la différence des Méridiens ; or en
calculant le lieu de la Lune comme ci-deffus
l'erreur peut aller, en effet, à 1 minute.

286. Pareillement, quoique dans l'intervalle de 12 heures la vîteffe de la Lune ou
fon mouvement horaire change peu, cependant à la rigueur, on ne doit pas prendre
pour fon mouvement horaire la douzieme
partie de ce qu'elle décrit d'un midi à minuit
fuivant, ou de minuit au midi fuivant. Ce
douzieme eft le mouvement horaire à fix
heures. Nous allons voir comment on le détermine pour les autres heures.

287. Pour avoir la correction qu'on doit faire au lieu de la Lune calculé comme ci-devant, on prendra dans la Connoiſſance des Temps, quatre longitudes de la Lune ; ſa-voir les deux qui répondent aux époques de midi & de minuit qui précedent immédia-tement l'inſtant pour lequel on veut calcu-ler, & les deux qui répondent aux époques ſemblables ſuivantes. Les ayant écrit comme on le voit ci-deſſous, on prendra leurs dif-férences conſécutives, que j'appelle diffé-rences premieres, & on les écrira à côté. On prendra les différences de ces différences & on les écrira à côté. Ces ſecondes diffé-rences doivent être priſes dans le même ordre que les premieres ; enforte que ſi cel-les-ci au lieu d'aller en augmentant, alloient en diminuant, on marqueroit ces différences ſecondes, par ce ſigne — ; & on leur don-nera cette autre ſigne +, dans le cas con-traire.

Prenez le quart de la ſomme des deux différences ſecondes (ou de leur différence ſi elles ont des ſignes contraires) ; multi-pliez-le par le 12e. de l'intervalle de temps entre l'inſtant pour lequel vous calculez, & l'époque précédente (de minuit ou midi) la plus prochaine, multipliez ce produit, par le 12e. de l'intervalle de temps entre ce mê-me inſtant pour lequel vous calculez, &

l'époque suivante de midi ou de minuit. Ce
sera la correction à faire à la longitude calculée comme ci-dessus (276) : & cette correction doit être retranchée ou ajoutée selon
que les différences secondes auront toutes
deux le signe ᐩ ou toutes deux le signe — ;
ou encore selon que celle qui aura le signe ᐩ
surpassera celle qui aura le signe —, ou qu'elle
sera moindre.

	Diff. 1ʳᵉˢ	Diff. 2ᵈᵉˢ
3ˢ 1° 45′ 51″	7° 6′ 18″	+3′ 5″
3 8 52 9	7 9 23	
3 16 1 32	7 13 4	+3′ 41″
3 23 14 38		

Par exemple, ayant à calculer, comme
ci-dessus (276), le lieu de la Lune pour le
13 Septembre 1770, à 16ʰ : je prends ,
dans la Connoissance des Temps, le lieu de la
Lune à midi & minuit du 13 , & à midi
& minuit du 14. Je prends leurs différences premieres, & les différences de celles-
ci, ou les différences secondes. Je trouve
ces dernieres de 3′ 5″ & 3′ 41″. Le quart de
leur somme est 1′ 41″ ou 101″ que je multiplie par le 12ᵉ. de 4ʰ, distance au minuit
qui précede l'instant dont il s'agit , & par le
12ᵉ. de 8ʰ, distance au midi suivant ; j'ai 22″,
qui sont à retrancher de la longitude 3ˢ 11°
15′ 17″ calculée selon ce qui a été dit
(276) ; ce qui augmente de 22″ la différence entre la longitude calculée , & la lon-

gitude déduite de l'obſervation (282). D'où, à raiſon de 35′ 47′ pour une heure, on conclura que la différence des Méridiens doit être augmentée de 37″ de temps.

288. A l'égard du mouvement horaire que nous avons ſuppoſé de 35′ 47″; c'eſt-à-dire, la 12ᵉ. partie du mouvement de la Lune depuis le 13 à minuit, juſqu'au 14 à midi; ce n'eſt véritablement la vîteſſe de la Lune, qu'à ſix heures du matin. Mais les différences ſecondes ci-deſſus font voir que pendant ces 12 heures la vîteſſe augmente de 3′ 5″; c'eſt donc de 15″ $\frac{1}{2}$ par heure. Il faut donc diminuer le mouvement horaire que nous avons employé, de 31″, puiſque l'inſtant dont il s'agit eſt 4ʰ après minuit, & non pas ſix heures. Or ces 31″ faiſant à peu-près la 70ᵉ. partie du mouvement horaire que nous avons employé, il s'enſuit que la correction que celui-ci nous a donnée pour la différence des Méridiens, eſt trop foible d'environ $\frac{1}{70}$ c'eſt-à-dire de 38″ de temps, leſquelles jointes aux 37″ ci-deſſus, donnent 1′ 15″ de temps, à ajouter à la différence des Méridiens calculée (282); la différence des Méridiens eſt donc de 1ʰ 45′ 48″.

Nous démontrerons cette regle dans la quatrieme Section.

289. Au reſte, nonobſtant toutes ces

attentions, ce n'est pas d'une seule observation de distance que l'on doit attendre une conclusion suffisante sur la différence des Méridiens ; il faut multiplier ces observations autant qu'on le pourra, & prendre un milieu entre les résultats de chacune.

QUATRIEME SECTION.

Dans laquelle on traite plus particuliérement de quelques objets dont il a été queſtion dans les Sections précédentes.

290. Tout ce qui précede a fait connoître ſuffiſamment l'uſage de l'Aſtronomie & de la Trigonométrie ſphérique dans la Navigation. Il en eſt encore d'autres uſages que nous nous propoſons de faire connoître dans cette Section. Mais comme les données que l'on emploie dans la réſolution des queſtions dépendantes de la Trigonométrie ſphérique, ſont le réſultat d'obſervations plus ou moins ſuſceptibles d'erreur ; il ne peut être que très-utile d'expoſer ici la maniere de déterminer l'effet que ces erreurs peuvent produire ſur les parties des Triangles ſphériques que l'on veut connoître d'après ces données. Cet examen peut guider dans le choix entre pluſieurs méthodes qui tendent à un même but par différens moyens. Il peut faire connoître les circonſtances les plus favorables ou les plus contraires à certaines obſervations. Nous en avons déja vu des exemples (257). Il peut ſervir à ramener à un même inſtant, des obſervations faites à des intervalles de temps peu éloignés ; nous en avons vu un exemple (279).

Des Rapports qu'ont entre elles les variations très-petites des Triangles ſphériques dont on ſuppoſe deux parties conſtantes.

291. Si l'on conçoit que le Triangle ſpérique ZPS (*Fig.* 55) devienne le triangle $zPſ$, très-peu différent du premier ; la différence de chaque partie à ſa correſpondante, de PZ à Pz par exemple, ou de l'angle PZS, à l'angle Pzs, ſera ce que nous appellons *la Variation* de cette partie, & nous la repréſenterons par cette partie même précédée de la lettre d. Ainſi pour marquer la variation du côté PZ nous

écrirons

écrirons dPZ; celle de l'angle PZS sera représentée par $dPZS$.

Pour diftinguer les variations des côtés ou angles qui croiffent, d'avec celles des parties qui décroiffent, nous donnerons aux variations de ces dernieres, le figne —, & le figne + aux premieres. Et lorfque celles-ci n'auront aucun figne, elles feront toujours cenfées avoir le figne +.

292. Nous fuppoferons que les arcs, ou angles, que nous allons confidérer, font tous plus petits que 90°. Les rapports que nous trouverons entre les variations n'auront pas moins lieu quand les parties des triangles feront de plus de 90°; mais pour conncître le figne qui convient alors aux variations, il faudra donner le figne — à tous les cofinus, tangentes, & cotangentes des arcs au-deffus de 90°, fi elles ont le figne +, où le figne + fi elles ont le figne —, & obferver cette régle générale, que dans la multiplication de deux quantités, le produit a toujours le figne + lorfque ces deux quantités ont le même figne; & il a le figne —, quand ces quantités ont différents fignes. Il en eft de même du quotient, dans la divifion.

293. Les variations que nous fuppoferons dans les parties des triangles fphériques feront telles que l'on puiffe fans erreur fenfible ou comparable au rayon, fuppofer que leur finus ne differe pas de l'arc même qui mefure ces variations, & que leur cofinus peut être pris pour le rayon même. Si la variation eft d'un degré, ou moindre, l'erreur que l'on commet en prenant le rayon pour la valeur du cofinus, eft tout au plus de la moitié du quarré du finus. Or le finus de 1°, le rayon étant 1, eft 0,01745241; l'erreur ne va donc pas à plus de 0,00015; c'eft-à-dire, à $\frac{15}{100000}$ parties du rayon. L'erreur que l'on fait en prenant l'arc pour le finus eft encore beaucoup plus petite. Et ces erreurs diminuent; la premiere, comme le quarré de l'arc; & la feconde, comme le cube.

294. *Si un arc quelconque* AB *(Fig. 56) augmente d'une quantité très-petite* Bb, *fon finus augmente d'une quantité qui eft par rapport a l'augmentation de l'arc, comme le cofinus de cet arc eft au rayon. Et fon cofinus diminue d'une quantité qui eft à l'augmentation de l'arc, comme le finus de cet arc eft au rayon; c'eft-à-dire, que* $d\sin AB : d\,AB :: \cos AB : R$, & $—d\cos AB : d\,AB :: \sin AB : R$.

Car l'arc Bb étant fuppofé très-petit peut être confidéré comme une ligne droite; & fi on mene Bm parallele à AC

le triangle Bbm fera femblable à BNC, & l'on aura par conféquent $bm : Bb :: CN : CB$, & $Bm : Bb :: BN : CB$. Or bm eſt l'augmentation du ſinus, & Bm la diminution du coſinus lorſque l'arc AB devient Ab; donc $d \sin AB : d AB :: \cos AB : R$, & $-d \cos AB : d AB :: \sin AB : R$.

295. Nous ſuppoſerons d'abord qu'il y ait deux parties (angles ou côtés) qui reſtent les mêmes, & nous cherche-rons quelles variations ſubiſſent les trois des quatre autres, par la variation de la quatrieme. Nous verrons enſuite com-ment on en conclud la variation totale que ſubit chaque partie par la variation du tout.

296. Queſtion premiere. *L'angle* BAC *& le côté oppoſé* BC (*Fig.* 57) *demeurant les mêmes ; on demande,* 1°. *Le rap-port de la variation d'un des côtés de l'angle conſtant, à la variation de l'angle qui lui eſt oppoſé ;* 2°. *Le rapport des va-riations des côtés qui comprennent l'angle conſtant,* 3°. *Le rap-port de la variation d'un côté* AB *de l'angle conſtant, à celle de l'autre angle* B *adjacent à ce côté,* 4°. *Le rapport des va-riations des deux angles adjacents au côté conſtant.*

1°. Puiſque (*Géom.* 349) on a $\sin ACB : \sin AB :: \sin BAC : \sin BC$, on aura auſſi $d \sin ACB : d \sin AB :: \sin BAC : \sin BC$; puiſque le rapport de $\sin BAC$ à $\sin BC$ reſte le même. Or

(294) $d \sin ACB = \dfrac{d ACB \times \cos ACB}{R}$, & $d \sin AB = \dfrac{d AB \times \cos AB}{R}$, donc $\dfrac{d ACB \times \cos ACB}{R} : \dfrac{d AB \times \cos AB}{R} :: \sin$

$BAC : \sin BC$, ou (en multipliant les deux termes du der-nier rapport, par $\cos ACB \times \cos AB$, & diviſant les antécé-dents, par $\cos ACB$, & les conſéquents par $\cos AB$), on aura $d ACB : d AB :: \sin BAC \times \cos AB : \sin BC \times \cos ACB$.

Mais, puiſque (Géom. 349) $\sin BAC : \sin BC :: \sin ACB : \sin AB$ & (Géom. 278) $\cos AB : \sin AB :: R : \tan AB$, & $\sin ACB : \cos ACB :: \tan ACB : R$; on aura, en multipliant & rédui-ſant, $\sin BAC \times \cos AB : \sin BC \times \cos ACB :: \tan ACB : \tan AB$; donc auſſi $d ACB : d AB :: \tan ACB : \tan AB$.

On démontrera, de même, que $d ABC : d AC :: \sin BAC \times \cos AC : \sin BC \times \cos ABC$ ou $:: \tan ABC : \tan AC$.

2°. Soit Bb l'augmentation de AB; pour que BC ne chan-ge pas de valeur en devenant bc, il faut que le côté AC di-minue. Concevons que des points B & C, on ait abaiſſé les perpendiculaires Bn, Cm; on pourra les conſidérer, comme de petits arcs décrits du point O; alors mn ſera égal à BC,

& par conséquent à bc ; on aura donc $bn = cm$. Mais le triangle Bnb, censé rectiligne & rectangle en n, donne (*Géom.* 295) $Bb : bn :: R : cof\, Bbn$ ou $:: R : cof\, ABC$ qui en diffère infiniment peu. Pareillement le triangle Cmc donne (*Géom.* 295) cm ou $bn : Cc :: cof\, mcC$, ou $cof\, Acb$, ou cof $ACB : R$; multipliant ces deux proportions, on aura $Bb :$ $Cc :: cof\, ACB : cof\, ABC$; c'est-à-dire, $dAB : - dAC :: cof$ $ACB : cof\, ABC$.

3°. Puisque $dAB : - dAC :: cof\, ACB : cof\, ABC$; & que précédemment on a trouvé $dAC : dABC :: fin\, BC \times cof\, ABC :$ $fin\, BAC \times cof\, AC$; si on multiplie ces deux proportions, on aura $dAB : - dABC :: fin\, BC \times cof\, ACB : fin\, BAC \times cof\, AC$.

On trouvera de même , $- dAC : dACB :: fin\, BC \times cof$ $ABC : fin\, BAC \times cof\, AB$.

4°. Puisqu'on a trouvé ci-deſſus $dACB : dAB :: fin\, BAC \times$ $cof\, AB : fin\, BC \times cof\, ACB$; & qu'on vient de trouver $dAB :$ $- dABC :: fin\, BC \times cof\, ACB : fin\, BAC \times cof\, AC$; multipliant ces deux proportions & réduisant, on aura $dACB :$ $- dABC :: cof\, AB : cof\, AC$.

Remarque ſur la maniere de faire uſage de ces Rapports.

297. Les variations dont nous donnons ici les rapports, ſont exprimées par les longueurs mêmes des arcs ; mais comme ces arcs ſont tous d'un même rayon, ils ſont proportionnels à leurs parties de degré. Ainſi, dans l'uſage, on peut mettre tout de ſuite les nombres de minutes & ſecondes de ces arcs, au lieu de ces mêmes arcs.

A l'égard des ſinus, tangentes, &c. qui entrent dans les ſeconds rapports de ces Analogies ; on ſuppoſe qu'ils ſont connus, puiſque le triangle dont on veut calculer les variations eſt ſuppoſé connu. Si cependant les données de ce triangle, n'étoient pas les parties mêmes qui entrent dans ces rapports, on les calculeroit par les regles ordinaires de la Trigonométrie ſphérique.

298. Queſtion II. *Suppoſons que dans le Triangle ſphérique* ABC (*Fig.* 58) *le côté* AB *& l'angle adjacent* A *ſoient conſtants ; on demande ;* 1°. *Le rapport de la variation de* AC, *à celle de* BC ; 2°. *Le rapport de la variation de* AC, *à celle de l'angle* ABC ; 3°. *Le rapport de la variation de* BC, *à celle de l'angle* ABC ; 4°. *Le rapport de la variation de*

AC, à celle de l'angle ACB; 5°. Le rapport de la variation de BC, à celle de l'angle ACB; 6°. Le rapport de la
variation de ABC, à celle de ACB.

Soit Cc la variation de AC. Imaginons que du point B
comme pole, on ait décrit l'arc Cm qui rencontre Bc en m;
cm sera la variation de BC; & CBc sera la variation de
ABC, mesurée par RS, en imaginant que BC & Bc soient prolongés jusqu'à 90° en R & S.

Or, 1°. Le triangle Ccm, censé rectiligne, donne (Géom.
295) $Cc : cm :: R : cof\, Ccm :: R : cof\, ACB$; donc $dAC :
dBC :: R : cof\, ACB$.

2°. Le même triangle donne (Géom. 295) $Cc : Cm ::
R : fin\, Ccm$ ou $fin\, ACB$; mais (Géom. 329) on a $Cm : RS ::
fin\, BC : R$; donc, en multipliant, on a $Cc : RS :: fin\, BC : fin
ACB$; c'est-à-dire, $dAC : dABC : : fin\, BC : fin\, ACB$.

3°. Le même triangle Ccm donne (Géom. 296) $cm : Cm ::
R : tang\, Ccm$ ou $tang\, ACB$; mais (Géom. 329) $Cm : RS ::
fin\, BC : R$; donc $cm : RS :: fin\, BC : tang\, ACB$; c'est-à-dire,
$dBC : dABC :: fin\, BC : tang\, ACB$.

4°. Si on imagine (Géom. 336) le triangle supplémentaire
$A'B'C'$ (Fig. 59); la variation de chaque côté ou de chaque angle de celui-ci sera égale à la variation de l'angle ou
du côté qui lui sera opposé dans le triangle ABC, puisque
chaque partie de l'un est supplément de la partie qui lui est
opposée dans l'autre; & le côté AB & l'angle A étant constants, l'angle A' & le côté $A'B'$, seront aussi constants. La
question de trouver le rapport de la variation de AC, à celle
de l'angle ACB, sera donc réduite à trouver le rapport de
la variation de l'angle B' adjacent au côté constant, à celle
du côté $B'C'$ opposé à l'angle constant. Or, par le 3e. cas
de la question présente, on a $dA'B'C' : dB'C' :: tang\, A'C'B' :
fin\, B'C'$ ou (292) $dA'B'C' : dB'C' :: - tang\, A'C'B' : fin\, B'C'$;
mettant donc dAC, au lieu de $dA'B'C'$, $dACB$, au lieu
de $dB'C'$, $tang\, BC$ au lieu de $tang\, A'C'B'$, $fin\, ACB$, au lieu
de $fin\, B'C'$, & transportant le signe $-$ au second terme, ce
qui ne change point la proportion, on a $dAC : - dACB ::
tang\, BC : fin\, ACB$.

5°. Puisqu'on a $dAC : - dACB :: tang\, BC : fin\, ACB$; &
que par le 1er. cas, on a $dBC : dAC :: cof\, ACB : R$; en
multipliant, on aura $dBC : - dACB :: tang\, BC \times cof\, ACB :
R \times fin\, ACB$. Mais (Géom. 278) $cof\, ACB : fin\, ACB :: R :
tang\, ACB$; multipliant & simplifiant, on aura $dBC : - dACB ::
tang\, BC : tang\, ACB$.

6°. Puifqu'on a dBC : — $dACB$: : $tang\,BC$: $tang\,ACB$; & que par le 3°. cas, on a $dABC$: dBC : : $tang\,ACB$: $fin\,BC$; en multipliant, on aura $dABC$: — $dACB$: : $tang\,BC$: $fin\,BC$; ou (puifque (Géom. 278) on a $tang\,BC$: $fin\,BC$: : R : $cof\,BC$) on aura $dABC$: — $dACB$: : R : $cof\,BC$.

299. Queſtion III. *Suppofons que les deux côtés* AB & AC *du Triangle fphérique* ABC (*Fig.* 60) *foient conſtants; on demande* ; 1°. *Le rapport des variations des deux angles adjacents à l'un des côtés conſtants*; 2°. *Le rapport des variations des deux angles adjacents au troïſieme côté* ; 3°. *Le rapport de la variation du troïſieme côté, à celle de l'angle qui lui eſt oppofé*; 4°. *Le rapport de la variation du troïſieme côté, à celle de chacun des deux angles adjacents.*

1°. Suppofons que le triangle ABC devienne AnC, AB étant égal à An ; fi des points A & C comme poles, on conçoit décrits les arcs Bn, Bm, & qu'on imagine les arcs AB & An, CB & Cn prolongés juſqu'à 90°, en R & S, T & V; on aura RS & TV pour les mefures des variations des angles BAC & ACB dont le premier augmentant, le fecond diminue. Or (Géom. 329) TV : Bm : : R : $fin\,BC$; mais le triangle Bmn cenfé rectiligne & rectangle en m, donne Bm : Bn : : $cof\,mBn$: R ou : : $cof\,ABC$: R ; parce que fi de chacun des deux angles droits ABn, CBm, on retranche le même angle ABm, les angles reſtants mBn & ABC feront égaux. Concluant de ces deux proportions on aura TV : Bn : : $cof\,ABC$: $fin\,BC$; mais (Géom. 329) Bn : RS : : $fin\,AB$: R ; donc TV : RS : : $cof\,ABC \times fin\,AB$: $R \times fin\,BC$; c'eſt-à-dire, — $dACB$: $dBAC$: : $cof\,ABC \times fin\,AB$: $R \times fin\,BC$.

On démontrera, de même, que — $dABC$: $dBAC$: : $cof\,ACB \times fin\,AC$: $R \times fin\,AC$.

2°. Si dans cette derniere proportion, on met les antécédents à la place des conféquents, & qu'on multiplie enfuite, par la précédente, on aura — $dACB$: — $dABC$ ou $dACB$: $dABC$: : $cof\,ABC \times fin\,AB$: $cof\,ACB \times fin\,AC$.

Mais puifque (Géom. 349) $fin\,AB$: $fin\,AC$: : $fin\,ACB$: $fin\,ABC$ que d'ailleurs $fin\,ACB$: $cof\,ACB$: : $tang\,ACB$: R & $cof\,ABC$: $fin\,ABC$: : R : $tang\,ABC$; multipliant ces trois proportions, & fimplifiant, on aura $cof\,ABC \times fin\,AB$: $cof\,ACB \times fin\,AC$: : $tang\,ACB$: $tang\,ABC$; donc auſſi $dACB$: $dABC$: : $tang\,ACB$: $tang\,ABC$.

3°. On a RS : Bn : : R : $fin\,AB$; mais le triangle Bmn donne Bn : mn : : R : $fin\,mBn$ ou $fin\,ABC$; donc RS : mn : :

$R^2 : \sin ABC \times \sin AB$; c'eſt-à-dire , $dBAC : dBC :: R^2 : \sin ABC \times \sin AB$.

Et puiſque (*Géom.* 349) $\sin AB : \sin ACB :: \sin AC : \sin ABC$; ce qui donne $\sin AB \times \sin ABC = \sin AC \times \sin ACB$, on aura également $dBAC : dBC :: R^2 : \sin ACB \times \sin AC$.

4°. On a $mn : Bm :: \tan mBn$ ou $\tan ABC : R$ (*Géom.* 296) ; mais (*Géom.* 329) $Bm : TV :: \sin BC : R$; donc $mn : TV :: \sin BC \times \tan ABC : R^2$, c'eſt-à-dire , $dBC : — dACB :: \sin BC \times \tan ABC : R^2$.

On démontrera de même , que $dBC : — dABC :: \sin BC \times \tan ACB : R^2$.

300. Queſtion IV. *Suppoſant que les deux angles A & B du triangle* ABC (Fig. 59) *ſoient conſtants ; on demande ;* 1°. *Le rapport des variations des deux côtés qui comprennent l'un des deux angles conſtants* ; 2°. *Le rapport des variations des deux côtés oppoſés aux angles conſtants* ; 3°. *Le rapport de la variation du troiſieme angle , à celle du côté qui lui eſt oppoſé* ; 4°. *Le rapport de la variation du troiſieme angle , à celle de chacun des deux côtés qui le comprennent.*

Si on imagine le triangle ſupplémentaire $A'C'B'$; on aura dans celui-ci deux côtés conſtants ; & les variations de ſes autres parties ſeront les variations de celles qui leur ſont oppoſés dans le triangle ABC. Ainſi d'après la queſtion III. On trouvera facilement les Analogies ſuivantes.

1°. $dBC : dAB :: \cos AC \times \sin BAC : R \times \sin ACB$
& $dAC : dAB :: \cos BC \times \sin ABC : R \times \sin ACB$
2°. $dBC : dAC :: \cos AC \times \sin BAC : \cos BC \times \sin ABC$
ou $dBC : dAC :: \tan BC : \tan AC$
3°. $dACB : dAB :: \sin AC \times \sin BAC : R^2$
ou $dACB : dAB :: \sin BC \times \sin ABC : R^2$
4°. $dACB : dBC :: \sin ACB \times \tan AC : R^2$
& $dACB : dAC :: \sin ACB \times \tan BC : R^2$

De la Variation totale que ſubit l'une quelconque des parties d'un Triangle ſphérique , lorſqu'on ne ſuppoſe rien de conſtant dans ce Triangle.

301. Puiſqu'un Triangle ſphérique eſt déterminé lorſqu'on connoît trois quelconques de ſes parties ; il eſt clair que les variations très-petites de trois des parties d'un Triangle ſphé-

rique connu , déterminent les variations des autres ; & que par conséquent on ne peut pas prendre à volonté, les variations de plus de trois de ces parties.

Connoissant donc les variations de trois parties d'un Triangle sphérique , voici comment on déterminera la variation totale que doit subir l'une quelconque des trois autres.

302. Supposez successivement constantes, deux à deux, les trois parties dont vous connoissez les variations. Avec la variation de la troisieme , calculez par les Analogies données dans les questions précédentes , la variation partielle que doit avoir, dans cette supposition , la partie dont vous cherchez la variation totale. Vous trouverez ainsi , trois variations partielles ; si elles ont le même signe , leur somme précédée de ce signe , sera la variation totale demandée. Si l'une a un signe différent des deux autres ; prenez la différence entre celle-là , & la somme de ces deux-ci , & donnez à cette différence le signe commun à ces deux-ci , ou celui de la troisieme , selon que cette somme sera plus grande ou plus petite que la troisieme.

En effet , la variation totale , résultante des variations de plusieurs quantités , doit être telle que si on suppose toutes ces variations nulles , à l'exception de l'une quelconque , elle se réduise à cette derniere ; ce qui ne peut avoir lieu qu'autant qu'elle sera composée de la somme de toutes ces variations prises avec leurs propres signes.

Applications des Regles précédentes , à divers objets , & particuliérement à quelques Méthodes qu'on pourroit être tenté d'employer pour trouver la Latitude.

303. I. *Trouver combien une petite variation dans la déclinaison , produit de variation dans le lever ou le coucher d'un Astre.*

Soit AC (*Fig.* 60) la distance du pôle au zénith ; C le pôle ; A le zénith ; BC la distance de l'Astre au pôle ; AB , de 90° s'il s'agit du lever ou du coucher réel. Il est donc question de trouver le rapport de dBC à $dACB$.

Or par le quatrieme cas de la III. Question , on a $dBC :$ — $dACB :: \sin BC \times \tan ABC : R^2$.

Mais , à cause que AB est de 90° , on trouvera par les regles de la Trigonométrie fphérique, que $R : cof\, ABC :: fin\, BC : cof\, AC.$

Cette dernière proportion fera connoître l'angle ABC, (la latitude & la déclinaifon étant fuppofées connues). Alors dans l'Analogie précédente, connoiffant la variation dBC en déclinaifon, on connoîtra tout ce qui eft néceffaire pour déterminer $dACB.$

304. Si l'angle ABC étoit nul ou très-approchant de zéro; c'eft-à-dire, fi le cercle de déclinaifon ne faifoit qu'un angle infiniment petit avec le vertical de l'Aftre, (& c'eft le cas où l'Aftre refte 24 heures fur l'horifon, lorfqu'il eft du côté du pôle élevé); alors la plus petite erreur en déclinaifon, en produiroit une infinie fur l'heure du lever ou du coucher; l'Analogie ci-deffus, exacte dans cette conclufion qu'elle donne, ne le feroit cependant pas pour déterminer la valeur rigoureufe de cette erreur; parce qu'elle eft fondée fur la fuppofition que les variations foient toutes deux très-petites à l'égard du rayon. Cette circonftance arrive lorfque la latitude du lieu eft égale à la diftance de l'Aftre au pôle; par exemple pour la latitude de $66^{\circ}\frac{1}{2}$ dans le folftice. Mais fi on fuppofe la latitude, plus petite feulement d'un degré; alors on trouvera par les deux Analogies ci-deffus que l'erreur fur l'angle horaire eft moindre que 9 fois celle fur la déclinaifon; donc quand on feroit une erreur d'une minute fur la déclinaifon, il n'en réfulteroit pas 9' d'erreur fur l'angle horaire; c'eft-à-dire, environ une demi-minute de temps fur l'heure du lever ou du coucher. Or en calculant cette heure comme nous l'avons prefcrit (191), il s'en faut de beaucoup qu'on puiffe faire une erreur d'une minute fur la déclinaifon, puifque vers le folftice la variation en déclinaifon n'eft que d'une demi-minute en 24 heures, & ne feroit par conféquent gueres que d'un cinquantieme de minute en une heure; donc pour toute latitude depuis l'Equateur jufqu'à environ un degré du parallele où le Soleil ne fe couche plus, on peut en toute fûreté, calculer l'heure du lever ou du coucher, comme nous l'avons prefcrit (191).

Lorfque le Soleil eft fort près de l'Equateur, fon changement en déclinaifon, eft alors le plus grand qu'il eft poffible; il eft d'environ 1' par heure. Mais on peut voir facilement, par la feconde Analogie ci-deffus, qu'alors l'angle ABC eft égal au complément de la latitude. Et comme $fin\, BC$ eft alors égal au rayon, on a $dBC : -dACB :: tang\, AC : R$, qui fait voir que tant que la latitude fera au-deffous de 45°, l'erreur fur l'angle horaire fera plus petite que l'erreur en déclinaifon ; elle deviendra au contraire plus grande que cette derniere, à mefure que la latitude approchera de 90° ; mais à 85°, elle ne feroit encore qu'environ 11½ fois auffi forte que l'erreur en déclinaifon. Donc quand même on fuppoferoit qu'on emploie une déclinaifon qui convint à une heure de diftance du lever ou du coucher, il n'en réfulteroit jamais une minute de temps fur l'heure du coucher; encore faudroit-il être par le parallele de 85° ; mais en deçà elle fera toujours beaucoup audeffous.

305. Tout ce que nous venons de dire a également lieu pour le lever ou le coucher réel, & pour le lever ou le coucher apparent ; parce que l'angle *ABC* ne varie pas fenfiblement (fi ce n'eft dans les cas extrêmes mentionnés ci-deffus) lorfque l'arc *AB* au lieu d'être de 90°, eft de 90° plus quelques minutes.

306. II. *Trouver combien un petit changement connu, en latitude, produit de variation dans l'heure du lever ou du coucher d'un Aftre.*

Soit *C* le pôle (*Fig.* 60), *B* le zénith, & par conféquent *CB* le complément de la latitude ; *CA* la diftance de l'Aftre au pôle, & *BA* le vertical qui eft ici de 90°. Les deux côtés *CA* & *AB* font fuppofés conftants, & il s'agit de trouver le rapport de la variation de *BC*, à celle de l'angle *ACB*.

Or par le quatrieme cas de la Queftion IIIe, on a *dBC*:—*dACB*::*fin BC*×*tang ABC*:*R²* ; ce qui fait voir d'abord que l'angle horaire augmente lorfque la latitude augmente, parce que celle-ci augmentant, *BC* diminue, ce qui exige qu'en prenant *dBC* pour la variation de la latitude, à laquelle *dBC* eft égale, en effet, on lui donne le figne —; c'eft-à-dire le même figne qu'à *dACB*, du moins, tant que l'angle *ABC* eft plus petit que 90°.

Comme l'arc *AB*, eft fuppofé de 90°, on trouvera par les regles ordinaires de la Trigonométrie fphérique, que *fin BC* : *cof AC* :: *R* : *cof ABC* ; d'où il fera facile, connoiffant la latitude & la déclinaifon, de déterminer l'angle *ABC*; alors, par la première Analogie, on aura facilement la variation de l'angle horaire.

307. Comme le cofinus d'un arc plus grand ou plus petit que 90°, eft toujours moindre que le rayon, la feconde Analogie fait voir que pour que l'Aftre ait un lever ou un coucher, la latitude doit être plus petite que la diftance de

l'Aftre au pôle. Lorfque la latitude, quoique plus petite que la diftance de l'Aftre au pôle, differe très-peu de celle-ci, l'angle *ABC* eft fort petit, ainfi qu'on peut le voir à l'infpection de la feconde Analogie. Alors, par la premiere, on voit qu'un très-petit changement dans la latitude peut en produire un très-grand fur l'heure du lever ou du coucher. Dans ce cas l'ufage de cette Analogie pour trouver la variation du lever ou du coucher, feroit infuffifant, parce que cette Analogie eft fondée fur la fuppofition que chaque variation foit très-petite à l'égard du rayon.

Au contraire plus la latitude fera au-deffous de la diftance de l'Aftre au pôle, plus l'angle *ABC* augmentera, & par conféquent moins le changement en latitude produira de variation dans le lever ou le coucher.

308. Ces conclufions font également vraies pour le lever ou le coucher apparent, parce que l'arc *AB* ne différant (192) que de 37′, d'un cas à l'autre, l'angle *ABC* ne varie que d'une quantité qui ne peut influer fenfiblement fur le rapport de *dBC* à *dACB* que lorfque cet angle *ABC* eft très-petit; c'eft-à-dire, lorfque la latitude differe peu de la diftance de l'Aftre au pôle.

309. Il paroîtroit donc que l'on pourroit faire ufage de cette queftion pour trouver le changement en latitude par l'obfervation du lever ou du coucher d'un Aftre, en fuppofant d'ailleurs que l'on ait l'heure à l'aide d'une montre reglée peu de temps auparavant. En effet, on pourroit calculer l'heure du lever ou du coucher apparent pour la latitude déduite de l'eftime, & en obfervant le lever ou le coucher apparent, ayant d'ailleurs égard au chemin fait en longitude depuis que la montre a été réglée, la comparaifon de l'heure calculée à l'heure obfervée & réduite, feroit connoître *dACB*. Calculant donc par la feconde Analogie, l'angle *ABC* qui convient à la latitude eftimée, & ayant la déclinaifon, on connoîtroit, dans la premiere Analogie, tout, excepté *dBC* qui feroit donc facile à conclure de cette Analogie. Mais outre que l'erreur d'une feconde fur le temps, en produit une de 15 fecondes de degré fur *dACB*, il faut remarquer, que l'erreur fur *dACB* influe d'autant plus fur *dBC* ou fur le changement en latitude, que l'angle *ABC* eft plus grand; la méthode ne pourroit donc gueres être employée que lorfque l'azimuth *ABC* feroit petit; mais dans ce cas l'Analogie dont on fait ufage, n'eft pas fuffifamment exacte pour

le lever ou le coucher apparent , ainsi que nous venons de l'obferver ci-deffus.

310. III. *Trouver le temps qu'un Aftre emploie à varier d'une petite quantité en hauteur , vers l'Horifon.*

Soit *A* le pôle (*Fig.* 60); C le zénith ; *CB* le vertical , & *AB* le cercle de déclinaifon. L'Aftre étant fuppofé ne pas changer fenfiblement de déclinaifon pendant l'intervalle de temps cherché , les deux côtés *AC*, *AB* feront conftants; il s'agit de trouver le rapport de *dBC* à *dBAC* lorfque *BC* eft de 90° ou fort approchant.

Or par le troifieme cas de la Queftion IIIᵉ , on trouve *dBC : dBAC :: fin AB × fin ABC : R²*.

Et comme *BC* eft fuppofé de 90° , les regles de la Trigonométrie fphérique donnent *fin AB : cof AC :: R : cof ABC*.

Ainfi connoiffant la latitude & la déclinaifon, on aura l'angle *ABC* , par la feconde Analogie ; & la premiere donnera alors le rapport de *dBC* à *dBAC*.

311. La feconde Analogie fait voir que pour qu'on puiffe fuppofer l'Aftre à l'horifon , il faut que la latitude foit plus petite que la diftance de l'Aftre au pôle. Et que fi cette latitude, quoique plus petite que la diftance de l'Aftre au pôle, en differe fort peu, l'angle *ABC* fera fort petit; d'où & de la premiere Analogie, on conclud qu'une très-petite variation en hauteur, en produit une très-grande dans l'angle horaire, lorfque la latitude differe peu de la diftance de l'Aftre au pôle.

Au contraire fi la latitude étoit fort petite à l'égard de la diftance de l'Aftre au pôle , l'angle *ABC* approcheroit beaucoup de 90°, & la premiere Analogie fait voir qu'alors, la variation dans l'angle horaire produit le plus grand effet dans la hauteur; mais la variation de la hauteur eft toujours moindre que celle de l'angle horaire.

312. Les deux Analogies ci-deffus fuppofent, à la rigueur que l'Aftre eft à l'horifon; elles auroient cependant encore lieu s'il en étoit fort près; à l'exception feulement du cas où la latitude differeroit peu de la diftance de l'Aftre au pôle ; parce que l'angle *ABC* étant alors fort petit, peut changer fenfiblement par la variation du côté *CB* qui a été fuppofé de 90°.

313. La premiere Analogie préfente un moyen de déterminer la latitude par l'obfervation du temps que le Soleil emploie à s'élever ou à s'abaiffer de tout fon difque à l'égard

de l'horifon. En effet, ce temps fait connoître $dBAC$; & comme l'on connoit dBC qui eft le diametre du Soleil, connoiffant d'ailleurs la diftance AB de l'Aftre au pôle, cette Analogie fera connoître l'angle ABC; alors la feconde Analogie donnera facilement AC complément de la latitude.

Mais d'après les obfervations ci-deffus, on voit que cette méthode ne doit point être employée lorfque la latitude differe peu de la diftance de l'Aftre au pôle; car le bord du Soleil n'étant point véritablement à l'horifon lorfqu'on l'y obferve, l'arc CB n'eft pas de 90°; & quoiqu'il en differe peu, cette différence influe fenfiblement fur l'angle horaire dans cette circonftance.

D'ailleurs, il ne faut pas perdre de vue qu'une feconde d'incertitude fur le temps, en produit une de 15" de degré fur l'angle horaire; ainfi l'obfervation du contact de chaque bord avec l'horifon, exige la plus fcrupuleufe exactitude. On ne doit donc employer cette méthode que lorfqu'on ne pourroit avoir recours à d'autres moyens.

314. La même queftion que nous venons de traiter (310) fert auffi à déterminer la différence de temps, entre le lever ou le coucher réel, & le lever ou le coucher apparent, en prenant pour variation en hauteur, la réfraction plus l'inclinaifon de l'horifon due à la hauteur de l'œil.

315. IV. *Trouver l'erreur que peut produire fur la latitude, celle que l'on commettroit fur la hauteur d'un Aftre.*

Puifque dès que l'on connoît trois chofes dans le Triangle fphérique ZPS (*Fig. 61*) on peut en conclure les trois autres; fuppofons donc que l'on en ait déterminé trois, dont deux foient exactement déterminées; & que la troifieme qui eft la diftance ZS au zénith ou le complément de la hauteur, foit fufceptible d'une erreur connue; il s'agit de favoir ce que cette erreur peut produire fur la latitude.

Suppofons, par exemple, qu'avec la hauteur, on emploie l'angle horaire ZPS, & la diftance SP de l'Aftre au pôle.

Puifqu'on ne fuppofe aucune erreur dans ces deux dernieres, la queftion fe réduit donc à trouver le rapport de dZS à dZP dans le triangle ZPS dont le côté SP & l'angle ZPS font fuppofés conftants.

Suppofant donc ce triangle repréfenté par le triangle ABC (*Fig. 58*) dont AB repréfente PS, A repréfente P, & B repréfente S, il s'agit de trouver le rapport de dBC à dAC. Or par le premier cas de la Queftion II (298), on a dBC;

$dAC::cof ACB:R$; c'eft-à-dire, (*Fig.* 61) $dZS:dZP::$ $cofPZS:R$; d'où l'on conclud que l'erreur fur la latitude eft toujours plus grande que l'erreur fur la diftance au zénith ou fur la hauteur; qu'elle eft la plus petite dans le Méridien où elle eft précifément égale à l'erreur fur la hauteur, & qu'elle croît à mefure que l'azimuth approche de 90°; enforte que la plus petite erreur fur la hauteur, vers le premier vertical, donneroit une très-grande erreur fur la latitude.

On voit par là la néceffité de ne pas employer les hauteurs prifes hors du Méridien.

Au contraire, l'erreur commife fur la latitude, en produit toujours une moindre qu'elle, fur la hauteur de l'Aftre, & d'autant moindre que l'Aftre eft plus près du premier vertical, où elle n'a plus aucun effet fur la hauteur.

316. V. *Trouver l'erreur que peut produire fur la latitude, l'erreur commife fur le temps auquel on prendroit la hauteur de l'Aftre.*

Si c'eft le Soleil qu'on obferve, l'heure donne l'angle horaire ZPS (*Fig.* 61). Si c'eft une Etoile, l'heure donne la diftance du Soleil au Méridien; & la différence d'afcenfion droite du Soleil & de l'Etoile, donne la diftance de l'Etoile au Soleil en afcenfion droite, d'où il eft facile de conclure l'angle horaire ZPS de l'Etoile.

Suppofant donc qu'on a mefuré bien exactement la hauteur; avec la diftance ZS au zénith, la diftance PS de l'Aftre au pôle, & l'angle horaire ZPS, il eft facile de calculer le complément ZP de la latitude; mais fi l'on s'eft trompé fur l'angle horaire; alors pour trouver l'erreur qui peut en réfulter fur la latitude, il faut chercher le rapport de $dZPS$ à dZP, ou le rapport de dBC à $dACB$ (*Fig.* 60) dans le triangle ACB dont C repréfente P, CA repréfente PS, AB repréfente SZ. Or par le quatrieme cás de la Queftion IIIe, on a $dBC:-dACB::finBC \times tang ABC:R^2$; c'eft-à-dire (*Fig.* 61) $dPZ:-dZPS::finPZ \times tang PZS:R^2$.

317. D'où l'on voit que l'erreur fur la latitude eft plus petite que l'erreur fur l'angle horaire (toutes chofes d'ailleurs égales) tant que l'azimuth eft au-deffous de 45°. Que lorfque l'azimuth furpaffe 45°, l'erreur fur l'angle horaire influe de plus en plus fur la latitude, enforte que l'erreur fur cette derniere peut furpaffer de beaucoup l'erreur fur l'angle horaire, & d'autant plus que l'azimuth approche plus de 90°; & comme l'erreur fur le temps en produit une fur l'angle horaire, qui, numériquement, eft 15 fois plus gran-

de, il s'enfuit qu'on ne doit avoir recours à l'angle horaire pour déterminer la latitude, que lorsqu'on ne peut faire autrement, & s'en abstenir sur-tout lorsque l'azimuth approche de 90°.

318. Au contraire l'erreur sur la latitude, produit sur l'angle horaire une erreur qui (toutes choses d'ailleurs égales, est d'autant plus petite que l'azimuth approche plus de 90°. Ainsi *la circonstance la plus favorable pour déterminer l'heure, est d'observer la hauteur de l'Astre lorsqu'il passe dans le premier vertical, ou lorsqu'il en est très-près.*

Car alors l'erreur que l'on peut avoir commis sur la latitude, n'influe point, ou que très-peu, sur l'angle horaire. C'est d'ailleurs (257) la circonstance la plus favorable pour observer la hauteur de l'Astre exactement, & celle où l'erreur sur cette hauteur influe le moins sur l'angle horaire.

Réflexions sur l'Octans, & sur la correction qu'on doit faire aux Arcs observés avec cet Instrument.

319. Nous venons de voir (315) que la méthode la plus sûre pour déterminer la latitude, est l'observation de la hauteur Méridienne des Astres. Et (318) que la circonstance la plus favorable pour déterminer exactement l'heure, est le passage de l'Astre par le premier vertical. La détermination de l'heure dépend donc doublement de l'exactitude avec laquelle on peut mesurer les hauteurs avec l'octans; puisqu'elle dépend de la latitude, & de la hauteur de l'Astre. Il est donc à propos d'examiner ici jusqu'à quel point on peut compter sur les hauteurs prises avec l'octans.

Le rayon de cet instrument ne passant point ordinairement 18 pouces; & l'arc d'une minute dans un cercle de 18 pouces de rayon, n'ayant pas plus d'un 16e de ligne d'étendue; il s'enfuit que sur l'octans où les minutes sont représentées par des demi-minutes, l'arc qui peut servir à mesurer une minute, n'occupe qu'un 32e de ligne. Cette quantité est trop petite pour être saisie à la vue simple, si le *Nonius* que porte l'alidade n'aidoit pas à la distinguer. A l'extrémité de l'alidade, est un arc faisant corps avec elle, & dont l'étendue comprend ordinairement 3°$\frac{1}{2}$ ou 210' de part & d'autre de la ligne de foi. Ces 210' sont partagées

en 10 parties qui font par conféquent de 21' chacune; mais
fur le limbe, l'étendue du degré eft partagée en trois parties qui font par conféquent de 20' chacune; d'où il fuit
que chaque partie du Nonius excede chaque partie du limbe
de 1'. Or en plaçant la ligne de foi de l'alidade, fur une
des divifions du limbe, on voit facilement la différence de la
feconde divifion de l'alidade, à la feconde divifion du limbe; on peut donc à la vérité s'affurer des divifions du limbe à moins d'une minute près. Mais cette différence eft fi
petite qu'on ne peut fans témérité répondre d'en diftinguer
la moitié à la vue; ainfi on ne peut pas garantir une demi-
minute d'erreur dans quelqu'une des divifions de l'inftrument.

Cette demi-minute n'occupant qu'un 64e. de ligne, il eft
clair qu'on ne peut pas en répondre non plus dans l'eftimation de la coincidence d'une divifion de l'alidade, avec une
divifion du limbe. Or chaque obfervation fuppofe deux fois
cette eftimation; une fois pour l'obfervation même, & une
autre fois pour la vérification du parallélifme des miroirs de
l'inftrument; voilà donc une erreur d'une minute & demie
que l'on ne peut garantir, qui à la vérité pourra fouvent être
moindre, par des compenfations; mais en un mot on ne
peut en répondre.

Si on ajoute à cela, ce que le mouvement du vaiffeau peut
apporter d'incertitude dans le concours des deux images qu'on
réunit, foit en vérifiant le parallélifme des miroirs, foit dans
l'obfervation même, incertitude que l'on ne peut gueres eftimer au-deffous d'une demi-minute dans chaque cas; il en
réfultera encore une minute au moins; & l'on n'aura pas de
peine à en convenir, fi on fait attention combien un arc
d'une demi-minute dans le Ciel, paroît petit.

320. D'après ces obfervations il paroît donc qu'on ne peut
pas affurer qu'il n'y ait des cas, où, fans mal adreffe, & avec
toute l'habitude poffible, on ne peut pas répondre d'un arc
mefuré avec l'octans, à moins de 2 minutes & demi près.

Tout cela fuppofe encore que l'inftrument foit auffi parfaitement exécuté qu'il eft poffible. Mais n'eft-il pas encore d'autres fources d'erreur qui foient inévitables, & qui cependant
peuvent avoir un effet fenfible fur les arcs mefurés. Le défaut
de parallélifme dans les deux faces oppofées de chaque miroir,
ne peut-il pas produire une erreur qui mérite attention? C'eft
ce qu'il eft bon d'examiner.

321. Chacune des deux furfaces d'un miroir de glace donne une image de l'objet. Celle qui eft du côté de l'objet, en

donne une très-foible ; mais celle qui est étamée donne l'i-
mage la plus vive ; celle que nous remarquons ordinairement.
Or celle-ci est formée, non par une simple réflexion ; mais
par une réflexion à cette seconde surface, précédée & suivie
d'une réfraction à l'entrée & à la sortie de la premiere. Nonob-
stant ces deux réfractions, les angles que le rayon feroit avec
la premiere surface, en entrant & en sortant, seroient égaux,
si les deux surfaces étoient exactement parallèles. Mais si
elles ne le font pas ; si petite qu'on suppose cette inclinaison,
il peut en résulter dans les observations une erreur plus grande
que cette inclinaison. Par exemple, si cette inclinaison est
d'une minute seulement, il peut en résulter plusieurs minutes
d'erreur sur l'arc mesuré. Or comment peut-on répondre que
la différence d'épaisseur d'un côté à l'autre du miroir, ne soit
pas de la trois-centieme partie d'une ligne ? C'est cependant toute la différence néceffaire pour produire une minute
d'erreur dans la position des faces d'un miroir d'environ 1
pouce de largeur.

Examinons donc comment on peut déterminer l'erreur que
peut produire le défaut de parallélisme des faces de chacun des
deux miroirs de l'octans.

322. Soit ABC (*Fig. 62.*) un prisme de verre dont la face
BC soit étamée. Le rayon Se qui pénetre dans le verre souffre
en e une déviation qui l'approche de la perpendiculaire en lui
faisant suivre la ligne eg au lieu de Seh, de maniere que le
sinus de feh est au sinus de feg, comme 3 est à 2. Au point
g où le rayon réfracté eg rencontre la surface étamée BC,
ce rayon se réfléchit en faisant l'angle hgB égal à l'angle
egC, & rencontre de nouveau la surface BA en k. Là,
au lieu de continuer sa route suivant kl, il s'en écarte suivant kM, de maniere que, kn étant perpendiculaire à BA,
le finus de nkl ou de gki est au sinus de nkM, comme 2
est à 3.

Cela posé on a donc $\sin Mkn = \frac{2}{3} \sin lkn = \frac{2}{3} \sin ikg =$
$-\frac{2}{3} \cos Bkg$, parce que l'angle Bkg a pour complément ikg ;
mais comme il est obtus son cosinus est négatif. Or $Bkg =$
$180° - B - Bgk = 180° - B - egC$; & $egC = B + Beg =$
$B + 90° - gef$; donc $Bkg = 90° - 2B + gef$; donc $\cos Bkg =$
$\cos(90° - 2B + gef) = -* (\sin gef - 2B) = \sin 2B \cos gef$
$- \sin gef \cos 2B$ (*Géom.* 284) ; mais l'angle B étant fort petit
$\sin 2B = 2B$, & $\cos 2B = 1$; en supposant le rayon $= 1$;

* Parce l'angle Bkg est obtuse.

donc

donc $\cos Bkg = 2B \cos gef - \sin gef$. Or $\sin gef = \frac{2}{3}\sin hef = \frac{2}{3}\sin Ser$; & par conféquent $\cos gef = \sqrt{1 - \frac{4}{9}\sin^2 Ser}$; donc $\cos Bkg = -\frac{2}{3}\sin Ser + 2B\sqrt{1 - \frac{4}{9}\sin^2 Ser}$; donc $\sin Mkn = (-\frac{2}{3}\cos Bkg) = \sin Ser - 3B\sqrt{1 - \frac{4}{9}\sin^2 Ser}$. Par conféquent $\sin Ser - \sin Mkn = 3B\sqrt{1 - \frac{4}{9}\sin^2 Ser}$. Or puifque la différence des finus de ces deux angles, & par conféquent celle de ces angles même, eft petite, il fuit de ce qui a été dit (294) qu'en nomme D cette derniere différence, on aura $1 : \cos Ser :: D : 3B\sqrt{1 - \frac{4}{9}\sin^2 Ser}$; donc $D = \frac{3B}{\cos Ser}\sqrt{1 - \frac{4}{9}\sin^2 Ser}$, ou $D = \frac{3B}{\sin a}\sqrt{1 - \frac{4}{9}\cos^2 a}$ en nommant a l'angle d'incidence SeA complément de Ser.

323. Cette valeur de D fuppofe tacitement que le rayon incident Se, & le rayon emergent kM foient dans un même plan; ce qui n'eft pas vrai à la rigueur, fi ce n'eft dans un feul cas. Car Se & eg doivent être dans un même plan perpendiculaire à la furface repréfentée par AB; eg & gk doivent être dans un même plan perpendiculaire à la furface repréfentée par BC; & gk & kM doivent être dans un même plan perpendiculaire à la furface repréfentée par AB; or delà il fuit que kM ne peut être dans un même plan avec Se, qu'autant que le plan paffant par Se perpendiculairement à la furface repréfentée par AB, fera en même-temps perpendiculaire à la furface repréfentée par BC. Mais comme l'angle ABC eft fuppofé très-petit, il s'en faut infiniment peu que Se & kM ne foient dans un même plan; & la valeur que l'on vient de trouver pour l'angle Mkn ne differe de fa valeur rigoureufe, que d'une quantité infiniment plus petite que l'inclinaifon ABC. Quant à l'angle ABC, il n'eft l'inclinaifon des deux faces du prifme que dans le cas où le plan SeA eft perpendiculaire à ces deux faces; c'eft l'angle que forment entre elles les fections des deux faces du prifme coupées par le plan conduit par Se perpendiculairement à la face AB; mais il n'importe nullement pour notre objet qu'il foit ou ne foit point l'inclinaifon des deux furfaces.

324. Cela pofé, concevons que Sa (Fig. 63) foit un rayon parti d'un Aftre S & tombant au point a fur le grand miroir EF de l'octans; qu'après avoir fubi deux réfractions & une réflection à ce miroir, il arrive fuivant aB au petit miroir HG, d'où après deux réfractions & une réflection, il

arrive fuivant BO à l'œil O. Pour trouver l'erreur que ces réfractions peuvent occafionner dans la mefure de la hauteur de l'Aftre, j'imagine que le rayon BO retourne fur lui-même fuivant $OBaS$, & je conçois par le point a une droite aM parallele à BO. La hauteur vraie de l'Aftre (abftraction faite de l'inclinaifon de l'horifon, dûe à la hauteur de l'œil, dont il eft toujours aifé de tenir compte) fera MaS ou $MaE - SaE$, ou $M'AE - SaE$, en imaginant AM' parallele à aM; c'eft-à-dire, en appellant h la hauteur, $h = M'AE - SaE$.

Mais $M'AE = 180° - M'AF = 180° - M'AB - BAF$; or à caufe des paralleles, on a $M'AB = ABO$; d'ailleurs en imaginant que ef foit la pofition du grand miroir lorfque la ligne de foi de l'alidade AR tombe fur le premier point C de la graduation, on a $BAF = BAf - FAf = BAf - CAR$; donc $M'AE = 180° - ABO - BAf + CAR$; donc $h = 180° - ABO - BAf + CAR - SaE$. Voyons donc quelle eft la valeur de SaE.

Selon ce que nous avons vu ci-deffus, le rayon incident OB devenant Ba par les réfractions & la réflection en B, l'angle ABH (égal à OBG par la conftruction de l'inftrument) augmente de la quantité ABa que nous avons nommée D. Or l'angle BaF qui eft actuellement l'angle d'incidence fur le miroir EF, eft $= BAF + ABa = BAf - CAR + D$. Soit D' la quantité dont l'angle SaE fera plus grand que l'angle d'incidence BaF, quantité qui fe déduit de la valeur de BaF, comme D fe déduit de OBG. Nous aurons $SaE = BaF + D' = BAf - CAR + D + D'$; donc $h = 180° - ABO - 2BAf + 2CAR - D - D'$.

Suppofons que les furfaces étamées des deux miroirs ne fe trouvent pas exactement paralleles lorfque la ligne de foi de l'alidade tombe fur le premier point de la graduation; & qu'elles faffent entre elles un petit angle p; alors BAf qui fi ces furfaces étoient alors paralleles feroit $= ABH = OBG$, fera $= OBG + p$ (ou $OBG - p$ felon le fens de cette inclinaifon, lequel fe détermine par l'expérience comme on le verra plus bas). On aura donc $2BAf = 2OBG + 2p = OBG + ABH + 2p$; donc $ABO + 2BAf = OBG + ABO + ABH + 2p = 180° + 2p$; donc $h = -2p + 2CAR - D - D'$; donc $h - 2CAR = -2p - D - D'$.

325. Suppofons que l'on obferve le terme de l'horifon, c'eft-à-dire, que $h = 0$; nous aurons $2CAR = 2p + D + D'$. On voit donc que la quantité $2CAR$, ou la quantité mar-

quée fur le limbe entre la ligne de foi de l'alidade, & le premier point de la graduation, lors de la vérification (220) à l'horifon, ne marque le défaut de parallélifme des deux furfaces étamées qu'autant qu'il eft bien décidé que les deux faces de chaque miroir font exactement parallèles entre elles, car il n'y a que lorfque leur inclinaifon eft nulle, que les quantités D & D' font nulles.

326. Voyons maintenant quelles font les valeurs de D & D' felon les différentes hauteurs de l'Aftre fur l'horifon.

Soit a l'angle OBG qui eft connu, ou qui peut-être déterminé par des mefures prifes fur l'inftrument même. On aura, d'après ce qui a été dit ci-deffus (322) $D = \dfrac{3\,B}{fin\,a} \sqrt{1 - \frac{4}{9} cof^2 a}$,

B étant l'angle que forment entre elles les deux interfections des deux faces du miroir HG, par le plan du rayon OB parallèle au plan de l'octans.

Nous venons (324) de trouver $BaF = BAf - CAR + D$, ou, (en mettant pour BAf fa valeur trouvée ci-deffus (324) $BaF = OBG - CAR + p + D$; donc fi on appelle a' l'angle CAR ou la moitié du nombre des degrés que l'on trouve marqués de C en R fur le limbe lorfqu'on obferve une hauteur, on aura $BaF = a - a' + p + D$; il faut donc fubftituer cette quantité au lieu de a dans la valeur de D, pour avoir celle de D'. Mais comme la quantité $p + D$ eft fuppofée très-petite à l'égard des angles a & a', & à l'égard de leur différence $a - a'$, il fuffit de fubftituer $a - a'$ au lieu de a, & nous aurons $D = \dfrac{3\,B'}{fin\,(a - a')} \sqrt{1 - \frac{4}{9} cof^2 (a - a')}$,

en appellant B', pour le grand miroir, ce que nous avons appellé B pour le petit. Donc la correction $h - 2\,CAR$ ou dh, à faire à une hauteur quelconque eftimée par les graduations de l'inftrument, eft $dh = -2p - \dfrac{3\,B}{fin\,a} \sqrt{1 - \frac{4}{9} cof^2 a} - \dfrac{3\,B'}{fin\,(a - a')} \sqrt{1 - \frac{4}{9} cof^2 (a - a')}$.

327. Il femble d'abord que pour être en état de trouver la correction qu'on doit appliquer à chaque hauteur, il faille préalablement déterminer les valeurs des trois quantités p, B, & B'. Mais fi on fait attention que les quantités $2\,p$ & $\dfrac{3\,B}{fin\,a} \sqrt{1 - \frac{4}{9} cof^2 a}$ reftent les mêmes quelque foit a', on voit

qu'il s'agit moins de connoître les valeurs particulieres de ces deux quantités, que la valeur de leur somme qui sera une correction constante; ainsi si on représente cette somme par p', on aura plus simplement $dh = -p' - \dfrac{3\,B'}{sin\,(a - a')} \times$

$\sqrt{1 - \frac{4}{9} cos^2 (a - a')}$, p' étant une quantité qui ainsi que B' doit être déterminée par expérience, & qu'on pourra déterminer de la maniere suivante.

328. Supposons un octans dans lequel la perpendiculaire AT (*Fig.* 63) abaissée du centre A du grand miroir sur la ligne BO, ne soit pas de plus de 3 pouces (elle est beaucoup moindre ordinairement). 1°. On se placera à un point C (*Fig.* 64) d'où l'on puisse voir à travers la partie non étamée du petit miroir, un objet B qui ne soit pas éloigné de moins de 300 toises; & l'on fera, ensuite, concourir avec cet objet, son image vue sur la partie étamée du même miroir. Cette observation donnera, entre la ligne de foi de l'alidade & la premiere graduation du limbe, une petite quantité quelconque qui sera l'erreur de l'instrument pour le cas où l'objet & le terme de comparaison sont les mêmes. Représentant donc cette quantité par dh' *, on aura $dh' = -p' - \dfrac{3\,B'}{sin\,a} \sqrt{1 - \frac{4}{9} cos^2 a}$, en négligeant a' qui étant alors la moitié de dh' est censé nul par rapport à a; parce que quoique nous supposions qu'on ignore si les deux faces étamées sont paralleles ou non, nous supposons aussi qu'elles ne different pas beaucoup du parallélisme, ou que si elles en différoient beaucoup, on y les a ramené à peu près, par le moyen ordinaire.

2°. On fera (soit avec un instrument suffisamment exact, soit par les moyens que fournissent la Géométrie & la Trigonométrie) un angle BCA d'une grandeur connue : le plus approchant de 135° sera le meilleur; ainsi on le fera de 90° par exemple, puisque c'est le plus grand angle que l'on mesure communément avec l'octans; & l'on prendra sur son côté CA un point A tel que CA soit égal à CB au moins. Visant à l'objet B à travers la partie non étamée du petit miroir, on fera ensuite concourir l'image de A vue sur la par-

---

* Nous supposons ici que l'alidade tombe alors entre C & D; si elle tomboit au-delà de C par rapport à D, on mettroit $-dh'$ au lieu de dh'. On doit faire la même observation pour ce qui suit.

tie étamée, avec l'objet B vu directement, & comparant la mesure que l'instrument donnera pour l'angle ACB avec celle qu'on a donnée à ce même angle, si on représente par dh'' la différence de ces deux angles, on aura $dh'' = -p' -$

$$\frac{3\,B'}{\sin(a-a')}\;\sqrt{1-\tfrac{4}{9}\cos^2(a-a')}.$$

Alors comme les angles a & a' sont connus, on connoîtra tout dans ces deux Equations excepté p' & B' qu'il sera donc facile de déterminer tant pour leur valeur que pour le signe qu'ils doivent avoir.

329. Comme la valeur de B' n'est point sujette à changer; lorsqu'une fois elle aura été déterminée, on s'en tiendra à cette valeur pour toutes les observations faites avec le même octans. Mais comme les quantités dh' & dh'' qui servent à déterminer B', sont fort petites, & que quelque soin qu'on apporte dans les deux observations par lesquelles on les déterminera, on ne peut pas répondre de ne pas commettre quelque erreur, il sera bon de répéter plusieurs fois ces observations, & de ne prendre pour dh' & dh'', que la valeur moyenne entre celles que ces observations auront données pour chacune de ces quantités.

330. Il faut cependant observer que si les deux faces du grand miroir, non seulement n'étoient pas parallèles; mais si elles n'étoient pas exactement planes, la valeur de B' varieroit pour chaque angle. Ainsi il sera à propos de déterminer, pour B, une valeur moyenne entre celles qui résulteront de l'expérience ci-dessus appliquée à différents angles.

331. A l'égard de p' comme il peut varier par la position respective des deux miroirs qui peut varier elle-même par quelque dérangement dans l'instrument, il sera toujours sage de le vérifier à chaque observation; & cette vérification est absolument la même que celle que l'on a coutume de faire pour le parallélisme des deux miroirs. Cette vérification donnera, non pas p', mais la valeur de $-p' - \dfrac{3\,B'}{\sin a}\sqrt{1-\tfrac{4}{9}\cos^2 a}$; d'où il sera facile de déduire, p' puisque B' & a étant connus, il est très-aisé de calculer la valeur de $\dfrac{3\,B'}{\sin a}\sqrt{1-\tfrac{4}{9}\cos^2 a}$.

Au reste, il n'est pas même nécessaire de conclure la valeur de p'; car comme dh a, en général, pour valeur $-p' - \dfrac{3\,B'}{\sin(a-a')}\sqrt{1-\tfrac{4}{9}\cos^2(a-a')}$, & qu'à l'horison on a $dh' =$

T iij

$-p' - \frac{3 B'}{\sin a} \sqrt{1 - \frac{4}{9} \cos^2 a}$; on aura $dh - dh' = -\frac{3 B'}{\sin (a - a')}$

$\sqrt{1 - \frac{4}{9} \cos^2 (a - a')} + \frac{3 B'}{\sin a} \sqrt{1 - \frac{4}{9} \cos^2 a}$; donc fi d'après la

valeur connue de B' & de celle de a, on calcule toutes les

valeurs fucceffives de $\frac{3 B'}{\sin (a - a')} \sqrt{1 - \frac{4}{9} \cos^2 (a - a')}$, en fubfti-

tuant pour a' tous les nombres depuis $0°$ jufqu'à $45°$ (ce
qui répond à toutes les hauteurs au-deffus de l'horifon jufqu'à $90°$) la différence entre l'une quelconque de ces valeurs,
& la premiere, fera $dh - dh'$. Or comme dh' eft la correction que fournit la vérification à l'horifon, $dh - dh'$ fera
la variation que cette correction doit fubir à différents degrés de hauteur. Ce fera donc la correction à faire à chaque
hauteur déja corrigée par la vérification à l'horifon.

Ainfi, fuppofant qu'on ait obfervé une hauteur quelconque,
& qu'on l'ait corrigée d'après la vérification ordinaire faite
à l'horifon, il faudra de plus appliquer à cette hauteur la
correction indiquée par la Table fuivante ; correction qui doit
être retranchée de la hauteur déja corrigée, fi B' eft pofitif,
& ajoutée dans le cas contraire. Cette Table fuppofe que
l'angle a que le petit miroir fait avec la ligne par laquelle
on vife à l'horifon, eft de $71° 20'$, ainfi que nous l'avons
trouvé fur quelques octans. On pourroit l'employer fans erreur
fenfible pour quelques degrés de plus ou de moins. Nous y
avons laiffé B' indéterminé, afin qu'on puiffe plus facilement
avoir la correction qui convient pour la valeur que l'expérience aura fait trouver pour B'.

Pour calculer plus facilement cette Table, on fera
$\frac{2}{3} \cos (a - a') = \cos k$; & l'on aura $\frac{3 B' \sin k}{\sin (a - a')}$ pour la quantité que
l'on doit calculer.

TABLE *de la Correction qu'on doit faire aux hauteurs observées, lorsqu'elles ont été réduites par la Vérification de l'octans à l'horifon.*

DEGRÉS DE HAUTEUR.	CORRECTION.
0	0
10	0,06 B'
20	0,15 B'
30	0,26 B'
40	0,40 B'
50	0,59 B'
60	0,84 B'
70	1,18 B'
80	1,65 B'
90	2,33 B'

332. Pour connoître plus particuliérement l'effet de l'inclinaison des deux faces de chaque miroir, reprenons la premiere valeur que nous avons trouvée pour dh, savoir $dh =$

$$-2p - \frac{3B}{\sin a} \sqrt{1 - \tfrac{4}{9}\cos^2 a} - \frac{3B'}{\sin(a-a')} \sqrt{1 - \tfrac{4}{9}\cos^2 (a-a')}$$ qui à

l'horifon devient $dh' = -2p - \frac{3B}{\sin a} \sqrt{1 - \tfrac{4}{9}\cos^2 a} - \frac{3B'}{\sin a}$

$\sqrt{1 - \tfrac{4}{9}\cos^2 a}$. Subftituant 71° 20′ pour a, on aura $dh' = -$

$2p - 3,09 B - 3,09B'$; donc en ne fuppolant que 1′ dans la valeur que donne à B & à B', le défaut de parallélifme des deux faces de chaque miroir, on auroit 6′, 18 ou 6′ 11″ d'erreur, si la vérification à l'horifon ne faifoit connoître que celle qui réfoit du défaut de parallélifme des miroirs entre eux. On trouvera de même, qu'à 90°, il y auroit 8′ 31″.

Mais la vérification à l'horifon, comprend non-feulement ce qui appartient au défaut de parallélifme des deux furfaces étamées, mais encore l'erreur que peut produire à l'horifon le défaut de parallélifme des furfaces de chaque miroir; de forte qu'il n'y a heureufement d'autre correction à faire que celle de la Table ci-deffus pour les différentes positions du

T iv

grand miroir, à chaque obſervation. Mais comme cette correction augmente proportionnellement à la valeur de B', il
eſt indiſpenſable de s'aſſurer, par expérience, de la valeur de
B' pour l'octans dont on fera uſage. Ce n'eſt que par-là qu'on
peut ſavoir ſi, pour cet octans, on peut négliger l'uſage de
cette Table.

Examen de l'Erreur qu'on peut commettre dans la réduction des routes, en employant le moyen parallele.

333. Nous ſuppoſerons ici que l'on ait connoiſſance des
Principes de calcul établis dans la quatrieme Partie de ce
Cours, & particuliérement de ce qui y a été dit au N°. 127.

Cela poſé ſoit m la latitude du départ, $m+q$ celle d'arrivée; a le rhumb de vent, z la différence de longitude. On
aura donc (*Quatr. Pa. t.* 127) $z = \frac{1}{2} tang\, a\, log. \frac{1+ſin(m+q)}{1-ſin(m+q)}$
$\times \frac{1-ſin\, m}{1+ſin\, m}$ ou, (faiſant les multiplications indiquées, & la
diviſion partielle) $z = \frac{1}{2}\, tang\, a\, log\left(1 + \frac{2(ſin(m+q)-ſin\, m)}{(1ſin-(m+q))(1+ſin m)}\right)$.

Or (*Alg.* 419 *& ſuiv.*) on a $ſin(m+q)-ſin m = $
$2 ſin\frac{1}{2}q\, coſ(m+\frac{1}{2}q)$; $1-ſin(m+q)$ ou $ſin 90° - ſin(m+q) = $
$2 ſin(45° - \frac{1}{2}m - \frac{1}{2}q)\, coſ(45°+\frac{1}{2}m+\frac{1}{2}q)$; & $1+ſin m = $
$2 ſin(45°+\frac{1}{2}m)\, coſ(45°-\frac{1}{2}m)$. Mais (*Alg.* 418) $ſin(45°-\frac{1}{2}m-\frac{1}{2}q)$
$\times ſin(45°+\frac{1}{2}m) = \frac{1}{2}coſ(m+\frac{1}{2}q) - \frac{1}{2}coſ(90°-\frac{1}{2}q) = \frac{1}{2}coſ(m+\frac{1}{2}q) - $
$\frac{1}{2}ſin\frac{1}{2}q$. Pareillement $coſ(45°+\frac{1}{2}m+\frac{1}{2}q)\, coſ(45°-\frac{1}{2}m) = $
$\frac{1}{2}coſ(90°+\frac{1}{2}q) + \frac{1}{2}coſ(m+\frac{1}{2}q) = -\frac{1}{2}ſin\frac{1}{2}q + \frac{1}{2}coſ(m+\frac{1}{2}q)$; donc
$z = \frac{1}{2} tang\, a\, log.\left(1 + \frac{4 ſin\frac{1}{2}q\, coſ(m+\frac{1}{2}q)}{(coſ(m+\frac{1}{2}q)-ſin\frac{1}{2}q)^2}\right)$.

Rappellons nous (*Quatr. Part.* 112) que $log(1+x) = $
$x - \frac{1}{2}x^2 + \frac{1}{3}x^3 + \&c$, & ayant fait $x = \frac{4 ſin\frac{1}{2}q\, coſ(m+\frac{1}{2}q)}{(coſ(m+\frac{1}{2}q)-ſin\frac{1}{2}q)^2}$,
ou plutôt $x = $ à la valeur de cette quantité réduite en ſérie
(*Alg.* 160), ſubſtituons pour x, cette valeur dans la ſérie
qui exprime $log(1+x)$; nous aurons, en négligeant ce qui

eſt au-delà de la troiſieme puiſſance de $\sin \frac{1}{2}q$; $z = \tan a$

$$\left(\frac{2\sin\frac{1}{2}q}{\cos m + \frac{1}{2}q)} + \frac{\frac{2}{3}\sin^3\frac{1}{2}q}{\cos^3(m+\frac{1}{2}q)} \right).$$

Or d'après ce qui a été dit (*Quatr. Part.* 162 & 114) on a $\sin \frac{1}{2}q = \frac{1}{2}q - \frac{1}{2.3} \cdot \frac{1}{8}q^3$ en négligeant ce qui eſt au-delà de l'ordre 3; donc $z = \tan a \left(\frac{q}{\cos(m+\frac{1}{2}q)} + \frac{1}{12}q^3 \times \ldots \right.$

$$\left. \frac{(1-\frac{1}{2}\cos^2(m+\frac{1}{2}q)}{\cos^3(m+\frac{1}{2}q)} \right).$$

Mais ſi on appelle z' la différence de longitude que donne le moyen parallele, il eſt facile de voir qu'on a $z' = \tan a$.

$\frac{q}{\cos(m+\frac{1}{2}q)}$; donc l'erreur $z - z' = \tan a \cdot \frac{1}{12}q^3 \left(\frac{1-\frac{1}{2}\cos^2(m+\frac{1}{2}q)}{\cos^3(m+\frac{1}{2}q)} \right).$

Soit l la longueur de la route. On aura (39) $3l$ pour le nombre de minutes de degrés que vaut cette longueur. Donc puiſque la valeur de la minute dans le cercle qui a pour rayon 1, eſt 0,00029, à très-peu près, on aura $3l \times$ 0,00029 pour la longueur de la route rapportée à la ſphere qui a pour rayon 1. Or q étant l'arc correſpondant en la-titude, on a $3l \times 000029 \cos a = q$; donc $z - z' = \frac{27}{12}l^3$.

$\overline{0,00029}^3 \sin a \cos^2 a \left(\frac{1-\frac{1}{2}c\int^2(m+\frac{1}{2}q)}{\cos^3(m+\frac{1}{2}q)} \right)$ & par conſéquent

$\frac{z-z'}{0,00029} = \frac{9}{4}l^3 \cdot \overline{0,00029}^2 \sin a \cos^2 a \left(\frac{1-\frac{1}{2}\cos^2(m+\frac{1}{2}q)}{\cos^3(m+\frac{1}{2}q)} \right).$

Or $\frac{z-z'}{0,00029}$ exprime le nombre des minutes de l'arc $z - z'$; donc ſi on repréſente ce nombre de minutes, par N, on aura $N = \frac{9}{4}l^3 \cdot \overline{0,00029}^2 \sin a \cos^2 a \left(\frac{1-\frac{1}{2}\cos^2(m+\frac{1}{2}q)}{\cos^3(m+\frac{1}{2}q)} \right).$

Soit n le nombre des centaines de lieues de la route; on aura $\frac{l}{10} = n$, ou $l = 100 n$, & par conſéquent $\frac{9}{4}l^3 \times \overline{0,00029}^2 =$ 0,1892 n^3. Faiſons de plus, $\sqrt{\frac{1}{2}} \times \cos(m+\frac{1}{2}q) = \cos k$; & en ſubſtituant, nous aurons enfin $N = 0,1892 n^3 \sin a \cos^2 a$.

$\frac{\tan^2 k}{2\sqrt{2} \cdot \cos k}$

Donnons à $\sin a$ la valeur qui rend $\sin a \cos^2 a$ le plus grand qu'il eſt poſſible; c'eſt-à-dire, ſuppoſons $\sin a = \sqrt{\frac{1}{3}}$; nous aurons $N = 0,1892 \, n^3 . \frac{2}{3} . \sqrt{\frac{1}{3}} . \dfrac{tang^2 k}{2\sqrt{2} \, cosk} = \dfrac{0,0631 \, n^3 tang^2 k}{cosk . \sqrt{6}}$

$= \dfrac{0,0257 \, n^3 tang^2 k}{cosk}$

334. Si on suppose $m + \frac{1}{2} q$ successivement $= 0°$, $= 45°$, $= 60°$, $= 75°$, $= 80°$, on aura pour valeurs correspondantes de N, $N = 0,036 \, n^3$; $N = 0,154 \, n^3$; $N = 0,509 \, n^3$; $N = 4,05 \, n^3$; $N = 13,62 \, n^3$. Donc si le moyen parallele est supposé, successivement, sous l'Equateur, à $45°$, à $60°$, à $75°$, à $80°$; & que la longueur de la route n'excéde pas 200 lieues ou 2 centaines de lieues; alors l'erreur en longitude, résultante de l'usage du moyen parallele, ne peut pas être de plus de $0', 29$ ou $0' \; 17''$ sous l'Equateur; de $1', 23$ ou $1' \; 14''$ sous le parallele de $45°$; de $4', 08$ ou $4' \; 5''$ sous le parallele de $60°$; mais elle seroit de $32', 40$ ou $32' \; 24''$ sous le parallele de $75°$, & de $108', 96$ ou $1° \; 48' \; 58''$ sous le parallele de $80°$.

Si la route est moitié plus petite, les erreurs seront huit fois plus petites; & au contraire elles seront 8 fois, 27 fois, 64 fois plus grandes, si la route est 2 fois, 3 fois, 4 fois plus grande.

335. Réciproquement, on aura $n^3 = \dfrac{N \, cosk}{0,0257 \, tang^2 k} = \dfrac{38,91 \, N cosk}{tang^2 k}$

D'où l'on pourra conclure quelle doit être la longueur de la route, pour que l'usage du moyen parallele ne cause pas dans la longitude, une erreur plus grande qu'une quantité donnée.

Par exemple, si l'on demande quelle peut-être la longueur de la route lorsque le moyen parallele tombe par $0°$, $45°$, $60°$, $75°$, $80°$ de latitude, pour que l'erreur sur la longitude n'excede pas une minute; on fera $N = 1$, $m + \frac{1}{2} q$ successivement $= 0°$, $45°$, $60°$, $75°$, $80°$; & on trouvera $n = 3,02$, $n = 1,87$, $n = 1,25$, $n = 0,62$, $n = 0,42$; c'est-à dire, que pour que l'erreur causée par l'usage du moyen parallele n'excede pas une minute, il faut que la route n'excede pas 302 lieues sous la ligne; 87 lieues, sous le parallele de $45°$; 125 lieues, sous celui de $60°$; 62 lieues, sous celui de $75°$; & 42 lieues, sous celui de $80°$.

*Du rapport qu'ont entr'elles l'erreur com-
mise sur la latitude, l'erreur commise
sur le rhumb de vent, & celle que
chacune de ces deux causes peut
produire sur la longitude.*

336. Lorsque par l'observation de la latitude, & d'après
ce qui a été dit (239 & suiv.) on a déterminé l'erreur en latitude,
& l'erreur sur le rhumb de vent, on peut sans chercher l'erreur commise sur la distance, déterminer de la maniere suivante la correction qu'on doit faire à la longitude.

Conservant les mêmes dénominations que ci-dessus (333),
on a $z = \frac{1}{2} tang\, a\, log. \frac{1 + sin(m+q)}{1 - sin(m+q)} \times \frac{1 - sin\, m}{1 + sin\, m}$. Si on dif-
férencie cette quantité en regardant m comme constante, z,
a, & q, comme variables, on aura $dz = \frac{dq\, tang\, a}{cos(m+q)} +$
$\frac{\frac{1}{2} da}{cos^2 a} log. \frac{1 + sin(m+q)}{1 - sin(m+q)} \times \frac{1 - sin\, m}{1 + sin\, m}$, ou bien (en mettant
pour ce dernier Logarithme, sa valeur tirée de la premiere
Equation) $dz = \frac{dq\, tang\, a}{cos(m+q)} + \frac{z\, da}{sin\, a\, cos\, a}$, Equation dans
laquelle quoique dz, dq, & da expriment les longueurs mê-
mes des arcs qui mesurent les variations en longitude, latitude &c, on peut cependant mettre au lieu de ces quantités, leurs valeurs en minutes, qui leur sont proportionnelles. Mais comme z est aussi censé exprimé en parties du
rayon supposé $= 1$, & qu'il est plus commode de l'avoir exprimé en minutes; si on appelle z' ce nombre de minutes,
on aura $z = 0,00029\, z'$ en supposant que le rayon R de 100000
parties, est 1. On aura donc $dz = \frac{dq\, tang\, a}{cos(m+q)} + \frac{0,00029 z' da}{sin\, a\, cos\, a}$,
pour la correction de la longitude, due à l'erreur dq & à l'erreur
da.

La premiere partie de la valeur de dz, donne la correction en longitude, due à l'erreur en latitude; & la seconde
donne celle que produit l'erreur sur le rhumb de vent. L'une

& l'autre font très-faciles à calculer par Logarithmes. Mais il faut obferver, que comme cette folution fuppofe, que la latitude & le rhumb de vent pêchent tous deux par défaut, fi l'un ou l'autre ou tous les deux pêchoient par excès, on feroit dq ou da ou tous les deux négatifs.

Prenons pour exemple., le cas que nous avons fuppofé dans le premier Exemple (248). L'erreur en latitude étoit de 8′ par défaut ; & l'erreur fur le rhumb de vent, étoit de 1° 15′ ou 75′ auffi par défaut. Le rhumb de vent eftimé étoit de 56° 15′, la latitude eftimée, de 25° 57′, & la différence de longitude eftimée, étoit de 4° 36′ ou 276′. On aura donc comme il fuit. . . . .

Log. 8′. 0,90309	Log. 75′. 1,87506
Log. *tang* 56° 15′. 10,17510	Log. 0,00029. . . . 6,46240
Compl. Arith. Log. *cof* 25°	Log. 276. 2,44091
57′. 0,04615	Compl. Arith. Log. *fin* 56°
	15′. 0,08016
Somme. 11,12434	Compl. Arith. Log. *cof* 56°
Nombre correfp. . . 13′,3	15′. 0,25526
	Somme. 11,11379
	Nombre correfp. . . 13′,0

Donc la correction à faire à la différence de longitude, eft 26′,3 ; la même à moins d'une minute près, que celle que nous avons trouvée dans l'exemple cité.

337. La valeur dz que nous venons de trouver, peut fervir à réfoudre, par approximation, la queftion dont nous avons fait mention (113) ; celle où connoiffant le lieu de départ, la différence de longitude d'arrivée & de départ, & les lieues de diftance, on demanderoit la latitude d'arrivée & le rhumb de vent.

En effet, on a $dz = \dfrac{dq\, tang\, a}{cof\,(m+q)} + \dfrac{0,000297'da}{fin\, a\, cof\, a}$, en fuppofant le rayon $= 1$. Mais on a auffi $q = 3\, l \times 0,00029\, cof\, a$ (333); & par conféquent $dq = -3\, l\, da \times 0,00029\, fin\, a$; donc $dz = \dfrac{dq\, tang\, a}{cof\,(m+q)} - \dfrac{z'dq}{3\, l\, .\, fin^2\, a\, cof\, a}$; d'où l'on tire $dq = \dfrac{3\, l\, dz\, fin^2\, a\, cof\, a\, cof\,(m+q)}{3\, l\, fin^3\, a - z'\, cof\,(m+q)}$; d'où connoiffant à-peu-près le rhumb de vent & la latitude, on pourra calculer la correction dq qu'on doit faire à cette latitude à-peu-près connue, en mettant pour a & q leurs valeurs à-peu-près connues, pour z' la différence de longitude qui répond aux valeurs à-peu-près connues de a & de q, & pour dz la différence entre la différence de longitude donnée, & celle qui répond à la différence de latitude & au rhumb de vent à-peu-près connus.

Par exemple, supposons qu'étant parti de 42° 23′ de latitude Nord, & 10° de longitude, on ait fait 864 lieues entre le Sud & l'Est, & qu'on soit actuellement dans un lieu dont la longitude est de 72° 53′. On estime avoir couru au $S E$ 6° 58′ E, & être arrivé par la latitude de 69°; on demande de confirmer ou de rectifier cette estime.

Si la latitude & le rhumb estimés étoient exacts la différence de longitude seroit de 63° 31′ qui excede celle qu'on connoît, de 38′; j'ai donc $dz = -38'$, $z' = 3811$, $a = 51°58'$, & $m + q = 69°$, $3l = 2592$; substituant ces valeurs, on trouve $dq = 136' = 2°16'$; donc la latitude d'arrivée, corrigée est de 71° 16′.

Pour connoître si cette correction est suffisante, avec cette nouvelle latitude d'arrivée, je calcule le rhumb de vent, & la différence de longitude; je trouve $a = 48°2\frac{1}{2}'$, $z' = 3763'$. Donc la différence de longitude qui résulte de la correction précédente est moindre de 10′ que la différence de longitude donnée; on donc $dz = +10'$; substituant ces valeurs comme ci-dessus, dans celle de dq, on trouve $dq = -22'$. Donc la latitude d'arrivée, corrigée de nouveau, est 70°54′. Je calcule de nouveau le rhumb & la différence de longitude; & je trouve 48°38′ pour le rhumb; & 3771$\frac{1}{2}'$ ou 62°51$\frac{1}{2}'$ pour la différence de longitude. Il y a donc encore une minute & demie de moins sur la longitude. Je fais donc $dz = +1\frac{1}{2}'$; & substituant cette valeur & celles qu'on vient de trouver pour a & pour z', j'ai enfin $a = 48°50'$ & $m + q = 70°49'$ qui satisfont.

De la Correction qu'on doit faire à la latitude & à la longitude déduites de l'estime, lorsqu'on a égard à l'applatissement de la Terre.

338. Jusqu'ici nous avons regardé la terre comme sphéri-que ; mais les observations ayant fait reconnoître qu'elle s'é-carte un peu de cette figure , il est à propos d'examiner quel changement il doit en résulter dans la réduction des routes.

Soit donc PE p (Fig. 65) l'un des Méridiens de la terre, représenté par une ellipse dont le grand axe E C soit l'un des rayons de l'Equateur , & dont le petit axe Pp soit l'axe mê-me de la terre. On a trouvé par observation que l'axe Pp étoit plus petit que le diametre de l'Equateur, d'environ $\frac{1}{179}$ de celui-ci ; ensorte que $EC : CP :: 179 : 178$.

Si à chaque point R de l'ellipse on conçoit des perpendi-culaires telles que RI ; ces perpendiculaires qui représentent la verticale de chaque lieu R, formeront par leur rencontre une ligne courbe A I B ; & chacune pourra être considérée comme le rayon du cercle dont la courbure se confond avec celle de l'ellipse, au point R. D'où il suit que ces rayons augmentant conti-nuellement de E en P, les arcs qui mesurent un degré, ou une même partie quelconque de degré, augmentent en mê-me rapport en allant de l'Equateur vers le pôle ; que par con-séquent si on conçoit un demi-cercle MDN qui ait pour rayon CD celui que nous avons jusqu'ici supposé à la terre ; c'est-à-dire, celui qui donne 57030 toises pour un degré, l'arc E R du Méridien compris entre l'Equateur & le lieu quelconque R, n'est pas de même longueur que celui D Q (en imaginant CQ parallele à I R) qui mesuroit la même latitude ; & qu'ainsi, pour déterminer la latitude E P R sur le sphéroïque applati, par les arcs E R du Méridien, il faut appliquer une correction à la longueur des arcs DQ par les-quels nous avons jusqu'ici mesuré cette latitude.

339. Pour déterminer cette correction & celle qu'on doit faire à la longitude , représentons par a le rayon EC de l'E-quateur (Fig. 66); soit b la moitié CP de l'axe; x, une abscisse quelconque CQ ; y le rayon QR du parallele de R. Nous aurons (Alg. 304) $y = \frac{a}{b} \sqrt{bb - xx}$; & en prenant l'arc RS in-

finiment petit, $RS = dx \sqrt{\dfrac{b^4 + (aa - bb)xx}{bb(bb - xx)}}$ (*Quatr. Part.*

97); le rayon de la développée RI (*Fig.* 65) $= \dfrac{(b^4 + (aa - bb)x^2)^{\frac{3}{2}}}{a\,b^4}$.

Soit k le finus de la latitude $RP'E$; les triangles femblables RtS, $RP'm$ donneront $Rt : St :: Rm : mP'$, c'eft-à-dire,
$-dy : dx :: k : \sqrt{1 - kk}$, ou $\dfrac{ax\,dx}{b\sqrt{bb - xx}} : dx :: k : \sqrt{1 - kk}$,

d'où l'on tire $k = \dfrac{ax\sqrt{1 - kk}}{b\sqrt{bb - xx}}$, & $xx = \dfrac{kk\,b^4}{aa - (aa - bb)kk}$.

Tirant de cette Equation la valeur de dx, & la fubftituant ainfi que celle de xx, dans celles de y, de RS, & de RI, on aura $y = \dfrac{a^2\sqrt{1 - kk}}{\sqrt{a^2 - (aa - bb)kk}}$, $RS = \dfrac{a^2 b^2\,dk}{\sqrt{1 - kk} \times (aa - (aa - bb)k^2)^{\frac{3}{2}}}$,

$RI = \dfrac{a^2 b^2}{(aa - (aa - bb)k^2)^{\frac{3}{2}}}$.

Réduifons en férie (*Alg.* 160) la valeur de $(aa - (aa - bb)k^2)^{-\frac{3}{2}}$, & bornons-nous aux deux premiers termes; nous aurons $\dfrac{1}{a^3} + \dfrac{3}{2} \cdot \dfrac{aa - bb}{a^5} k^2$. Subftituant cette valeur dans celle de RS, il vient $RS = \left(\dfrac{b^2\,dk}{a} + \dfrac{3}{2} \cdot b^2 \cdot \dfrac{aa - bb}{a^3} k^2 dk \right)(1 - kk)^{-\frac{1}{2}}$.

Pour intégrer cette quantité (*Quatr. Part.* 129) Je la fuppofe $= d(Ak(1 - kk)^{\frac{1}{2}}) + Bdk(1 - kk)^{-\frac{1}{2}}$. Exécutant la différenciation indiquée & comparant les termes affectés de puiffances égales de k, on a $A = -\dfrac{3}{4}\dfrac{b^2}{a^3}(aa - bb)$, & $B = \dfrac{b^2}{a} + \dfrac{3}{4}\dfrac{b^2}{a^3} \cdot (aa - bb)$. Donc $RS = -d\left(\dfrac{3}{4}\dfrac{b^2}{a^3} \cdot (aa - bb) k\sqrt{1 - kk}\right) + \left(\dfrac{b^2}{a} + \dfrac{3}{4}\dfrac{b^2}{a^3} \cdot (aa - bb)\right)\dfrac{dk}{\sqrt{1 - kk}}$.

Puifque b ne diffère de a que d'une quantité fort petite, fuppofons $b = a - ma$, m étant $= \frac{1}{179}$; & fubftituons pour b cette valeur en négligeant le quarré & les puiffances plus élevées de m. Nous aurons $RS = -d(\frac{3}{2} m\,ak\sqrt{1 - kk}) + (a - \frac{1}{2} ma) \times \dfrac{dk}{\sqrt{1 - kk}}$.

Mais fi on cherche la valeur du rayon de la developpée en E & en P, en faifant fucceffivement dans la valeur de RI, $k=0$, & $k=1$, on trouve $\frac{b^2}{a}$ & $\frac{a^2}{b}$ qui en mettant pour b fa valeur $a-ma$, deviennent $a-2ma$ & $\frac{a}{1-m}$ ou $a-2ma$ & $a+ma$ (en divifant par $1-m$, & rejettant les puiffances plus élevées de m). Or la moitié de la fomme de ces deux quantités eft $a-\frac{1}{2}ma$, c'eft-à-dire, la quantité qui ci-deffus multiplie $\frac{dk}{\sqrt{1-kk}}$. Donc fi on conçoit Cq (*Fig.* 65) parallele à IS, on a $(a-\frac{1}{2}ma)\frac{dk}{\sqrt{1-kk}}=Qq=d(DQ)$, puifque la quantité CD qu'on prend pour rayon de la terre fuppofée fphérique, eft moyenne entre le plus petit & le plus grand rayon ofculateur. On a donc RS ou $d(ER)=-d(\frac{1}{2}mak\sqrt{1-kk})+d(DQ)$; donc en intégrant $ER=-\frac{1}{2}mak\sqrt{1-kk}+DQ$ ou $DQ-ER=\frac{1}{2}mak\sqrt{1-kk}$; intégrale à laquelle il n'y a point de conftante à ajouter, parce que lorfque $k=0$, DQ & ER deviennent zéro ainfi que cela doit être.

Si on repréfente le rayon moyen CD, par 1, on aura donc $a-\frac{1}{2}ma=1$, & $a=\frac{1}{1-\frac{1}{2}m}=1+\frac{1}{2}m$, donc $ma=m+\frac{1}{2}m^2=m$; on aura donc $DQ-ER=\frac{1}{2}mk\sqrt{1-kk}=\frac{1}{2}m$ *fin lat* $\times$ *cof lat* $=\frac{3}{552}$ *fin lat* $\times$ *cof lat*. C'eft-à-dire, que pour avoir la différence de longueur entre l'arc qui mefure une latitude propofée, pour la terre fuppofée fphérique, & celui qui mefure la même latitude en ayant égard à l'applatiffement, il faut prendre les $\frac{3}{552}$ du produit du finus de la latitude, par le cofinus de la latitude.

Mais comme il eft plus commode d'avoir cette correction en minutes de degré, ou en *milles*, qu'en parties du rayon, il n'y a qu'à divifer cette quantité par $0,00029$ qui exprime combien il faut de parties du rayon pour faire la longueur de l'arc d'une minute, & l'on aura, toute réduction faite, *Correct. de la Latit.* $=28',9$ *fin lat* $\times$ *cof lat*. C'eft d'après cette formule que nous avons calculé la Table ci-deffous, quant à la latitude.

340. A l'égard de la correction en longitude. D'après ce qui a été dit (*Quatr. Part.* 127), il eft facile de voir que fi on appelle a le rhumb de vent, dz la petite différence en longitude, correfpondante au changement RS en latitude, on

on aura $dz = \dfrac{RS \times t\,ng\,a'}{y}$, ou (en mettant pour RS & y,

leurs valeurs en k trouvées ci-deſſus) $dz = \dfrac{b^2\,dk\,tang\,a'}{(1-kk)(aa-\overline{aa-bb})k^2)}$.

Pour intégrer cette quantité, je la décompoſe (*Quatr. Part.* 136)
en deux fractions qui aient pour dénominateur, l'une $1-kk$,

& l'autre $aa-(aa-bb)k^2$, & je trouve $dz = \Big(\dfrac{dk}{1-kk} -$

$\dfrac{(aa-bb)dk}{aa-(aa-bb)k^2} \Big) \, tang\,a'$. Or $\dfrac{dk\,tang\,a'}{1-kk}$ eſt (*quatr.P.* 127) la différen-

tielle de la longitude dans la ſuppoſition de la terre ſphérique; donc

ſi on la repréſente par dz' on aura $dz'-dz = \dfrac{(aa-bb)dk\,tang\,a'}{aa-(aa-bb)kk}$

& en intégrant $z'-z$, ou la correction de la longitude,

$$= \int \dfrac{(aa-bb)dk\,tang\,a'}{aa-(aa-bb)kk} \cdot$$

Faiſons $k\sqrt{aa-bb} = au$, & nous aurons $\int \dfrac{(aa-bb)\,dk\,tang\,a'}{aa-(aa-bb)kk}$

$= \int \dfrac{\sqrt{aa-bb}\,du\,tang\,a'}{a\quad 1-uu}$. D'où (*Quatr. Part.* 127) nous con-

clurons que la correction à faire à la longitude eſt égale à

$\dfrac{\sqrt{aa-bb}}{a}$ multiplié par la longitude qui correſpond à la latitu-

de dont le ſinus u eſt $= \dfrac{k\sqrt{aa-bb}}{a}$.

341. C'eſt ſur ce principe que ſont calculées dans la Table ſuivante les corrections que l'on doit faire à la longitude ; corrections qui ainſi que celles de la latitude , doivent
toujours être retranchées de la longitude ou latitude déterminée dans la ſuppoſition de la terre ſphérique. Les corrections de longitude dans la Table ci-deſſous , ſont calculées
dans la ſuppoſition que le rhumb eſt de 45°; elles expriment ,
à proprement parler les corrections qu'on doit faire aux latitudes croiſſantes. Lorſqu'on voudra en faire uſage, pour tout
autre rhumb de vent, il faudra les multiplier par la tangente
du rhumb de vent, ainſi que le fait voir le calcul ci-deſſus.
Nous avons ſuppoſé , comme pour la correction des latitudes

$b = a - \frac{1}{178}a$; ce qui donne à très-peu-près $\sqrt{\dfrac{aa-bb}{a}} = \sqrt{\frac{2}{178}}$.

TABLE *de la Correction qu'on doit faire aux latitudes simples, & aux latitudes croissantes, eu égard à l'applatissement de la Terre.*

Degrés de Latitude.	Correction de la Lat. simpl.	Degrés de Latitude.	Correction de la Lat. croiss.
0	0',0	0	0',0
5	2,5	5	3,3
10	4,9	10	6,7
15	7,2	15	10,0
20	9,3	20	13,1
25	10,1	25	16,3
30	12,5	30	19,3
35	13,6	35	22,2
40	14,3	40	24,8
45	14,5	45	27,2
50	14,3	50	29,6
55	13,6	55	31,6
60	12,5	60	33,4
65	10,1	65	35,0
70	9,3	70	36.3
75	7,2	75	37,3
80	4,9	80	37,9
85	2,5	85	38,5
90	0,0	90	38,6

342. Pour donner un exemple de l'usage de cette Table supposons qu'on ait couru 954 lieues à l'ONO, étant parti de 30° 43' de latitude Nord, & de 24° 52' de longitude occidentale compté de Paris; on demande le lieu de l'arrivée.

En opérant comme il a été dit (109) on trouve que la latitude d'arrivée est de 48° 58'; & la longitude, de 82° 51'. Comme la latitude du départ est supposée exacte, c'est-à-dire, la même qu'on l'observeroit, on ne doit donc corriger la latitude de l'arrivée, que de l'excès de la quantité qui dans la Table ci-dessus répond à cette latitude, sur celle qui répond à la latitude du départ ; ainsi puisqu'à la latitude 48° 58' il répond 14', 3 & à la latitude 30° 43' il répond 12', 6, la correction est 1', 7 ou 2' que l'on doit souſtraire de la latitude d'arrivée, laquelle ſera par conséquent de 48° 56'.

Quant à la longitude ; avec les latitudes 30° 43' & 48° 56' de départ & d'arrivée, je cherche les corrections qu'on doit faire aux latitudes croiſſantes correſpondantes, & je trouve 19', 8 & 29', 1 dont la différence 9', 3 étant multipliée par la tangente du rhumb de vent 67° 30', donne 22' ½ pour la correction de la longitude d'arrivée qui par conséquent est de 82° 28' ½.

343. Nous avons ſuppoſé dans les calculs ci-deſſus, que le Méridien étoit une ellipse. Cette ſuppoſition ne s'accorde pas parfaitement avec la meſure des degrés faite au Pérou, en France, & en Laponie, par laquelle on a fixé le degré du Méridien ſous l'Equateur, à 56748 toiſes ; ſous le parallele de 45°, en France, à 57030 toiſes; & ſous le cercle polaire, à 57422. Mais l'erreur que cette ſuppoſition peut introduire dans l'uſage des Tables ci-deſſus, n'eſt d'aucune conſéquence.

Réſolution de quelques queſtions de Trigonométrie ſphérique qui peuvent être d'uſage dans quelques cas.

344. C'eſt principalement pour donner quelques exemples de la maniere d'appliquer le calcul à la Trigonométrie ſphérique, que nous plaçons ici les queſtions ſuivantes qui peuvent, d'ailleurs, avoir leur application dans certains cas. Le but qu'on doit principalement ſe propoſer dans ces ſortes d'applications, eſt de réduire les ſolutions, au ſeul uſage des Logarithmes, ſans être obligé de repaſſer au nombres. En un mot, de rendre la ſolution de ces queſtions, ſemblable à celle que la Trigonométrie donne pour les triangles ſphériques.

Suppoſons d'abord qu'ayant obſervé trois diſtances d'un Aſtre au Zénith, & les intervalles de temps écoulés entre les obſervations, on veuille déterminer l'heure, la latitude du lieu, & la déclinaiſon de l'Aſtre, que l'on ſuppoſe reſter la même.

Soit HZO (*Fig. 67*) le Méridien ; HAO l'horiſon ; ZC, ZB, ZA les trois verticaux dans leſquels l'Aſtre a été obſervé en F, E, D ; P le pôle. Soient nommés a la diſtance

ZP du zénith au pôle ; b la diftance PF de l'Aftre au pôle.
Soient c, c', c'' les diftances au zénith ZF, ZE, ZD ; e, e',
e'' les angles horaires correfpondants ZPF, ZPE, ZPD.
Si de Z on conçoit un arc ZQ perpendiculaire fur PF, on
aura (Géom. 353) $1 : cof e :: tang\ a : tang\ x$, en nommant PQ,
x. Et (Géom. 357) $cof x : cof (b - x) :: cof a : cof c$, ou $cof x :$
$cof b\ cof x + fin\ b\ fin\ x :: cof a : cof c$, ou $1 : cof b + fin\ b\ tang\ x :$
$cof a : cof c$; donc $cof c = cof a\ cof b + cof a\ fin\ b\ tang\ x$ ou enfin, en mettant pour $tang\ x$, fa valeur, $cof c = cof a\ cof b +$
$fin\ a\ fin\ b\ cof e.$

En raifonnant de même pour les deux autres triangles ZPE,
ZPD, on aura donc en tout, les trois Equations fuivantes

$cof c = cof a\ cof b + fin\ a\ fin\ b\ cof e$ . . . . (A)
$cof c' = cof a\ cof b + fin\ a\ fin\ b\ cof e'$ . . . . (B)
$cof c'' = cof a\ cof b + fin\ a\ fin\ b\ cof e''$ . . . . (C)

retranchant la feconde & la troifieme, de la premiere, on
aura
$cof c - cof c' = fin\ a\ fin\ b (cof e - cof e')$ . . . . (D)
$cof c - cof c'' = fin\ a\ fin\ b (cof e - cof e'')$ . . . . (E)

donc en égalant les deux valeurs de $fin\ a\ fin\ b$, on a $\dfrac{cof c - cof c'}{cof c - cof c''}$
$= \dfrac{cof e - cof e'}{cof e - cof e''}$, Equation qui d'après ce qui a été dit (Alg.
419) peut-être changée en cette autre . . . . . .
$\dfrac{fin\frac{1}{2}(c' + c)\ fin\frac{1}{2}(c' - c)}{fin\frac{1}{2}(c'' + c\ \ fin\frac{1}{2}(c'' - c)} = \dfrac{fin\frac{1}{2}(e' + e)\ fin\frac{1}{2}(e' - e)}{fin\frac{1}{2}(e'' + e)\ fin\frac{1}{2}(e'' - e)}$, donc
$\dfrac{fin\frac{1}{2}(e' + e)}{fin\frac{1}{2}(e'' + e)} = \dfrac{fin\frac{1}{2}(c' + c)\ fin\frac{1}{2}(c' - c)\ fin\frac{1}{2}(e'' - e)}{fin\frac{1}{2}(c'' + c)\ fin\frac{1}{2}(c'' - c)\ fin\frac{1}{2}(e' - e)}$; or
tout eft connu dans ce fecond membre.

Suppofons donc $\dfrac{fin\frac{1}{2}(c' + c)\ fin\frac{1}{2}(c' - c)\ fin\frac{1}{2}(e'' - e)}{fin\frac{1}{2}(c'' + c)\ fin\frac{1}{2}(c'' - c)\ fin\frac{1}{2}(e'' - e)} =$
$fin\ m$, on aura facilement $fin\ m$, par Logarithmes, & par con-
féquent m.

On aura donc auffi $\dfrac{fin\frac{1}{2}(e' + e)}{fin\frac{1}{2}(e'' + e)} = fin\ m$. Soit $\frac{1}{2}(e' + e) +$
$\frac{1}{2}(e'' + e) = y$, & $\frac{1}{2}(e'' + e) - \frac{1}{2}(e' + e)$ ou $\frac{1}{2}(e'' - e') = g$; g
fera connu ; & l'on aura $\frac{1}{2}(e'' + e) = \frac{1}{2} y + \frac{1}{2} g$, & $\frac{1}{2}(e' + e)$
$= \frac{1}{2} y - \frac{1}{2} g$; donc $\dfrac{fin(\frac{1}{2}y - \frac{1}{2}g)}{fin(\frac{1}{2}y + \frac{1}{2}g)} = fin\ m$, ou . . . .

$$\frac{\sin\frac12 y\cos\frac12 g - \sin\frac12 g\cos\frac12 y}{\sin\frac12 y\cos\frac12 g + \sin\frac12 g\cos\frac12 y} = \sin m,\ \text{ou}\ \frac{\tan\frac12 y - \tan\frac12 g}{\tan\frac12 y + \tan\frac12 g} =$$

$\sin m$; d'ou l'on tire $\tan\frac12 y = \frac{1+\sin m}{1-\sin m}\tan\frac12 g$. Mais

(*Géom.* 286) $\frac{1+\sin m}{1-\sin m} = \frac{\tan(45°+\frac12 m)}{\tan(45°-\frac12 m)} = \tan^2(45°+\frac12 m)$,

parce que $\tan(45°-\frac12 m) = \cot(90°-(45°-\frac12 m)) = \cot$

$(45°+\frac12 m) = \dfrac{1}{\tan(45°+\frac12 m)}$; donc enfin $\tan\frac12 y =$

$\tan\frac12 g\tan^2(45°+\frac12 m)$; il fera donc facile d'avoir y, & par conféquent e, puifqu'on a $\frac12(e'+e)+\frac12(e''+e)=y$ ou $\frac12(e'-e+2e)+\frac12(e''-e+2e)=y$, qui donne $e=\frac12 y-\frac14$. $(e'-e)-\frac14(e''-e)$, Equation dont le fecond membre eft entiérement connu.

345. Pour avoir a & b ; je prends dans l'Equation (D) la valeur de $\sin a\sin b$, favoir $\frac{\cos c-\cos c'}{\cos e-\cos e'}$; & après avoir ajouté les deux Equations (A) & (B), je fubftitue dans leur fomme, la valeur de $\sin a\sin b$, & j'en tire celle de $\cos a\cos b =$ $\dfrac{\cos c'\cos e-\cos c\cos e'}{\cos e-\cos e'}$.

De cette valeur de $\cos a\cos b$, je retranche celle de $\sin a\sin b$, pour avoir celle de $\cos(b+a)$; je les ajoute au contraire, pour avoir celle de $\cos(b-a)$, & j'ai . . . . . .

$\cos(b+a) = \dfrac{\cos c'(1+\cos e)-\cos c(1+\cos e')}{\cos e-\cos e'}$, & . . . .

$\cos(b-a) = \dfrac{\cos c(1-\cos e')-\cos c'(1-\cos e)}{\cos e-\cos e'}$ . . . . .

mettant donc au lieu de $\cos e-\cos e'$, fa valeur $2\sin\frac12(e'+e)$ $\sin\frac12(e'-e)$; pour $(1-\cos e)$ fa valeur $2\sin^2\frac12 e'$, pour $1+\cos e$, fa valeur $2\cos^2\frac12 e'$, & ainfi des autres, on aura

$\cos(b+a) = \dfrac{\cos c'\cos^2\frac12 e-\cos c\cos^2\frac12 e'}{\sin\frac12(e'+e)\sin\frac12(e'-e)}$ . . . . . .

$\cos(b-a) = \dfrac{\cos c\sin^2\frac12 e'-\cos c'\sin^2\frac12 e}{\sin\frac12(e'+e)\sin\frac12(e'-e)}$.

Faifons $\dfrac{\cos c\cos^2\frac12 e'}{\sin c'\cos^2\frac12 e} = \tan p$, & $\dfrac{\cos c'\sin^2\frac12 e}{\sin c\sin^2\frac12 e'} = \tan p'$, p & p' feront faciles à déterminer par Logarithmes. On aura

$$cof(b+a) = cof^2 \tfrac{1}{2} e \frac{(cof\, c'\, cof\, p - fin\, c'\, fin\, p)}{cof\, p\, fin\tfrac{1}{2}(e'+e)fin\tfrac{1}{2}(e'-e)}, \text{ ou } cof(b+a) =$$

$$\frac{cof^2 \tfrac{1}{2} e\, cof(c'+p)}{cof\, p\, fin\tfrac{1}{2}(e'+e)fin\tfrac{1}{2}(e'-e)}, \,\&\, cof(b-a) = \quad \ldots \quad :$$

$$\frac{fin^2 \tfrac{1}{2} e'(cof\, c + p')}{cof\, p'\, fin\tfrac{1}{2}(e'+e)fin\tfrac{1}{2}(e'-e)}; \text{ d'ou l'on voit qu'en employant}$$

les Logarithmes, on aura a, b, e, par de fimples additions & fouftractions.

Mais il faut obferver que comme rien ne détermine a prendre $cof(b-a)$ plutôt que $cof(a-b)$ pour repréfenter $cof\, a\, cof\, b + fin\, a\, fin\, b$, on ne faura entre la valeur de a & celle de b, quelle eft celle qu'on doit prendre pour le complément de la latitude, qu'autant qu'on faura fi la latitude eft plus grande ou plus petite que la déclinaifon.

346. Si les trois hauteurs font prifes dans les environs du Méridien, enforte que les angles horaires e, e', e'' foient petits; alors on peut réfoudre la queftion plus fimplément de la maniere fuivante.

$b-a$ eft la diftance méridienne de l'Aftre au zénith; foit z la différence de c à $b-a$, enforte que $b-a = c-z$. Cela pofé, l'Equation $cof\, c = cof\, a\, cof\, b + fin\, a\, fin\, b\, cof\, e$ qui eft la même que $cof\, c = cof(b-a) - fin\, a\, fin\, b(1-cof\, e)$, fe change en $cof(c-z) - cof\, c = fin\, a\, fin\, b(1-cof\, e)$; ou, parce que z & e étant de petites quantités, on a $cof(c-z) = cof\, c + z\, fin\, c$, & $1-cof\, e = \tfrac{1}{2} e^2$, on aura $z\, fin\, c = \tfrac{1}{2} e^2 fin\, a\, fin\, b$. par la même raifon, fi on fait $c'-c = k$, $c''-c = l$, $e'-e = r$, $e''-e = s$, k, l, r & s étant de petites quantités connues, on aura $z\, fin\, c + k\, fin\, c = \tfrac{1}{2}(e^2 + 2\, er + r^2)fin\, a\, fin\, b$, & $z\, fin\, c + l\, fin\, c = \tfrac{1}{2}(e^2 + 2\, es + s^2)fin\, a\, fin\, b$. De ces trois Equations on conclura facilement $e = \dfrac{k s^2 - l r^2}{2(r l - k s)}$, $fin\, a\, fin\, b = \dfrac{2(r l - k s)fin\, c}{r s(s-r)}$, & $z = \dfrac{(k s^2 - l r^2)^2}{4 r s(s-r)(r l - k s)}$.

347. Lorfque les intervalles entre les obfervations font égaux, on a $s = 2r$, & z devient $z = \dfrac{(4 k - l)^2}{4(2 l - 4 k)}$; c'eft la quantité que l'on doit retrancher de la plus petite des trois diftances au zénith pour avoir la diftance Méridienne au zénith.

348. Quoique cette folution puiffe être d'un ufage affez éten-

du, elle ne doit cependant pas être employée, ſans une vérification que nous allons enſeigner.

En effet, dans cette approximation, nous avons ſuppoſé
$coſ(c-z) = coſ c + z ſin c$, au lieu que la valeur rigoureuſe eſt
$coſ c coſ z + ſin c ſin z$, ou (en ne négligeant que les quantités de
degrés au-delà de z^2), $coſ c - \frac{1}{2} z^2 coſ c + z ſin c$. Ainſi on auroit pour la première Equation ci-deſſus, $-\frac{1}{2} z^2 coſ c + z ſin c =$
$ſin a ſin b (1 - coſ e)$. Et comme la ſolution ci-deſſus fait connoître que z eſt de l'ordre de e^2 il faut pour valeur approchée
de $1 - coſ e$, prendre non-ſeulement $\frac{1}{2} e^2$, mais $\frac{1}{2} e^2 - \frac{1}{24} e^4$;
enſorte que nous aurons $-\frac{1}{2} z^2 coſ c + z ſin c = ſin a ſin b (\frac{1}{2} e^2 - \frac{1}{24} e^4)$,
d'où l'on tire $z = tang c - \sqrt{tang^2 c - \frac{z ſin a ſin b}{coſ c} (\frac{1}{2} e^2 - \frac{1}{24} e^4)}$

$= tang c - tang c \left(1 - \frac{ſin a ſin b}{tang^2 c \, coſ c} (\frac{1}{2} e^2 - \frac{1}{24} e^4) - \frac{1}{2} \frac{ſin^2 a ſin^3 b}{tang^4 c coſ^2 c} (\frac{1}{4} e^4)\right)$

en réduiſant le radical en ſérie, & négligeant les quantités
qui paſſent l'ordre de e^4. Ainſi on a $z = \frac{ſin a ſin b}{ſin c} \frac{1}{2} e^2 -$
$\frac{1}{24} \frac{ſin a ſin b}{ſin c} e^4 + \frac{1}{2} \frac{ſin^2 a ſin^2 b coſ c}{ſin^3 c} e^4$. Mais en apppellant z' la
valeur approchée de z, trouvée par la première approxima-
tion, on a $z' = \frac{1}{2} e^2 \frac{ſin a ſin b}{ſin c}$; on a donc $z = z' - \frac{1}{12} e^2 z' +$
$\frac{1}{2} \frac{e^2 z'^2}{tang c}$.

Donc ſi la valeur de c, & les valeurs trouvées pour z' &
pour e, étoient telles que $-\frac{1}{12} e^2 z' + \frac{1}{2} \frac{e^2 z'^2}{tang c}$, donnât une
quantité qui paſſât la limite juſqu'à laquelle on a beſoin d'a-
voir z, c'eſt-à-dire, qui paſſât 1 minute, lorſqu'on veut avoir
z à moins d'une minute près; il faudroit s'abſtenir de l'uſage
de cette méthode; & quoique ſouvent $-\frac{1}{12} e^2 z' + \frac{1}{2} \frac{e^2 z'^2}{tang c}$
ſoit une correction ſuffiſante pour la valeur de z, il vaut
mieux en général, dans ce cas, avoir recours à la ſolution
rigoureuſe ci-deſſus (344).

Obſervons que, dans la quantité $-\frac{1}{12} e^2 z' + \frac{1}{2} \frac{e^2 z'^2}{tang c}$, e eſt
cenſé évalué en parties du rayon, quoique dans celle de z', il
ſoit compté en parties de degré. C'eſt pourquoi, comme e eſt

V iv

donné en parties de degré, il faudra pour fubftituer dans $\frac{1}{12}$
e^2z' &c, multiplier la valeur de e, par $0,01745$ fi e eft donné
en degrés; pareillement, dans le terme $\dfrac{\frac{1}{2}e^2 z'^2}{tang\,c}$, on ne mettra
pour z' fa valeur en degrés, qu'une feule fois; & pour l'autre
facteur z' on mettra la valeur de z' en degrés, multipliée par
$0,0\,745$.

349. Si l'on vouloit avoir égard au changement en déclinaifon dans l'intervalle des obfervations; alors en nommant
m le changement en déclinaifon, correfpondant à $e' - e$, & n,
le changement correfpondant à $e'' - e$, on auroit les trois
Equations . . . .
$$cof\,c = cof(b - a) - na\,fin\,b\,(1 - cof\,e)$$
$$cof\,c' = cof(b - a - m) - fin\,a\,fin(b - m)\,(1 - cof\,e')$$
$$cof\,c'' = cof(b - a - n) - fin\,a\,fin(b - n)\,(1 - cof\,e'')$$
en fuppofant que la diftance de l'Aftre au pôle, va en augmentant.

Prenant donc $cof(b - a) + m\,fin(b - a)$ au lieu de
$cof(b - a - m)$, & $cof(b-a) + n\,fin(b-a)$ au lieu de $cof(b-a-n)$;
négligeant m & n dans $fin(b - m)$ & $fin\,b - n$) parce que
le terme $m\,cof\,b$, & $n\,cof\,b$ qu'ils donneroient, devant être
multiplié par $\frac{1}{2}e'^2$, & $\frac{1}{2}e''^2$ feroit du troifieme ordre; mettant enfin au lieu $cof(b - a)$, fa valeur $cof(c - z)$, & au
lieu de $m\,fin(b - a)$ & $n\,fin(b - a)$ mettant feulement $m\,fin\,c$,
& $n\,fin\,c$, on aura toute réduction faite . . . .
$$z\,fin\,c = fin\,a\,fin\,b \cdot \tfrac{1}{2}e^2$$
$$z\,fin\,c + k\,fin\,c + m\,fin\,c = \tfrac{1}{2}(e^2 + 2\,er + r^2)\,fin\,a\,fin\,b$$
$$z\,fin\,c + l\,fin\,c + n\,fin\,c = \tfrac{1}{2}(e^2 + 2\,er + r^2\,fin\,a\,fin\,b.$$

D'où il eft facile de conclure que pour avoir z, il ne s'a-
git que de fubftituer, dans la valeur de z donnée dans la folution précédente $k + m$, au lieu de k, & $l + n$ au lieu de
l. Quant à la diftance Méridienne au zénith, elle n'eft plus
$b - a$; mais $b - a$ augmenté du changement en déclinaifon correfpondant à la valeur de l'angle horaire e, qui fe trouvera
comme ci-deffus (346), en mettant $k + m$ pour k, & $l + n$
pour l.

350. Propofons nous actuellement de trouver l'Equation du
midi conclu par des hauteurs correfpondantes, foit à Terre
foit à la Mer.

Pour connoître la marche d'une Horloge, lorfqu'on refte
dans un même lieu, & fi le Soleil ne changeoit point en
déclinaifon, la méthode la plus exacte feroit d'obferver pendant deux jours confécutifs, les deux inftans de chaque jour,
où le Soleil arrive à une même hauteur quelconque fur l'ho-

rifon. Le milieu entre ces deux inftants feroit l'heure que la Montre a dû marquer à midi ; enforte que fi les obfervations de chaque jour s'accordoient à donner la même heure, on feroit affuré que la Montre eft bien réglée, fur le mouvement du Soleil ; & la différence entre midi, & l'heure que l'on auroit conclue, feroit l'erreur abfolue de la Montre. Que fi au contraire, on trouvoit de la différence entre les deux midis confécutifs ; fi on trouvoit par exemple, qu'au midi du premier jour, la Montre a dû marquer 12^h 4', & qu'au midi du fecond jour elle a dû marquer 12^h 2', on en concluroit, que le premier jour elle avançoit de 4'$\frac{1}{2}$, & le fecond de 2' feulement, enforte qu'on connoîtroit qu'elle retarde de 2' en 24 h ures.

Mais fi le Soleil change de déclinaifon, & fi en même temps on change de lieu dans l'intervalle des deux obfervations d'un même jour, il eft vifible que le Soleil ne fera pas l'après midi, à la même hauteur que le matin, à pareille diftance du Méridien ; & que par conféquent le midi conclu par un milieu pris entre les inftants marqués à l'horloge lors des deux obfervations d'un même jour, aura befoin d'une correction.

Nous allons la déterminer d'abord en fuppofant que le changement en déclinaifon, & le changement de lieu foient quelconques. Nous verrons enfuite une méthode plus expéditive, lorfque l'un & l'autre de ces changements font fort petits.

351. Soit donc c la diftance du Soleil au zénith lors de l'obfervation du matin & de celle du foir, diftance qu'il n'eft pas néceffaire de connoître ; il fuffit qu'elle foit la même dans chaque cas. Soit a la diftance du zénith au pôle, b la diftance de l'Aftre au même pôle, & e l'angle horaire lors de la première obfervation, foient a', b', e' les valeurs refpectives de ces quantités lors de la feconde obfervation. On aura

$$\cos c = \cos a \cos b + \sin a \sin b \cos e$$
$$\cos c = \cos a' \cos b' + \sin a' \sin b' \cos e'$$

donc $0 = \cos a \cos b - \cos a' \cos b' + \sin a \sin b \cos e - \sin a' \sin b' \cos e'$.

Soit fait $\cos a \cos b = \cos m$, $\cos a' \cos b' = \cos m'$, $\sin a \sin b = \sin p$, $\sin a' \sin b' = \sin p'$. Puifque a, b, a', b' font connus, il fera aifé d'avoir m, p, m' & p' par les Tables, & par de fimples additions de Logarithmes.

On aura donc $0 = \cos m - \cos m' + \sin p \cos e - \sin p' \cos e'$. Soit $e' + e = q$, & $e' - e = z$: $e' + e$ fera connu en retranchant (fi a route porte à l'Oueft, ou en ajoutant fi elle porte à l'Eft) la différence des Méridiens, de l'intervalle de temps écoulé entre les deux obfervations, réduit en degrés à raifon de 15° par heure. On aura donc $e' = \frac{1}{2}(q + z)$ & $e = \frac{1}{2}(q - z)$.

Donc $o = cof\, m - cof\, m' + fin\, p\, cof\frac{1}{2}(q-z) - fin\, p'\, cof\frac{1}{2}(q + z)$ ou bien, (Alg. 419 & 415) $o = 2\, fin\frac{1}{2}(m' + m)\, fin\frac{1}{2}(m' - m)$
$+ fin\, p\, cof\frac{1}{2}q\, cof\frac{1}{2}z + fin\, p\, fin\frac{1}{2}q\, fin\frac{1}{2}z$
$- fin\, p'\, cof\frac{1}{2}q\, cof\frac{1}{2}z + fin\, p'\, fin\frac{1}{2}q\, fin\frac{1}{2}z$, ou • • • • •
$fin\frac{1}{2}(m' + m)\, fin\frac{1}{2}(m' - m) = cof\frac{1}{2}(p' + p)\, fin\frac{1}{2}(p' - p)\, cof\frac{1}{2}q$
$cof\frac{1}{2}z - fin\frac{1}{2}(p' + p)\, cof\frac{1}{2}(p' - p)\, fin\frac{1}{2}q\, fin\frac{1}{2}z.$

Soit fait $cof\frac{1}{2}(p' + p)\, fin\frac{1}{2}(p' - p)\, cof\frac{1}{2}q = fin\frac{1}{2}(p' + p)\, cof\frac{1}{2}(p' - p)\, fin\frac{1}{2}q\, tang\, r$, qui eſt la même choſe que $cot\frac{1}{2}(p' + p)\, cot\frac{1}{2}q\, tang\frac{1}{2}(p' - p) = tang\, r$; il ſera facile d'avoir r par de ſimples additions de logarithmes.

On aura donc $fin\frac{1}{2}(m' + m)\, fin\frac{1}{2}(m' - m) = fin\frac{1}{2}(p' + p)\, cof\frac{1}{2}$
$(p' - p)\, fin\frac{1}{2}q\left(\dfrac{fin\, r\, cof\frac{1}{2}z - cof\, r\, fin\frac{1}{2}z}{cof\, r}\right) = fin\frac{1}{2}(p' + p)\, cof\frac{1}{2}$
$(p' - p)\, fin\frac{1}{2}q\dfrac{fin\,(r - \frac{1}{2}z)}{cof\, r}$; donc enfin on a $fin\,(r - \frac{1}{2}z) =$
$\dfrac{fin\frac{1}{2}(m' + m)\, fin\frac{1}{2}(m' - m)\, cof\, r}{fin\frac{1}{2}(p' + p)\, cof\frac{1}{2}(p' - p)\, fin\frac{1}{2}q}$, équation qui par de ſimples additions & ſouſtractions de logarithmes, donnera $r - \frac{1}{2}z$, & par conſéquent $\frac{1}{2}z$, & par conſéquent, auſſi, e qui eſt égal à $\frac{1}{2}(q - z)$, dans lequel q eſt connu par ce qui a été dit ci-deſſus.

352. Si les obſervations étoient faites dans le même lieu, en-forte que a' fût $= a$; le calcul ſeroit plus ſimple. Car alors on auroit
$cof\, c = cof\, a\, cof\, b + fin\, a\, fin\, b\, cof\, e$
$cof\, c = cof\, a\, cof\, b' + fin\, a\, fin\, b'\, cof\, e'$
ou $o = cof\, a\,(cof\, b - cof\, b') + fin\, a\,(fin\, b\, cof\, e - fin\, b'\, cof\, e')$
ou $o = 2\, cof\, a\, fin\frac{1}{2}(b' + b)\, fin\frac{1}{2}(b' - b) + fin\, a\,(fin\, b\, cof\, e - fin\, b'\, cof\, e')$
faiſant donc comme ci-deſſus $e' + e = q$, & $c' - e = z$ on auroit
$o = 2\, cof\, a\, fin\frac{1}{2}(b' + b)\, fin\frac{1}{2}(b' - b) + fin\, a\left\{\begin{array}{l}fin\, b\, cof\frac{1}{2}q\, cof\frac{1}{2}z + fin\, b\, fin\frac{1}{2}q\, fin\frac{1}{2}z\\ - fin\, b'\, cof\frac{1}{2}q\, cof\frac{1}{2}z + fin\, b'\, fin\frac{1}{2}q\, fin\frac{1}{2}z\end{array}\right\}$
ou $cof\, a\, fin\frac{1}{2}(b' + b)\, fin\frac{1}{2}(b' - b) = fin\, a\,(cof\frac{1}{2}(b' + b)\, fin\frac{1}{2}(b' - b)$
$cof\frac{1}{2}q\, cof\frac{1}{2}z - fin\frac{1}{2}(b' + b)\, cof\frac{1}{2}(b' - b)\, fin\frac{1}{2}q\, fin\frac{1}{2}z)$. D'où en faiſant $cof\frac{1}{2}(b' + b)\, fin\frac{1}{2}(b' - b)\, cof\frac{1}{2}q = fin\frac{1}{2}(b' + b)\, cof\frac{1}{2}(b' - b)\, fin\frac{1}{2}q\, tang\, r$ ou $cot\frac{1}{2}(b' + b)\, tang\frac{1}{2}(b' - b)\, cot\frac{1}{2}q = tang\, r$, on tireroit comme ci-deſſus $cof\,(r - \frac{1}{2}z) = \dfrac{cot\, a\, tang\frac{1}{2}(b' - b)\, cof\, r}{fin\frac{1}{2}q}$

353. Si on ſuppoſe que les quantités a', b', e', diffèrent peu des quantités a, b, e ; ainſi que cela a lieu en effet, lorſqu'il s'agit du ſoleil, & du chemin que le vaiſſeau peut faire dans un jour ; alors ſi on fait $a' - a = da$, $b' - b = db$, $e' - e = de$; on

aura $cof\ a' = cof\ (a + da) = cof\ a - da\ fin\ a$; $cof\ b' = cofb - db\ fin\ b$, $fin\ a' = fin\ a + da\ cof\ a$, $fin\ b' = fin\ b + db\ cof\ b$, $cof\ e' = cof\ e - de\ fin\ e$. Subftituant ces quantités dans l'équation $cof\ c = cof\ a'\ cof\ b' + fin\ a'\ fin\ b'\ cof\ e'$, négligeant les quantités du fecond ordre, & retranchant de l'équation réfultante, l'équation $cof\ c = cof\ a\ cof\ b + fin\ a\ fin\ b\ cof\ e$, on aura $de\ fin\ a\ fin\ b\ fin\ e = -da\ (fin\ a\ cof\ b - fin\ b\ cof\ a\ cof\ e) - db\ (fin\ b\ cof\ a - fin\ a\ cof\ b\ cof\ e)$, d'où l'on tire

$$de = -da\left(\frac{cot\ b}{fin\ e} - cot\ a\ cot\ e\right) - db\left(\frac{cot\ a}{fin\ e} - cot\ b\ cot\ e\right).$$

Mais fi on appelle t le nombre d'heures écoulées entre les deux obfervations, & qu'on repréfente par dM la différence de longitude des deux lieux d'obfervation, on aura $e' + e = 15° t - dM$; c'eft-à-dire, $2e + de = 15° t - dM$, d'où $e = \frac{1}{2}(15° t - dM - de)$ & par conféquent $\frac{e}{15°}$ (où l'heure que la montre auroit du marquer lors de la premiere obfervation) $= \ldots$

$\frac{1}{2}\left(t - \frac{dM + de}{15°}\right)$. Mais comme dM ainfi que de font fort petits à l'égard de $15° t$, il fuffit de fubftituer pour e, dans la valeur de de, fa valeur approchée $\frac{15° t}{2}$, & l'on aura $de = -da\left(\frac{cot\ b}{fin\ \frac{15°}{2}\ t}\right.$

$\left. - cot\ a\ cot\ \frac{15° t}{2}\right) - db\left(\frac{cot\ a}{fin\ \frac{15°}{2}\ t} - cot\ b\ cot\ \frac{15° t}{2}\right)$. Or $cot\ b$ eft la tangente de la déclinaifon, & $cot\ a$ eft la tangente de la latitude, on a donc $de = -da\left(\frac{tang.\ décl.}{fin\ \frac{15°}{2}\ t} - tang\ lat.\ cot\ \frac{15\ t}{2}\right) - db$

$\left(\frac{tang\ lat}{fin\ \frac{15°}{2}\ t} - tang\ décl.\ cot\ \frac{15° t}{2}\right)$; ainfi mettant pour da & db leurs valeurs en minutes ou en fecondes, on aura facilement la valeur de de en minutes ou en fecondes; & puifqu'on a $\frac{e}{15°} =$

$\frac{1}{2}\left(t - \frac{dM + de}{15°}\right)$, fi on appelle h l'heure que marquoit l'horloge, lors de l'obfervation du matin on aura $h + \frac{e}{15°} = h + \frac{1}{2}t -$

$\frac{1}{2}\frac{dM + de}{15°}$; or $h + \frac{e}{15°}$ eft l'heure que la montre a du marquer à midi; & $h + \frac{1}{2}t$ eft celle qu'elle auroit marqué fi dans l'intervalle des obfervations il n'y avoit eu ni changement de lieu, ni changement en déclinaifon; donc la correction qu'on doit faire au midi conclu dans cette derniere fuppofition, eft $= \frac{1}{2} \left(\frac{dM + de}{15°} \right)$; c'eft-à-dire, que c'eft la quantité qu'on doit retrancher du milieu pris entre l'heure de l'obfervation du matin & celle du foir, en fuppofant, comme nous l'avons fait ici qu'on a fait route à l'Oueft du méridien du matin, & que la valeur de de foit pofitive. Mais fi la route avoit porté à l'Eft, on feroit dM négatif. A l'égard du figne de de, il eft déterminé par ceux de da & db. Or nous avons fuppofé que a & b croiffoient; fi l'un des deux ou tous les deux diminuoient, on changeroit le figne de leur variation da ou db, dans la valeur de de.

354. On peut remarquer dans la valeur que nous venons de trouver pour de, 1°. qu'elle eft compofée principalement de deux parties, dont l'une dépend du changement da en latitude; & l'autre du changement db en déclinaifon; mais que l'une fe calcule par des opérations femblables à celles qui donnent l'autre, en changeant le mot *latitude* en celui de *déclinaifon*, & réciproquement.

2°. Que chacun de ces deux termes peut croître jufqu'à l'infini par l'augmentation de la latitude, depuis 0° jufqu'à 90°; enforte que la formule devient infuffifante lorfqu'on fe trouve près du pôle; mais dans ce cas, on auroit recours à la folution générale (351).

Additions à ce qui a été dit dans la troifieme fection fur la maniere de trouver la longitude, en mer, par l'obfervation de la diftance de la Lune aux Etoiles.

355. Nous avons dit (284) que lorfque l'arc de la diftance de la lune à l'étoile eft petit, les corrections que l'on fait à la diftance apparente, par la méthode expofée (280), devenoient douteufes. Il faut donc alors, ou employer une étoile plus éloignée, ou trouver un moyen de calculer plus exactement la correction qu'on doit faire à la diftance. Nous nous arrêterons d'autant plus volontiers fur ce dernier objet, qu'il devient fouvent indifpenfable lorfqu'on fait ufage du *Mégametre*. Cet inftrument, dans la conftruction duquel M. *de Charnieres*, Lieutenant de vaiffeau, s'eft propofé de rendre l'héliometre de M. *Bouguer*

applicable à la mesure des distances d'Etoiles à la Lune, a l'avantage de mesurer ces distances avec une précision beaucoup plus grande qu'on ne peut le faire avec l'octans. Mais comme les arcs qu'il peut mesurer dans son état actuel, ne vont gueres au-delà de 8 à 10 degrés, il faut pour calculer la correction de la distance, une méthode plus rigoureuse que celle que nous avons donnée (280). Entre plusieurs que l'on peut aisément trouver, nous nous arrêterons à la suivante.

356. Par l'heure de l'observation de la distance de la Lune à l'Etoile, on a l'angle horaire du soleil; & par la différence d'ascension droite entre l'Etoile & le soleil, on a l'angle au pôle, entre l'Etoile & le soleil; on aura donc facilement l'angle horaire de l'Etoile. Alors dans le triangle ZPS (*Fig.* 68) où l'on connoît le complément ZP de la latitude, la distance PS de l'Etoile au pôle (par le catalogue des Etoiles), & l'angle horaire ZPS, il sera facile de calculer la distance vraie ZS de l'Etoile au zénith, avec laquelle on trouvera dans la Table, la réfraction correspondante.

Par la longitude & la latitude de la Lune, calculées comme il a été dit (276 & 287), & par ce qui a été dit (153) on pourra calculer l'ascension droite & la déclinaison de la Lune. De cette ascension droite comparée à celle du soleil, comme il vient d'être dit pour l'Etoile, on conclura l'angle horaire de la Lune. Avec cet angle horaire, la distance de la Lune au pôle, conclue de sa déclinaison, & le complément ZP de la latitude du lieu, on calculera la distance vraie ZS de la Lune au zénith; c'est-à-dire, la distance, selon l'estime, & indépendante de la réfraction & de la parallaxe. Avec cette distance on trouvera la réfraction dans la Table. Puis, pour calculer la parallaxe de hauteur, on fera (169) cette proportion, le rayon est au sinus de la distance au zénith, que l'on vient de trouver, comme la parallaxe horizontale, est à un quatrieme terme qui seroit la parallaxe de hauteur, si la distance au zénith que nous venons d'employer étoit la distance apparente. Mais ce quatrieme terme ne sera que la parallaxe approchée : pour l'avoir plus exactement, on ajoutera cette parallaxe approchée avec la distance au zénith, pour avoir la distance apparente au zénith approchée, & on fera cette nouvelle proportion... le rayon est au sinus de cette distance apparente au zénith, comme la parallaxe horizontale, est à un quatrieme terme qui sera la parallaxe de hauteur, plus approchée & suffisamment approchée. De cette parallaxe on retranchera la réfraction.

Alors, dans la *Fig.* 54, on connoîtra Ee réfraction de l'Etoile Ll; différence entre la réfraction Ll' & la parallaxe $l'l$ de la Lune. Retranchant de la diftance vraie ZE, la réfraction Ee, & ajoutant à la diftance vraie ZL, la quantité Ll, on aura dans le triangle Zel, les deux côtés Ze, Zl, & l'arc obfervé el; on calculera donc les angles Zel, Zle, que l'on emploiera enfuite comme il a été dit (281), pour avoir les corrections eq & ls; après quoi on achevera comme il a été dit (282).

357. Après avoir conclu la différence des Méridiens, fi on la trouvoit différente de celle de l'eftime, d'un degré ou plus ; pour plus d'exactitude, on recommenceroit le calcul précédent en employant la longitude & la latitude de la Lune, calculées d'après cette nouvelle connoiffance de la différence des méridiens.

358. Nous terminerons, en démontrant la méthode dont nous avons fait ufage (287) pour calculer le lieu de la Lune plus exactement que par les parties proportionnelles.

Suppofons que AE, BF, CG, DH, (*Fig.* 69) repréfentent quatre longitudes de la Lune, correfpondantes à quatre époques féparées par des intervalles de tems égaux AB, BC, CD, comme de 12 en 12 heures. Soit CG celle qui répond à l'époque la plus prochaine de celle pour laquelle on veut calculer ; & ayant repréfenté par x les parties du temps comptées de C vers Z ; & par $-x$, les parties du tems comptées de C vers Y; fi on repréfente par y, une longitude quelconque de la Lune ; & par a, celle qui correfpond à un inftant déterminé C ; les voifines pourront être repréfentées affez exactement par $y = a + bx + cx^2$, b & c étant des quantités que nous allons déterminer.

En effet, fi la vîteffe de la Lune étoit uniforme, fa longitude après un temps quelconque x compté depuis l'inftant C, feroit $a + mx$, m étant cette vîteffe. Mais comme cette vîteffe eft variable, fi on fuppofe (ce qui ne peut s'écarter beaucoup de la vérité pendant de petits intervalles de temps) qu'elle varie uniformément, c'ft-à-dire proportionnellement au temps, la vîteffe m pourra être repréfentée par $b + cx$; & par conféquent la longitude fera exprimée par $y = a + bx + cx^2$. Il s'agit donc de déterminer b & c.

Soient y', y'', y''', y'''' les longitudes AE, BF, CH, DG; & ayant repréfenté par l'unité la grandeur de chacun des intervalles de temps AB, BC, CD; les abfciffes CA, CB, 0, & CD, correfpondantes à ces longitudes, feront exprimées par -2, -1, 0, 1. on aura donc

$$y' = a - 2b + 4c$$
$$y'' = a - b + c$$

$$y''' = a$$
$$y'''' = a + b + c$$

prenant les différences premieres . . . .

$$y'' - y' = b - 3c$$
$$y''' - y'' = b - c$$
$$y'''' - y''' = b + c$$

prenant les différences secondes . . . .

$$(y''' - y'') - (y'' - y') = 2c$$
$$(y'''' - y''') - (y''' - y'') = 2c.$$

Ce qui fait voir que si la vîtesse de la Lune étoit uniformément accélérée, les différences secondes devroient être égales entr'elles. Mais puisqu'on sait qu'elles different peu, il faut prendre pour c, non la valeur que donne l'une ou l'autre de ces deux équations, mais celle qui résulte de leur somme, & qui sera le quart de la somme des deux différences secondes.

Soit e cette différence seconde moyenne, on aura donc $c = e$; & par conséquent $b = (y'''' - y''') - e$; donc $y = a + (y'''' - y''') x - ex + exx$, ou $y = a + (y'''' - y''') x - ex (1-x)$; ou (parce que nous avons représenté par l'unité, des espaces qui sont de 12 heures) $y = a + (y'''' - y''') . \dfrac{x}{12} - \dfrac{ex}{12} . \dfrac{12-x}{12}$

qui fournit la regle que nous avons donnée (287), & qui est un corollaire de la méthode des interpolations dont nous avons parlé (*Alg.* 413).

F I N.

TABLES

TABLES

A L'USAGE

DE LA NAVIGATION.

AVERTISSEMENT.

L'usage des Tables I, II, III, IV & V est expliqué pag. 154 & suiv. jusqu'à 160.

Celui des Tables VI & VII, est expliqué pag. 160.

Celui des Tables VIII & IX est évident.

Celui des Tables X, XI & XII, est expliqué pag. 166, 168, 171.

Celui de la Table XIII, est expliqué pag. 174, & en divers autres endroits.

Celui des Tables XIV, XV & XVI, pag. 141 & suiv. jusqu'à 147.

Celui des Tables XVII & XVIII, pag. 189.

Celui des Tables XIX & XX, est expliqué pag. 98 & suiv.

Quant aux Tables des Logarithmes des Nombres naturels, & celles des Sinus, Tangentes, &c. nous donnons celles-ci de minutes en minutes pour les 10 premiers & les 10 derniers degrés seulement ; quant aux autres degrés, nous avons donné les Logarithmes de deux minutes en deux minutes seulement. On les aura facilement, & aussi exactement qu'il est nécessaire, pour les minutes impaires, en prenant la moitié de la somme des deux entre lesquels tombe ce nombre de minutes ; & s'il y avoit des Secondes, on prendroit la partie proportionnelle comme on la prend ordinairement, en employant 120″ dans la proportion, au lieu de 60″. La Table des Logarithmes des nombres naturels est terminée à 8000 ; cela est plus que suffisant pour les usages ordinaires ; mais dans le cas où l'on auroit des nombres au-delà de 8000, on peut, pourvu qu'ils n'ayent pas plus de 6 chiffres, l'employer à trouver leurs Logarithmes, d'après ce qui a été dit (Arith. 239 & suiv.)

TABLE I.
DE L'ÉQUATION DU TEMPS.

ARGUMENT. Longitude du Soleil.

Degrés.	♈ ajou. ′ ″	♉ ſouſt. ′ ″	♊ ſouſt. ′ ″	♋ ajou. ′ ″	♌ ajou. ′ ″	♍ ajou. ′ ″	♎ ſouſt. ′ ″	♏ ſouſt. ′ ″	♐ ſouſt. ′ ″	♑ ſouſt. ′ ″	♒ ajout. ′ ″	♓ ajout. ′ ″
0	7 35	1 10	3 53	1 10	5 54	2 19	7 37	15 29	13 29	1 9	11 29	14 19
1	7 16	1 24	3 49	1 24	5 55	2 3	7 57	15 36	13 12	0 39	11 46	14 13
2	6 57	1 37	3 45	1 37	5 57	1 46	8 18	15 43	12 55	0 10	12 3	14 6
										ajout.		
3	6 39	1 49	3 40	1 50	5 57	1 29	8 39	15 49	12 37	0 20	12 18	13 59
4	6 20	2 1	3 34	2 4	5 57	1 12	8 59	15 54	12 18	0 49	12 33	13 51
5	6 1	2 12	3 28	2 17	5 57	0 54	9 19	15 58	11 59	1 18	12 46	13 42
6	5 42	2 23	3 21	2 30	5 56	0 36	9 39	16 2	11 39	1 47	12 59	13 33
7	5 23	2 34	3 14	2 43	5 54	0 18	9 58	16 5	11 18	2 16	13 12	13 23
						ſouſt.						
8	5 4	2 44	3 7	2 55	5 51	0 1	10 17	16 7	10 57	2 45	13 24	13 13
9	4 45	2 53	2 59	3 8	5 48	0 20	10 38	16 8	10 34	3 13	13 34	13 2
10	4 26	3 2	2 50	3 20	5 44	0 39	10 55	16 9	10 12	3 42	13 44	12 50
11	4 7	3 10	2 41	3 32	5 40	0 58	11 13	16 9	9 47	4 10	13 53	12 38
12	3 49	3 18	2 31	3 43	5 35	1 18	11 31	16 8	9 25	4 37	14 2	12 26
13	3 30	3 25	2 21	3 54	5 29	1 38	11 49	16 6	9 0	5 4	14 9	12 13
14	3 12	3 32	2 11	4 5	5 22	1 59	12 6	16 3	8 35	5 31	14 16	11 59
15	2 54	3 38	2 0	4 16	5 16	2 19	12 23	16 0	8 10	5 58	14 22	11 45
16	2 35	3 43	1 49	4 26	5 8	2 40	12 39	15 55	7 44	6 24	14 27	11 31
17	2 17	3 48	1 38	4 35	4 59	3 1	12 55	15 50	7 18	6 49	14 31	11 16
18	2 0	3 52	1 26	4 44	4 50	3 22	13 10	15 44	6 51	7 14	14 35	11 1
19	1 42	3 55	1 14	4 53	4 41	3 43	13 25	15 37	6 24	7 39	14 38	10 45
20	1 25	3 58	1 2	5 1	4 31	4 4	13 39	15 30	5 57	8 3	14 39	10 29
21	1 8	4 0	0 50	5 9	4 20	4 25	13 53	15 21	5 29	8 26	14 40	10 13
22	0 51	4 2	0 37	5 16	4 9	4 47	14 6	15 12	5 0	8 49	14 41	9 56
23	0 35	4 3	0 24	5 23	3 57	5 8	14 18	15 2	4 32	9 12	14 41	9 40
24	0 19	4 3	0 11	5 29	3 44	5 29	14 30	14 51	4 4	9 33	14 40	9 23
			ajou.									
25	0 3	4 3	0 3	5 35	3 31	5 51	14 42	14 39	3 35	9 54	14 38	9 5
	ſouſt.											
26	0 13	4 2	0 16	5 40	3 18	6 12	14 52	14 27	3 6	10 15	14 36	8 48
27	0 28	4 1	0 30	5 44	3 4	6 33	15 2	14 13	2 37	10 34	14 33	8 30
28	0 42	3 59	0 43	5 48	2 49	6 54	15 12	13 59	2 7	10 54	14 29	8 12
29	0 56	3 56	0 57	5 51	2 34	7 15	15 21	13 44	1 38	11 12	14 24	7 53
30	1 10	3 53	1 10	5 54	2 19	7 37	15 29	13 29	1 9	11 29	14 19	7 35

Les abréviations *ajout. ſouſt.* marquent que l'Équation doit être ajoutée au temps vrai, ou en être ſouſtraite, pour le réduire au temps moyen : c'eſt le contraire pour réduire le temps moyen, au vrai.

TABLE II.

Epoques des Longitudes moyennes du Soleil pour les Années.

Années Grégor.	Long. Moy. S. D. ' "	Long. Apo. S. D. ' "	Années Grégor.	Long. Moy. S. D. ' "	Long. Apog. S. D. ' "
1747	9 9 44 34	3 8 34 47	1774	9 10 11 45	3 9 4 16
Biff. 1748	9 10 29 22	3 8 35 53	1775	9 9 57 25	3 9 5 21
1749	9 10 15 3	3 8 36 58	Biff. 1776	9 10 42 14	3 9 6 27
1750	9 10 0 43	3 8 38 4	1777	9 10 27 54	3 9 7 32
1751	9 9 46 24	3 8 39 9	1778	9 10 13 35	3 9 8 38
Biff. 1752	9 10 31 13	3 8 40 15	1779	9 9 59 16	3 9 9 43
1753	9 10 16 53	3 8 41 20	Biff. 1780	9 10 44 4	3 9 10 49
1754	9 10 2 34	3 8 42 26	1781	9 10 29 45	3 9 11 54
1755	9 9 48 14	3 8 43 31	1782	9 10 15 25	3 9 13 0
Biff. 1756	9 10 33 3	3 8 44 37	1783	9 10 1 6	3 9 14 5
1757	9 10 18 43	3 8 45 42	Biff. 1784	9 10 45 54	3 9 15 11
1758	9 10 4 24	3 8 46 48	1785	9 10 31 35	3 9 16 16
1759	9 9 50 4	3 8 47 53	1786	9 10 17 15	3 9 17 22
Biff. 1760	9 10 34 53	3 8 48 59	1787	9 10 2 56	3 9 18 27
1761	9 10 20 34	3 8 50 4	Biff. 1788	9 10 47 45	3 9 19 33
1762	9 10 6 14	3 8 51 10	1789	9 10 33 25	3 9 20 38
1763	9 9 51 55	3 8 52 15	1790	9 10 19 6	3 9 21 44
Biff. 1764	9 10 36 43	3 8 53 21	1791	9 10 4 46	3 9 22 49
1765	9 10 22 24	3 8 54 26	Biff. 1792	9 10 49 35	3 9 23 55
1766	9 10 8 4	3 8 55 32	1793	9 10 35 15	3 9 25 0
1767	9 9 53 45	3 8 56 37	1794	9 10 20 56	3 9 26 6
Biff. 1768	9 10 38 34	3 8 57 43	1795	9 10 6 36	3 9 27 11
1769	9 10 24 14	3 8 58 48	Biff. 1796	9 10 51 25	3 9 28 17
1770	9 10 9 54	3 8 59 54	1797	9 10 37 6	3 9 29 22
1771	9 9 55 35	3 9 0 59	1798	9 10 22 46	3 9 30 28
Biff. 1772	9 10 40 24	3 9 2 5	1799	9 10 8 27	3 9 31 33
1773	9 10 26 4	3 9 3 10	Com. 1800	9 9 54 7	3 9 32 39

TABLE III.

Des moyens Mouvements du Soleil pour les Mois complets.

Mois	Mouv. Moy. du Soleil. S. D. ' "	M. de l'Ap. ' "	Mois	Mouv. Moy. du Soleil. S. D. ' "	M. de l'Ap. ' "
Janvier	0 0 0 0	0 0	Juillet	5 28 24 8	0 32
Février	1 0 33 18	0 5	Aoust	6 28 57 26	0 38
Mars	1 28 9 12	0 11	Septembre	7 29 30 44	0 43
Avril	2 28 42 30	0 16	Octobre	8 29 4 54	0 49
Mai	3 28 16 40	0 22	Novembre	9 29 38 12	0 54
Juin	4 28 49 58	0 27	Décembre	10 29 12 22	1 0

TABLE IV.

DES MOYENS Mouvements du Soleil pour les jours du Mois, les heures, les minutes & les secondes.

Jours.	Mouv. Moy.				Ap.	H.	Mouv.		M.	Mouv.		M.	Mouv.		S.	Mouv.
	S.	D.	'	"	"		'	"		'	"		'	"		"
1	0	0	59	8	0	1	2	28	1	0	3	31	1	16	2	0
2	0	1	58	17	0	2	4	56	2	0	5	32	1	19	4	0
3	0	2	57	25	1	3	7	24	3	0	7	33	1	21	6	0
4	0	3	56	33	1	4	9	51	4	0	10	34	1	24	8	0
5	0	4	55	42	1	5	12	19	5	0	12	35	1	26	10	0
6	0	5	54	50	1	6	14	47	6	0	15	36	1	29	12	0
7	0	6	53	58	1	7	17	15	7	0	17	37	1	31	14	1
8	0	7	53	7	1	8	19	43	8	0	20	38	1	34	16	1
9	0	8	52	15	2	9	22	11	9	0	22	39	1	36	18	1
10	0	9	51	23	2	10	24	39	10	0	25	40	1	39	20	1
11	0	10	50	32	2	11	27	6	11	0	27	41	1	41	22	1
12	0	11	49	40	2	12	29	34	12	0	30	42	1	44	24	1
13	0	12	48	48	2	13	32	2	13	0	32	43	1	46	26	1
14	0	13	47	56	2	14	34	30	14	0	35	44	1	48	28	1
15	0	14	47	5	3	15	36	58	15	0	37	45	1	51	30	1
16	0	15	46	13	3	16	39	26	16	0	39	46	1	53	32	1
17	0	16	45	22	3	17	41	53	17	0	42	47	1	56	34	1
18	0	17	44	30	3	18	44	21	18	0	44	48	1	58	36	1
19	0	18	43	38	3	19	46	49	19	0	47	49	2	1	38	2
20	0	19	42	47	3	20	49	17	20	0	49	50	2	3	40	2
21	0	20	41	55	4	21	51	45	21	0	52	51	2	6	42	2
22	0	21	41	3	4	22	54	13	22	0	54	52	2	8	44	2
23	0	22	40	12	4	23	56	41	23	0	57	53	2	11	46	2
24	0	23	39	20	4	24	59	8	24	0	59	54	2	13	48	2
25	0	24	38	28	5				25	1	2	55	2	16	50	2
26	0	25	37	37	5				26	1	4	56	2	18	52	2
27	0	26	36	45	5				27	1	7	57	2	20	54	2
28	0	27	35	53	5				28	1	9	58	2	23	56	2
29	0	28	35	2	5				29	1	11	59	2	25	58	2
30	0	29	34	10	5				30	1	14	60	2	28	60	2
31	1	0	33	18	6											

Dans les Années Bissextiles, il faut ôter de la date proposée, un jour, pendant les Mois de Janvier & de Février.

TABLE V.

ÉQUATION DU CENTRE DU SOLEIL.

Degrés.	Argument. Anomalie moyenne du Soleil.						D.
	O signe		I.		I I.		
	Souſt.	Diff.	Souſt.	Diff.	Souſt.	Diff.	
	° ′ ″	′ ″	° ′ ″	′ ″	° ′ ″	′ ″	
0	0 0 0	1 59	0 56 44	1 43	1 38 59	1 1	30
1	0 1 59	1 58	0 58 27	1 42	1 40 0	0 59	29
2	0 3 57	1 58	1 0 9	1 40	1 40 59	0 58	28
3	0 5 55	1 58	1 1 50	1 39	1 41 57	0 55	27
4	0 7 54	1 58	1 3 29	1 39	1 42 52	0 54	26
5	0 9 52	1 58	1 5 8	1 38	1 43 46	0 51	25
6	0 11 50	1 58	1 6 46	1 36	1 44 37	0 50	24
7	0 13 48	1 57	1 8 22	1 35	1 45 27	0 48	23
8	0 15 45	1 57	1 9 57	1 35	1 46 15	0 47	22
9	0 17 42	1 57	1 11 32	1 32	1 47 2	0 44	21
10	0 19 39	1 57	1 13 4	1 32	1 47 46	0 42	20
11	0 21 36	1 56	1 14 36	1 30	1 48 28	0 42	19
12	0 23 32	1 56	1 16 6	1 29	1 49 8	0 40	18
13	0 25 28	1 55	1 17 35	1 28	1 49 47	0 39	17
14	0 27 23	1 55	1 19 3	1 26	1 50 24	0 37	16
15	0 29 18	1 55	1 20 29	1 25	1 50 58	0 34	15
16	0 31 13	1 54	1 21 54	1 23	1 51 30	0 32	14
17	0 33 7	1 53	1 23 17	1 22	1 52 1	0 31	13
18	0 35 0	1 53	1 24 39	1 21	1 52 29	0 28	12
19	0 36 53	1 52	1 26 0	1 18	1 52 56	0 27	11
20	0 38 45	1 51	1 27 18	1 18	1 53 20	0 24	10
21	0 40 36	1 51	1 28 36	1 16	1 53 43	0 23	9
22	0 42 27	1 50	1 29 52	1 14	1 54 3	0 20	8
23	0 44 17	1 49	1 31 6	1 13	1 54 21	0 18	7
24	0 46 6	1 49	1 32 19	1 11	1 54 37	0 16	6
25	0 47 55	1 47	1 33 30	1 9	1 54 51	0 14	5
26	0 49 42	1 47	1 34 39	1 8	1 55 3	0 12	4
27	0 51 29	1 46	1 35 47	1 6	1 55 13	0 10	3
28	0 53 15	1 45	1 36 53	1 4	1 55 21	0 8	2
29	0 55 0	1 44	1 37 57	1 3	1 55 27	0 6	1
30	0 56 44		1 39 0		1 55 30	0 3	0
	Ajouter.		Ajouter.		Ajouter.		D.
	XI.		X.		IX.		

Suite de la TABLE V.

ÉQUATION DU CENTRE DU SOLEIL.

Argument. Anomalie moyenne du Soleil.

Degrés	III. Souſt.	III. Diff.	IV. Souſt.	IV. Diff.	V. Souſt.	V. Diff.	D.
0	1 55 30	0 2	1 41 6	1 0	0 58 50	1 47	30
1	1 55 32	0 1	1 40 6	1 2	0 57 3	1 48	29
2	1 55 31	0 3	1 39 4	1 4	0 55 15	1 48	28
3	1 55 28	0 5	1 38 0	1 6	0 53 27	1 50	27
4	1 55 23	0 6	1 36 54	1 8	0 51 37	1 50	26
5	1 55 17	0 9	1 35 46	1 9	0 49 46	1 51	25
6	1 55 8	0 12	1 34 37	1 11	0 47 54	1 52	24
7	1 54 56	0 13	1 33 26	1 13	0 46 2	1 52	23
8	1 54 43	0 16	1 32 13	1 15	0 44 8	1 54	22
9	1 54 27	0 17	1 30 58	1 16	0 42 14	1 54	21
10	1 54 10	0 20	1 29 42	1 18	0 40 18	1 56	20
11	1 53 50	0 22	1 28 24	1 20	0 38 22	1 56	19
12	1 53 28	0 23	1 27 4	1 21	0 36 25	1 57	18
13	1 53 5	0 26	1 25 43	1 24	0 34 28	1 57	17
14	1 52 39	0 28	1 24 19	1 24	0 32 30	1 58	16
15	1 52 11	0 30	1 22 55	1 27	0 30 31	1 59	15
16	1 51 41	0 33	1 21 28	1 27	0 28 32	1 59	14
17	1 51 8	0 34	1 20 1	1 30	0 26 32	2 0	13
18	1 50 34	0 36	1 18 31	1 31	0 24 31	2 1	12
19	1 49 58	0 39	1 17 0	1 32	0 22 30	2 1	11
20	1 49 19	0 40	1 15 28	1 34	0 20 29	2 2	10
21	1 48 39	0 43	1 13 54	1 35	0 18 27	2 2	9
22	1 47 56	0 44	1 12 19	1 37	0 16 25	2 2	8
23	1 47 12	0 46	1 10 42	1 38	0 14 23	2 3	7
24	1 46 26	0 49	1 9 4	1 39	0 12 20	2 3	6
25	1 45 37	0 50	1 7 25	1 41	0 10 17	2 3	5
26	1 44 47	0 53	1 5 44	1 41	0 8 14	2 3	4
27	1 43 54	0 54	1 4 3	1 44	0 6 11	2 3	3
28	1 43 0	0 56	1 2 19	1 44	0 4 7	2 3	2
29	1 42 4	0 58	1 0 35	1 44	0 2 4	2 3	1
30	1 41 6		0 58 50	1 45	0 0 0	2 4	0
	Ajouter. VIII.		Ajouter. VII.		Ajouter. VI.		D.

TABLE VI.

DE CE QUE *l'on doit retrancher de la Longitude vraie du Soleil, ou lui ajouter, pour avoir l'Ascension droite.*

Degrés.	Argument. Longitude vraie du Soleil.						
	0ᵍ. VI. (° ' ")	Diff. (' ")	I. VII. (° ' ")	Diff. (' ")	II. VIII. (° ' ")	Diff. (' ")	
0	0 0 0	4 58	2 5 43	2 37	2 11 16	2 33	30
1	0 4 58	4 57	2 8 20	2 29	2 8 43	2 43	29
2	0 9 55	4 57	2 10 49	2 19	2 6 0	2 54	28
3	0 14 52	4 56	2 13 8	2 10	2 3 6	3 2	27
4	0 19 48	4 55	2 15 18	2 1	2 0 4	3 13	26
5	0 24 43	4 53	2 17 19	1 52	1 56 51	3 21	25
6	0 29 36	4 51	2 19 11	1 41	1 53 30	3 31	24
7	0 34 27	4 49	2 20 52	1 32	1 49 59	3 39	23
8	0 39 16	4 46	2 22 24	1 21	1 46 20	3 48	22
9	0 44 2	4 44	2 23 45	1 12	1 42 32	3 56	21
10	0 48 46	4 40	2 24 57	1 1	1 38 36	4 4	20
11	0 53 26	4 37	2 25 58	0 50	1 34 32	4 11	19
12	0 58 3	4 33	2 26 48	0 40	1 30 21	4 19	18
13	1 2 36	4 29	2 27 28	0 30	1 26 2	4 26	17
14	1 7 5	4 25	2 27 58	0 19	1 21 36	4 32	16
15	1 11 30	4 20	2 28 17	0 8	1 17 3	4 39	15
16	1 15 50	4 15	2 28 25	0 3	1 12 24	4 44	14
17	1 20 5	4 10	2 28 22	0 14	1 7 40	4 51	13
18	1 24 15	4 4	2 28 8	0 25	1 2 49	4 55	12
19	1 28 19	3 59	2 27 43	0 35	0 57 54	5 1	11
20	1 32 18	3 52	2 27 8	0 47	0 52 53	5 8	10
21	1 36 10	3 46	2 26 21	0 57	0 47 48	5 8	9
22	1 39 56	3 39	2 25 24	1 9	0 42 40	5 12	8
23	1 43 35	3 33	2 24 15	1 19	0 37 28	5 16	7
24	1 47 8	3 25	2 22 56	1 30	0 32 12	5 18	6
25	1 50 33	3 18	2 21 26	1 41	0 26 54	5 20	5
26	1 53 51	3 10	2 19 45	1 51	0 21 34	5 22	4
27	1 57 1	3 2	2 17 54	2 3	0 16 12	5 23	3
28	2 0 3	2 55	2 15 51	2 12	0 10 49	5 24	2
29	2 2 58	2 45	2 13 39	2 23	0 5 25	5 25	1
30	2 5 43		2 11 16		0 0 0		0
	V. XI.		IV. X.		III. IX.		D.

On doit retrancher depuis 0 Signe jufqu'à III. Signes exclufivement, & depuis VI. Signes jufqu'à IX. exclufivement; au contraire, on doit ajouter dans les autres Signes.

TABLE VII.

POUR LA DÉCLINAISON DU SOLEIL.

Argument. Longitude vraie du Soleil.

Degrés.	O. VI. Déclin. ° ′ ″	Diff. ′ ″	I. VII. Déclin. ° ′ ″	Diff. ′ ″	II. VIII. Déclin. ° ′ ″	Diff. ′ ″	
0	0 0 0	23 55	11 29 12	21 3	20 10 39	12 33	30
1	0 23 55	23 53	11 50 15	20 50	20 23 12	12 11	29
2	0 47 48	23 53	12 11 5	20 38	20 35 23	12 48	28
3	1 11 41	23 51	12 31 43	20 26	20 47 11	11 22	27
4	1 35 32	23 50	12 52 9	20 12	20 58 33	11 3	26
5	1 59 22	23 48	13 12 21	20 0	21 9 36	10 39	25
6	2 23 10	23 46	13 32 21	19 48	21 20 15	10 12	24
7	2 46 56	23 44	13 52 9	19 31	21 30 27	9 51	23
8	3 10 40	23 40	14 11 40	19 18	21 40 18	9 26	22
9	3 34 20	23 37	14 30 58	19 3	21 49 44	9 0	21
10	3 57 57	23 34	14 50 1	18 49	21 58 44	8 37	20
11	4 21 31	23 30	15 8 50	18 33	22 7 21	8 12	19
12	4 45 1	23 24	15 27 23	18 17	22 15 33	7 45	18
13	5 8 25	23 21	15 45 40	18 3	22 23 18	7 21	17
14	5 31 46	23 15	16 3 43	17 45	22 30 39	6 55	16
15	5 55 1	23 10	16 21 28	17 28	22 37 34	6 30	15
16	6 18 11	23 4	16 38 56	17 10	22 44 4	6 2	14
17	6 41 15	22 57	16 56 6	16 54	22 50 6	5 37	13
18	7 4 12	22 50	17 13 0	16 36	22 55 43	5 10	12
19	7 27 2	22 43	17 29 36	16 17	23 0 53	4 44	11
20	7 49 45	22 37	17 45 53	15 59	23 5 37	4 18	10
21	8 12 22	22 30	18 1 52	15 39	23 9 55	3 51	9
22	8 34 52	22 19	18 17 31	15 20	23 13 46	3 23	8
23	8 57 11	22 11	18 32 51	15 0	23 17 9	2 57	7
24	9 19 22	22 4	18 47 51	14 40	23 20 6	2 29	6
25	9 41 26	21 53	19 2 31	14 21	23 22 35	2 3	5
26	10 3 19	21 44	19 16 52	13 58	23 24 38	1 35	4
27	10 25 3	21 34	19 30 50	13 38	23 26 13	1 8	3
28	10 46 37	21 24	19 44 28	13 16	23 27 21	0 41	2
29	11 8 1	21 11	19 47 44	12 55	23 28 2	0 13	1
30	11 29 12		20 10 39		23 28 15		0
	V. X.		IV. X. III.		III. Iᴧ.		

La déclinaison est Septentrionale dans les six premiers Signes, & Méridionale dans les six derniers.

TABLE VIII.

Pour réduire le temps en parties de l'Equateur.

Heures.	Degrés.	M. S. T.	° ' / ' "	M. S. T.	° ' / ' "
1	15	1	0 15	31	7 45
2	30	2	0 30	32	8 0
3	45	3	0 45	33	8 15
4	60	4	1 0	34	8 30
5	75	5	1 15	35	8 45
6	90	6	1 30	36	9 0
7	105	7	1 45	37	9 15
8	120	8	2 0	38	9 30
9	135	9	2 15	39	9 45
10	150	10	2 30	40	10 0
11	165	11	2 45	41	10 15
12	180	12	3 0	42	10 30
13	195	13	3 15	43	10 45
14	210	14	3 30	44	11 0
15	225	15	3 45	45	11 15
16	240	16	4 0	46	11 30
17	255	17	4 15	47	11 45
18	270	18	4 30	48	12 0
19	285	19	4 45	49	12 15
20	300	20	5 0	50	12 30
21	315	21	5 15	51	12 45
22	330	22	5 30	52	13 0
23	345	23	5 45	53	13 15
24	360	24	6 0	54	13 30
		25	6 15	55	13 45
		26	6 30	56	14 0
		27	6 45	57	14 15
		28	7 0	58	14 30
		29	7 15	59	14 45
		30	7 30	60	15 0

TABLE IX.

Pour réduire en temps les parties de l'Equateur.

0 "	H.M. M.S. S.T.	D. ' "	H.M. M.S. S.T.	Degrés.	Heures. / Minutes.
1	0 4	31	2 4	70	4 40
2	0 8	32	2 8	80	5 20
3	0 12	33	2 12	90	6 0
4	0 16	34	2 16	100	6 40
5	0 20	35	2 20	110	7 20
6	0 24	36	2 24	120	8 0
7	0 28	37	2 28	130	8 40
8	0 32	38	2 32	140	9 20
9	0 36	39	2 36	150	10 0
10	0 40	40	2 40	160	10 40
11	0 44	41	2 44	170	11 20
12	0 48	42	2 48	180	12 0
13	0 52	43	2 52	190	12 40
14	0 56	44	2 56	200	13 20
15	1 0	45	3 0	210	14 0
16	1 4	46	3 4	220	14 40
17	1 8	47	3 8	230	15 20
18	1 12	48	3 12	240	16 0
19	1 16	49	3 16	250	16 40
20	1 20	50	3 20	260	17 20
21	1 24	51	3 24	270	18 0
22	1 28	52	3 28	280	18 40
23	1 32	53	3 32	290	19 20
24	1 36	54	3 36	300	20 0
25	1 40	55	3 40	310	20 40
26	1 44	56	3 44	320	21 20
27	1 48	57	3 48	330	22 0
28	1 52	58	3 52	340	22 40
29	1 56	59	3 56	350	23 20
30	2 0	60	4 0	360	24 0

TABLE

TABLES.

Des corrections qu'on doit faire aux hauteurs observées.

TABLE X,

Pour l'inclinaison de l'Horison de la Mer.

Elévation de l'œil au-dessus de la Mer. Pieds.	Inclinaison. ' "
1	1 6
4	2 12
9	3 18
16	4 23
25	5 29
36	6 35
49	7 41
64	8 47
81	9 53
100	10 59
121	12 5
144	13 10
169	14 16
196	15 22
225	16 28

On voit par cette Table que les quarrés des angles d'inclinaison, lorsqu'ils sont petits, sont comme les hauteurs de l'œil.

TABLE XI.

Pour la Réfraction.

Distances au zénith. D.	Réfraction. ' "	Hauteurs observées. D.
0	0 0	90
10	0 12	80
20	0 24	70
30	0 38	60
40	0 55	50
50	1 18	40
55	1 33	35
60	1 53	30
65	2 20	25
70	2 53	20
71	3 2	19
72	3 10	18
73	3 18	17
74	3 28	16
75	3 42	15
76	4 0	14
77	4 18	13
78	4 38	12
79	5 3	11
80	5 32	10
81	6 7	9
82	6 49	8
83	7 42	7
84	8 48	6
85	9 47	5
86	11 48	4
87	15 19	3
88	20 30	2
89	27 24	1
90	32 30	0

TABLE XII.

Des demi-diametres du Soleil.

Jours du Mois.	Demi-diametre. ' "	Jours du Mois.
Janv. 1	16 18	25
7	16 18	19
13	16 17	13
19	16 17	7
25	16 16	I Déc.
Févr. 1	16 15	25
7	16 14	19
13	16 13	13
19	16 12	7
25	16 10	I Nov.
Mars. 1	16 9	25
7	16 8	19
13	16 6	13
19	16 4	7
25	16 3	I Oct.
Avril. 1	16 1	25
7	15 59	19
13	15 58	13
19	15 56	7
25	15 54	I Sept.
Mai. 1	15 53	25
7	15 52	19
13	15 50	13
19	15 49	7
25	15 48	I Août
Juin. 1	15 47	25
7	15 46	19
13	15 46	13
19	15 46	7
25	15 45	I Juil.

b

TABLE XIII.

De l'*Ascension* droite, & de la déclinaison des *principales Etoiles*, au commencement de *1760; & la variation annuelle.*

La variation en déclinaison doit être retranchée lorsqu'elle a le Signe —, & ajoutée lorsqu'elle a le Signe +.

Caractères & Noms des Etoiles.	Grand.	Ascension droite. D. ' "	Aug. Ann. "	Déclinaison. D. ' "	Var. Ann. "
γ de Pégaze, ou *Algénib*....	2	0 13 33	46	13 50 59N	+20
α du Phénix...........	2	3 35 30	45	43 36 27 S	—20
α de Cassiopée.......	2	6 45 15	50	55 13 0N	+20
β de la Baleine.......	2	7 53 2	45	19 18 28 S	—20
α Etoile Polaire.......	2	11 6 4	151	88 1 19N	+20
α de l'Eridan, ou *Achernar*...	1	22 11 30	34	58 27 48 S	—19
β Tête de Méduse, ou *Algol*...	2	43 9 30	58	40 0 42N	+12
α de Persée...........	2	46 49 54	63	48 59 10N	+14
η des Pleyades.......	3	53 18 51	53	23 20 40N	+12
α œil du Taureau, ou *Aldebaran*.	1	65 32 36	51	16 0 27N	+ 8
α la Chèvre...........	1	74 44 53	66	45 43 34N	+ 5
β d'Orion, ou *Rigel*.......	1	75 45 23	43	8 29 46 S	— 5
β du Taureau...........	2	77 46 54	57	28 22 51N	+ 4
♪ d'Orion...........	2	79 56 31	46	0 29 43 S	— 4
ε d'Orion...........	2	81 0 47	46	1 22 29 S	— 3
α d'Orion...........	1	85 32 49	49	7 30 31 S	— 3
α du Navire, ou *Canobus*...	1	94 39 30	20	52 34 24 S	+ 2
β du grand Chien...	2	92 2 3	40	17 51 19 S	+ 1
α du grand Chien, ou *Sirius*.	1	98 38 45	40	16 24 5 S	+ 3
♪ du grand Chien.......	2	104 39 34	37	26 1 43 S	+ 5
α des Gémeaux.......	2	109 48 42	58	32 23 29N	— 7
α du petit Chien, ou *Procyon*.	1	111 40 57	48	5 49 29N	— 7
ε des Gémeaux.......	2	112 39 1	56	28 35 6N	— 8
α de l'Hydre.........	2	138 57 4	44	7 37 43 S	+15
α Cœur du Lion, ou *Regulus*.	1	148 53 28	49	13 8 0N	— 17
♪ du Lion...........	2	165 19 26	48	21 50 11N	— 19
ε du Lion...........	2	174 12 4	47	15 54 51N	— 20
α l'Epi de la Vierge...	1	198 8 47	47	9 54 1 S	+19
α du Bouvier, ou *Arcturus*...	1	211 11 2	42	20 26 48N	— 17
ε de la Balance.......	2	226 1 55	48	8 28 48 S	+14
α de la Couronne du Nord...	2	231 7 58	38	27 32 16N	— 13
β du Scorpion...........	2	237 52 52	52	19 7 40 S	+11
α Cœur du Scorpion, ou *Antares*.	1	243 41 4	55	25 52 36 S	+ 9
α d'Hercule...........	2	255 55 37	41	14 40 57N	— 3
α d'Ophiucus...........	2	260 57 0	42	12 45 17N	— 3
α la Lyre...........	1	277 12 7	30	38 34 26N	+ 2
α de l'Aigle...........	2	294 46 2	44	8 15 9N	+ 8
α du Cigne...........	2	308 18 44	31	44 26 0N	+12
α du Poisson Austral, ou *Phomahaut*.	1	341 5 3	50	30 53 12 S	— 19
α d'Andromede...........	2	356 0 21	46	27 45 56N	— 20

TABLES XIV. & XV.

POUR *calculer les temps vrais des Phases de la Lune pour le Méridien de Paris.*

Pour les Années.

Années.	J.	H.	'	A	P.	Années.	J.	H.	'	A	P.
Biss. 1760	0	22	19	678	3	Biss. 1780	4	18	3	927	1
1761	5	1	31	74	1	1781	1	12	4	55	2
1762	1	19	31	202	2	1782	5	15	14	451	4
1763	5	22	42	599	4	1783	2	9	14	580	1
Biss. 1764	1	16	41	727	1	Biss. 1784	5	12	25	976	3
1765	5	19	52	124	3	1785	2	6	24	105	4
1766	2	13	52	252	4	1786	6	9	35	501	2
1767	6	17	3	649	2	1787	3	3	35	630	3
Biss. 1768	2	11	2	777	3	Biss. 1788	6	6	46	26	1
1769	6	14	13	174	1	1789	3	0	45	155	2
1770	3	8	13	302	2	1790	7	3	56	551	4
1771	0	2	12	431	3	1791	3	21	56	680	1
Biss. 1772	3	5	23	827	1	Biss. 1792	7	1	6	76	3
1773	7	8	34	224	3	1793	3	19	6	205	4
1774	4	2	34	352	4	1794	0	13	6	333	2
1775	0	20	33	481	1	1795	4	16	16	730	3
Biss. 1776	3	23	43	877	3	Biss. 1796	0	10	16	858	4
1777	0	17	43	5	4	1797	4	13	27	254	2
1778	4	20	54	402	2	1798	1	7	26	383	3
1779	1	14	53	530	3	1799	5	10	37	779	1

Pour les Mois.

M.	J.	H.	'	A	P.	M.	J.	H.	'	A	P.	M.	J.	H.	'	A	P.
Janvier.	7	9	35	268	1	Mai.	5	14	49	555	1	Septemb.	7	21	12	110	2
	14	19	6	536	2		12	23	52	823	2		15	6	18	377	3
	22	4	38	804	3		20	8	37	91	3		22	15	26	645	4
	29	14	9	72	4		27	17	28	359	4		30	0	36	913	1
Février.	5	23	34	340	1	Juin.	4	2	15	626	1	Octobre.	7	9	51	181	2
	13	9	10	608	2		11	11	8	894	2		14	19	8	449	3
	20	18	36	875	3		18	19	47	162	3		22	4	33	717	4
	28	4	3	143	4		26	4	39	430	4		29	13	57	985	1
Mars.	7	13	33	411	1	Juillet.	3	13	22	698	1	Novemb.	5	23	18	253	2
	14	22	54	679	2		10	22	4	966	2		13	8	46	521	3
	22	8	13	947	3		18	6	47	234	3		20	18	15	789	4
	29	17	27	215	4		25	15	40	502	4		28	3	49	57	1
Avril.	6	2	39	483	1	Août.	2	0	28	770	1	Décembre.	5	13	15	325	2
	13	11	47	751	2		9	9	20	38	2		12	22	45	593	3
	20	20	51	19	3		16	18	11	306	3		20	8	18	861	4
	28	5	52	287	4		24	3	8	574	4		27	17	56	138	1
							31	12	9	842	1						

Dans les mois de Janvier & Février des années Bissextiles, il faut ajouter un jour au temps de la Phase trouvée par ces Tables.

TABLE XVI.

Pour calculer l'heure vraie des Phases de la Lune.

De l'Equation qu'il faut toujours ajouter aux jours, heures & minutes trouvés par les Tables XIV. & XV. de la page précédente, selon la somme des nombres A, & selon que la somme des nombres P indique une Syzigie ou une Quadrature.

A	Syzigies H.	'	Quadr. H.	'	A	Syzigies H.	'	Quadr. H.	'	A	Syzigies H.	'	Quadr. H.	'
0	14	55	14	55	330	23	16	27	55	670	6	34	1	55
10	15	34	15	50	340	22	57	27	29	680	6	16	1	30
20	16	13	16	45	350	22	36	27	2	690	6	0	1	7
30	16	51	17	40	360	22	13	26	33	700	5	46	0	47
40	17	29	18	35	370	21	48	26	1	710	5	35	0	30
50	18	6	19	30	380	21	22	25	23	720	5	25	0	16
60	18	42	20	23	390	20	54	24	43	730	5	17	0	6
70	19	17	21	16	400	20	25	23	58	740	5	12	0	0
80	19	51	22	7	410	19	55	23	11	750	5	10	0	1
90	20	24	22	55	420	19	25	22	23	760	5	8	0	7
100	20	56	23	41	430	18	53	21	35	770	5	10	0	18
110	21	25	24	25	440	18	21	20	44	780	5	13	0	32
120	21	53	25	7	450	17	48	19	51	790	5	19	0	48
130	22	19	25	45	460	17	14	18	55	800	5	28	1	6
140	22	43	26	19	470	16	40	17	57	810	5	39	1	25
150	23	6	26	48	480	16	5	16	57	820	5	51	1	46
160	23	28	27	15	490	15	30	15	56	830	6	5	2	10
170	23	45	27	40	500	14	55	14	55	840	6	22	2	35
180	23	59	28	4	510	14	20	13	54	850	6	44	3	2
190	24	11	28	25	520	13	45	12	53	860	7	7	3	31
200	24	22	28	44	530	13	10	11	53	870	7	31	4	5
210	24	31	29	2	540	12	36	10	55	880	7	57	4	43
220	24	37	29	18	550	12	2	9	59	890	8	25	5	25
230	24	40	29	32	560	11	29	9	6	900	8	54	6	9
240	24	42	29	43	570	10	57	8	15	910	9	26	6	55
250	24	40	29	49	580	10	25	7	27	920	9	59	7	43
260	24	38	29	50	590	9	55	6	39	930	10	33	8	34
270	24	33	29	44	600	9	25	5	52	940	11	8	9	27
280	24	25	29	34	610	8	56	5	7	950	11	44	10	20
290	24	15	29	20	620	8	28	4	27	960	12	21	11	15
300	24	4	29	3	630	8	2	3	49	970	12	59	12	10
310	23	50	28	43	640	7	37	3	17	980	13	37	13	5
320	23	34	28	20	650	7	14	2	48	990	14	16	14	0
330	23	16	27	55	660	6	53	2	21	1000	14	55	14	55

P étant
  Syzigies. { 1 ou 5 indique Nouv. Lune.
        { 3 ou 7 indique Pleine Lune.
  Quadratures. { 2 ou 6 indique Prem. Quartier.
        { 4 ou 8 indique Dern. Quartier.

TABLE XVII.

DE L'HEURE *de l'Établissement pour quelques Ports.*

H. '		H. '		H. '	
3 0	Côte de Gascogne.	6 45	Granville.	6 45	Bristol.
3 30	St. Jean-de-Luz & Bayonne. }	6 0	Caen.	6 0	Plimouth.
3 45	La Rochelle.	9 0	Honfleur & le Havre-de-Grace. }	10 30	Yarmouth.
4 15	Rochefort.			11 30	Douvres.
3 0	Côte de Poitou.	1 15	Rouen.	5 15	Baltimore.
1 30	Belle-Isle.	10 30	Dieppe & Calais.	9 15	Dublin.
3 45	Vannes & Auray.		Dunkerque. }	12 30	l'Eclufe.
3 15	Breft.	12 0	Nieuport.	1 30	Bergue.
6 0	St. Malo.		Ostende.	3 0	Amfterdam.

TABLE XVIII.

De la Correction qu'il faut appliquer à l'heure de l'Établissement d'un Port, pour avoir le temps de la plus haute Marée à un jour proposé.

Intervalle de temps.		Après la N. Lune. Addit.		Avant le I. Quart. Addit.		Après le I. Quart. Addit.		Avant la Pl. Lune. Soustr.		Après la Pl. Lune. Addit.		Avant leDer. Quart. Addit.		Après le Der. Quart. Addit.		Avant la N. Lune. Soustr.	
J.	H.	H.	'	H.	'	H.	'	H.	'	H.	'	H.	'	H.	'	H.	'
0	0	0	0	5	6	5	6	0	0	0	0	5	6	5	6	0	0
	6	0	8	4	51	5	22	0	9	0	8	4	51	5	22	0	9
	12	0	17	4	37	5	40	0	18	0	17	4	37	5	40	0	18
	18	0	26	4	23	6	0	0	27	0	26	4	23	6	0	0	27
I	0	0	36	4	9	6	20	0	37	0	36	4	9	6	20	0	37
	6	0	45	3	56	6	39	0	47	0	45	3	56	6	39	0	47
	12	0	54	3	44	6	58	0	57	0	54	3	44	6	58	0	57
	18	1	2	3	32	7	18	1	7	1	2	3	32	7	18	1	7
2	0	1	11	3	21	7	37	1	17	1	11	3	21	7	37	1	17
	6	1	19	3	11	7	56	1	28	1	19	3	11	7	56	1	28
	12	1	28	3	1	8	14	1	39	1	28	3	1	8	14	1	39
	18	1	37	2	50	8	31	1	51	1	37	2	50	8	31	1	51
3	0	1	46	2	40	8	47	2	4	1	46	2	40	8	47	2	4
	6	1	54	2	30	9	2	2	16	1	54	2	30	9	2	2	16
	12	2	3	2	21	9	17	2	29	2	3	2	21	9	17	2	29
	18	2	12	2	12	9	31	2	44	2	12	2	12	9	31	2	44
4	0	2	21	2	3	9	44	2	58	2	21	2	3	9	44	2	58

TABLE XIX.

Des LATITUDES croissantes, ou des longueurs qu'on doit donner aux divisions du Méridien dans les Cartes réduites.

	D.	Lon.	D.	Lon.	D.	Long.	D.	Lon.	D.	Lon.	D.	Lon.	D.	Long.
0	0	0	7	421	14	848	21	1289	28	1751	35	2244	42	2782
10		10		431		859		1300		1762		2256		2795
20		20		441		869		1311		1774		2269		2809
30		30		451		879		1321		1785		2281		2822
40		40		461		890		1332		1797		2293		2836
50		50		471		900		1343		1808		2306		2849
0	1	60	8	482	15	910	22	1354	29	1819	36	2318	43	2863
10		70		492		921		1364		1831		2330		2877
20		80		502		931		1375		1842		2343		2890
30		90		512		941		1386		1854		2355		2904
40		100		522		952		1397		1865		2368		2918
50		110		532		962		1408		1877		2380		2932
0	2	120	9	542	16	973	23	1419	30	1888	37	2393	44	2946
10		130		552		983		1429		1900		2405		2960
20		140		562		993		1440		1911		2418		2974
30		150		573		1004		1451		1923		2430		2988
40		160		583		1014		1462		1935		2443		3002
50		170		593		1025		1473		1946		2456		3016
0	3	180	10	603	17	1035	24	1484	31	1958	38	2468	45	3030
10		190		613		1046		1495		1970		2481		3044
20		200		623		1056		1506		1981		2494		3058
30		210		634		1067		1517		1993		2506		3072
40		220		644		1077		1528		2005		2519		3087
50		230		654		1088		1539		2017		2532		3101
0	4	240	11	664	18	1098	25	1550	32	2028	39	2545	46	3116
10		250		674		1109		1561		2040		2558		3130
20		260		684		1115		1572		2052		2571		3144
30		270		695		1130		1583		2064		2584		3159
40		280		705		1140		1594		2076		2597		3173
50		290		715		1151		1605		2088		2610		3188
0	5	300	12	725	19	1161	26	1616	33	2099	40	2623	47	3203
10		310		735		1172		1628		2111		2636		3217
20		320		746		1183		1639		2123		2649		3232
30		330		756		1193		1650		2135		2662		3247
40		340		766		1204		1661		2147		2675		3262
50		350		776		1214		1672		2159		2688		3276
0	6	360	13	787	20	1225	27	1684	34	2171	41	2702	48	3291
10		370		797		1236		1695		2184		2715		3306
20		380		807		1246		1706		2196		2728		3321
30		390		818		1257		1717		2208		2741		3337
40		400		828		1268		1729		2220		2755		3352
50		410		838		1278		1740		2232		2768		3367

TABLE XX.

DES *LATITUDES* croiſſantes, ou des longueurs qu'on doit donner aux diviſions du Méridien dans les Cartes réduites.

'	D.	Long.	D.	Long.	D.	Long.	D.	Long.	D.	Long.	D.	Long.
0	49	3382	56	4074	63	4905	70	5966	77	7467	84	10137
10		3397		4092		4927		5995		7512		10234
20		3412		4110		4949		6025		7557		10334
30		3428		4128		4972		6055		7603		10437
40		3443		4146		4994		6085		7650		10543
50		3459		4164		5017		6115		7697		10652
0	50	3474	57	4183	64	5039	71	6146	78	7745	85	10765
10		3490		4201		5062		6177		7793		10881
20		3506		4219		5085		6208		7842		11002
30		3521		4238		5108		6240		7892		11127
40		3537		4257		5132		6271		7942		11257
50		3553		4275		5155		6303		7994		11392
0	51	3569	58	4294	65	5179	72	6335	79	8046	86	11533
10		3585		4313		5202		6367		8099		11679
20		3601		4332		5226		6400		8152		11832
30		3617		4351		5250		6433		8207		11992
40		3633		4370		5275		6467		8262		12160
50		3649		4389		5299		6500		8318		12334
0	52	3655	59	4409	66	5323	73	6534	80	8375	87	12522
10		3681		4429		5348		6569		8433		12719
20		3698		4448		5373		6603		8492		12927
30		3714		4468		5398		6638		8552		13149
40		3731		4488		5423		6674		8614		13387
50		3747		4507		5448		6710		8676		13641
0	53	3764	60	4527	67	5474	74	6746	81	8739	88	13917
10		3780		4547		5500		6782		8803		14216
20		3797		4568		5526		6819		8869		14543
30		3814		4588		5552		6856		8936		14906
40		3831		4608		5578		6894		9004		15311
50		3848		4629		5604		6932		9074		15770
0	54	3865	61	4649	68	5631	75	6970	82	9145	89	16300
10		3882		4670		5658		7009		9218		16926
20		3899		4691		5685		7048		9292		17694
30		3916		4712		5712		7088		9368		18682
40		3933		4733		5739		7128		9445		20075
50		3950		4754		5767		7169		9525		22458
0	55	3967	62	4775	69	5794	76	7210	83	9606	90	Infini.
10		3985		4796		5822		7251		9689		
20		4003		4818		5851		7293		9774		
30		4021		4839		5879		7336		9861		
40		4038		4861		5908		7379		9951		
50		4056		4883		5937		7423		10043		

TABLE DE LOGARITHMES

TABLE

DE

LOGARITHMES

Pour les Sinus & Tangentes, & pour les nombres naturels.

LOGARITHMES DES NOMBRES.

Nomb.	Logarith.
0	Infini nég.
1	0.000000
2	0.301030
3	0.477121
4	0.602060
5	0.698970
6	0.778151
7	0.845098
8	0.903090
9	0.954243
10	1.000000
11	1.041393
12	1.079181
13	1.113943
14	1.146128
15	1.176091
16	1.204120
17	1.230449
18	1.255273
19	1.278754
20	1.301030
21	1.322219
22	1.342423
23	1.361728
24	1.380211
25	1.397940
26	1.414973
27	1.431364
28	1.447158
29	1.462398
30	1.477121
31	1.491362
32	1.505150
33	1.518514
34	1.531479
35	1.544068
36	1.556303
37	1.568202
38	1.579784
39	1.591065
40	1.602060
41	1.612784
42	1.623249
43	1.633468
44	1.643453

'	Sinus 0	Tang. 0	Cotang. 0	Cosin. 0	
0	Inf. nég.	Infi. nég.	Infi. posit.	0.000000	60
1	6.463726	6.463726	13.536274	0.000000	59
2	6.764756	6.764756	13.235244	0.000000	58
3	6.940847	6.940847	13.059153	0.000000	57
4	7.065786	7.065786	12.934214	9.999999	56
5	7.162696	7.162696	12.837304	9.999999	55
6	7.241877	7.241878	12.758122	9.999999	54
7	7.308824	7.308825	12.691175	9.999999	53
8	7.366816	7.366817	12.633183	9.999999	52
9	7.417968	7.417970	12.582030	9.999998	51
10	7.463725	7.463727	12.536273	9.999998	50
11	7.505118	7.505120	12.494880	9.999998	49
12	7.542906	7.542909	12.457091	9.999997	48
13	7.577668	7.577672	12.422328	9.999997	47
14	7.609853	7.609857	12.390143	9.999996	46
15	7.639816	7.639820	12.360180	9.999996	45
16	7.667844	7.667849	12.332151	9.999995	44
17	7.694173	7.694179	12.305821	9.999995	43
18	7.718997	7.719003	12.280997	9.999994	42
19	7.742477	7.742484	12.257516	9.999993	41
20	7.764754	7.764761	12.235239	9.999993	40
21	7.785943	7.785951	12.214049	9.999992	39
22	7.806146	7.806155	12.193845	9.999991	38
23	7.825451	7.825460	12.174540	9.999990	37
24	7.843934	7.843944	12.156056	9.999989	36
25	7.861662	7.861674	12.138326	9.999989	35
26	7.878695	7.878708	12.121292	9.999988	34
27	7.895085	7.895099	12.104901	9.999987	33
28	7.910879	7.910894	12.089106	9.999986	32
29	7.926119	7.926134	12.073866	9.999984	31
30	7.940842	7.940858	12.059142	9.999983	30
	Cosin. 89	Cotang. 89	Tang. 89	Sin. 89	'

Nomb.	Logarith.	Nomb.	Logarith.	Nomb.	Lagarith.
45	1.653213	60	1.778151	75	1.875061
46	1.662758	61	1.785330	76	1.880814
47	1.672098	62	1.792392	77	1.886491
48	1.681241	63	1.799341	78	1.892095
49	1.690196	64	1.806180	79	1.897627
50	1.698970	65	1.812913	80	1.903090
51	1.707570	66	1.819544	81	1.908485
52	1.716003	67	1.826075	82	1.913814
53	1.724276	68	1.832509	83	1.919078
54	1.732394	69	1.838849	84	1.924279
55	1.740363	70	1.845098	85	1.929419
56	1.748188	71	1.851258	86	1.934498
57	1.755875	72	1.857332	87	1.939519
58	1.763428	73	1.863323	88	1.944483
59	1.770852	74	1.869232	89	1.949390

	'	Sin. 0	Tang. 0	Cotang. 0	Cosin. 0	
LOGARITHMES DES NOMBRES.	30	7.940842	7.940858	12.059142	9.999983	30
	31	7.955082	7.955100	12.044900	9.999982	29
	32	7.968870	7.968889	12.031111	9.999981	28

Nomb.	Logarith.		'	Sin. 0	Tang. 0	Cotang. 0	Cosin. 0	
90	1.954243		33	7.982233	7.982253	12.017747	9.999980	27
91	1.959041		34	7.995198	7.995219	12.004781	9.999979	26
92	1.963788		35	8.007787	8.007809	11.992191	9.999977	25
93	1.968483		36	8.020021	8.020044	11.979956	9.999976	24
94	1.973128		37	8.031919	8.031945	11.968055	9.999975	23
95	1.977724		38	8.043501	8.043527	11.956473	9.999973	22
96	1.982271		39	8.054781	8.054809	11.945191	9.999972	21
97	1.986772		40	8.065776	8.065806	11.934194	9.999971	20
98	1.991226		41	8.076500	8.076531	11.923469	9.999969	19
99	1.995635		42	8.086965	8.086997	11.913003	9.999968	18
100	2.000000		43	8.097183	8.097217	11.902783	9.999966	17
101	2.004321		44	8.107167	8.107203	11.892797	9.999964	16
102	2.008600		45	8.116926	8.116963	11.883037	9.999963	15
103	2.012837		46	8.126471	8.126510	11.873490	9.999961	14
104	2.017033		47	8.135810	8.135851	11.864149	9.999959	13
105	2.021189		48	8.144953	8.144996	11.855004	9.999958	12
106	2.025306		49	8.153907	8.153952	11.846048	9.999956	11
107	2.029384		50	8.162681	8.162727	11.837273	9.999954	10
108	2.033424		51	8.171280	8.171328	11.828672	9.999952	9
109	2.037426		52	8.179713	8.179763	11.820237	9.999950	8
110	2.041393		53	8.187985	8.188036	11.811964	9.999948	7
111	2.045323		54	8.196102	8.196156	11.803844	9.999946	6
112	2.049218		55	8.204070	8.204126	11.795874	9.999944	5
113	2.053078		56	8.211895	8.211953	11.788047	9.999942	4
114	2.056905		57	8.219581	8.219641	11.780359	9.999940	3
115	2.060698		58	8.227133	8.227195	11.772805	9.999938	2
116	2.064458		59	8.234557	8.234621	11.765379	9.999936	1
117	2.068186		60	8.241855	8.241921	11.758079	9.999934	0
118	2.071882			Cosin. 89	Cotang. 89	Tang. 89	Sin. 89	
119	2.075547							

Nomb.	Logarith.	Nomb.	Logarith.	Nomb.	Logarith.	Nomb.	Logarith.
120	2.079181	135	2.130334	150	2.176091	165	2.217484
121	2.082785	136	2.133539	151	2.178977	166	2.220108
122	2.086360	137	2.136721	152	2.181844	167	2.222716
123	2.089905	138	2.139879	153	2.184691	168	2.225309
124	2.093422	139	2.143015	154	2.187521	169	2.227887
125	2.096910	140	2.146128	155	2.190332	170	2.230449
126	2.100371	141	2.149219	156	2.193125	171	2.232996
127	2.103804	142	2.152288	157	2.195900	172	2.235528
128	2.107210	143	2.155336	158	2.198657	173	2.238046
129	2.110590	144	2.158362	159	2.201397	174	2.240549
130	2.113943	145	2.161368	160	2.204120	175	2.243038
131	2.117271	146	2.164353	161	2.206826	176	2.245513
132	2.120574	147	2.167317	162	2.209515	177	2.247973
133	2.123852	148	2.170262	163	2.212188	178	2.250420
134	2.127105	149	2.173186	164	2.214844	179	2.252853

LOGARITHMES DES NOMBRES.

Nomb.	Logarith.
180	2.255273
181	2.257679
182	2.260071
183	2.262451
184	2.264818
185	2.267172
186	2.269513
187	2.271842
188	2.274158
189	2.276462
190	2.278754
191	2.281033
192	2.283301
193	2.285557
194	2.287802
195	2.290035
196	2.292256
197	2.294466
198	2.296665
199	2.298853
200	2.301030
201	2.303196
202	2.305351
203	2.307496
204	2.309630
205	2.311754
206	2.313867
207	2.315970
208	2.318063
209	2.320146
210	2.322219
211	2.324282
212	2.326336
213	2.328380
214	2.330414
215	2.332438
216	2.334454
217	2.336460
218	2.338456
219	2.340444
220	2.342423
221	2.344392
222	2.346353
223	2.348305
224	2.350248

'	Sin. 1	Tang. 1	Cotang. 1	Cofin. 1	
0	8.241855	8.241921	11.758079	9.999934	60
1	8.249033	8.249102	11.750898	9.999932	59
2	8.256094	8.256165	11.743835	9.999929	58
3	8.263042	8.263115	11.736885	9.999925	57
4	8.269881	8.269956	11.730044	9.999925	56
5	8.276614	8.276691	11.723309	9.999922	55
6	8.283243	8.283323	11.716677	9.999920	54
7	8.289773	8.289856	11.710144	9.999918	53
8	8.296207	8.296292	11.703708	9.999915	52
9	8.302546	8.302634	11.697366	9.999913	51
10	8.308794	8.308884	11.691116	9.999910	50
11	8.314954	8.315046	11.684954	9.999907	49
12	8.321027	8.321122	11.678878	9.999905	48
13	8.327016	8.327114	11.672886	9.999902	47
14	8.332924	8.333025	11.666975	9.999899	46
15	8.338753	8.338856	11.661144	9.999897	45
16	8.344504	8.344610	11.655390	9.999894	44
17	8.350181	8.350289	11.649711	9.999891	43
18	8.355783	8.355895	11.644105	9.999888	42
19	8.361315	8.361430	11.638570	9.999885	41
20	8.366777	8.366895	11.633105	9.999882	40
21	8.372171	8.372292	11.627708	9.999879	39
22	8.377499	8.377622	11.622378	9.999876	38
23	8.382762	8.382889	11.617111	9.999873	37
24	8.387962	8.388092	11.611908	9.999870	36
25	8.393101	8.393234	11.606766	9.999867	35
26	8.398179	8.398315	11.601685	9.999864	34
27	8.403199	8.403338	11.596662	9.999861	33
28	8.408161	8.408304	11.591696	9.999858	32
29	8.413068	8.413213	11.586787	9.999854	31
30	8.417919	8.418068	11.581932	9.999851	30
	Cofin. 88	Cotang. 88	Tang. 88	Sin. 88	'

Nomb.	Logarith.	Nomb.	Logarith.	Nomb.	Logarith.
225	2.352183	240	2.380211	255	2.406540
226	2.354108	241	2.382017	256	2.408240
227	2.356026	242	2.383815	257	2.409933
228	2.357935	243	2.385606	258	2.411620
229	2.359835	244	2.387390	259	2.413300
230	2.361728	245	2.389166	260	2.414973
231	2.363612	246	2.390935	261	2.416641
232	2.365488	247	2.392697	262	2.418301
233	2.367356	248	2.394452	263	2.419956
234	2.369216	249	2.396199	264	2.421604
235	2.371068	250	2.397940	265	2.423246
236	2.372912	251	2.399674	266	2.424882
237	2.374748	252	2.401400	267	2.426511
238	2.376577	253	2.403121	268	2.428135
239	2.378398	254	2.404834	269	2.429752

LOGARITHMES DES NOMBRES.

Nbmb.	Logarith.
270	2.431364
271	2.432969
272	2.434569
273	2.436163
274	2.437751
275	2.439333
276	2.440909
277	2.442480
278	2.444045
279	2.445604
280	2.447158
281	2.448706
282	2.450249
283	2.451786
284	2.453318
285	2.454845
286	2.456366
287	2.457882
288	2.459392
289	2.460898
290	2.462398
291	2.463893
292	2.465383
293	2.466868
294	2.468347
295	2.469822
296	2.471292
297	2.472756
298	2.474216
299	2.475671
300	2.477121
301	2.478566
302	2.480007
303	2.481443
304	2.482874
305	2.484300
306	2.485721
307	2.487138
308	2.488551
309	2.489958
310	2.491362
311	2.492760
312	2.494155
313	2.495544
314	2.496930

'	Sin. 1	Tang. 1	Cotang. 1	Cofin. 1	
30	8.417919	8.418068	11.581932	9.999851	30
31	8.422717	8.422869	11.577131	9.999848	29
32	8.427462	8.427618	11.572382	9.999844	28
33	8.432156	8.432315	11.567685	9.999841	27
34	8.436800	8.436962	11.563038	9.999838	26
35	8.441394	8.441560	11.558440	9.999834	25
36	8.445941	8.446110	11.553890	9.999831	24
37	8.450440	8.450613	11.549387	9.999827	23
38	8.454893	8.455070	11.544930	9.999824	22
39	8.459301	8.459481	11.540519	9.999820	21
40	8.463665	8.463849	11.536151	9.999816	20
41	8.467985	8.468172	11.531828	9.999813	19
42	8.472263	8.472454	11.527546	9.999809	18
43	8.476498	8.476693	11.523307	9.999805	17
44	8.480693	8.480892	11.519108	9.999801	16
45	8.484848	8.485050	11.514950	9.999797	15
46	8.488963	8.489170	11.510830	9.999794	14
47	8.493040	8.493250	11.506750	9.999790	13
48	8.497078	8.497293	11.502707	9.999786	12
49	8.501080	8.501298	11.498702	9.999782	11
50	8.505045	8.505267	11.494733	9.999778	10
51	8.508974	8.509200	11.490800	9.999774	9
52	8.512867	8.513098	11.486902	9.999769	8
53	8.516726	8.516961	11.483039	9.999765	7
54	8.520551	8.520790	11.479210	9.999761	6
55	8.524343	8.524586	11.475414	9.999757	5
56	8.528102	8.528349	11.471651	9.999753	4
57	8.531828	8.532080	11.467920	9.999748	3
58	8.535523	8.535779	11.464221	9.999744	2
59	8.539186	8.539447	11.460553	9.999740	1
60	8.542819	8.543084	11.456916	9.999735	0
	Cofin. 88	Cotang. 88	Tang. 88	Sin. 88	'

Nomb.	Logarith.	Nomb.	Logarith.	Nomb.	Lognrith.
315	2.498311	330	2.518514	345	2.537819
316	2.499687	331	2.519828	346	2.539076
317	2.501059	332	2.521138	347	2.540329
318	2.502427	333	2.522444	348	2.541579
319	2.503791	334	2.523746	349	2.542825
320	2.505150	335	2.525045	350	2.544068
321	2.506505	336	2.526339	351	2.545307
322	2.507856	337	2.527630	352	2.546543
323	2.509203	338	2.528917	353	2.547775
324	2.510545	339	2.530200	354	2.549003
325	2.511883	340	2.531479	355	2.550228
326	2.513218	341	2.532754	356	2.551450
327	2.514548	342	2.534026	357	2.552668
328	2.515874	343	2.535294	358	2.553883
329	2.517196	344	2.536558	359	2.555094

Trigonometric table

′	Sin. 2	Tang. 2	Cotang. 2	Cosin. 2	
0	8.542819	8.543084	11.456916	9.999735	60
1	8.546422	8.546691	11.453309	9.999731	59
2	8.549995	8.550268	11.449732	9.999726	58
3	8.553539	8.553817	11.446183	9.999722	57
4	8.557054	8.557336	11.442664	9.999717	56
5	8.560540	8.560828	11.439172	9.999713	55
6	8.563999	8.564291	11.435709	9.999708	54
7	8.567431	8.567727	11.432273	9.999704	53
8	8.570836	8.571137	11.428863	9.999699	52
9	8.574214	8.574520	11.425480	9.999694	51
10	8.577566	8.577877	11.422123	9.999689	50
11	8.580892	8.581208	11.418792	9.999685	49
12	8.584193	8.584514	11.415486	9.999680	48
13	8.587469	8.587795	11.412205	9.999675	47
14	8.590721	8.591051	11.408949	9.999670	46
15	8.593948	8.594283	11.405717	9.999665	45
16	8.597152	8.597492	11.402508	9.999660	44
17	8.600332	8.600677	11.399323	9.999655	43
18	8.603489	8.603839	11.396161	9.999650	42
19	8.606623	8.606978	11.393022	9.999645	41
20	8.609734	8.610094	11.389906	9.999640	40
21	8.612823	8.613189	11.386811	9.999635	39
22	8.615891	8.616262	11.383738	9.999629	38
23	8.618937	8.619313	11.380687	9.999624	37
24	8.621962	8.622343	11.377657	9.999619	36
25	8.624965	8.625352	11.374648	9.999614	35
26	8.627948	8.628340	11.371660	9.999608	34
27	8.630911	8.631308	11.368692	9.999603	33
28	8.633854	8.634256	11.365744	9.999597	32
29	8.636776	8.637184	11.362816	9.999592	31
30	8.639680	8.640093	11.359907	9.999586	30
	Cosin. 87	Cotang. 87	Tang. 87	Sin. 87	′

LOGARITHMES DES NOMBRES.

Nomb.	Logarith.
360	2.556303
361	2.557507
362	2.558709
363	2.559907
364	2.561101
365	2.562293
366	2.563481
367	2.564666
368	2.565848
369	2.567026
370	2.568202
371	2.569374
372	2.570543
373	2.571709
374	2.572872
375	2.574031
376	2.575188
377	2.576341
378	2.577492
379	2.578639
380	2.579784
381	2.580925
382	2.582063
383	2.583199
384	2.584331
385	2.585461
386	2.586587
387	2.587711
388	2.588832
389	2.589950
390	2.591065
391	2.592177
392	2.593286
393	2.594393
394	2.595496
395	2.596597
396	2.597695
397	2.598791
398	2.599883
399	2.600973
400	2.602060
401	2.603144
402	2.604226
403	2.605305
404	2.606381

Nomb.	Logarith.	Nomb.	Logarith.	Nomb.	Logarith.
405	2.607455	420	2.623249	435	2.638489
406	2.608526	421	2.624282	436	2.639486
407	2.609594	422	2.625312	437	2.640481
408	2.610660	423	2.626340	438	2.641474
409	2.611723	424	2.627366	439	2.642465
410	2.612784	425	2.628389	440	2.643453
411	2.613842	426	2.629410	441	2.644439
412	2.614897	427	2.630428	442	2.645422
413	2.615950	428	2.631444	443	2.646404
414	2.617000	429	2.632457	444	2.647383
415	2.618048	430	2.633468	445	2.648360
416	2.619093	431	2.634477	446	2.649335
417	2.620136	432	2.635484	447	2.650307
418	2.621176	433	2.636488	448	2.651278
419	2.622214	434	2.637490	449	2.652246

LOGARITHMES DES NOMBRES.

Nomb.	Logarith.
450	2.653212
451	2.654176
452	2.655138
453	2.656098
454	2.657056
455	2.658011
456	2.658965
457	2.659916
458	2.660865
459	2.661813
460	2.662758
461	2.663701
462	2.664642
463	2.665581
464	2.666518
465	2.667453
466	2.668386
467	2.669317
468	2.670246
469	2.671173
470	2.672098
471	2.673021
472	2.673942
473	2.674861
474	2.675778
475	2.676694
476	2.677607
477	2.678518
478	2.679428
479	2.680336
480	2.681241
481	2.682145
482	2.683047
483	2.683947
484	2.684845
485	2.685742
486	2.686636
487	2.687529
488	2.688420
489	2.689309
490	2.690196
491	2.691081
492	2.691965
493	2.692847
494	2.693727

′	Sin. 2	Tang. 2	Cotang. 2	Cosin. 2	′
30	8.639680	8.640093	11.359907	9.999586	30
31	8.642563	8.642982	11.357018	9.999581	29
32	8.645428	8.645853	11.354147	9.999575	28
33	8.648274	8.648704	11.351296	9.999570	27
34	8.651102	8.651537	11.348463	9.999564	26
35	8.653911	8.654352	11.345648	9.999558	25
36	8.656702	8.657149	11.342851	9.999553	24
37	8.659475	8.659928	11.340072	9.999547	23
38	8.662230	8.662689	11.337311	9.999541	22
39	8.664968	8.665433	11.334567	9.999535	21
40	8.667689	8.668160	11.331840	9.999529	20
41	8.670393	8.670870	11.329130	9.999524	19
42	8.673080	8.673563	11.326437	9.999518	18
43	8.675751	8.676239	11.323761	9.999512	17
44	8.678405	8.678900	11.321100	9.999506	16
45	8.681043	8.681544	11.318456	9.999500	15
46	8.683665	8.684172	11.315828	9.999493	14
47	8.686272	8.686784	11.313216	9.999487	13
48	8.688863	8.689381	11.310619	9.999481	12
49	8.691438	8.691963	11.308037	9.999475	11
50	8.693998	8.694529	11.305471	9.999469	10
51	8.696543	8.697081	11.302919	9.999463	9
52	8.699073	8.699617	11.300383	9.999456	8
53	8.701589	8.702139	11.297861	9.999450	7
54	8.704090	8.704646	11.295354	9.999443	6
55	8.706577	8.707140	11.292860	9.999437	5
56	8.709049	8.709618	11.290382	9.999431	4
57	8.711507	8.712083	11.287917	9.999424	3
58	8.713952	8.714534	11.285465	9.999418	2
59	8.716383	8.716972	11.283028	9.999411	1
60	8.718800	8.719396	11.280604	9.999404	0
	Cosin. 87	Cotang. 87	Tang. 87	Sin. 87	′

Nomb.	Logarith.	Nomb.	Logarith.	Nomb.	Logarith.
495	2.694605	510	2.707570	525	2.720159
496	2.695482	511	2.708421	526	2.720986
497	2.696356	512	2.709270	527	2.721811
498	2.697229	513	2.710117	528	2.722634
499	2.698101	514	2.710963	529	2.723456
500	2.698970	515	2.711807	530	2.724276
501	2.699838	516	2.712650	531	2.725094
502	2.700704	517	2.713491	532	2.725912
503	2.701568	518	2.714330	533	2.726727
504	2.702431	519	2.715167	534	2.727541
505	2.703291	520	2.716003	535	2.728354
506	2.704151	521	2.716838	536	2.729165
507	2.705008	522	2.717671	537	2.729974
508	2.705864	523	2.718502	538	2.730782
509	2.706718	524	2.719331	539	2.731589

Nomb.	Logarith.
540	2.732394
541	2.733197
542	2.733999
543	2.734800
544	2.735599
545	2.736397
546	2.737193
547	2.737987
548	2.738781
549	2.739572
550	2.740363
551	2.741152
552	2.741939
553	2.742725
554	2.743510
555	2.744293
556	2.745075
557	2.745855
558	2.746634
559	2.747412
560	2.748188
561	2.748963
562	2.749736
563	2.750508
564	2.751279
565	2.752048
566	2.752816
567	2.753583
568	2.754348
569	2.755112
570	2.755875
571	2.756636
572	2.757396
573	2.758155
574	2.758912
575	2.759668
576	2.760422
577	2.761176
578	2.761928
579	2.762679
580	2.763428
581	2.764176
582	2.764923
583	2.765669
584	2.766413

	Sin. 3	Tang. 3	Cotang. 3	Cosin. 3	
0	8.718800	8.719396	11.280604	9.999404	60
1	8.721204	8.721806	11.278194	9.999398	59
2	8.723595	8.724204	11.275796	9.999391	58
3	8.725972	8.726588	11.273412	9.999384	57
4	8.728337	8.728959	11.271041	9.999378	56
5	8.730688	8.731317	11.268683	9.999371	55
6	8.733027	8.733663	11.266337	9.999364	54
7	8.735354	8.735996	11.264004	9.999357	53
8	8.737667	8.738317	11.261683	9.999350	52
9	8.739969	8.740626	11.259374	9.999343	51
10	8.742259	8.742922	11.257078	9.999336	50
11	8.744536	8.745207	11.254793	9.999329	49
12	8.746802	8.747479	11.252521	9.999322	48
13	8.749055	8.749740	11.250260	9.999315	47
14	8.751297	8.751989	11.248011	9.999308	46
15	8.753528	8.754227	11.245773	9.999301	45
16	8.755747	8.756453	11.243547	9.999294	44
17	8.757955	8.758668	11.241332	9.999287	43
18	8.760151	8.760872	11.239128	9.999279	42
19	8.762337	8.763065	11.236935	9.999272	41
20	8.764511	8.765246	11.234754	9.999265	40
21	8.766675	8.767417	11.232583	9.999257	39
22	8.768828	8.769578	11.230422	9.999250	38
23	8.770970	8.771727	11.228273	9.999242	37
24	8.773101	8.773866	11.226134	9.999235	36
25	8.775223	8.775995	11.224005	9.999227	35
26	8.777333	8.778114	11.221886	9.999220	34
27	8.779434	8.780222	11.219778	9.999212	33
28	8.781524	8.782320	11.217680	9.999205	32
29	8.783605	8.784408	11.215592	9.999197	31
30	8.785675	8.786486	11.213514	9.999189	30
	Cosin. 86	Cotang. 86	Tang. 86	Sin. 86	

Nomb.	Logarith.	Nomb.	Logarith.	Nomb.	Logarith.
585	2.767156	600	2.778151	615	2.788875
586	2.767898	601	2.778874	616	2.789581
587	2.768638	602	2.779596	617	2.790285
588	2.769377	603	2.780317	618	2.790988
589	2.770115	604	2.781037	619	2.791691
590	2.770852	605	2.781755	620	2.792392
591	2.771587	606	2.782473	621	2.793092
592	2.772322	607	2.783189	622	2.793790
593	2.773055	608	2.783904	623	2.794488
594	2.773786	609	2.784617	624	2.795185
595	2.774517	610	2.785330	625	2.795880
596	2.775246	611	2.786041	626	2.796574
597	2.775974	612	2.786751	627	2.797268
598	2.776701	613	2.787460	628	2.797960
599	2.777427	614	2.788168	629	2.798651

LOGARITHMES DES NOMBRES.

'	Sin. 3	Tang. 3	Cotang. 3	Cosin. 3	
30	8.785675	8.786486	11.213514	9.999189	30
31	8.787736	8.788554	11.211446	9.999181	29
32	8.789787	8.790613	11.209387	9.999174	28
33	8.791828	8.792662	11.207338	9.999166	27
34	8.793859	8.794701	11.205299	9.999158	26
35	8.795881	8.796731	11.203269	9.999150	25
36	8.797894	8.798752	11.201248	9.999142	24
37	8.799897	8.800763	11.199237	9.999134	23
38	8.801892	8.802765	11.197235	9.999126	22
39	8.803876	8.804758	11.195242	9.999118	21
40	8.805852	8.806742	11.193258	9.999110	20
41	8.807819	8.808717	11.191283	9.999102	19
42	8.809777	8.810683	11.189317	9.999094	18
43	8.811726	8.812641	11.187359	9.999086	17
44	8.813667	8.814589	11.185411	9.999077	16
45	8.815599	8.816529	11.183471	9.999069	15
46	8.817522	8.818461	11.181539	9.999061	14
47	8.819436	8.820384	11.179616	9.999053	13
48	8.821343	8.822298	11.177702	9.999044	12
49	8.823240	8.824205	11.175795	9.999036	11
50	8.825130	8.826103	11.173897	9.999027	10
51	8.827011	8.827992	11.172008	9.999019	9
52	8.828884	8.829874	11.170126	9.999010	8
53	8.830749	8.831748	11.168252	9.999002	7
54	8.832607	8.833613	11.166387	9.998993	6
55	8.834456	8.835471	11.164529	9.998984	5
56	8.836297	8.837321	11.162679	9.998976	4
57	8.838130	8.839163	11.160837	9.998967	3
58	8.839956	8.840998	11.159002	9.998958	2
59	8.841774	8.842825	11.157175	9.998950	1
60	8.843585	8.844644	11.155356	9.998941	0
	Cosin. 86	Cotang. 86	Tang. 86	Sin. 86	'

Nomb.	Logarith.
630	2.799341
631	2.800029
632	2.800717
633	2.801404
634	2.802089
635	2.802774
636	2.803457
637	2.804139
638	2.804821
639	2.805501
640	2.806180
641	2.806858
642	2.807535
643	2.808211
644	2.808886
645	2.809560
646	2.810232
647	2.810904
648	2.811575
649	2.812245
650	2.812913
651	2.813581
652	2.814248
653	2.814913
654	2.815578
655	2.816241
656	2.816904
657	2.817565
658	2.818226
659	2.818885
660	2.819544
661	2.820201
662	2.820858
663	2.821514
664	2.822168
665	2.822822
666	2.823474
667	2.824126
668	2.824776
669	2.825426
670	2.826075
671	2.826723
672	2.827369
673	2.828015
674	2.828660

Nomb.	Logarith.	Nomb.	Logarith.	Nomb.	Logarith.
675	2.829304	690	2.838849	705	2.848189
676	2.829947	691	2.839478	706	2.848805
677	2.830589	692	2.840106	707	2.849419
678	2.831230	693	2.840733	708	2.850033
679	2.831870	694	2.841359	709	2.850646
680	2.832509	695	2.841985	710	2.851258
681	2.833147	696	2.842609	711	2.851870
682	2.833784	697	2.843233	712	2.852480
683	2.834421	698	2.843855	713	2.853090
684	2.835056	699	2.844477	714	2.853698
685	2.835691	700	2.845098	715	2.854306
686	2.836324	701	2.845718	716	2.854913
687	2.836957	702	2.846337	717	2.855519
688	2.837588	703	2.846955	718	2.856124
689	2.838219	704	2.847573	719	2.856729

b

Nomb.	Logarith.
720	2.857332
721	2.857935
722	2.858537
723	2.859138
724	2.859739
725	2.860338
726	2.860937
727	2.861534
728	2.862131
729	2.862728
730	2.863323
731	2.863917
732	2.864511
733	2.865104
734	2.865696
735	2.866287
736	2.866878
737	2.867467
738	2.868056
739	2.868644
740	2.869232
741	2.869818
742	2.870404
743	2.870989
744	2.871573
745	2.872156
746	2.872739
747	2.873321
748	2.873902
749	2.874482
750	2.875061
751	2.875640
752	2.876218
753	2.876795
754	2.877371
755	2.877947
756	2.878522
757	2.879096
758	2.879669
759	2.880242
760	2.880814
761	2.881385
762	2.881955
763	2.882525
764	2.883093

'	Sin. 4	Tang. 4	Cotang. 4	Cosin. 4	
0	8.843585	8.844644	11.155356	9.998941	60
1	8.845387	8.846455	11.153545	9.998932	59
2	8.847183	8.848260	11.151740	9.998923	58
3	8.848971	8.850057	11.149943	9.998914	57
4	8.850751	8.851846	11.148154	9.998905	56
5	8.852525	8.853628	11.146372	9.998896	55
6	8.854291	8.855403	11.144597	9.998887	54
7	8.856049	8.857171	11.142829	9.998878	53
8	8.857801	8.858932	11.141068	9.998869	52
9	8.859546	8.860686	11.139314	9.998860	51
10	8.861283	8.862433	11.137567	9.998851	50
11	8.863014	8.864173	11.135827	9.998841	49
12	8.864738	8.865906	11.134094	9.998832	48
13	8.866455	8.867632	11.132368	9.998823	47
14	8.868165	8.869351	11.130649	9.998813	46
15	8.869868	8.871064	11.128936	9.998804	45
16	8.871565	8.872770	11.127230	9.998795	44
17	8.873255	8.874469	11.125531	9.998785	43
18	8.874938	8.876162	11.123838	9.998776	42
19	8.876615	8.877849	11.122151	9.998766	41
20	8.878285	8.879529	11.120471	9.998757	40
21	8.879949	8.881202	11.118798	9.998747	39
22	8.881607	8.882869	11.117131	9.998738	38
23	8.883258	8.884530	11.115470	9.998728	37
24	8.884903	8.886185	11.113815	9.998718	36
25	8.886542	8.887833	11.112167	9.998708	35
26	8.888174	8.889476	11.110524	9.998699	34
27	8.889801	8.891112	11.108888	9.998689	33
28	8.891421	8.892742	11.107258	9.998679	32
29	8.893035	8.894366	11.105634	9.998669	31
30	8.894643	8.895984	11.104016	9.998659	30
	Cosin. 85	Cotang. 85	Tang. 85	Sin. 85	'

Nomb.	Logarith.	Nomb.	Logarith.	Nomb.	Logarith.
765	2.883661	780	2.892095	795	2.900367
766	2.884229	781	2.892651	796	2.900913
767	2.884795	782	2.893207	797	2.901458
768	2.885361	783	2.893762	798	2.902003
769	2.885926	784	2.894316	799	2.902547
770	2.886491	785	2.894870	800	2.903090
771	2.887054	786	2.895423	801	2.903633
772	2.887617	787	2.895975	802	2.904174
773	2.888179	788	2.896526	803	2.904716
774	2.888741	789	2.897077	804	2.905256
775	2.889302	790	2.897627	805	2.905796
776	2.889862	791	2.898176	806	2.906335
777	2.890421	792	2.898725	807	2.906874
778	2.890980	793	2.899273	808	2.907411
779	2.891537	794	2.899821	809	2.907949

	Sin. 4	Tang. 4	Cotang. 4	Cosin. 4	
30	8.894643	8.895984	11.104016	9.998659	30
31	8.896246	8.897596	11.102404	9.998649	29
32	8.897842	8.899203	11.100797	9.998639	28
33	8.899432	8.900803	11.099197	9.998629	27
34	8.901017	8.902398	11.097602	9.998619	26
35	8.902596	8.903987	11.096013	9.998609	25
36	8.904169	8.905570	11.094430	9.998599	24
37	8.905736	8.907147	11.092853	9.998589	23
38	8.907297	8.908719	11.091281	9.998578	22
39	8.908853	8.910285	11.089715	9.998568	21
40	8.910404	8.911846	11.088154	9.998558	20
41	8.911949	8.913401	11.086599	9.998548	19
42	8.913488	8.914951	11.085049	9.998537	18
43	8.915022	8.916495	11.083505	9.998527	17
44	8.916550	8.918034	11.081966	9.998516	16
45	8.918073	8.919568	11.080432	9.998506	15
46	8.919591	8.921096	11.078904	9.998495	14
47	8.921103	8.922619	11.077381	9.998485	13
48	8.922610	8.924136	11.075864	9.998474	12
49	8.924112	8.925649	11.074351	9.998464	11
50	8.925609	8.927156	11.072844	9.998453	10
51	8.927100	8.928658	11.071342	9.998442	9
52	8.928587	8.930155	11.069845	9.998431	8
53	8.930068	8.931647	11.068353	9.998421	7
54	8.931544	8.933134	11.066866	9.998410	6
55	8.933015	8.934616	11.065384	9.998399	5
56	8.934481	8.936093	11.063907	9.998388	4
57	8.935942	8.937565	11.062435	9.998377	3
58	8.937398	8.939032	11.060968	9.998366	2
59	8.938850	8.940494	11.059506	9.998355	1
60	8.940296	8.941952	11.058048	9.998344	0
	Cosin. 85	Cotang. 85	Tang. 85	Sin. 85	

LOGARITHMES DES NOMBRES.

Nomb.	Logarith.
810	2.908485
811	2.909021
812	2.909556
813	2.910091
814	2.910624
815	2.911158
816	2.911690
817	2.912222
818	2.912753
819	2.913284
820	2.913814
821	2.914343
822	2.914872
823	2.915400
824	2.915927
825	2.916454
826	2.916980
827	2.917506
828	2.918030
829	2.918555
830	2.919078
831	2.919601
832	2.920123
833	2.920645
834	2.921166
835	2.921686
836	2.922206
837	2.922725
838	2.923244
839	2.923762
840	2.924279
841	2.924796
842	2.925312
843	2.925828
844	2.926342
845	2.926857
846	2.927370
847	2.927883
848	2.928396
849	2.928908
850	2.929419
851	2.929930
852	2.930440
853	2.930949
854	2.931458

Nomb.	Logarith.	Nomb.	Logarith.	Nomb.	Logarith.
855	2.931966	870	2.939519	885	2.946943
856	2.932474	871	2.940018	886	2.947434
857	2.932981	872	2.940516	887	2.947924
858	2.933487	873	2.941014	888	2.948413
859	2.933993	874	2.941511	889	2.948902
860	2.934498	875	2.942008	890	2.949390
861	2.935003	876	2.942504	891	2.949878
862	2.935507	877	2.943000	892	2.950365
863	2.936011	878	2.943495	893	2.950851
864	2.936514	879	2.943989	894	2.951338
865	2.937016	880	2.944483	895	2.951823
866	2.937518	881	2.944976	896	2.952308
867	2.938019	882	2.945469	897	2.952792
868	2.938520	883	2.945961	898	2.953276
869	2.939020	884	2.946452	899	2.953760

Nomb.	Logarith.
900	2.954243
901	2.954725
902	2.955207
903	2.955688
904	2.956168
905	2.956649
906	2.957128
907	2.957607
908	2.958086
909	2.958564
910	2.959041
911	2.959518
912	2.959995
913	2.960471
914	2.960946
915	2.961421
916	2.961895
917	2.962369
918	2.962843
919	2.963316
920	2.963788
921	2.964260
922	2.964731
923	2.965202
924	2.965672
925	2.966142
926	2.966611
927	2.967080
928	2.967548
929	2.968016
930	2.968483
931	2.968950
932	2.969416
933	2.969882
934	2.970347
935	2.970812
936	2.971276
937	2.971740
938	2.972203
939	2.972666
940	2.973128
941	2.973590
942	2.974051
943	2.974512
944	2.974972

LOGARITHMES DES NOMBRES.

'	Sin. 5	Tang. 5	Cotang. 5	Cosin. 5	
0	8.940296	8.941952	11.058048	9.998344	60
1	8.941738	8.943404	11.056596	9.998333	59
2	8.943174	8.944852	11.055148	9.998322	58
3	8.944606	8.946295	11.053705	9.998311	57
4	8.946034	8.947734	11.052266	9.998300	56
5	8.947456	8.949168	11.050832	9.998289	55
6	8.948874	8.950597	11.049403	9.998277	54
7	8.950287	8.952021	11.047979	9.998266	53
8	8.951696	8.953441	11.046559	9.998255	52
9	8.953100	8.954856	11.045144	9.998243	51
10	8.954499	8.956267	11.043733	9.998232	50
11	8.955894	8.957674	11.042326	9.998220	49
12	8.957284	8.959075	11.040925	9.998209	48
13	8.958670	8.960473	11.039527	9.998197	47
14	8.960052	8.961866	11.038134	9.998186	46
15	8.961429	8.963255	11.036745	9.998174	45
16	8.962801	8.964639	11.035361	9.998163	44
17	8.964170	8.966019	11.033981	9.998151	43
18	8.965534	8.967394	11.032606	9.998139	42
19	8.966893	8.968766	11.031234	9.998128	41
20	8.968249	8.970133	11.029867	9.998116	40
21	8.969600	8.971496	11.028504	9.998104	39
22	8.970947	8.972855	11.027145	9.998092	38
23	8.972289	8.974209	11.025791	9.998080	37
24	8.973628	8.975560	11.024440	9.998068	36
25	8.974962	8.976906	11.023094	9.998056	35
26	8.976293	8.978248	11.021752	9.998044	34
27	8.977619	8.979586	11.020414	9.998032	33
28	8.978941	8.980921	11.019079	9.998020	32
29	8.980259	8.982251	11.017749	9.998008	31
30	8.981573	8.983577	11.016423	9.997996	30
	Cosin. 84	Cotang. 84	Tang. 84	Sin. 84	'

Nomb.	Logarith.	Nomb.	Logarith.	Nomb.	Logarith.
945	2.975432	960	2.982271	975	2.989005
946	2.975891	961	2.982723	976	2.989450
947	2.976350	962	2.983175	977	2.989895
948	2.976808	963	2.983626	978	2.990339
949	2.977266	964	2.984077	979	2.990783
950	2.977724	965	2.984527	980	2.991226
951	2.978181	966	2.984977	981	2.991669
952	2.978637	967	2.985426	982	2.992111
953	2.979093	968	2.985875	983	2.992554
954	2.979548	969	2.986324	984	2.992995
955	2.980003	970	2.986772	985	2.993436
956	2.980458	971	2.987219	986	2.993877
957	2.980912	972	2.987666	987	2.994317
958	2.981366	973	2.988113	988	2.994757
959	2.981819	974	2.988559	989	2.995196

'	Sin. 5	Tang. 5	Cotang. 5	Cofin. 5	
30	8.981573	8.983577	11.016423	9.997996	30
31	8.982883	8.984899	11.015101	9.997984	29
32	8.984189	8.986217	11.013783	9.997972	28
33	8.985491	8.987532	11.012468	9.997959	27
34	8.986789	8.988842	11.011158	9.997947	26
35	8.988083	8.990149	11.009851	9.997935	25
36	8.989374	8.991451	11.008549	9.997922	24
37	8.990660	8.992750	11.007250	9.997910	23
38	8.991943	8.994045	11.005955	9.997897	22
39	8.993222	8.995337	11.004663	9.997885	21
40	8.994497	8.996624	11.003376	9.997872	20
41	8.995768	8.997908	11.002092	9.997860	19
42	8.997036	8.999188	11.000812	9.997847	18
43	8.998299	9.000465	10.999535	9.997835	17
44	8.999560	9.001738	10.998262	9.997822	16
45	9.000816	9.003007	10.996993	9.997809	15
46	9.002069	9.004272	10.995728	9.997797	14
47	9.003318	9.005534	10.994466	9.997784	13
48	9.004563	9.006792	10.993208	9.997771	12
49	9.005805	9.008047	10.991953	9.997758	11
50	9.007044	9.009298	10.990702	9.997745	10
51	9.008278	9.010546	10.989454	9.997732	9
52	9.009510	9.011790	10.988210	9.997719	8
53	9.010737	9.013031	10.986969	9.997706	7
54	9.011962	9.014268	10.985732	9.997693	6
55	9.013182	9.015502	10.984498	9.997680	5
56	9.014400	9.016732	10.983268	9.997667	4
57	9.015613	9.017959	10.982041	9.997654	3
58	9.016824	9.019183	10.980817	9.997641	2
59	9.018031	9.020403	10.979597	9.997628	1
60	9.019235	9.021620	10.978380	9.997614	0
	Cofin. 84	Cotang. 84	Tang. 84	Sin. 84	'

LOGARITHMES DES NOMBRES.

Nomb.	Logarith.
990	2.995635
991	2.996074
992	2.996512
993	2.996949
994	2.997386
995	2.997823
996	2.998259
997	2.998695
998	2.999131
999	2.999565
1000	3.000000
1001	3.000434
1002	3.000868
1003	3.001301
1004	3.001734
1005	3.002166
1006	3.002598
1007	3.003029
1008	3.003461
1009	3.003891
1010	3.004321
1011	3.004751
1012	3.005181
1013	3.005609
1014	3.006038
1015	3.006466
1016	3.006894
1017	3.007321
1018	3.007748
1019	3.008174
1020	3.008600
1021	3.009026
1022	3.009451
1023	3.009876
1024	3.010300
1025	3.010724
1026	3.011147
1027	3.011570
1028	3.011993
1029	3.012415
1030	3.012837
1031	3.013259
1032	3.013680
1033	3.014100
1034	3.014521

Nomb.	Logarith.	Nomb.	Logarith.	Nomb.	Logarith.
1035	3.014940	1050	3.021189	1065	3.027350
1036	3.015360	1051	3.021603	1066	3.027757
1037	3.015779	1052	3.022016	1067	3.028164
1038	3.016197	1053	3.022428	1068	3.028571
1039	3.016616	1054	3.022841	1069	3.028978
1040	3.017033	1055	3.023252	1070	3.029384
1041	3.017451	1056	3.023664	1071	3.029789
1042	3.017868	1057	3.024075	1072	3.030195
1043	3.018284	1058	3.024486	1073	3.030600
1044	3.018700	1059	3.024896	1074	3.031004
1045	3.019116	1060	3.025306	1075	3.031408
1046	3.019532	1061	3.025715	1076	3.031812
1047	3.019947	1062	3.026125	1077	3.032216
1048	3.020361	1063	3.026533	1078	3.032619
1049	3.020775	1064	3.026942	1079	3.033021

LOGARITHMES DES NOMBRES.			Sin. 6	Tang. 6	Cotang. 6	Cofin. 6	

LOGARITHMES DES NOMBRES.

Sin. 6	Tang. 6	Cotang. 6	Cofin. 6	
0 9.019235	9.021620	10.978380	9.997614	60
1 9.020435	9.022834	10.977166	9.997601	59
2 9.021632	9.024044	10.975956	9.997588	58
3 9.022825	9.025251	10.974749	9.997574	57
4 9.024016	9.026455	10.973545	9.997561	56
5 9.025203	9.027655	10.972345	9.997547	55
6 9.026386	9.028852	10.971148	9.997534	54
7 9.027567	9.030046	10.969954	9.997520	53
8 9.028744	9.031237	10.968763	9.997507	52
9 9.029918	9.032425	10.967575	9.997493	51
10 9.031089	9.033609	10.966391	9.997480	50
11 9.032257	9.034791	10.965209	9.997466	49
12 9.033421	9.035969	10.964031	9.997452	48
13 9.034582	9.037144	10.962856	9.997439	47
14 9.035741	9.038316	10.961684	9.997425	46
15 9.036896	9.039485	10.960515	9.997411	45
16 9.038048	9.040651	10.959349	9.997397	44
17 9.039197	9.041813	10.958187	9.997383	43
18 9.040342	9.042973	10.957027	9.997369	42
19 9.041485	9.044130	10.955870	9.997355	41
20 9.042625	9.045284	10.954716	9.997341	40
21 9.043762	9.046434	10.953566	9.997327	39
22 9.044895	9.047582	10.952418	9.997313	38
23 9.046026	9.048727	10.951273	9.997299	37
24 9.047154	9.049869	10.950131	9.997285	36
25 9.048279	9.051008	10.948992	9.997271	35
26 9.049400	9.052144	10.947856	9.997257	34
27 9.050519	9.053277	10.946723	9.997242	33
28 9.051635	9.054407	10.945593	9.997228	32
29 9.052749	9.055535	10.944465	9.997214	31
30 9.053859	9.056659	10.943341	9.997199	30
Cofin. 83	Cotang. 83	Tang. 83	Sin. 83	

Nomb.	Logarith.
1080	3.033424
1081	3.033826
1082	3.034227
1083	3.034628
1084	3.035029
1085	3.035430
1086	3.035830
1087	3.036229
1088	3.036629
1089	3.037028
1090	3.037426
1091	3.037825
1092	3.038223
1093	3.038620
1094	3.039017
1095	3.039414
1096	3.039811
1097	3.040207
1098	3.040602
1099	3.040998
1100	3.041393
1101	3.041787
1102	3.042182
1103	3.042576
1104	3.042969
1105	3.043362
1106	3.043755
1107	3.044148
1108	3.044540
1109	3.044932

Nomb.	Logarith.	Nomb.	Logarith.	Nomb.	Logarith.	Nomb.	Logarith.
1110	3.045323	1125	3.051153	1140	3.056905	1155	3.062582
1111	3.045714	1126	3.051538	1141	3.057286	1156	3.062958
1112	3.046105	1127	3.051924	1142	3.057666	1157	3.063333
1113	3.046495	1128	3.052309	1143	3.058046	1158	3.063709
1114	3.046885	1129	3.052694	1144	3.058426	1159	3.064083
1115	3.047275	1130	3.053078	1145	3.058805	1160	3.064458
1116	3.047664	1131	3.053463	1146	3.059185	1161	3.064832
1117	3.048053	1132	3.053846	1147	3.059563	1162	3.065206
1118	3.048442	1133	3.054230	1148	3.059942	1163	3.065580
1119	3.048830	1134	3.054613	1149	3.060320	1164	3.065953
1120	3.049218	1135	3.054996	1150	3.060698	1165	3.066326
1121	3.049606	1136	3.055378	1151	3.061075	1166	3.066699
1122	3.049993	1137	3.055760	1152	3.061452	1167	3.067071
1123	3.050380	1138	3.056142	1153	3.061829	1168	3.067443
1124	3.050766	1139	3.056524	1154	3.062206	1169	3.067815

Nomb.	Logarith.
1170	3.068186
1171	3.068557
1172	3.068928
1173	3.069298
1174	3.069668
1175	3.070038
1176	3.070407
1177	3.070776
1178	3.071145
1179	3.071514
1180	3.071882
1181	3.072250
1182	3.072617
1183	3.072985
1184	3.073352
1185	3.073718
1186	3.074085
1187	3.074451
1188	3.074816
1189	3.075182
1190	3.075547
1191	3.075912
1192	3.076276
1193	3.076640
1194	3.077004
1195	3.077368
1196	3.077731
1197	3.078094
1198	3.078457
1199	3.078819

'	Sin. 6	Tang. 6	Cotang. 6	Cosin. 6	
30	9.053859	9.056659	10.943341	9.997199	30
31	9.054966	9.057781	10.942219	9.997185	29
32	9.056071	9.058900	10.941100	9.997170	28
33	9.057172	9.060016	10.939984	9.997156	27
34	9.058271	9.061130	10.938870	9.997141	26
35	9.059367	9.062240	10.937760	9.997127	25
36	9.060460	9.063348	10.936652	9.997112	24
37	9.061551	9.064453	10.935547	9.997098	23
38	9.062639	9.065556	10.934444	9.997083	22
39	9.063724	9.066655	10.933345	9.997068	21
40	9.064806	9.067752	10.932248	9.997053	20
41	9.065885	9.068846	10.931154	9.997039	19
42	9.066962	9.069938	10.930062	9.997024	18
43	9.068036	9.071027	10.928973	9.997009	17
44	9.069107	9.072113	10.927887	9.996994	16
45	9.070176	9.073197	10.926803	9.996979	15
46	9.071242	9.074278	10.925722	9.996964	14
47	9.072306	9.075356	10.924644	9.996949	13
48	9.073366	9.076432	10.923568	9.996934	12
49	9.074424	9.077505	10.922495	9.996919	11
50	9.075480	9.078576	10.921424	9.996904	10
51	9.076533	9.079644	10.920356	9.996889	9
52	9.077583	9.080710	10.919290	9.996874	8
53	9.078631	9.081773	10.918227	9.996858	7
54	9.079676	9.082833	10.917167	9.996843	6
55	9.080719	9.083891	10.916109	9.996828	5
56	9.081759	9.084947	10.915053	9.996812	4
57	9.082797	9.086000	10.914000	9.996797	3
58	9.083832	9.087050	10.912950	9.996782	2
59	9.084864	9.088098	10.911902	9.996766	1
60	9.085894	9.089144	10.910856	9.996751	0
	Cosin. 83	Cotang. 83	Tang. 83	Sin. 83	'

Nomb.	Logarith.	Nomb.	Logarith.	Nomb.	Logarith.
1200	3.079181	1215	3.084576	1230	3.089905	1245	3.095169
1201	3.079543	1216	3.084934	1231	3.090258	1246	3.095518
1202	3.079904	1217	3.085291	1232	3.090611	1247	3.095866
1203	3.080266	1218	3.085647	1233	3.090963	1248	3.096215
1204	3.080626	1219	3.086004	1234	3.091315	1249	3.096562
1205	3.080987	1220	3.086360	1235	3.091667	1250	3.096910
1206	3.081347	1221	3.086716	1236	3.092018	1251	3.097257
1207	3.081707	1222	3.087071	1237	3.092370	1252	3.097604
1208	3.082067	1223	3.087426	1238	3.092721	1253	3.097951
1209	3.082426	1224	3.087781	1239	3.093071	1254	3.098298
1210	3.082785	1225	3.088136	1240	3.093422	1255	3.098644
1211	3.083144	1226	3.088490	1241	3.093772	1256	3.098990
1212	3.083503	1227	3.088845	1242	3.094122	1257	3.099335
1213	3.083861	1228	3.089198	1243	3.094471	1258	3.099681
1214	3.084219	1229	3.089552	1244	3.094820	1259	3.100026

LOGARITHMES DES NOMBRES.

Nomb.	Logarith.
1260	3.100371
1261	3.100715
1262	3.101059
1263	3.101403
1264	3.101747
1265	3.102091
1266	3.102434
1267	3.102777
1268	3.103119
1269	3.103462
1270	3.103804
1271	3.104146
1272	3.104487
1273	3.104828
1274	3.105169
1275	3.105510
1276	3.105851
1277	3.106191
1278	3.106531
1279	3.106871
1280	3.107210
1281	3.107549
1282	3.107888
1283	3.108227
1284	3.108565
1285	3.108903
1286	3.109241
1287	3.109579
1288	3.109916
1289	3.110253

′	Sin. 7	Tang. 7	Cotang. 7	Cofin. 7	
0	9.085894	9.089144	10.910856	9.996751	60
1	9.086922	9.090187	10.909813	9.996735	59
2	9.087947	9.091228	10.908772	9.996720	58
3	9.088970	9.092266	10.907734	9.996704	57
4	9.089990	9.093302	10.906698	9.996688	56
5	9.091008	9.094336	10.905664	9.996673	55
6	9.092024	9.095367	10.904633	9.996657	54
7	9.093037	9.096395	10.903605	9.996641	53
8	9.094047	9.097422	10.902578	9.996625	52
9	9.095056	9.098446	10.901554	9.996610	51
10	9.096062	9.099468	10.900532	9.996594	50
11	9.097065	9.100487	10.899513	9.996578	49
12	9.098066	9.101504	10.898496	9.996562	48
13	9.099065	9.102519	10.897481	9.996546	47
14	9.100062	9.103532	10.896468	9.996530	46
15	9.101056	9.104542	10.895458	9.996514	45
16	9.102048	9.105550	10.894450	9.996498	44
17	9.103037	9.106556	10.893444	9.996482	43
18	9.104025	9.107559	10.892441	9.996465	42
19	9.105010	9.108560	10.891440	9.996449	41
20	9.105992	9.109559	10.890441	9.996433	40
21	9.106973	9.110556	10.889444	9.996417	39
22	9.107951	9.111551	10.888449	9.996400	38
23	9.108927	9.112543	10.887457	9.996384	37
24	9.109901	9.113533	10.886467	9.996368	36
25	9.110873	9.114521	10.885479	9.996351	35
26	9.111842	9.115507	10.884493	9.996335	34
27	9.112809	9.116491	10.883509	9.996318	33
28	9.113774	9.117472	10.882528	9.996302	32
29	9.114737	9.118452	10.881548	9.996285	31
30	9.115698	9.119429	10.880571	9.996269	30
	Cofin. 82	Cotang. 82	Tang. 82	Sin. 82	′

Nomb.	Logarith.	Nomb.	Logarith.	Nomb.	Logarith.	Nomb.	Logarith.
1290	3.110590	1305	3.115611	1320	3.120574	1335	3.125481
1291	3.110926	1306	3.115943	1321	3.120903	1336	3.125806
1292	3.111263	1307	3.116276	1322	3.121231	1337	3.126131
1293	3.111599	1308	3.116608	1323	3.121560	1338	3.126456
1294	3.111934	1309	3.116940	1324	3.121888	1339	3.126781
1295	3.112270	1310	3.117271	1325	3.122216	1340	3.127105
1296	3.112605	1311	3.117603	1326	3.122544	1341	3.127429
1297	3.112940	1312	3.117934	1327	3.122871	1342	3.127753
1298	3.113275	1313	3.118265	1328	3.123198	1343	3.128076
1299	3.113609	1314	3.118595	1329	3.123525	1344	3.128399
1300	3.113943	1315	3.118926	1330	3.123852	1345	3.128722
1301	3.114277	1316	3.119256	1331	3.124178	1346	3.129045
1302	3.114611	1317	3.119586	1332	3.124504	1347	3.129368
1303	3.114944	1318	3.119915	1333	3.124830	1348	3.129690
1304	3.115278	1319	3.120245	1334	3.125156	1349	3.130012

	Sin. 7	Tang. 7	Cotang. 7	Cosin. 7	
30	9.115698	9.119429	10.880571	9.996269	30
31	9.116656	9.120404	10.879596	9.996252	29
32	9.117613	9.121377	10.878623	9.996235	28
33	9.118567	9.122348	10.877652	9.996219	27
34	9.119519	9.123317	10.876683	9.996202	26
35	9.120469	9.124284	10.875716	9.996185	25
36	9.121417	9.125249	10.874751	9.996168	24
37	9.122362	9.126211	10.873789	9.996151	23
38	9.123306	9.127172	10.872828	9.996134	22
39	9.124248	9.128130	10.871870	9.996117	21
40	9.125187	9.129087	10.870913	9.996100	20
41	9.126125	9.130041	10.869959	9.996083	19
42	9.127060	9.130994	10.869006	9.996066	18
43	9.127993	9.131944	10.868056	9.996049	17
44	9.128925	9.132893	10.867107	9.996032	16
45	9.129854	9.133839	10.866161	9.996015	15
46	9.130781	9.134784	10.865216	9.995998	14
47	9.131706	9.135726	10.864274	9.995980	13
48	9.132630	9.136667	10.863333	9.995963	12
49	9.133551	9.137605	10.862395	9.995946	11
50	9.134470	9.138542	10.861458	9.995928	10
51	9.135387	9.139476	10.860524	9.995911	9
52	9.136303	9.140409	10.859591	9.995894	8
53	9.137216	9.141340	10.858660	9.995876	7
54	9.138128	9.142269	10.857731	9.995859	6
55	9.139037	9.143196	10.856804	9.995841	5
56	9.139944	9.144121	10.855879	9.995823	4
57	9.140850	9.145044	10.854956	9.995806	3
58	9.141754	9.145966	10.854034	9.995788	2
59	9.142655	9.146885	10.853115	9.995771	1
60	9.143555	9.147803	10.852197	9.995753	0
	Cosin. 82	Cotang. 82	Tang. 82	Sin. 82	'

Nomb.	Logarith.
1350	3.130334
1351	3.130655
1352	3.130977
1353	3.131298
1354	3.131619
1355	3.131939
1356	3.132260
1357	3.132580
1358	3.132900
1359	3.133219
1360	3.133539
1361	3.133858
1362	3.134177
1363	3.134496
1364	3.134814
1365	3.135133
1366	3.135451
1367	3.135769
1368	3.136086
1369	3.136403
1370	3.136721
1371	3.137037
1372	3.137354
1373	3.137671
1374	3.137987
1375	3.138303
1376	3.138618
1377	3.138934
1378	3.139249
1379	3.139564
1380	3.139879
1381	3.140194
1382	3.140508
1383	3.140822
1384	3.141136
1385	3.141450
1386	3.141763
1387	3.142076
1388	3.142389
1389	3.142702
1390	3.143015
1391	3.143327
1392	3.143639
1393	3.143951
1394	3.144263

Nomb.	Logarith.	Nomb.	Logarith.	Nomb.	Logarith.
1395	3.144574	1410	3.149219	1425	3.153815
1396	3.144885	1411	3.149527	1426	3.154120
1397	3.145196	1412	3.149835	1427	3.154424
1398	3.145507	1413	3.150142	1428	3.154728
1399	3.145818	1414	3.150449	1429	3.155032
1400	3.146128	1415	3.150756	1430	3.155336
1401	3.146438	1416	3.151063	1431	3.155640
1402	3.146748	1417	3.151370	1432	3.155943
1403	3.147058	1418	3.151676	1433	3.156246
1404	3.147367	1419	3.151982	1434	3.156549
1405	3.147676	1420	3.152288	1435	3.156852
1406	3.147985	1421	3.152594	1436	3.157154
1407	3.148294	1422	3.152900	1437	3.157457
1408	3.148603	1423	3.153205	1438	3.157759
1409	3.148911	1424	3.153510	1439	3.158061

c

	Sin. 8	Tang. 8	Cótáng. 8	Cosin. 8	
0	9.143555	9.147803	10.852197	9.995753	60
1	9.144453	9.148718	10.851282	9.995735	59
2	9.145349	9.149632	10.850368	9.995717	58
3	9.146243	9.150544	10.849456	9.995699	57
4	9.147136	9.151454	10.848546	9.995681	56
5	9.148026	9.152363	10.847637	9.995664	55
6	9.148915	9.153269	10.846731	9.995646	54
7	9.149802	9.154174	10.845826	9.995628	53
8	9.150686	9.155077	10.844923	9.995610	52
9	9.151569	9.155978	10.844022	9.995591	51
10	9.152451	9.156877	10.843123	9.995573	50
11	9.153330	9.157775	10.842225	9.995555	49
12	9.154208	9.158671	10.841329	9.995537	48
13	9.155083	9.159565	10.840435	9.995519	47
14	9.155957	9.160457	10.839543	9.995501	46
15	9.156830	9.161347	10.838653	9.995482	45
16	9.157700	9.162236	10.837764	9.995464	44
17	9.158569	9.163123	10.836877	9.995446	43
18	9.159435	9.164008	10.835992	9.995427	42
19	9.160301	9.164892	10.835108	9.995409	41
20	9.161164	9.165774	10.834226	9.995390	40
21	9.162025	9.166654	10.833346	9.995372	39
22	9.162885	9.167532	10.832468	9.995353	38
23	9.163743	9.168409	10.831591	9.995334	37
24	9.164600	9.169284	10.830716	9.995316	36
25	9.165454	9.170157	10.829843	9.995297	35
26	9.166307	9.171029	10.828971	9.995278	34
27	9.167159	9.171899	10.828101	9.995260	33
28	9.168008	9.172767	10.827233	9.995241	32
29	9.168856	9.173634	10.826366	9.995222	31
30	9.169702	9.174499	10.825501	9.995203	30
	Cosin. 81	Cotang. 81	Tang. 81	Sin. 81	

Nomb.	Logarith.
1440	3.158362
1441	3.158664
1442	3.158965
1443	3.159266
1444	3.159567
1445	3.159868
1446	3.160168
1447	3.160468
1448	3.160769
1449	3.161068
1450	3.161368
1451	3.161667
1452	3.161967
1453	3.162266
1454	3.162564
1455	3.162863
1456	3.163161
1457	3.163460
1458	3.163758
1459	3.164055
1460	3.164353
1461	3.164650
1462	3.164947
1463	3.165244
1464	3.165541
1465	3.165838
1466	3.166134
1467	3.166430
1468	3.166726
1469	3.167022
1470	3.167317
1471	3.167613
1472	3.167908
1473	3.168203
1474	3.168497
1475	3.168792
1476	3.169086
1477	3.169380
1478	3.169674
1479	3.169968
1480	3.170261
1481	3.170555
1482	3.170848
1483	3.171141
1484	3.171434

Nomb.	Logarith.	Nomb.	Logarith.	Nomb.	Logarith.
1485	3.171726	1500	3.176091	1515	3.180413
1486	3.172019	1501	3.176381	1516	3.180699
1487	3.172311	1502	3.176670	1517	3.180986
1488	3.168203	1503	3.176959	1518	3.181272
1489	3.172895	1504	3.177248	1519	3.181558
1490	3.173186	1505	3.177536	1520	3.181844
1491	3.173478	1506	3.177825	1521	3.182129
1492	3.173769	1507	3.178113	1522	3.182415
1493	3.174060	1508	3.178401	1523	3.182700
1494	3.174351	1509	3.178689	1524	3.182985
1495	3.174641	1510	3.178977	1525	3.183270
1496	3.174932	1511	3.179264	1526	3.183555
1497	3.175222	1512	3.179552	1527	3.183839
1498	3.175512	1513	3.179839	1528	3.184123
1499	3.175802	1514	3.180126	1529	3.184407

LOGARITHMES DES NOMBRES.

Nomb.	Logarith.
1530	3.184691
1531	3.184975
1532	3.185259
1533	3.185542
1534	3.185825
1535	3.186108
1536	3.186391
1537	3.186674
1538	3.186956
1539	3.187239
1540	3.187521
1541	3.187803
1542	3.188084
1543	3.188366
1544	3.188647
1545	3.188928
1546	3.189209
1547	3.189490
1548	3.189771
1549	3.190051
1550	3.190332
1551	3.190612
1552	3.190892
1553	3.191171
1554	3.191451
1555	3.191730
1556	3.192010
1557	3.192289
1558	3.192567
1559	3.192846
1560	3.193125
1561	3.193403
1562	3.193681
1563	3.193959
1564	3.194237
1565	3.194514
1566	3.194792
1567	3.195069
1568	3.195346
1569	3.195623
1570	3.195900
1571	3.196176
1572	3.196453
1573	3.196729
1574	3.197005

′	Sin. 8	Tang. 8	Cotang. 8	Cosin. 8	
30	9.169702	9.174499	10.825501	9.995203	30
31	9.170547	9.175362	10.824638	9.995184	29
32	9.171389	9.176224	10.823776	9.995165	28
33	9.172230	9.177084	10.822916	9.995146	27
34	9.173070	9.177942	10.822058	9.995127	26
35	9.173908	9.178799	10.821201	9.995108	25
36	9.174744	9.179655	10.820345	9.995089	24
37	9.175578	9.180508	10.819492	9.995070	23
38	9.176411	9.181360	10.818640	9.995051	22
39	9.177242	9.182211	10.817789	9.995032	21
40	9.178072	9.183059	10.816941	9.995013	20
41	9.178900	9.183907	10.816093	9.994993	19
42	9.179726	9.184752	10.815248	9.994974	18
43	9.180551	9.185597	10.814403	9.994955	17
44	9.181374	9.186439	10.813561	9.994935	16
45	9.182196	9.187280	10.812720	9.994916	15
46	9.183016	9.188120	10.811880	9.994896	14
47	9.183834	9.188958	10.811042	9.994877	13
48	9.184651	9.189794	10.810206	9.994857	12
49	9.185466	9.190629	10.809371	9.994838	11
50	9.186280	9.191462	10.808538	9.994818	10
51	9.187092	9.192294	10.807706	9.994798	9
52	9.187903	9.193124	10.806876	9.994779	8
53	9.188712	9.193953	10.806047	9.994759	7
54	9.189519	9.194780	10.805220	9.994739	6
55	9.190325	9.195606	10.804394	9.994719	5
56	9.191130	9.196430	10.803570	9.994700	4
57	9.191933	9.197253	10.802747	9.994680	3
58	9.192734	9.198074	10.801926	9.994660	2
59	9.193534	9.198894	10.801106	9.994640	1
60	9.194332	9.199713	10.800287	9.994620	0
	Cosin. 81	Cotarg. 81	Tang. 81	Sin. 81	′

Nomb.	Logarith.	Nomb.	Logarith.	Nomb.	Logarith.
1575	3.197281	1590	3.201397	1605	3.205475
1576	3.197556	1591	3.201670	1606	3.205746
1577	3.197832	1592	3.201943	1607	3.206016
1578	3.198107	1593	3.202216	1608	3.206286
1579	3.198382	1594	3.202488	1609	3.206556
1580	3.198657	1595	3.202761	1610	3.206826
1581	3.198932	1596	3.203033	1611	3.207096
1582	3.199206	1597	3.203305	1612	3.207365
1583	3.199481	1598	3.203577	1613	3.207634
1584	3.199755	1599	3.203848	1614	3.207904
1585	3.200029	1600	3.204120	1615	3.208173
1586	3.200303	1601	3.204391	1616	3.208441
1587	3.200577	1602	3.204663	1617	3.208710
1588	3.200850	1603	3.204934	1618	3.208979
1589	3.201124	1604	3.205204	1619	3.209247

LOGARITHMES DES NOMBRES.

Nomb.	Logarith.
1620	3.209515
1621	3.209783
1622	3.210051
1623	3.210319
1624	3.210586
1625	3.210852
1626	3.211121
1627	3.211388
1628	3.211654
1629	3.211921
1630	3.212188
1631	3.212454
1632	3.212720
1633	3.212986
1634	3.213252
1635	3.213518
1636	3.213783
1637	3.214049
1638	3.214314
1639	3.214579
1640	3.214844
1641	3.215109
1642	3.215373
1643	3.215638
1644	3.215902
1645	3.216166
1646	3.216430
1647	3.216694
1648	3.216957
1649	3.217221
1650	3.217484
1651	3.217747
1652	3.218010
1653	3.218273
1654	3.218536
1655	3.218798
1656	3.219060
1657	3.219323
1658	3.219585
1659	3.219846
1660	3.220108
1661	3.220370
1662	3.220631
1663	3.220892
1664	3.221153

	Sin. 9	Tang. 9	Cotang. 9	Cofin. 9	
0	9.194332	9.199713	10.800287	9.994620	60
2	9.195925	9.201345	10.798655	9.994580	58
4	9.197511	9.202971	10.797029	9.994540	56
6	9.199091	9.204592	10.795408	9.994499	54
8	9.200666	9.206207	10.793793	9.994459	52
10	9.202234	9.207817	10.792183	9.994418	50
12	9.203797	9.209420	10.790580	9.994377	48
14	9.205354	9.211018	10.788982	9.994336	46
16	9.206906	9.212611	10.787389	9.994295	44
18	9.208452	9.214198	10.785802	9.994254	42
20	9.209992	9.215780	10.784220	9.994212	40
22	9.211526	9.217356	10.782644	9.994171	38
24	9.213055	9.218926	10.781074	9.994129	36
26	9.214579	9.220492	10.779508	9.994087	34
28	9.216097	9.222052	10.777948	9.994045	32
30	9.217609	9.223607	10.776393	9.994003	30
32	9.219116	9.225156	10.774844	9.993960	28
34	9.220618	9.226700	10.773300	9.993918	26
36	9.222115	9.228239	10.771761	9.993875	24
38	9.223606	9.229773	10.770227	9.993832	22
40	9.225092	9.231302	10.768698	9.993789	20
42	9.226573	9.232826	10.767174	9.993746	18
44	9.228048	9.234345	10.765655	9.993703	16
46	9.229518	9.235859	10.764141	9.993660	14
48	9.230984	9.237368	10.762632	9.993616	12
50	9.232444	9.238872	10.761128	9.993572	10
52	9.233899	9.240371	10.759629	9.993528	8
54	9.235349	9.241865	10.758135	9.993484	6
56	9.236795	9.243354	10.756646	9.993440	4
58	9.238235	9.244839	10.755161	9.993396	2
60	9.239670	9.246319	10.753681	9.993351	0

Nomb.	Logarith.	Nomb.	Logarith.	Nomb.	Logarith.
1665	3.221414	1680	3.225309	1695	3.229170
1666	3.221675	1681	3.225568	1696	3.229426
1667	3.221936	1682	3.225826	1697	3.229682
1668	3.222196	1683	3.226084	1698	3.229938
1669	3.222456	1684	3.226342	1699	3.230193
1670	3.222716	1685	3.226600	1700	3.230449
1671	3.222976	1686	3.226858	1701	3.230704
1672	3.223236	1687	3.227115	1702	3.230960
1673	3.223496	1688	3.227372	1703	3.231215
1674	3.223755	1689	3.227630	1704	3.231470
1675	3.224015	1690	3.227887	1705	3.231724
1676	3.224274	1691	3.228144	1706	3.231979
1677	3.224533	1692	3.228400	1707	3.232234
1678	3.224792	1693	3.228657	1708	3.232488
1679	3.225051	1694	3.228913	1709	3.232742

LOGARITHMES DES NOMBRES.

Nomb.	Logarith.
1710	3.232996
1711	3.233250
1712	3.233504
1713	3.233757
1714	3.234011
1715	3.234264
1716	3.234517
1717	3.234770
1718	3.235023
1719	3.235276
1720	3.235528
1721	3.235781
1722	3.236033
1723	3.236285
1724	3.236537
1725	3.236789
1726	3.237041
1727	3.237292
1728	3.237544
1729	3.237795
1730	3.238046
1731	3.238297
1732	3.238548
1733	3.238799
1734	3.239049
1735	3.239299
1736	3.239550
1737	3.239800
1738	3.240050
1739	3.240300

'	Sin. 10	Tang. 10	Cotang. 10	Cosin. 10	
0	9.239670	9.246319	10.753681	9.993351	60
2	9.241101	9.247794	10.752206	9.993307	58
4	9.242526	9.249264	10.750736	9.993262	56
6	9.243947	9.250730	10.749270	9.993217	54
8	9.245363	9.252191	10.747809	9.993172	52
10	9.246775	9.253648	10.746352	9.993127	50
12	9.248181	9.255100	10.744900	9.993081	48
14	9.249583	9.256547	10.743453	9.993036	46
16	9.250980	9.257990	10.742010	9.992990	44
18	9.252373	9.259429	10.740571	9.992944	42
20	9.253761	9.260863	10.739137	9.992898	40
22	9.255144	9.262292	10.737708	9.992852	38
24	9.256523	9.263717	10.736283	9.992806	36
26	9.257898	9.265138	10.734862	9.992759	34
28	9.259268	9.266555	10.733445	9.992713	32
30	9.260633	9.267967	10.732033	9.992666	30
32	9.261994	9.269375	10.730625	9.992619	28
34	9.263351	9.270779	10.729221	9.992572	26
36	9.264703	9.272178	10.727822	9.992525	24
38	9.266051	9.273573	10.726427	9.992478	22
40	9.267395	9.274964	10.725036	9.992430	20
42	9.268734	9.276351	10.723649	9.992382	18
44	9.270069	9.277734	10.722266	9.992335	16
46	9.271400	9.279113	10.720887	9.992287	14
48	9.272726	9.280488	10.719512	9.992239	12
50	9.274049	9.281858	10.718142	9.992190	10
52	9.275367	9.283225	10.716775	9.992142	8
54	9.276681	9.284588	10.715412	9.992093	6
56	9.277991	9.285947	10.714053	9.992044	4
58	9.279297	9.287301	10.712699	9.991996	2
60	9.280599	9.288652	10.711348	9.991947	0
	Cosin. 79	Cotang. 79	Tang. 79	Sin. 79	'

Nomb.	Logarith.	Nomb.	Logarith.	Nomb.	Logarith.
1740	3.240549	1755	3.244277	1770	3.247973	1785	3.251638
1741	3.240799	1756	3.244524	1771	3.248219	1786	3.251881
1742	3.241048	1757	3.244772	1772	3.248464	1787	3.252125
1743	3.241297	1758	3.245019	1773	3.248709	1788	3.252368
1744	3.241546	1759	3.245266	1774	3.248954	1789	3.252610
1745	3.241795	1760	3.245513	1775	3.249198	1790	3.252853
1746	3.242044	1761	3.245759	1776	3.249443	1791	3.253096
1747	3.242293	1762	3.246006	1777	3.249687	1792	3.253338
1748	3.242541	1763	3.246252	1778	3.249932	1793	3.253580
1749	3.242790	1764	3.246499	1779	3.250176	1794	3.253822
1750	3.243038	1765	3.246745	1780	3.250420	1795	3.254064
1751	3.243286	1766	3.246991	1781	3.250664	1796	3.254306
1752	3.243534	1767	3.247237	1782	3.250908	1797	3.254548
1753	3.243782	1768	3.247482	1783	3.251151	1798	3.254790
1754	3.244030	1769	3.247728	1784	3.251395	1799	3.255031

′	Sin. 11	Tang. 11	Cotang. 11	Cosin. 11	
0	9.280599	9.288652	10.711348	9.991947	60
2	9.281897	9.289999	10.710001	9.991897	58
4	9.283190	9.291342	10.708658	9.991848	56
6	9.284480	9.292682	10.707318	9.991799	54
8	9.285766	9.294017	10.705983	9.991749	52
10	9.287048	9.295349	10.704651	9.991699	50
12	9.288326	9.296677	10.703323	9.991649	48
14	9.289600	9.298001	10.701999	9.991599	46
16	9.290870	9.299322	10.700678	9.991549	44
18	9.292137	9.300638	10.699362	9.991498	42
20	9.293399	9.301951	10.698049	9.991448	40
22	9.294658	9.303261	10.696739	9.991397	38
24	9.295913	9.304567	10.695433	9.991346	36
26	9.297164	9.305869	10.694131	9.991295	34
28	9.298411	9.307168	10.692832	9.991244	32
30	9.299655	9.308463	10.691537	9.991193	30
32	9.300895	9.309754	10.690246	9.991141	28
34	9.302132	9.311042	10.688958	9.991090	26
36	9.303364	9.312327	10.687673	9.991038	24
38	9.304593	9.313608	10.686392	9.990986	22
40	9.305819	9.314885	10.685115	9.990934	20
42	9.307041	9.316159	10.683841	9.990882	18
44	9.308259	9.317430	10.682570	9.990829	16
46	9.309474	9.318697	10.681303	9.990777	14
48	9.310685	9.319961	10.680039	9.990724	12
50	9.311893	9.321222	10.678778	9.990671	10
52	9.313097	9.322479	10.677521	9.990618	8
54	9.314297	9.323733	10.676267	9.990565	6
56	9.315495	9.324983	10.675017	9.990513	4
58	9.316689	9.326231	10.673769	9.990458	2
60	9.317879	9.327475	10.672525	9.990404	0
	Cosin. 78	Cotang. 78	Tang. 78	Sin. 78	′

Nomb.	Logarith.
1800	3.255273
1801	3.255514
1802	3.255755
1803	3.255996
1804	3.256236
1805	3.256477
1806	3.256718
1807	3.256958
1808	3.257198
1809	3.257439
1810	3.257679
1811	3.257918
1812	3.258158
1813	3.258398
1814	3.258637
1815	3.258877
1816	3.259116
1817	3.259355
1818	3.259594
1819	3.259833
1820	3.260071
1821	3.260310
1822	3.260548
1823	3.260787
1824	3.261025
1825	3.261263
1826	3.261501
1827	3.261739
1828	3.261976
1829	3.262214
1830	3.262451
1831	3.262688
1832	3.262925
1833	3.263162
1834	3.263399
1835	3.263636
1836	3.263873
1837	3.264109
1838	3.264346
1839	3.264582
1840	3.264818
1841	3.265054
1842	3.265290
1843	3.265525
1844	3.265761

Nomb.	Logarith.	Nomb.	Logarith.	Nomb.	Logarith.
1845	3.265996	1860	3.269513	1875	3.273001
1846	3.266232	1861	3.269746	1876	3.273233
1847	3.266467	1862	3.269980	1877	3.273464
1848	3.266702	1863	3.270213	1878	3.273696
1849	3.266937	1864	3.270446	1879	3.273927
1850	3.267172	1865	3.270679	1880	3.274158
1851	3.267406	1866	3.270912	1881	3.274389
1852	3.267641	1867	3.271144	1882	3.274620
1853	3.267875	1868	3.271377	1883	3.274850
1854	3.268110	1869	3.271609	1884	3.275081
1855	3.268344	1870	3.271842	1885	3.275311
1856	3.268578	1871	3.272074	1886	3.275542
1857	3.268812	1872	3.272306	1887	3.275772
1858	3.269046	1873	3.272538	1888	3.276002
1859	3.269279	1874	3.272770	1889	3.276232

LOGARITHMES DES NOMBRES.

Nomb.	Logarith.
1890	3.276462
1891	3.276692
1892	3.276921
1893	3.277151
1894	3.277380
1895	3.277609
1896	3.277838
1897	3.278067
1898	3.278296
1899	3.278525
1900	3.278754
1901	3.278982
1902	3.279211
1903	3.279439
1904	3.279667
1905	3.279895
1906	3.280123
1907	3.280351
1908	3.280578
1909	3.280806
1910	3.281033
1911	3.281261
1912	3.281488
1913	3.281715
1914	3.281942
1915	3.282169
1916	3.282396
1917	3.282622
1918	3.282849
1919	3.283075
1920	3.283301
1921	3.283527
1922	3.283753
1923	3.283979
1924	3.284205
1925	3.284431
1926	3.284656
1927	3.284882
1828	3.285107
1929	3.285332
1930	3.285557
1931	3.285782
1932	3.286007
1933	3.286232
1934	3.286456

	Sin. 12	Tang. 12	Cotang. 12	Cosin. 12	
0	9.317879	9.327474	10.672525	9.990404	60
2	9.319066	9.328715	10.671285	9.990351	58
4	9.320249	9.329953	10.670047	9.990297	56
6	9.321430	9.331187	10.668813	9.990243	54
8	9.322607	9.332418	10.667582	9.990188	52
10	9.323780	9.333646	10.666354	9.990134	50
12	9.324950	9.334871	10.665129	9.990079	48
14	9.326117	9.336093	10.663907	9.990025	46
16	9.327281	9.337311	10.662689	9.989970	44
18	9.328442	9.338527	10.661473	9.989915	42
20	9.329599	9.339739	10.660261	9.989860	40
22	9.330753	9.340948	10.659052	9.989804	38
24	9.331903	9.342155	10.657845	9.989749	36
26	9.333051	9.343358	10.656642	9.989693	34
28	9.334195	9.344558	10.655442	9.989637	32
30	9.335337	9.345755	10.654245	9.989582	30
32	9.336475	9.346949	10.653051	9.989525	28
34	9.337610	9.348141	10.651859	9.989469	26
36	9.338742	9.349329	10.650671	9.989413	24
38	9.339871	9.350514	10.649486	9.989356	22
40	9.340996	9.351697	10.648303	9.989300	20
42	9.342119	9.352876	10.647124	9.989243	18
44	9.343239	9.354053	10.645947	9.989186	16
46	9.344355	9.355227	10.644773	9.989128	14
48	9.345469	9.356398	10.643602	9.989071	12
50	9.346579	9.357566	10.642434	9.989014	10
52	9.347687	9.358731	10.641269	9.988956	8
54	9.348792	9.359893	10.640107	9.988898	6
56	9.349893	9.361053	10.638947	9.988840	4
58	9.350992	9.362210	10.637790	9.988782	2
60	9.352088	9.363364	10.636636	9.988724	0
	Cosin. 77	Cotang. 77	Tang 77	Sin. 77	'

Nomb.	Logarith.	Nomb.	Logarith.	Nomb.	Logarith.
1935	3.286681	1950	3.290035	1965	3.293363
1936	3.286905	1951	3.290257	1966	3.293584
1937	3.287130	1952	3.290480	1967	3.293804
1938	3.287354	1953	3.290702	1968	3.294025
1939	3.287578	1954	3.290925	1969	3.294246
1940	3.287802	1955	3.291147	1970	3.294466
1941	3.288026	1956	3.291369	1971	3.294687
1942	3.288249	1957	3.291591	1972	3.294907
1943	3.288473	1958	3.291813	1973	3.295127
1944	3.288696	1959	3.292034	1974	3.295347
1945	3.288920	1960	3.292256	1975	3.295567
1946	3.289143	1961	3.292478	1976	3.295787
1947	3.289366	1962	3.292699	1977	3.296007
1948	3.289589	1963	3.292920	1978	3.296226
1949	3.289812	1964	3.293141	1979	3.296446

Nomb.	Logarith.
1980	3.296665
1981	3.296884
1982	3.297104
1983	3.297323
1984	3.297542
1985	3.297761
1986	3.297979
1987	3.298198
1988	3.298416
1989	3.298635
1990	3.298853
1991	3.299071
1992	3.299289
1993	3.299507
1994	3.299725
1995	3.299943
1996	3.300161
1997	3.300378
1998	3.300595
1999	3.300813
2000	3.301030
2001	3.301247
2002	3.301464
2003	3.301681
2004	3.301898
2005	3.302114
2006	3.302331
2007	3.302547
2008	3.302764
2009	3.302980
2010	3.303196
2011	3.303412
2012	3.303628
2013	3.303844
2014	3.304059
2015	3.304275
2016	3.304491
2017	3.304706
2018	3.304921
2019	3.305136
2020	3.305351
2021	3.305566
2022	3.305781
2023	3.305996
2024	3.306211

′	Sin. 13	Tang. 13	Cotang. 13	Cosin. 13	
0	9.352088	9.363364	10.636636	9.988724	60
2	9.353181	9.364515	10.635485	9.988666	58
4	3.354271	9.365664	10.634336	9.988607	56
6	9.355358	9.366810	10.633190	9.988548	54
8	9.356443	9.367953	10.632047	9.988489	52
10	9.357524	9.369094	10.630906	9.988430	50
12	9.358603	9.370232	10.629768	9.988371	48
14	9.359678	9.371367	10.628633	9.988312	46
16	9.360752	9.372499	10.627501	9.988252	44
18	9.361822	9.373629	10.626371	9.988193	42
20	9.362889	9.374756	10.625244	9.988133	40
22	9.363954	9.375881	10.624119	9.988073	38
24	9.365016	9.377003	10.622997	9.988013	36
26	9.366075	9.378122	10.621878	9.987953	34
28	9.367131	9.379239	10.620761	9.987892	32
30	9.368185	9.380354	10.619646	9.987832	30
32	9.369236	9.381466	10.618534	9.987771	28
34	9.370285	9.382575	10.617425	9.987710	26
36	9.371330	9.383682	10.616318	9.987649	24
38	9.372373	9.384786	10.615214	9.987588	22
40	9.373414	9.385888	10.614112	9.987526	20
42	9.374452	9.386987	10.613013	9.987465	18
44	9.375487	9.388084	10.611916	9.987403	16
46	9.376519	9.389178	10.610822	9.987341	14
48	9.377549	9.390270	10.609730	9.987279	12
50	9.378577	9.391360	10.608640	9.987217	10
52	9.379601	9.392447	10.607553	9.987155	8
54	9.380624	9.393531	10.606469	9.987092	6
56	9.381643	9.394614	10.605386	9.987030	4
58	9.382661	9.395694	10.604306	9.986967	2
60	9.383675	9.396771	10.603229	9.986904	0
	Cosin. 76	Cotang. 76	Tang. 76	Sin. 76	′

Nomb.	Logarith.	Nomb.	Logarith.	Nomb.	Logarith.
2025	3.306425	2040	3.309630	2055	3.312812
2026	3.306639	2041	3.309843	2056	3.313023
2027	3.306854	2042	3.310056	2057	3.313234
2028	3.307068	2043	3.310268	2058	3.313445
2029	3.307282	2044	3.310481	2059	3.313656
2030	3.307496	2045	3.310693	2060	3.313867
2031	3.307710	2046	3.310906	2061	3.314078
2032	3.307924	2047	3.311118	2062	3.314289
2033	3.308137	2048	3.311330	2063	3.314499
2034	3.308351	2049	3.311542	2064	3.314710
2035	3.308564	2050	3.311754	2065	3.314920
2036	3.308778	2051	3.311966	2066	3.315130
2037	3.308991	2052	3.312177	2067	3.315340
2038	3.309204	2053	3.312389	2068	3.315551
2039	3.309417	2054	3.312600	2069	3.315760

LOGARITHMES DES NOMBRES.

Nomb.	Logarith.
2070	3.315970
2071	3.316180
2072	3.316390
2073	3.316599
2074	3.316809
2075	3.317018
2076	3.317227
2077	3.317436
2078	3.317646
2079	3.317854
2080	3.318063
2081	3.318272
2082	3.318481
2083	3.318689
2084	3.318898
2085	3.319106
2086	3.319314
2087	3.319522
2088	3.319730
2089	3.319938
2090	3.320146
2091	3.320354
2092	3.320562
2093	3.320769
2094	3.320977
2095	3.321184
2096	3.321391
2097	3.321598
2098	3.321805
2099	3.322012
2100	3.322219
2101	3.322426
2102	3.322633
2103	3.322839
2104	3.323046
2105	3.323252
2106	3.323458
2107	3.323665
2108	3.323871
2109	3.324077
2110	3.324282
2111	3.324488
2112	3.324694
2113	3.324899
2114	3.325105

	Sin. 14	Tang. 14	Cotang. 14	Cosin. 14	
0	9.383675	9.396771	10.603229	9.986904	60
2	9.384687	9.397846	10.602154	9.986841	58
4	9.385697	9.398919	10.601081	9.986778	56
6	9.386704	9.399990	10.600010	9.986714	54
8	9.387709	9.401058	10.598942	9.986651	52
10	9.388711	9.402124	10.597876	9.986587	50
12	9.389711	9.403187	10.596813	9.986523	48
14	9.390708	9.404249	10.595751	9.986459	46
16	9.391703	9.405308	10.594692	9.986395	44
18	9.392695	9.406364	10.593636	9.986331	42
20	9.393685	9.407419	10.592581	9.986266	40
22	9.394673	9.408471	10.591529	9.986202	38
24	9.395658	9.409521	10.590479	9.986137	36
26	9.396641	9.410569	10.589431	9.986072	34
28	9.397621	9.411615	10.588385	9.986007	32
30	9.398600	9.412658	10.587342	9.985942	30
32	9.399575	9.413699	10.586301	9.985876	28
34	9.400549	9.414738	10.585262	9.985811	26
36	9.401520	9.415775	10.584225	9.985745	24
38	9.402489	9.416810	10.583190	9.985679	22
40	9.403455	9.417842	10.582158	9.985613	20
42	9.404420	9.418873	10.581127	9.985547	18
44	9.405382	9.419901	10.580099	9.985480	16
46	9.406341	9.420927	10.579073	9.985414	14
48	9.407299	9.421952	10.578048	9.985347	12
50	9.408254	9.422974	10.577026	9.985280	10
52	9.409207	9.423993	10.576007	9.985213	8
54	9.410157	9.425011	10.574989	9.985146	6
56	9.411106	9.426027	10.573973	9.985079	4
58	9.412052	9.427041	10.572959	9.985011	2
60	9.412996	9.428052	10.571948	9.984944	0
	Cosin. 75	Cotang. 75	Tang. 75	Sin. 75	

Nomb.	Logarith.	Nomb.	Logarith.	Nomb.	Logarith.
2115	3.325310	2130	3.328380	2145	3.331427
2116	3.325516	2131	3.328583	2146	3.331630
2117	3.325721	2132	3.328787	2147	3.331832
2118	3.325926	2133	3.328991	2148	3.332034
2119	3.326131	2134	3.329194	2149	3.332236
2120	3.326336	2135	3.329398	2150	3.332438
2121	3.326541	2136	3.329601	2151	3.332640
2122	3.326745	2137	3.329805	2152	3.332842
2123	3.326950	2138	3.330008	2153	3.333044
2124	3.327155	2139	3.330211	2154	3.333246
2125	3.327359	2140	3.330414	2155	3.333447
2126	3.327563	2141	3.330617	2156	3.333649
2127	3.327767	2142	3.330819	2157	3.333850
2128	3.327972	2143	3.331022	2158	3.334051
2129	3.328176	2144	3.331225	2159	3.334253

'	Sin. 15	Tang.15	Cotang. 15	Cosin. 15	
0	9.412996	9.428052	10.571948	9.984944	60
2	9.413938	9.429062	10.570938	9.984876	58
4	9.414878	9.430070	10.569930	9.984808	56
6	9.415815	9.431075	10.568925	9.984740	54
8	9.416751	9.432079	10.567921	9.984672	52
10	9.417684	9.433080	10.566920	9.984603	50
12	9.418615	9.434080	10.565920	9.984535	48
14	9.419544	9.435078	10.564922	9.984466	46
16	9.420470	9.436073	10.563927	9.984397	44
18	9.421395	9.437067	10.562933	9.984328	42
20	9.422318	9.438059	10.561941	9.984259	40
22	9.423238	9.439048	10.560952	9.984190	38
24	9.424156	9.440036	10.559964	9.984120	36
26	9.425073	9.441022	10.558978	9.984050	34
28	9.425987	9.442006	10.557994	9.983981	32
30	9.426899	9.442988	10.557012	9.983911	30
32	9.427809	9.443968	10.556032	9.983840	28
34	9.428717	9.444947	10.555053	9.983770	26
36	9.429623	9.445923	10.554077	9.983700	24
38	9.430527	9.446898	10.553102	9.983629	22
40	9.431429	9.447870	10.552130	9.983558	20
42	9.432329	9.448841	10.551159	9.983487	18
44	9.433226	9.449810	10.550190	9.983416	16
46	9.434122	9.450777	10.549223	9.983345	14
48	9.435016	9.451743	10.548257	9.983273	12
50	9.435908	9.452706	10.547294	9.983202	10
52	9.436798	9.453668	10.546332	9.983130	8
54	9.437686	9.454628	10.545372	9.983058	6
56	9.438572	9.455586	10.544414	9.982986	4
58	9.439456	9.456542	10.543458	9.982914	2
60	9.440338	9.457496	10.542503	9.982842	0
	Cosin. 74	Cotang.74	Tang. 74	Sin. 74	'

Nomb.	Logarith.
2160	3.334454
2161	3.334655
2162	3.334856
2163	3.335056
2164	3.335257
2165	3.335458
2166	3.335658
2167	3.335859
2168	3.336059
2169	3.336260
2170	3.336460
2171	3.336660
2172	3.336860
2173	3.337060
2174	3.337260
2175	3.337459
2176	3.337659
2177	3.337858
2178	3.338058
2179	3.338257
2180	3.338456
2181	3.338656
2182	3.338855
2183	3.339054
2184	3.339253
2185	3.339451
2186	3.339650
2187	3.339849
2188	3.340047
2189	3.340246
2190	3.340444
2191	3.340642
2192	3.340841
2193	3.341039
2194	3.341237
2195	3.341435
2196	3.341632
2197	3.341830
2198	3.342028
2199	3.342225
2200	3.342423
2201	3.342620
2202	3.342817
2203	3.343014
2204	3.343212

Nomb.	Logarith.	Nomb.	Logarith.	Nomb.	Logarith.
2205	3.343409	2220	3.346353	2235	3.349278
2206	3.343606	2221	3.346549	2236	3.349472
2207	3.343802	2222	3.346744	2237	3.349666
2208	3.343999	2223	3.346939	2238	3.349860
2209	3.344196	2224	3.347135	2239	3.350054
2210	3.344392	2225	3.347330	2240	3.350248
2211	3.344589	2226	3.347525	2241	3.350442
2212	3.344785	2227	3.347720	2242	3.350636
2213	3.344981	2228	3.347915	2243	3.350829
2214	3.345178	2229	3.348110	2244	3.351023
2215	3.345374	2230	3.348305	2245	3.351216
2216	3.345570	2231	3.348500	2246	3.351410
2217	3.345766	2232	3.348694	2247	3.351603
2218	3.345962	2233	3.348889	2248	3.351796
2219	3.346157	2234	3.349083	2249	3.351989

Nomb.	Logarith.
2250	3.352183
2251	3.352375
2252	3.352568
2253	3.352761
2254	3.352954
2255	3.353147
2256	3.353339
2257	3.353532
2258	3.353724
2259	3.353916
2260	3.354108
2261	3.354301
2262	3.354493
2263	3.354685
2264	3.354876
2265	3.355068
2266	3.355260
2267	3.355452
2268	3.355643
2269	3.355834
2270	3.356026
2271	3.356217
2272	3.356408
2273	3.356599
2274	3.356790
2275	3.356981
2276	3.357172
2277	3.357363
2278	3.357554
2279	3.357744
2280	3.357935
2281	3.358125
2282	3.358316
2283	3.358506
2284	3.358696
2285	3.358886
2286	3.359076
2287	3.359266
2288	3.359456
2289	3.359646
2290	3.359835
2291	3.360025
2292	3.360215
2293	3.360404
2294	3.360593

'	Sin. 16	Tang. 16	Cotang. 16	Cosin. 16	
0	9.440338	9.457496	10.542504	9.982842	60
2	9.441218	9.458449	10.541551	9.982769	58
4	9.442096	9.459400	10.540600	9.982696	56
6	9.442973	9.460349	10.539651	9.982624	54
8	9.443847	9.461297	10.538703	9.982551	52
10	9.444720	9.462242	10.537758	9.982477	50
12	9.445590	9.463186	10.536814	9.982404	48
14	9.446459	9.464128	10.535872	9.982331	46
16	9.447326	9.465069	10.534931	9.982257	44
18	9.448191	9.466008	10.533992	9.982183	42
20	9.449054	9.466945	10.533055	9.982109	40
22	9.449915	9.467880	10.532120	9.982035	38
24	9.450775	9.468814	10.531186	9.981961	36
26	9.451632	9.469746	10.530254	9.981886	34
28	9.452488	9.470676	10.529324	9.981812	32
30	9.453342	9.471605	10.528395	9.981737	30
32	9.454194	9.472532	10.527468	9.981662	28
34	9.455044	9.473457	10.526543	9.981587	26
36	9.455893	9.474381	10.525619	9.981512	24
38	9.456739	9.475303	10.524697	9.981436	22
40	9.457584	9.476223	10.523777	9.981361	20
42	9.458427	9.477142	10.522858	9.981285	18
44	9.459268	9.478059	10.521941	9.981209	16
46	9.460108	9.478975	10.521025	9.981133	14
48	9.460946	9.479889	10.520111	9.981057	12
50	9.461782	9.480801	10.519199	9.980981	10
52	9.462616	9.481712	10.518288	9.980904	8
54	9.463448	9.482621	10.517379	9.980827	6
56	9.464279	9.483529	10.516471	9.980750	4
58	9.465108	9.484435	10.515565	9.980673	2
60	9.465935	9.485339	10.514661	9.980596	0
	Cosin. 73	Cotang. 73	Tang. 73	Sin. 73	'

Nomb.	Logarith.	Nomb.	Logarith.	Nomb.	Logarith.
2295	3.360783	2310	3.363612	2325	3.366423
2296	3.360972	2311	3.363800	2326	3.366610
2297	3.361161	2312	3.363988	2327	3.366796
2298	3.361350	2313	3.364176	2328	3.366983
2299	3.361539	2314	3.364363	2329	3.367169
2300	3.361728	2315	3.364551	2330	3.367356
2301	3.361917	2316	3.364739	2331	3.367542
2302	3.362105	2317	3.364926	2332	3.367729
2303	3.362294	2318	3.365113	2333	3.367915
2304	3.362482	2319	3.365301	2334	3.368101
2305	3.362671	2320	3.365488	2335	3.368287
2306	3.362859	2321	3.365675	2336	3.368473
2307	3.363048	2322	3.365862	2337	3.368659
2308	3.363236	2323	3.366049	2338	3.368844
2309	3.363424	2324	3.366236	2339	3.369030

LOGARITHMES DES NOMBRES.

Nomb.	Logarith.
2340	3.369216
2341	3.369401
2342	3.369587
2343	3.369772
2344	3.369958
2345	3.370143
2346	3.370328
2347	3.370513
2348	3.370698
2349	3.370883
2350	3.371068
2351	3.371253
2352	3.371437
2353	3.371622
2354	3.371806
2355	3.371991
2356	3.372175
2357	3.372360
2358	3.372544
2359	3.372728
2360	3.372912
2361	3.373096
2362	3.373280
2363	3.373464
2364	3.373647
2365	3.373831
2366	3.374015
2367	3.374198
2368	3.374382
2369	3.374565

	Sin. 17	Tang. 17	Cotang. 17	Cosin. 17	
0	9.465935	9.485339	10.514661	9.980596	60
2	9.466761	9.486242	10.513758	9.980519	58
4	9.467585	9.487143	10.512857	9.980442	56
6	9.468407	9.488043	10.511957	9.980364	54
8	9.469227	9.488941	10.511059	9.980286	52
10	9.470046	9.489838	10.510162	9.980208	50
12	9.470863	9.490733	10.509267	9.980130	48
14	9.471679	9.491627	10.508373	9.980052	46
16	9.472492	9.492519	10.507481	9.979973	44
18	9.473304	9.493410	10.506590	9.979895	42
20	9.474115	9.494299	10.505701	9.979816	40
22	9.474923	9.495186	10.504814	9.979737	38
24	9.475730	9.496073	10.503927	9.979658	36
26	9.476536	9.496957	10.503043	9.979579	34
28	9.477340	9.497841	10.502159	9.979499	32
30	9.478142	9.498722	10.501278	9.979420	30
32	9.478942	9.499603	10.500397	9.979340	28
34	9.479741	9.500481	10.499519	9.979260	26
36	9.480539	9.501359	10.498641	9.979180	24
38	9.481334	9.502235	10.497765	9.979100	22
40	9.482128	9.503109	10.496891	9.979019	20
42	9.482921	9.503982	10.496018	9.978939	18
44	9.483712	9.504854	10.495146	9.978858	16
46	9.484501	9.505724	10.494276	9.978777	14
48	9.485289	9.506593	10.493407	9.978696	12
50	9.486075	9.507460	10.492540	9.978615	10
52	9.486860	9.508326	10.491674	9.978533	8
54	9.487643	9.509191	10.490809	9.978452	6
56	9.488424	9.510054	10.489946	9.978370	4
58	9.489204	9.510916	10.489084	9.978288	2
60	9.489982	9.511776	10.488224	9.978206	0
	Cosin. 72	Cotang. 72	Tang. 72	Sin. 72	

Nomb.	Logarith.	Nomb.	Logarith.	Nomb.	Logarith.	Nomb.	Logarith.
2370	3.374748	2385	3.377488	2400	3.380211	2415	3.382917
2371	3.374932	2386	3.377670	2401	3.380392	2416	3.383097
2372	3.375115	2387	3.377852	2402	3.380573	2417	3.383277
2373	3.375298	2388	3.378034	2403	3.380754	2418	3.383456
2374	3.375481	2389	3.378216	2404	3.380934	2419	3.383636
2375	3.375664	2390	3.378398	2405	3.381115	2420	3.383815
2376	3.375846	2391	3.378580	2406	3.381296	2421	3.383995
2377	3.376029	2392	3.378761	2407	3.381476	2422	3.384174
2378	3.376212	2393	3.378943	2408	3.381656	2423	3.384353
2379	3.376394	2394	3.379124	2409	3.381837	2424	3.384533
2380	3.376577	2395	3.379306	2410	3.382017	2425	3.384712
2381	3.376759	2396	3.379487	2411	3.382197	2426	3.384891
2382	3.376942	2397	3.379668	2412	3.382377	2427	3.385070
2383	3.377124	2398	3.379849	2413	3.382557	2428	3.385249
2384	3.377306	2399	3.380030	2414	3.382737	2429	3.385428

Nomb.	Logarith.
2430	3.385606
2431	3.385785
2432	3.385964
2433	3.386142
2434	3.386321
2435	3.386499
2436	3.386677
2437	3.386856
2438	3.387034
2439	3.387212
2440	3.387390
2441	3.387568
2442	3.387746
2443	3.387923
2444	3.388101
2445	3.388279
2446	3.388456
2447	3.388634
2448	3.388811
2449	3.388989
2450	3.389166
2451	3.389343
2452	3.389520
2453	3.389698
2454	3.389875
2455	3.390051
2456	3.390228
2457	3.390405
2458	3.390582
2459	3.390759

'	Sin. 18	Tang. 18	Cotang. 18	Cosin. 18	
0	9.489982	9.511776	10.488224	9.978206	60
2	9.490759	9.512635	10.487365	9.978124	58
4	9.491535	9.513493	10.486507	9.978042	56
6	9.492308	9.514349	10.485651	9.977959	54
8	9.493081	9.515204	10.484796	9.977877	52
10	9.493851	9.516057	10.483943	9.977794	50
12	9.494621	9.516910	10.483090	9.977711	48
14	9.495388	9.517761	10.482239	9.977628	46
16	9.496154	9.518610	10.481390	9.977544	44
18	9.496919	9.519458	10.480542	9.977461	42
20	9.497682	9.520305	10.479695	9.977377	40
22	9.498444	9.521151	10.478849	9.977293	38
24	9.499204	9.521995	10.478005	9.977209	36
26	9.499963	9.522838	10.477162	9.977125	34
28	9.500721	9.523680	10.476320	9.977041	32
30	9.501476	9.524520	10.475480	9.976957	30
32	9.502231	9.525359	10.474641	9.976872	28
34	9.502984	9.526197	10.473803	9.976787	26
36	9.503735	9.527033	10.472967	9.976702	24
38	9.504485	9.527868	10.472132	9.976617	22
40	9.505234	9.528702	10.471298	9.976532	20
42	9.505981	9.529535	10.470465	9.976446	18
44	9.506727	9.530366	10.469634	9.976361	16
46	9.507471	9.531196	10.468804	9.976275	14
48	9.508214	9.532025	10.467975	9.976189	12
50	9.508956	9.532853	10.467147	9.976103	10
52	9.509696	9.533679	10.466321	9.976017	8
54	9.510434	9.534504	10.465496	9.975930	6
56	9.511172	9.535328	10.464672	9.975844	4
58	9.511907	9.536150	10.463850	9.975757	2
60	9.512642	9.536972	10.463028	9.975670	0
	Cosin. 71	Cotang. 71	Tang. 71	Sin. 71	'

Nomb.	Logarith.	Nomb.	Logarith.	Nomb.	Logarith.
2460	3.390935	2475	3.393575	2490	3.396199
2461	3.391112	2476	3.393751	2491	3.396374
2462	3.391288	2477	3.393926	2492	3.396548
2463	3.391464	2478	3.394101	2493	3.396722
2464	3.391641	2479	3.394277	2494	3.396896
2465	3.391817	2480	3.394452	2495	3.397071
2466	3.391993	2481	3.394627	2496	3.397245
2467	3.392169	2482	3.394802	2497	3.397419
2468	3.392345	2483	3.394977	2498	3.397592
2469	3.392521	2484	3.395152	2499	3.397766
2470	3.392697	2485	3.395326	2500	3.397940
2471	3.392873	2486	3.395501	2501	3.398114
2472	3.393048	2487	3.395676	2502	3.398287
2473	3.393224	2488	3.395850	2503	3.398461
2474	3.393400	2489	3.396025	2504	3.398634

Nomb.	Logarith.
2505	3.398808
2506	3.398981
2507	3.399154
2508	3.399328
2509	3.399501
2510	3.399674
2511	3.399847
2512	3.400020
2513	3.400192
2514	3.400365
2515	3.400538
2516	3.400711
2517	3.400883
2518	3.401056
2519	3.401228

Nomb.	Logarith.
2520	3.401401
2521	3.401573
2522	3.401745
2523	3.401917
2524	3.402089
2525	3.402261
2526	3.402433
2527	3.402605
2528	3.402777
2529	3.402949
2530	3.403121
2531	3.403292
2532	3.403464
2533	3.403635
2534	3.403807
2535	3.403978
2536	3.404149
2537	3.404320
2538	3.404492
2539	3.404663
2540	3.404834
2541	3.405005
2542	3.405176
2543	3.405346
2544	3.405517
2545	3.405688
2546	3.405858
2547	3.406029
2548	3.406199
2549	3.406370

'	Sin. 19	Tang. 19	Cotang. 19	Cosin. 19	
0	9.512642	9.536972	10.463028	9.975670	60
2	9.513375	9.537792	10.462208	9.975583	58
4	9.514107	9.538611	10.461389	9.975496	56
6	9.514837	9.539429	10.460571	9.975408	54
8	9.515566	9.540245	10.459755	9.975321	52
10	9.516294	9.541061	10.458939	9.975233	50
12	9.517020	9.541875	10.458125	9.975145	48
14	9.517745	9.542688	10.457312	9.975057	46
16	9.518468	9.543499	10.456501	9.974969	44
18	9.519190	9.544310	10.455690	9.974880	42
20	9.519911	9.545119	10.454881	9.974792	40
22	9.520631	9.545928	10.454072	9.974703	38
24	9.521349	9.546735	10.453265	9.974614	36
26	9.522066	9.547540	10.452460	9.974525	34
28	9.522781	9.548345	10.451655	9.974436	32
30	9.523495	9.549149	10.450851	9.974347	30
32	9.524208	9.549951	10.450049	9.974257	28
34	9.524920	9.550752	10.449248	9.974167	26
36	9.525630	9.551552	10.448448	9.974077	24
38	9.526339	9.552351	10.447649	9.973987	22
40	9.527046	9.553149	10.446851	9.973897	20
42	9.527753	9.553946	10.446054	9.973807	18
44	9.528458	9.554741	10.445259	9.973716	16
46	9.529161	9.555536	10.444464	9.973625	14
48	9.529864	9.556329	10.443671	9.973535	12
50	9.530565	9.557121	10.442879	9.973444	10
52	9.531265	9.557913	10.442087	9.973352	8
54	9.531963	9.558703	10.441297	9.973261	6
56	9.532661	9.559491	10.440509	9.973169	4
58	9.533357	9.560274	10.439721	9.973078	2
60	9.534052	9.561066	10.438934	9.972986	0
	Cosin.70	Cotang.70	Tang. 70	Sin. 70	'

Nomb.	Logarith.	Nomb.	Logarith.	Nomb.	Logarith.	Nomb.	Logarith.
2550	3.406540	2565	3.409087	2580	3.411620	2595	3.414137
2551	3.406710	2566	3.409257	2581	3.411788	2596	3.414305
2552	3.406881	2567	3.409426	2582	3.411956	2597	3.414472
2553	3.407051	2568	3.409595	2583	3.412124	2598	3.414639
2554	3.407221	2569	3.409764	2584	3.412293	2599	3.414806
2555	3.407391	2570	3.409933	2585	3.412461	2600	3.414973
2556	3.407561	2571	3.410102	2586	3.412629	2601	3.415140
2557	3.407731	2572	3.410271	2587	3.412796	2602	3.415307
2558	3.407901	2573	3.410440	2588	3.412964	2603	3.415474
2559	3.408070	2574	3.410609	2589	3.413132	2604	3.415641
2560	3.408240	2575	3.410777	2590	3.413300	2605	3.415808
2561	3.408410	2576	3.410946	2591	3.413467	2606	3.415974
2562	3.408579	2577	3.411114	2592	3.413635	2607	3.416141
2563	3.408749	2578	3.411283	2593	3.413803	2608	3.416308
2564	3.408918	2579	3.411451	2594	3.413970	2609	3.416474

Nomb.	Logarith.
2610	3.416641
2611	3.416807
2612	3.416973
2613	3.417139
2614	3.417306
2615	3.417472
2616	3.417638
2617	3.417804
2618	3.417970
2619	3.418135
2620	3.418301
2621	3.418467
2622	3.418633
2623	3.418798
2624	3.418964
2625	3.419129
2626	3.419295
2627	3.419460
2628	3.419625
2629	3.419791
2630	3.419956
2631	3.420121
2632	3.420286
2633	3.420451
2634	3.420616
2635	3.420781
2636	3.420945
2637	3.421110
2638	3.421275
2639	3.421439
2640	3.421604
2641	3.421768
2642	3.421933
2643	3.422097
2644	3.422261
2645	3.422426
2646	3.422590
2647	3.422754
2648	3.422918
2649	3.423082
2650	3.423246
2651	3.423410
2652	3.423574
2653	3.423737
2654	3.423901

	Sin. 20	Tang. 20	Cotang. 20	Cosin. 20	
0	9.534052	9.561066	10.438934	9.972986	60
2	9.534745	9.561851	10.438149	9.972894	58
4	9.535438	9.562636	10.437364	9.972802	56
6	9.536129	9.563419	10.436581	9.972709	54
8	9.536818	9.564202	10.435798	9.972617	52
10	9.537507	9.564983	10.435017	9.972524	50
12	9.538194	9.565763	10.434237	9.972431	48
14	9.538880	9.566542	10.433458	9.972338	46
16	9.539565	9.567320	10.432680	9.972245	44
18	9.540249	9.568098	10.431902	9.972151	42
20	9.540931	9.568873	10.431127	9.972058	40
22	9.541613	9.569648	10.430352	9.971964	38
24	9.542293	9.570422	10.429578	9.971870	36
26	9.542971	9.571195	10.428805	9.971776	34
28	9.543649	9.571967	10.428033	9.971682	32
30	9.544325	9.572738	10.427262	9.971588	30
32	9.545000	9.573507	10.426493	9.971493	28
34	9.545674	9.574276	10.425724	9.971398	26
36	9.546347	9.575044	10.424956	9.971303	24
38	9.547019	9.575810	10.424190	9.971208	22
40	9.547689	9.576576	10.423424	9.971113	20
42	9.548359	9.577341	10.422659	9.971018	18
44	9.549027	9.578104	10.421896	9.970922	16
46	9.549693	9.578867	10.421133	9.970827	14
48	9.550359	9.579629	10.420371	9.970731	12
50	9.551024	9.580389	10.419611	9.970635	10
52	9.551687	9.581149	10.418851	9.970538	8
54	9.552349	9.581907	10.418093	9.970442	6
56	9.553010	9.582665	10.417335	9.970345	4
58	9.553670	9.583422	10.416578	9.970249	2
60	9.554329	9.584177	10.415823	9.970152	0
	Cosin. 69	Cotang. 69	Tang. 69	Sin. 69	

Nomb.	Logarith.	Nomb.	Logarith.	Nomb.	Logarith.
2655	3.424065	2670	3.426511	2685	3.428944
2656	3.424228	2671	3.426674	2686	3.429106
2657	3.424392	2672	3.426836	2687	3.429268
2658	3.424555	2673	3.426999	2688	3.429429
2659	3.424718	2674	3.427161	2689	3.429591
2660	3.424882	2675	3.427324	2690	3.429752
2661	3.425045	2676	3.427486	2691	3.429914
2662	3.425208	2677	3.427648	2692	3.430075
2663	3.425371	2678	3.427811	2693	3.430236
2664	3.425534	2679	3.427973	2694	3.430398
2665	3.425697	2680	3.428135	2695	3.430559
2666	3.425860	2681	3.428297	2696	3.430720
2667	3.426023	2682	3.428459	2697	3.430881
2668	3.426186	2683	3.428621	2698	3.431042
2669	3.426349	2684	3.428783	2699	3.431203

'	Sin. 21	Tang. 21	Cotang. 21	Cosin. 21	
0	9.554329	9.584177	10.415823	9.970152	60
2	9.554987	9.584932	10.415068	9.970055	58
4	9.555643	9.585686	10.414314	9.969957	56
6	9.556299	9.586439	10.413561	9.969860	54
8	9.556953	9.587190	10.412810	9.969762	52
10	9.557606	9.587941	10.412059	9.969665	50
12	9.558258	9.588691	10.411309	9.969567	48
14	9.558909	9.589440	10.410560	9.969469	46
16	9.559558	9.590188	10.409812	9.969370	44
18	9.560207	9.590935	10.409065	9.969272	42
20	9.560855	9.591681	10.408319	9.969173	40
22	9.561501	9.592426	10.407574	9.969075	38
24	9.562146	9.593171	10.406829	9.968976	36
26	9.562790	9.593914	10.406086	9.968877	34
28	9.563433	9.594656	10.405344	9.968777	32
30	9.564075	9.595398	10.404602	9.968678	30
32	9.564716	9.596138	10.403862	9.968578	28
34	9.565356	9.596878	10.403122	9.968479	26
36	9.565995	9.597616	10.402384	9.968379	24
38	9.566632	9.598354	10.401646	9.968278	22
40	9.567269	9.599091	10.400909	9.968178	20
42	9.567904	9.599827	10.400173	9.968078	18
44	9.568539	9.600562	10.399438	9.967977	16
46	9.569172	9.601296	10.398704	9.967876	14
48	9.569804	9.602029	10.397971	9.967775	12
50	9.570435	9.602761	10.397239	9.967674	10
52	9.571066	9.603493	10.396507	9.967573	8
54	9.571695	9.604223	10.395777	9.967471	6
56	9.572323	9.604953	10.395047	9.967370	4
58	9.572950	9.605682	10.394318	9.967268	2
60	9.573575	9.606410	10.393590	9.967166	0
	Cosin. 68	Cotang. 68	Tang. 68	Sin. 68	

Nomb.	Logarith.
2700	3.431364
2701	3.431525
2702	3.431685
2703	3.431846
2704	3.432007
2705	3.432167
2706	3.432328
2707	3.432488
2708	3.432649
2709	3.432809
2710	3.432969
2711	3.433130
2712	3.433290
2713	3.433450
2714	3.433610
2715	3.433770
2716	3.433930
2717	3.434090
2718	3.434249
2719	3.434409
2720	3.434569
2721	3.434729
2722	3.434888
2723	3.435048
2724	3.435207
2725	3.435367
2726	3.435526
2727	3.435685
2728	3.435844
2729	3.436004

Nomb.	Logarith.	Nomb.	Logarith.	Nomb.	Logarith.	Nomb.	Logarith.
2730	3.436163	2745	3.438542	2760	3.440909	2775	3.443263
2731	3.436322	2746	3.438701	2761	3.441066	2776	3.443419
2732	3.436481	2747	3.438859	2762	3.441224	2777	3.443576
2733	3.436640	2748	3.439017	2763	3.441381	2778	3.443732
2734	3.436799	2749	3.439175	2764	3.441538	2779	3.443889
2735	3.436957	2750	3.439333	2765	3.441695	2780	3.444045
2736	3.437116	2751	3.439491	2766	3.441852	2781	3.444201
2737	3.437275	2752	3.439648	2767	3.442009	2782	3.444357
2738	3.437433	2753	3.439806	2768	3.442166	2783	3.444513
2739	3.437592	2754	3.439964	2769	3.442323	2784	3.444669
2740	3.437751	2755	3.440122	2770	3.442480	2785	3.444825
2741	3.437909	2756	3.440279	2771	3.442637	2786	3.444981
2742	3.438067	2757	3.440437	2772	3.442793	2787	3.445137
2743	3.438226	2758	3.440594	2773	3.442950	2788	3.445293
2744	3.438384	2759	3.440752	2774	3.443106	2789	3.445449

LOGARITHMES

LOGARITHMES DES NOMBRES.

Nomb.	Logarith.
2790	3.445604
2791	3.445760
2792	3.445915
2793	3.446071
2794	3.446226
2795	3.446382
2796	3.446537
2797	3.446692
2798	3.446848
2799	3.447003
2800	3.447158
2801	3.447313
2802	3.447468
2803	3.447623
2804	3.447778
2805	3.447933
2806	3.448088
2807	3.448242
2808	3.448397
2809	3.448552
2810	3.448706
2811	3.448861
2812	3.449015
2813	3.449170
2814	3.449324
2815	3.449478
2816	3.449633
2817	3.449787
2818	3.449941
2819	3.450095
2820	3.450249
2821	3.450403
2822	3.450557
2823	3.450711
2824	3.450865
2825	3.451018
2826	3.451172
2827	3.451326
2828	3.451479
2829	3.451633
2830	3.451786
2831	3.451940
2832	3.452093
2833	3.452247
2834	3.452400

'	Sin. 22	Tang. 22	Cotang. 22	Cosin. 22	
0	9.573575	9.606410	10.393590	9.967166	60
2	9.574200	9.607137	10.392863	9.967064	58
4	9.574824	9.607863	10.392137	9.966961	56
6	9.575447	9.608588	10.391412	9.966859	54
8	9.576069	9.609312	10.390688	9.966756	52
10	9.576689	9.610036	10.389964	9.966653	50
12	9.577309	9.610759	10.389241	9.966550	48
14	9.577927	9.611480	10.388520	9.966447	46
16	9.578545	9.612201	10.387799	9.966344	44
18	9.579162	9.612921	10.387079	9.966240	42
20	9.579777	9.613641	10.386359	9.966136	40
22	9.580392	9.614359	10.385641	9.966033	38
24	9.581005	9.615077	10.384923	9.965929	36
26	9.581618	9.615793	10.384207	9.965824	34
28	9.582229	9.616509	10.383491	9.965720	32
30	9.582840	9.617224	10.382776	9.965615	30
32	9.583449	9.617939	10.382061	9.965511	28
34	9.584058	9.618652	10.381348	9.965406	26
36	9.584665	9.619364	10.380636	9.965301	24
38	9.585272	9.620076	10.379924	9.965195	22
40	9.585877	9.620787	10.379213	9.965090	20
42	9.586482	9.621497	10.378503	9.964984	18
44	9.587085	9.622207	10.377793	9.964879	16
46	9.587688	9.622915	10.377085	9.964773	14
48	9.588289	9.623623	10.376377	9.964666	12
50	9.588890	9.624330	10.375670	9.964560	10
52	9.589489	9.625036	10.374964	9.964454	8
54	9.590088	9.625741	10.374259	9.964347	6
56	9.590686	9.626445	10.373555	9.964240	4
58	9.591282	9.627149	10.372851	9.964133	2
60	9.591878	9.627852	10.372148	9.964026	0
	Cosin. 67	Cotang.67	Tang. 67	Sin. 67	'

Nomb.	Logarith.	Nomb.	Logarith.	Nomb.	Logarith.
2820	3.450249	2835	3.452553	2850	3.454845	2865	3.457125
2821	3.450403	2836	3.452706	2851	3.454997	2866	3.457276
2822	3.450557	2837	3.452859	2852	3.455150	2867	3.457428
2823	3.450711	2838	3.453012	2853	3.455302	2868	3.457579
2824	3.450865	2839	3.453165	2854	3.455454	2869	3.457731
2825	3.451018	2840	3.453318	2855	3.455606	2870	3.457882
2826	3.451172	2841	3.453471	2856	3.455758	2871	3.458033
2827	3.451326	2842	3.453624	2857	3.455910	2872	3.458184
2828	3.451479	2843	3.453777	2858	3.456062	2873	3.458336
2829	3.451633	2844	3.453930	2859	3.456214	2874	3.458487
2830	3.451786	2845	3.454082	2860	3.456366	2875	3.458638
2831	3.451940	2846	3.454235	2861	3.456518	2876	3.458789
2832	3.452093	2847	3.454387	2862	3.456670	2877	3.458940
2833	3.452247	2848	3.454540	2863	3.456821	2878	3.459091
2834	3.452400	2849	3.454692	2864	3.456973	2879	3.459242

e

Nomb.	Logarith.
2880	3.459392
2881	3.459543
2882	3.459694
2883	3.459845
2884	3.459995
2885	3.460146
2886	3.460296
2887	3.460447
2888	3.460597
2889	3.460748
2890	3.460898
2891	3.461048
2892	3.461198
2893	3.461348
2894	3.461499
2895	3.461649
2896	3.461799
2897	3.461948
2898	3.462098
2899	3.462248
2900	3.462398
2901	3.462548
2902	3.462697
2903	3.462847
2904	3.462997
2905	3.463146
2906	3.463296
2907	3.463445
2908	3.463594
2909	3.463744
2910	3.463893
2911	3.464042
2912	3.464191
2913	3.464340
2914	3.464490
2915	3.464639
2916	3.464788
2917	3.464936
2918	3.465085
2919	3.465234
2920	3.465383
2921	3.465532
2922	3.465680
2923	3.465829
2924	3.465977

'	Sin. 23	Tang. 23	Cotang. 23	Cosin. 23	
0	9.591878	9.627852	10.372148	9.964026	60
2	9.592473	9.628554	10.371446	9.963919	58
4	9.593067	9.629255	10.370745	9.963811	56
6	9.593659	9.629956	10.370044	9.963704	54
8	9.594251	9.630656	10.369344	9.963596	52
10	9.594842	9.631355	10.368645	9.963488	50
12	9.595432	9.632053	10.367947	9.963379	48
14	9.596021	9.632750	10.367250	9.963271	46
16	9.596609	9.633447	10.366553	9.963163	44
18	9.597196	9.634143	10.365857	9.963054	42
20	9.597782	9.634838	10.365162	9.962945	40
22	9.598368	9.635532	10.364468	9.962836	38
24	9.598952	9.636226	10.363774	9.962727	36
26	9.599536	9.636919	10.363081	9.962617	34
28	9.600118	9.637611	10.362385	9.962508	32
30	9.600700	9.638302	10.361698	9.962398	30
32	9.601280	9.638992	10.361008	9.962288	28
34	9.601860	9.639682	10.360318	9.962178	26
36	9.602439	9.640371	10.359629	9.962067	24
38	9.603017	9.641060	10.358940	9.961957	22
40	9.603594	9.641747	10.358253	9.961846	20
42	9.604170	9.642434	10.357566	9.961735	18
44	9.604745	9.643120	10.356880	9.961624	16
46	9.605319	9.643806	10.356194	9.961513	14
48	9.605892	9.644490	10.355510	9.961402	12
50	9.606465	9.645174	10.354826	9.961290	10
52	9.607036	9.645857	10.354143	9.961179	8
54	9.607607	9.646540	10.353460	9.961067	6
56	9.608177	9.647222	10.352778	9.960955	4
58	9.608745	9.647903	10.352097	9.960843	2
60	9.609313	9.648583	10.351417	9.960730	0
	Cosin. 66	Cotang. 66	Tang. 66	Sin. 66	'

Nomb.	Logarith.	Nomb.	Logarith.	Nomb.	Logarith.
2925	3.466126	2940	3.468347	2955	3.470557
2926	3.466274	2941	3.468495	2956	3.470704
2927	3.466423	2942	3.468643	2957	3.470851
2928	3.466571	2943	3.468790	2958	3.470998
2929	3.466719	2944	3.468938	2959	3.471145
2930	3.466868	2945	3.469085	2960	3.471292
2931	3.467016	2946	3.469233	2961	3.471438
2932	3.467164	2947	3.469380	2962	3.471585
2933	3.467312	2948	3.469527	2963	3.471732
2934	3.467460	2949	3.469675	2964	3.471878
2935	3.467608	2950	3.469822	2965	3.472025
2936	3.467756	2951	3.469969	2966	3.472171
2937	3.467904	2952	3.470116	2967	3.472318
2938	3.468052	2953	3.470263	2968	3.472464
2939	3.468200	2954	3.470410	2969	3.472610

'	Sin. 24	Tang. 24	Cotang. 24	Cofin. 24	
0	9.609313	9.648582	10.351417	9.960730	60
2	9.609880	9.649263	10.350737	9.960618	58
4	9.610447	9.649942	10.350058	9.960505	56
6	9.611012	9.650620	10.349380	9.960392	54
8	9.611576	9.651297	10.348703	9.960279	52
10	9.612140	9.651974	10.348026	9.960165	50
12	9.612702	9.652650	10.347350	9.960052	48
14	9.613264	9.653326	10.346674	9.959938	46
16	9.613825	9.654000	10.346000	9.959825	44
18	9.614385	9.654674	10.345326	9.959711	42
20	9.614944	9.655348	10.344652	9.959596	40
22	9.615502	9.656020	10.343980	9.959482	38
24	9.616060	9.656692	10.343308	9.959368	36
26	9.616616	9.657364	10.342636	9.959253	34
28	9.617172	9.658034	10.341966	9.959138	32
30	9.617727	9.658704	10.341296	9.959023	30
32	9.618281	9.659373	10.340627	9.958908	28
34	9.618834	9.660042	10.339958	9.958792	26
36	9.619386	9.660710	10.339290	9.958677	24
38	9.619938	9.661377	10.338623	9.958561	22
40	9.620488	9.662043	10.337957	9.958445	20
42	9.621038	9.662709	10.337291	9.958329	18
44	9.621587	9.663375	10.336625	9.958213	16
46	9.622135	9.664039	10.335961	9.958096	14
48	9.622682	9.664703	10.335297	9.957979	12
50	9.623229	9.665366	10.334634	9.957863	10
52	9.623774	9.666029	10.333971	9.957746	8
54	9.624319	9.666691	10.333309	9.957628	6
56	9.624863	9.667352	10.332648	9.957511	4
58	9.625406	9.668013	10.331987	9.957393	2
60	9.625948	9.668673	10.331327	9.957276	0
	Cofin. 65	Cotang. 65	Tang. 65	Sin. 65	'

Nomb.	Logarith.
2970	3.472756
2971	3.472903
2972	3.473049
2973	3.473195
2974	3.473341
2975	3.473487
2976	3.473633
2977	3.473779
2978	3.473925
2979	3.474071
2980	3.474216
2981	3.474362
2982	3.474508
2983	3.474653
2984	3.474799
2985	3.474944
2986	3.475090
2987	3.475235
2988	3.475381
2989	3.475526
2990	3.475671
2991	3.475816
2992	3.475962
2993	3.476107
2994	3.476252
2995	3.476397
2996	3.476542
2997	3.476687
2998	3.476832
2999	3.476976
3000	3.477121
3001	3.477266
3002	3.477411
3003	3.477555
3004	3.477700
3005	3.477844
3006	3.477989
3007	3.478133
3008	3.478278
3009	3.478422
3010	3.478566
3011	3.478711
3012	3.478855
3013	3.478999
3014	3.479143

Nomb.	Logarith.	Nomb.	Logarith.	Nomb.	Logarith.
3015	3.479287	3030	3.481443	3045	3.483587
3016	3.479431	3031	3.481586	3046	3.483730
3017	3.479575	3032	3.481729	3047	3.483872
3018	3.479719	3033	3.481872	3048	3.484015
3019	3.479863	3034	3.482016	3049	3.484157
3020	3.480007	3035	3.482159	3050	3.484300
3021	3.480151	3036	3.482302	3051	3.484442
3022	3.480294	3037	3.482445	3052	3.484584
3023	3.480438	3038	3.482588	3053	3.484727
3024	3.480582	3039	3.482731	3054	3.484869
3025	3.480725	3040	3.482874	3055	3.485011
3026	3.480869	3041	3.483016	3056	3.485153
3027	3.481012	3042	3.483159	3057	3.485295
3028	3.481156	3043	3.483302	3058	3.485437
3029	3.481299	3044	3.483445	3059	3.485579

LOGARITHMES DES NOMBRES.

Nomb.	Logarith.
3060	3.485721
3061	3.485863
3062	3.486005
3063	3.486147
3064	3.486289
3065	3.486430
3066	3.486572
3067	3.486714
3068	3.486855
3069	3.486997
3070	3.487138
3071	3.487280
3072	3.487421
3073	3.487563
3074	3.487704
3075	3.487845
3076	3.487986
3077	3.488127
3078	3.488269
3079	3.488410
5080	3.488551
3081	3.488692
3082	3.488833
3083	3.488973
3084	3.489114
3085	3.489255
3086	3.489396
3087	3.489537
3088	3.489677
3089	3.489818

'	Sin. 25	Tang. 25	Cotang. 25	Cosin. 25	
0	9.625948	9.668673	10.331327	9.957276	60
2	9.626490	9.669332	10.330668	9.957158	58
4	9.627030	9.669991	10.330009	9.957040	56
6	9.627570	9.670649	10.329351	9.956921	54
8	9.628109	9.671306	10.328694	9.956803	52
10	9.628647	9.671963	10.328037	9.956684	50
12	9.629185	9.672619	10.327381	9.956566	48
14	9.629721	9.673274	10.326726	9.956447	46
16	9.630257	9.673929	10.326071	9.956327	44
18	9.630792	9.674584	10.325416	9.956208	42
20	9.631326	9.675237	10.324763	9.956089	40
22	9.631859	9.675890	10.324110	9.955969	38
24	9.632392	9.676543	10.323457	9.955849	36
26	9.632923	9.677194	10.322806	9.955729	34
28	9.633454	9.677846	10.322154	9.955609	32
30	9.633984	9.678496	10.321504	9.955488	30
32	9.634514	9.679146	10.320854	9.955368	28
34	9.635042	9.679795	10.320205	9.955247	26
36	9.635570	9.680444	10.319556	9.955126	24
38	9.636097	9.681092	10.318908	9.955005	22
40	9.636623	9.681740	10.318260	9.954883	20
42	9.637148	9.682387	10.317613	9.954762	18
44	9.637673	9.683033	10.316967	9.954640	16
46	9.638197	9.683679	10.316321	9.954518	14
48	9.638720	9.684324	10.315676	9.954396	12
50	9.639242	9.684968	10.315032	9.954274	10
52	9.639764	9.685612	10.314388	9.954152	8
54	9.640284	9.686255	10.313745	9.954029	6
56	9.640804	9.686898	10.313102	9.953906	4
58	9.641324	9.687540	10.312460	9.953783	2
60	9.641842	9.688182	10.311818	9.953660	0
	Cosin. 64	Cotang. 64	Tang. 64	Sin. 64	'

Nomb.	Logarith.	Nomb.	Logarith.	Nomb.	Logarith.	Nomb.	Logarith.
3090	3.489958	3105	3.492062	3120	3.494155	3135	3.496238
3091	3.490099	3106	3.492201	3121	3.494294	3136	3.496376
3092	3.490239	3107	3.492341	3122	3.494433	3137	3.496514
3093	3.490380	3108	3.492481	3123	3.494572	3138	3.496653
3094	3.490520	3109	3.492621	3124	3.494711	3139	3.496791
3095	3.490661	3110	3.492760	3125	3.494850	3140	3.496930
3096	3.490801	3111	3.492900	3126	3.494989	3141	3.497068
3097	3.490941	3112	3.493040	3127	3.495128	3142	3.497206
3098	3.491081	3113	3.493179	3128	3.495267	3143	3.497344
3099	3.491222	3114	3.493319	3129	3.495406	3144	3.497483
3100	3.491362	3115	3.493458	3130	3.495544	3145	3.497621
3101	3.491502	3116	3.493597	3131	3.495683	3146	3.497759
3102	3.491642	3117	3.493737	3132	3.495822	3147	3.497897
3103	3.491782	3118	3.493876	3133	3.495960	3148	3.498035
3104	3.491922	3119	3.494015	3134	3.496099	3149	3.498173

Nomb	Logarith.
3150	3.498311
3151	3.498448
3152	3.498586
3153	3.498724
3154	3.498862
3155	3.498999
3156	3.499137
3157	3.499275
3158	3.499412
3159	3.499550
3160	3.499687
3161	3.499824
3162	3.499962
3163	3.500099
3164	3.500236
3165	3.500374
3166	3.500511
3167	3.500648
3168	3.500785
3169	3.500922
3170	3.501059
3171	3.501196
3172	3.501333
3173	3.501470
3174	3.501607
3175	3.501744
3176	3.501880
3177	3.502017
3178	3.502154
3179	3.502291
3180	3.502427
3181	3.502564
3182	3.502700
3183	3.502837
3184	3.502973
3185	3.503109
3186	3.503246
3187	3.503382
3188	3.503518
3189	3.503655
3190	3.503791
3191	3.503927
3192	3.504063
3193	3.504199
3194	3.504335

'	Sin. 26	Tang. 26	Cotang. 26	Cosin. 26	
0	9.641842	9.688182	10.311818	9.953660	60
2	9.642360	9.688823	10.311177	9.953537	58
4	9.642877	9.689463	10.310537	9.953413	56
6	9.643393	9.690103	10.309897	9.953290	54
8	9.643908	9.690742	10.309258	9.953166	52
10	9.644423	9.691381	10.308619	9.953042	50
12	9.644936	9.692019	10.307981	9.952918	48
14	9.645450	9.692656	10.307344	9.952793	46
16	9.645962	9.693293	10.306707	9.952669	44
18	9.646474	9.693930	10.306070	9.952544	42
20	9.646984	9.694566	10.305434	9.952419	40
22	9.647494	9.695201	10.304799	9.952294	38
24	9.648004	9.695836	10.304164	9.952168	36
26	9.648512	9.696470	10.303530	9.952043	34
28	9.649020	9.697103	10.302897	9.951917	32
30	9.649527	9.697736	10.302264	9.951791	30
32	9.650034	9.698369	10.301631	9.951665	28
34	9.650539	9.699001	10.300999	9.951539	26
36	9.651044	9.699632	10.300368	9.951412	24
38	9.651549	9.700263	10.299737	9.951286	22
40	9.652052	9.700893	10.299107	9.951159	20
42	9.652555	9.701523	10.298477	9.951032	18
44	9.653057	9.702152	10.297848	9.950905	16
46	9.653558	9.702781	10.297219	9.950778	14
48	9.654059	9.703409	10.296591	9.950650	12
50	9.654558	9.704036	10.295964	9.950522	10
52	9.655058	9.704663	10.295337	9.950394	8
54	9.655556	9.705290	10.294710	9.950266	6
56	9.656054	9.705916	10.294084	9.950138	4
58	9.656551	9.706541	10.293459	9.950010	2
60	9.657047	9.707166	10.292834	9.949881	0
	Cosin. 63	Cotang. 63	Tang. 63	Sin. 63	'

Nomb.	Logarith.	Nomb.	Logarith.	Nomb.	Logarith.
3195	3.504471	3210	3.506505	3225	3.508530
3196	3.504607	3211	3.506640	3226	3.508664
3197	3.504743	3212	3.506776	3227	3.508799
3198	3.504878	3213	3.506911	3228	3.508934
3199	3.505014	3214	3.507046	3229	3.509068
3200	3.505150	3215	3.507181	3230	3.509203
3201	3.505286	3216	3.507316	3231	3.509337
3202	3.505421	3217	3.507451	3232	3.509471
3203	3.505557	3218	3.507586	3233	3.509606
3204	3.505693	3219	3.507721	3234	3.509740
3205	3.505828	3220	3.507856	3235	3.509874
3206	3.505964	3221	3.507991	3236	3.510009
3207	3.506099	3222	3.508126	3237	3.510143
3208	3.506234	3223	3.508260	3238	3.510277
3209	3.506370	3224	3.508395	3239	3.510411

Nomb.	Logarith.
3240	3.510545
3241	3.510679
3242	3.510813
3243	3.510947
3244	3.511081
3245	3.511215
3246	3.511349
3247	3.511482
3248	3.511616
3249	3.511750
3250	3.511883
3251	3.512017
3252	3.512151
3253	3.512284
3254	3.512418
3255	3.512551
3256	3.512684
3257	3.512818
3258	3.512951
3259	3.513084
3260	3.513218
3261	3.513351
3262	3.513484
3263	3.513617
3264	3.513750
3265	3.513883
3266	3.514016
3267	3.514149
3268	3.514282
3269	3.514415
3270	3.514548
3271	3.514680
3272	3.514813

'	Sin. 27	Tang. 27	Cotang. 27	Cosin. 27	
0	9.657047	9.707166	10.292834	9.949881	60
2	9.657542	9.707790	10.292210	9.949752	58
4	9.658037	9.708414	10.291586	9.949623	56
6	9.658531	9.709037	10.290963	9.949494	54
8	9.659025	9.709660	10.290340	9.949364	52
10	9.659517	9.710282	10.289718	9.949235	50
12	9.660009	9.710904	10.289096	9.949105	48
14	9.660501	9.711525	10.288475	9.948975	46
16	9.660991	9.712146	10.287854	9.948845	44
18	9.661481	9.712766	10.287234	9.948715	42
20	9.661970	9.713386	10.286614	9.948584	40
22	9.662459	9.714005	10.285995	9.948454	38
24	9.662946	9.714624	10.285376	9.948323	36
26	9.663433	9.715242	10.284758	9.948192	34
28	9.663920	9.715860	10.284140	9.948060	32
30	9.664406	9.716477	10.283523	9.947929	30
32	9.664891	9.717093	10.282907	9.947797	28
34	9.665375	9.717709	10.282291	9.947665	26
36	9.665859	9.718325	10.281675	9.947533	24
38	9.666342	9.718940	10.281060	9.947401	22
40	9.666824	9.719555	10.280445	9.947269	20
42	9.667305	9.720169	10.279831	9.947136	18
44	9.667786	9.720783	10.279217	9.947004	16
46	9.668267	9.721396	10.278604	9.946871	14
48	9.668746	9.722009	10.277991	9.946738	12
50	9.669225	9.722621	10.277379	9.946604	10
52	9.669703	9.723232	10.276768	9.946471	8
54	9.670181	9.723844	10.276156	9.946337	6
56	9.670658	9.724454	10.275546	9.946203	4
58	9.671134	9.725065	10.274935	9.946069	2
60	9.671609	9.725674	10.274326	9.945935	0
	Cosin. 62	Cotang. 62	Tang. 62	Sin. 62	'

Nomb.	Logarith.	Nomb.	Logarith.	Nomb.	Logarith.	Nomb.	Logarith.
3270	3.514548	3285	3.516535	3300	3.518514	3315	3.520484
3271	3.514680	3286	3.516668	3301	3.518646	3316	3.520615
3272	3.514813	3287	3.516800	3302	3.518777	3317	3.520745
3273	3.514946	3288	3.516932	3303	3.518909	3318	3.520876
3274	3.515079	3289	3.517064	3304	3.519040	3319	3.521007
3275	3.515211	3290	3.517196	3305	3.519171	3320	3.521138
3276	3.515344	3291	3.517328	3306	3.519303	3321	3.521269
3277	3.515476	3292	3.517460	3307	3.519434	3322	3.521400
3278	3.515609	3293	3.517592	3308	3.519565	3323	3.521530
3279	3.515741	3294	3.517724	3309	3.519697	3324	3.521661
3280	3.515874	3295	3.517855	3310	3.519828	3325	3.521792
3281	3.516006	3296	3.517987	3311	3.519959	3326	3.521922
3282	3.516139	3297	3.518119	3312	3.520090	3327	3.522053
3283	3.516271	3298	3.518251	3313	3.520221	3328	3.522183
3284	3.516403	3299	3.518382	3314	3.520353	3329	3.522314

LOGARITHMES DES NOMBRES.

Nomb.	Logarith.
3330	3.522444
3331	3.522575
3332	3.522705
3333	3.522835
3334	3.522966
3335	3.523096
3336	3.523226
3337	3.523356
3338	3.523486
3339	3.523616
3340	3.523746
3341	3.523876
3342	3.524006
3343	3.524136
3344	3.524266
3345	3.524396
3346	3.524526
3347	3.524656
3348	3.524785
3349	3.524915
3350	3.525045
3351	3.525174
3352	3.525304
3353	3.525434
3354	3.525563
3355	3.525693
3356	3.525822
3357	3.525951
3358	3.526081
3359	3.526210

	Sin. 28	Tang. 28	Cotang. 28	Cosin. 28	
0	9.671609	9.725674	10.274326	9.945935	60
2	9.672084	9.726284	10.273716	9.945800	58
4	9.672558	9.726892	10.273108	9.945666	56
6	9.673032	9.727501	10.272499	9.945531	54
8	9.673505	9.728109	10.271891	9.945396	52
10	9.673977	9.728716	10.271284	9.945261	50
12	9.674448	9.729323	10.270677	9.945125	48
14	9.674919	9.729929	10.270071	9.944990	46
16	9.675390	9.730535	10.269465	9.944854	44
18	9.675859	9.731141	10.268859	9.944718	42
20	9.676328	9.731746	10.268254	9.944582	40
22	9.676796	9.732351	10.267649	9.944446	38
24	9.677264	9.732955	10.267045	9.944309	36
26	9.677731	9.733558	10.266442	9.944172	34
28	9.678197	9.734162	10.265838	9.944036	32
30	9.678663	9.734764	10.265236	9.943899	30
32	9.679128	9.735367	10.264633	9.943761	28
34	9.679592	9.735969	10.264031	9.943624	26
36	9.680056	9.736570	10.263430	9.943486	24
38	9.680519	9.737171	10.262829	9.943348	22
40	9.680982	9.737771	10.262229	9.943210	20
42	9.681443	9.738371	10.261629	9.943072	18
44	9.681905	9.738971	10.261029	9.942934	16
46	9.682365	9.739570	10.260430	9.942795	14
48	9.682825	9.740169	10.259831	9.942656	12
50	9.683284	9.740767	10.259233	9.942517	10
52	9.683743	9.741365	10.258635	9.942378	8
54	9.684201	9.741962	10.258038	9.942239	6
56	9.684658	9.742559	10.257441	9.942099	4
58	9.685115	9.743156	10.256844	9.941959	2
60	9.685571	9.743752	10.256248	9.941819	0
	Cosin. 61	Cotang. 61	Tang. 61	Sin. 61	'

Nomb.	Logarith.
3360	3.526339
3361	3.526469
3362	3.526598
3363	3.526727
3364	3.526856
3365	3.526985
3366	3.527114
3367	3.527243
3368	3.527372
3369	3.527501
3370	3.527630
3371	3.527759
3372	3.527888
3373	3.528016
3374	3.528145

Nomb.	Logarith.	Nomb.	Logarith.	Nomb.	Logarith.
3375	3.528274	3390	3.530200	3405	3.532117
3376	3.528402	3391	3.530328	3406	3.532245
3377	3.528531	3392	3.530456	3407	3.532372
3378	3.528660	3393	3.530584	3408	3.532500
3379	3.528788	3394	3.530712	3409	3.532627
3380	3.528917	3395	3.530840	3410	3.532754
3381	3.529045	3396	3.530968	3411	3.532882
3382	3.529174	3397	3.531096	3412	3.533009
3383	3.529302	3398	3.531223	3413	3.533136
3384	3.529430	3399	3.531351	3414	3.533264
3385	3.529559	3400	3.531479	3415	3.533391
3386	3.529687	3401	3.531607	3416	3.533518
3387	3.529815	3402	3.531734	3417	3.533645
3388	3.529943	3403	3.531862	3418	3.533772
3389	3.530072	3404	3.531990	3419	3.533899

Nomb.	Logarith.
3420	3.534026
3421	3.534153
3422	3.534280
3423	3.534407
3424	3.534534
3425	3.534661
3426	3.534787
3427	3.534914
3428	3.535041
3429	3.535167
3430	3.535294
3431	3.535421
3432	3.535547
3433	3.535674
3434	3.535800
3435	3.535927
3436	3.536053
3437	3.536180
3438	3.536306
3439	3.536432
3440	3.536558
3441	3.536685
3442	3.536811
3443	3.536937
3444	3.537063
3445	3.537189
3446	3.537315
3447	3.537441
3448	3.537567
3449	3.537693

'	Sin. 29	Tang. 29	Cotang. 29	Cosin. 29	
0	9.685571	9.743752	10.256248	9.941819	60
2	9.686027	9.744348	10.255652	9.941679	58
4	9.686482	9.744943	10.255057	9.941539	56
6	9.686936	9.745538	10.254462	9.941398	54
8	9.687389	9.746132	10.253868	9.941258	52
10	9.687843	9.746726	10.253274	9.941117	50
12	9.688295	9.747319	10.252681	9.940975	48
14	9.688747	9.747913	10.252087	9.940834	46
16	9.689198	9.748505	10.251495	9.940693	44
18	9.689648	9.749097	10.250903	9.940551	42
20	9.690098	9.749689	10.250311	9.940409	40
22	9.690548	9.750281	10.249719	9.940267	38
24	9.690996	9.750872	10.249128	9.940125	36
26	9.691444	9.751462	10.248538	9.939982	34
28	9.691892	9.752052	10.247948	9.939840	32
30	9.692339	9.752642	10.247358	9.939697	30
32	9.652785	9.753231	10.246769	9.939554	28
34	9.693231	9.753820	10.246180	9.939410	26
36	9.693676	9.754409	10.245591	9.939267	24
38	9.694120	9.754997	10.245003	9.939123	22
40	9.694564	9.755585	10.244415	9.938980	20
42	9.695007	9.756172	10.243828	9.938836	18
44	9.695450	9.756759	10.243241	9.938691	16
46	9.695892	9.757345	10.242655	9.938547	14
48	9.696334	9.757931	10.242069	9.938402	12
50	9.696775	9.758517	10.241483	9.938258	10
52	9.697215	9.759102	10.240898	9.938113	8
54	9.697654	9.759687	10.240313	9.937967	6
56	9.698094	9.760272	10.239728	9.937822	4
58	9.698532	9.760856	10.239144	9.937676	2
60	9.698970	9.761439	10.238561	9.937531	0
	Cosin. 60	Cotang. 60	Tang. 60	Sin. 60	'

Nomb.	Logarith.	Nomb.	Logarith.	Nomb.	Logarith.	Nomb.	Logarith.
3450	3.537819	3465	3.539703	3480	3.541579	3495	3.543447
3451	3.537945	3466	3.539829	3481	3.541704	3496	3.543571
3452	3.538071	3467	3.539954	3482	3.541829	3497	3.543696
3453	3.538197	3468	3.540079	3483	3.541953	3498	3.543820
3454	3.538322	3469	3.540204	3484	3.542078	3499	3.543944
3455	3.538448	3470	3.540329	3485	3.542203	3500	3.544068
3456	3.538574	3471	3.540455	3486	3.542327	3501	3.544192
3457	3.538699	3472	3.540580	3487	3.542452	3502	3.544316
3458	3.538825	3473	3.540705	3488	3.542576	3503	3.544440
3459	3.538951	3474	3.540830	3489	3.542701	3504	3.544564
3460	3.539076	3475	3.540955	3490	3.542825	3505	3.544688
3461	3.539202	3476	3.541080	3491	3.542950	3506	3.544817
3462	3.539327	3477	3.541205	3492	3.543074	3507	3.544936
3463	3.539452	3478	3.541330	3493	3.543199	3508	3.545060
3464	3.539578	3479	3.541454	3494	3.543323	3509	3.545183

LOGARITHMES DES NOMBRES.

Nomb.	Logarith.
3510	3.545307
3511	3.545431
3512	3.545555
3513	3.545678
3514	3.545802
3515	3.545925
3516	3.546049
3517	3.546172
3518	3.546296
3519	3.546419
3520	3.546543
3521	3.546666
3522	3.546789
3523	3.546913
3524	3.547036
3525	3.547159
3526	3.547282
3527	3.547405
3528	3.547529
3529	3.547652
3530	3.547775
3531	3.547898
3532	3.548021
3533	3.548144
3534	3.548267
3535	3.548389
3536	3.548512
3537	3.548635
3538	3.548758
3539	3.548881
3540	3.549003
3541	3.549126
3542	3.549249
3543	3.549371
3544	3.549494
3545	3.549616
3546	3.549739
3547	3.549861
3548	3.549984
3549	3.550106
3550	3.550228
3551	3.550351
3552	3.550473
3553	3.550595
3554	3.550717

'	Sin. 30	Tang. 30	Cotang. 30	Cosin. 30	
0	9.698970	9.761439	10.238561	9.937531	60
2	9.699407	9.762023	10.237977	9.937385	58
4	9.699844	9.762606	10.237394	9.937238	56
6	9.700280	9.763188	10.236812	9.937092	54
8	9.700716	9.763770	10.236230	9.936946	52
10	9.701151	9.764352	10.235648	9.936799	50
12	9.701585	9.764933	10.235067	9.936652	48
14	9.702019	9.765514	10.234486	9.936505	46
16	9.702452	9.766095	10.233905	9.936357	44
18	9.702885	9.766675	10.233325	9.936210	42
20	9.703317	9.767255	10.232745	9.936062	40
22	9.703749	9.767834	10.232166	9.935914	38
24	9.704179	9.768414	10.231586	9.935766	36
26	9.704610	9.768992	10.231008	9.935618	34
28	9.705040	9.769571	10.230429	9.935469	32
30	9.705469	9.770148	10.229852	9.935320	30
32	9.705898	9.770726	10.229274	9.935171	28
34	9.706326	9.771303	10.228697	9.935022	26
36	9.706753	9.771880	10.228120	9.934873	24
38	9.707180	9.772457	10.227543	9.934723	22
40	9.707606	9.773033	10.226967	9.934574	20
42	9.708032	9.773608	10.226392	9.934424	18
44	9.708458	9.774184	10.225816	9.934274	16
46	9.708882	9.774759	10.225241	9.934123	14
48	9.709306	9.775333	10.224667	9.933973	12
50	9.709730	9.775908	10.224092	9.933822	10
52	9.710153	9.776482	10.223518	9.933671	8
54	9.710575	9.777055	10.222945	9.933520	6
56	9.710997	9.777628	10.222372	9.933369	4
58	9.711419	9.778201	10.221799	9.933217	2
60	9.711839	9.778774	10.221226	9.933066	0
	Cosin. 59	Cotang. 59	Tang. 59	Sin. 59	'

Nomb.	Logarith.	Nomb.	Logarith.	Nomb.	Logarith.
3555	3.550840	3570	3.552668	3585	3.554489
3556	3.550962	3571	3.552790	3586	3.554610
3557	3.551084	3572	3.552911	3587	3.554731
3558	3.551206	3573	3.553033	3588	3.554852
3559	3.551328	3574	3.553155	3589	3.554973
3560	3.551450	3575	3.553276	3590	3.555094
3561	3.551572	3576	3.553398	3591	3.555215
3562	3.551694	3577	3.553519	3592	3.555336
3563	3.551816	3578	3.553640	3593	3.555457
3564	3.551938	3579	3.553762	3594	3.555578
3565	3.552060	3580	3.553883	3595	3.555699
3566	3.552181	3581	3.554004	3596	3.555820
3567	3.552303	3582	3.554126	3597	3.555940
3568	3.552425	3583	3.554247	3598	3.556061
3569	3.552547	3584	3.554368	3599	3.556182

f

	Sin. 31	Tang. 31	Cotang. 31	Cofin. 31	
0	9.711839	9.778774	10.221226	9.933066	60
2	9.712260	9.779346	10.220654	9.932914	58
4	9.712679	9.779918	10.220082	9.932762	56
6	9.713098	9.780489	10.219511	9.932609	54
8	9.713517	9.781060	10.218940	9.932457	52
10	9.713935	9.781631	10.218369	9.932304	50
12	9.714352	9.782201	10.217799	9.932151	48
14	9.714769	9.782771	10.217229	9.931998	46
16	9.715186	9.783341	10.216659	9.931845	44
18	9.715602	9.783910	10.216090	9.931691	42
20	9.716017	9.784479	10.215521	9.931537	40
22	9.716432	9.785048	10.214952	9.931383	38
24	9.716846	9.785616	10.214384	9.931229	36
26	9.717259	9.786184	10.213816	9.931075	34
28	9.717673	9.786752	10.213248	9.930921	32
30	9.718085	9.787319	10.212681	9.930766	30
32	9.718497	9.787886	10.212114	9.930611	28
34	9.718909	9.788453	10.211547	9.930456	26
36	9.719320	9.789019	10.210981	9.930300	24
38	9.719730	9.789585	10.210415	9.930145	22
40	9.720140	9.790151	10.209849	9.929989	20
42	9.720549	9.790716	10.209284	9.929833	18
44	9.720958	9.791281	10.208719	9.929677	16
46	9.721366	9.791846	10.208154	9.929521	14
48	9.721774	9.792410	10.207590	9.929364	12
50	9.722181	9.792974	10.207026	9.929207	10
52	9.722588	9.793538	10.206462	9.929050	8
54	9.722994	9.794101	10.205899	9.928893	6
56	9.723400	9.794664	10.205336	9.928736	4
58	9.723805	9.795227	10.204773	9.928578	2
60	9.724210	9.795789	10.204211	9.928420	0
	Cofin. 58	Cotang. 58	Tang. 58	Sin. 58	

LOGARITHMES DES NOMBRES.

Nomb.	Logarith.
3600	3.556303
3601	3.556423
3602	3.556544
3603	3.556664
3604	3.556785
3605	3.556905
3606	3.557026
3607	3.557146
3608	3.557267
3609	3.557387
3610	3.557507
3611	3.557627
3612	3.557748
3613	3.557868
3614	3.557988
3615	3.558108
3616	3.558228
3617	3.558349
3618	3.558469
3619	3.558589
3620	3.558709
3621	3.558829
3622	3.558948
3623	3.559068
3624	3.559188
3625	3.559308
3626	3.559428
3627	3.559548
3628	3.559667
3629	3.559787
3630	3.559907
3631	3.560026
3632	3.560146
3633	3.560265
3634	3.560385
3635	3.560504
3636	3.560624
3637	3.560743
3638	3.560863
3639	3.560982
3640	3.561101
3641	3.561221
3642	3.561340
3643	3.561459
3644	3.561578

Nomb.	Logarith.	Nomb.	Logarith.	Nomb.	Logarith.
3645	3.561698	3660	3.563481	3675	3.565257
3646	3.561817	3661	3.563600	3676	3.565376
3647	3.561936	3662	3.563718	3677	3.565494
3648	3.562055	3663	3.563837	3678	3.565612
3649	3.562174	3664	3.563955	3679	3.565730
3650	3.562293	3665	3.564074	3680	3.565848
3651	3.562412	3666	3.564192	3681	3.565966
3652	3.562531	3667	3.564311	3682	3.566084
3653	3.562650	3668	3.564429	3683	3.566202
3654	3.562769	3669	3.564548	3684	3.566320
3655	3.562887	3670	3.564666	3685	3.566437
3656	3.563006	3671	3.564784	3686	3.566555
3657	3.563125	3672	3.564903	3687	3.566673
3658	3.563244	3673	3.565021	3688	3.566791
3659	3.563362	3674	3.565139	3689	3.566909

	Sin. 32	Tang. 32	Cotang. 32	Cosin. 32	
0	9.724210	9.795789	10.204211	9.928420	60
2	9.724614	9.796351	10.203649	9.928263	58
4	9.725017	9.796913	10.203087	9.928104	56
6	9.725420	9.797474	10.202525	9.927946	54
8	9.725823	9.798036	10.201964	9.927787	52
10	9.726225	9.798596	10.201404	9.927629	50
12	9.726626	9.799157	10.200843	9.927470	48
14	9.727027	9.799717	10.200283	9.927310	46
16	9.727428	9.800277	10.199723	9.927151	44
18	9.727828	9.800836	10.199164	9.926991	42
20	9.728227	9.801396	10.198604	9.926831	40
22	9.728626	9.801955	10.198045	9.926671	38
24	9.729024	9.802513	10.197487	9.926511	36
26	9.729422	9.803072	10.196928	9.926351	34
28	9.729820	9.803630	10.196370	9.926190	32
30	9.730217	9.804187	10.195813	9.926029	30
32	9.730613	9.804745	10.195255	9.925868	28
34	9.731009	9.805302	10.194698	9.925707	26
36	9.731404	9.805859	10.194141	9.925545	24
38	9.731799	9.806415	10.193585	9.925384	22
40	9.732193	9.806971	10.193029	9.925222	20
42	9.732587	9.807527	10.192473	9.925060	18
44	9.732980	9.808083	10.191917	9.924897	16
46	9.733373	9.808638	10.191362	9.924735	14
48	9.733765	9.809193	10.190807	9.924572	12
50	9.734157	9.809748	10.190252	9.924409	10
52	9.734548	9.810302	10.189698	9.924246	8
54	9.734939	9.810857	10.189143	9.924083	6
56	9.735330	9.811410	10.188590	9.923919	4
58	9.735719	9.811964	10.188036	9.923755	2
60	9.736109	9.812517	10.187483	9.923591	0
	Cosin. 57	Cotang. 57	Tang. 57	Sin. 57	

LOGARITHMES DES NOMBRES.

Nomb.	Logarith.
3690	3.567026
3691	3.567144
3692	3.567262
3693	3.567379
3694	3.567497
3695	3.567614
3696	3.567732
3697	3.567849
3698	3.567967
3699	3.568084
3700	3.568202
3701	3.568319
3702	3.568436
3703	3.568554
3704	3.568671
3705	3.568788
3706	3.568905
3707	3.569023
3708	3.569140
3709	3.569257
3710	3.569374
3711	3.569491
3712	3.569608
3713	3.569725
3714	3.569842
3715	3.569959
3716	3.570076
3717	3.570193
3718	3.570309
3719	3.570426
3720	3.570543
3721	3.570660
3722	3.570776
3723	3.570893
3724	3.571010
3725	3.571126
3726	3.571243
3727	3.571359
3728	3.571476
3729	3.571592
3730	3.571709
3731	3.571825
3732	3.571942
3733	3.572058
3734	3.572174

Nomb.	Logarith.	Nomb.	Logarith.	Nomb.	Logarith.
3735	3.572291	3750	3.574031	3765	3.575765
3736	3.572407	3751	3.574147	3766	3.575880
3737	3.572523	3752	3.574263	3767	3.575996
3738	3.572639	3753	3.574379	3768	3.576111
3739	3.572755	3754	3.574494	3769	3.576226
3740	3.572872	3755	3.574610	3770	3.576341
3741	3.572988	3756	3.574726	3771	3.576457
3742	3.573104	3757	3.574841	3772	3.576572
3743	3.573220	3758	3.574957	3773	3.576687
3744	3.573336	3759	3.575072	3774	3.576802
3745	3.573452	3760	3.575188	3775	3.576917
3746	3.573568	3761	3.575303	3776	3.577032
3747	3.573684	3762	3.575419	3777	3.577147
3748	3.573800	3763	3.575534	3778	3.577262
3749	3.573915	3764	3.575650	3779	3.577377

'	Sin. 33	Tang. 33	Cotang. 33	Cosin. 33	
0	9.736109	9.812517	10.187483	9.923591	60
2	9.736498	9.813070	10.186930	9.923427	58
4	9.736886	9.813623	10.186377	9.923263	56
6	9.737274	9.814176	10.185824	9.923098	54
8	9.737661	9.814728	10.185272	9.922933	52
10	9.738048	9.815280	10.184720	9.922768	50
12	9.738434	9.815831	10.184169	9.922603	48
14	9.738820	9.816382	10.183618	9.922438	46
16	9.739206	9.816933	10.183067	9.922272	44
18	9.739590	9.817484	10.182516	9.922106	42
20	9.739975	9.818035	10.181965	9.921940	40
22	9.740359	9.818585	10.181415	9.921774	38
24	9.740742	9.819135	10.180865	9.921607	36
26	9.741125	9.819684	10.180316	9.921441	34
28	9.741508	9.820234	10.179766	9.921274	32
30	9.741889	9.820783	10.179217	9.921107	30
32	9.742271	9.821332	10.178668	9.920939	28
34	9.742652	9.821880	10.178120	9.920772	26
36	9.743033	9.822429	10.177571	9.920604	24
38	9.743413	9.822977	10.177023	9.920436	22
40	9.743792	9.823524	10.176476	9.920268	20
42	9.744171	9.824072	10.175928	9.920099	18
44	9.744550	9.824619	10.175381	9.919931	16
46	9.744928	9.825166	10.174834	9.919762	14
48	9.745306	9.825713	10.174287	9.919593	12
50	9.745683	9.826259	10.173741	9.919424	10
52	9.746060	9.826805	10.173195	9.919254	8
54	9.746436	9.827351	10.172649	9.919084	6
56	9.746812	9.827897	10.172103	9.918915	4
58	9.747187	9.828442	10.171558	9.918745	2
60	9.747562	9.828987	10.171013	9.918574	0
	Cosin. 56	Cotang. 56	Tang. 56	Sin. 56	'

Nomb.	Logarith.
3780	3.577492
3781	3.577607
3782	3.577721
3783	3.577836
3784	3.577951
3785	3.578066
3786	3.578181
3787	3.578295
3788	3.578410
3789	3.578525
3790	3.578639
3791	3.578754
3792	3.578868
3793	3.578983
3794	3.579097
3795	3.579212
3796	3.579326
3797	3.579441
3798	3.579555
3799	3.579669
3800	3.579784
3801	3.579898
3802	3.580012
3803	3.580126
3804	3.580240
3805	3.580355
3806	3.580469
3807	3.580583
3808	3.580697
3809	3.580811
3810	3.580925
3811	3.581039
3812	3.581153
3813	3.581267
3814	3.581381
3815	3.581495
3816	3.581608
3817	3.581722
3818	3.581836
3819	3.581950
3820	3.582063
3821	3.582177
3822	3.582291
3823	3.582404
3824	3.582518

Nomb.	Logarith.	Nomb.	Logarith.	Nomb.	Logarith.
3825	3.582631	3840	3.584331	3855	3.586024
3826	3.582745	3841	3.584444	3856	3.586137
3827	3.582858	3842	3.584557	3857	3.586250
3828	3.582972	3843	3.584670	3858	3.586362
3829	3.583085	3844	3.584783	3859	3.586475
3830	3.583199	3845	3.584896	3860	3.586587
3831	3.583312	3846	3.585009	3861	3.586700
3832	3.583426	3847	3.585122	3862	3.586812
3833	3.583539	3848	3.585235	3863	3.586925
3834	3.583652	3849	3.585348	3864	3.587037
3835	3.583765	3850	3.585461	3865	3.587149
3836	3.583879	3851	3.585574	3866	3.587262
3837	3.583992	3852	3.585686	3867	3.587374
3838	3.584105	3853	3.585799	3868	3.587486
3839	3.584218	3854	3.585912	3869	3.587599

′	Sin. 34	Tang. 34	Cotang. 34	Cofin. 34	
0	9.747562	9.828987	10.171013	9.918574	60
2	9.747936	9.829532	10.170468	9.918404	58
4	9.748310	9.830077	10.169923	9.918233	56
6	9.748683	9.830621	10.169379	9.918062	54
8	9.749056	9.831165	10.168835	9.917891	52
10	9.749429	9.831709	10.168291	9.917719	50
12	9.749801	9.832253	10.167747	9.917548	48
14	9.750172	9.832796	10.167204	9.917376	46
16	9.750543	9.833339	10.166661	9.917204	44
18	9.750914	9.833882	10.166118	9.917032	42
20	9.751284	9.834425	10.165575	9.916859	40
22	9.751654	9.834967	10.165033	9.916687	38
24	9.752023	9.835509	10.164491	9.916514	36
26	9.752392	9.836051	10.163949	9.916341	34
28	9.752760	9.836593	10.163407	9.916167	32
30	9.753128	9.837134	10.162866	9.915994	30
32	9.753495	9.837675	10.162325	9.915820	28
34	9.753862	9.838216	10.161784	9.915646	26
36	9.754229	9.838757	10.161243	9.915472	24
38	9.754595	9.839297	10.160703	9.915297	22
40	9.754960	9.839838	10.160162	9.915123	20
42	9.755326	9.840378	10.159622	9.914948	18
44	9.755690	9.840917	10.159083	9.914773	16
46	9.756054	9.841457	10.158543	9.914598	14
48	9.756418	9.841996	10.158004	9.914422	12
50	9.756782	9.842535	10.157465	9.914246	10
52	9.757144	9.843074	10.156926	9.914070	8
54	9.757507	9.843612	10.156388	9.913894	6
56	9.757869	9.844151	10.155849	9.913718	4
58	9.758230	9.844689	10.155311	9.913541	2
60	9.758591	9.845227	10.154773	9.913365	0
	Cofin. 55	Cotang. 55	Tang. 55	Sin. 55	′

LOGARITHMES DES NOMBRES.

Nomb.	Logarith.
3870	3.587711
3871	3.587823
3872	3.587935
3873	3.588047
3874	3.588160
3875	3.588272
3876	3.588384
3877	3.588496
3878	3.588608
3879	3.588720
3880	3.588832
3881	3.588944
3882	3.589056
3883	3.589167
3884	3.589279
3885	3.589391
3886	3.589503
3887	3.589615
3888	3.589726
3889	3.589838
3890	3.589950
3891	3.590061
3892	3.590173
3893	3.590284
3894	3.590396
3895	3.590507
3896	3.590619
3897	3.590730
3898	3.590842
3899	3.590953

Nomb.	Logarith.	Nomb.	Logarith.	Nomb.	Logarith.
3900	3.591065	3915	3.592732	3930	3.594393	3945	3.596047
3901	3.591176	3916	3.592843	3931	3.594503	3946	3.596157
3902	3.591287	3917	3.592954	3932	3.594614	3947	3.596267
3903	3.591399	3918	3.593064	3933	3.594724	3948	3.596377
3904	3.591510	3919	3.593175	3934	3.594834	3949	3.596487
3905	3.591621	3920	3.593286	3935	3.594945	3950	3.596597
3906	3.591732	3921	3.593397	3936	3.595055	3951	3.596707
3907	3.591843	3922	3.593508	3937	3.595165	3952	3.596817
3908	3.591955	3923	3.593618	3938	3.595276	3953	3.596927
3909	3.592066	3924	3.593729	3939	3.595386	3954	3.597037
3910	3.592177	3925	3.593840	3940	3.595496	3955	3.597146
3911	3.592288	3926	3.593950	3941	3.595606	3956	3.597256
3912	3.592399	3927	3.594061	3942	3.595717	3957	3.597366
3913	3.592510	3928	3.594171	3943	3.595827	3958	3.597476
3914	3.592621	3929	3.594282	3944	3.595937	3959	3.597586

Nomb.	Logarith.
3960	3.597695
3961	3.597805
3962	3.597914
3963	3.598024
3964	3.598134
3965	3.598243
3966	3.598353
3967	3.598462
3968	3.598572
3969	3.598681
3970	3.598791
3971	3.598900
3972	3.599009
3973	3.599119
3974	3.599228
3975	3.599337
3976	3.599446
3977	3.599556
3978	3.599665
3979	3.599774
3980	3.599883
3981	3.599992
3982	3.600101
3983	3.600210
3984	3.600319
3985	3.600428
3986	3.600537
3987	3.600646
3988	3.600755
3989	3.600864
3990	3.600973
3991	3.601082
3992	3.601191
3993	3.601299
3994	3.601408
3995	3.601517
3996	3.601625
3997	3.601734
3998	3.601843
3999	3.601951
4000	3.602060
4001	3.602169
4002	3.602277
4003	3.602386
4004	3.602494

	Sin. 35	Tang. 35	Cotang. 35	Cosin. 35	
0	9.758591	9.845227	10.154773	9.913365	60
2	9.758952	9.845764	10.154236	9.913187	58
4	9.759312	9.846302	10.153698	9.913010	56
6	9.759672	9.846839	10.153161	9.912833	54
8	9.760031	9.847376	10.152624	9.912655	52
10	9.760390	9.847913	10.152087	9.912477	50
12	9.760748	9.848449	10.151551	9.912299	48
14	9.761106	9.848986	10.151014	9.912121	46
16	9.761464	9.849522	10.150478	9.911942	44
18	9.761821	9.850057	10.149942	9.911763	42
20	9.762177	9.850593	10.149407	9.911584	40
22	9.762534	9.851129	10.148871	9.911405	38
24	9.762889	9.851664	10.148336	9.911226	36
26	9.763245	9.852199	10.147801	9.911046	34
28	9.763600	9.852733	10.147267	9.910866	32
30	9.763954	9.853268	10.146732	9.910686	30
32	9.764308	9.853802	10.146198	9.910506	28
34	9.764662	9.854336	10.145664	9.910325	26
36	9.765015	9.854870	10.145130	9.910144	24
38	9.765367	9.855404	10.144596	9.909963	22
40	9.765720	9.855938	10.144062	9.909782	20
42	9.766072	9.856471	10.143529	9.909601	18
44	9.766423	9.857004	10.142996	9.909419	16
46	9.766774	9.857537	10.142463	9.909237	14
48	9.767124	9.858069	10.141931	9.909055	12
50	9.767475	9.858602	10.141398	9.908873	10
52	9.767824	9.859134	10.140866	9.908690	8
54	9.768173	9.859666	10.140334	9.908507	6
56	9.768522	9.860198	10.139802	9.908324	4
58	9.768871	9.860730	10.139270	9.908141	2
60	9.769219	9.861261	10.138739	9.907958	0
	Cosin. 54	Cotang. 54	Tang. 54	Sin. 54	

Nomb.	Logarith.	Nomb.	Logarith.	Nomb.	Logarith.
4005	3.602603	4020	3.604226	4035	3.605844
4006	3.602711	4021	3.604334	4036	3.605951
4007	3.602819	4022	3.604442	4037	3.606059
4008	3.602928	4023	3.604550	4038	3.606166
4009	3.603036	4024	3.604658	4039	3.606274
4010	3.603144	4025	3.604766	4040	3.606381
4011	3.603253	4026	3.604874	4041	3.606489
4012	3.603361	4027	3.604982	4042	3.606596
4013	3.603469	4028	3.605089	4043	3.606704
4014	3.603577	4029	3.605197	4044	3.606811
4015	3.603686	4030	3.605305	4045	3.606919
4016	3.603794	4031	3.605413	4046	3.607016
4017	3.603902	4032	3.605521	4047	3.607133
4018	3.604010	4033	3.605628	4048	3.607241
4019	3.604118	4034	3.605736	4049	3.607348

	Sin. 36	Tang. 36	Cotang. 36	Cosin. 36	
0	9.769219	9.861261	10.138739	9.907958	60
2	9.769566	9.861792	10.138208	9.907774	58
4	9.769913	9.862323	10.137677	9.907590	56
6	9.770260	9.862854	10.137146	9.907406	54
8	9.770606	9.863385	10.136615	9.907222	52
10	9.770952	9.863915	10.136085	9.907037	50
12	9.771298	9.864445	10.135555	9.906852	48
14	9.771643	9.864975	10.135025	9.906667	46
16	9.771987	9.865505	18.134495	9.906482	44
18	9.772331	9.866035	10.133965	9.906296	42
20	9.772675	9.866564	10.133436	9.906111	40
22	9.773018	9.867094	10.132906	9.905925	38
24	9.773361	9.867623	10.132377	9.905739	36
26	9.773704	9.868152	10.131848	9.905552	34
28	9.774046	9.868680	10.131320	9.905366	32
30	9.774388	9.869209	10.130791	9.905179	30
32	9.774729	9.869737	10.130263	9.904992	28
34	9.775070	9.870265	10.129735	9.904804	26
36	9.775410	9.870793	10.129207	9.904617	24
38	9.775750	9.871321	10.128679	9.904429	22
40	9.776090	9.871849	10.128151	9.904241	20
42	9.776429	9.872376	10.127624	9.904053	18
44	9.776768	9.872903	10.127097	9.903864	16
46	9.777106	9.873430	10.126570	9.903676	14
48	9.777444	9.873957	10.126043	9.903487	12
50	9.777781	9.874484	10.125516	9.903298	10
52	9.778119	9.875010	10.124990	9.903108	8
54	9.778455	9.875537	10.124463	9.902919	6
56	9.778792	9.876063	10.123937	9.902729	4
58	9.779128	9.876589	10.123411	9.902539	2
60	9.779463	9.877114	10.122886	9.902349	0
	Cosin. 53	Cotang. 53	Tang. 53	Sin. 53	'

LOGARITHMES DES NOMBRES.

Nomb.	Logarith.
4050	3.607455
4051	3.607562
4052	3.607669
4053	3.607777
4054	3.607884
4055	3.607991
4056	3.608098
4057	3.608205
4058	3.608312
4059	3.608419
4060	3.608526
4061	3.608633
4062	3.608740
4063	3.608847
4064	3.608954
4065	3.609061
4066	3.609167
4067	3.609274
4068	3.609381
4069	3.609488
4070	3.609594
4071	3.609701
4072	3.609808
4073	3.609914
4074	3.610021
4075	3.610128
4076	3.610234
4077	3.610341
4078	3.610447
4079	3.610554
4080	3.610660
4081	3.610767
4082	3.610873
4083	3.610979
4084	3.611086
4085	3.611192
4086	3.611298
4087	3.611405
4088	3.611511
4089	3.611617
4090	3.611723
4091	3.611829
4092	3.611936
4093	3.612042
4094	3.612148

Nomb.	Logarith.	Nomb.	Logarith.	Nomb.	Logarith.
4095	3.612254	4110	3.613842	4125	3.615424
4096	3.612360	4111	3.613947	4126	3.615529
4097	3.612466	4112	3.614053	4127	3.615634
4098	3.612572	4113	3.614159	4128	3.615740
4099	3.612678	4114	3.614264	4129	3.615845
4100	3.612784	4115	3.614370	4130	3.615950
4101	3.612890	4116	3.614475	4131	3.616055
4102	3.612996	4117	3.614581	4132	3.616160
4103	3.613102	4118	3.614686	4133	3.616265
4104	3.613207	4119	3.614792	4134	3.616370
4105	3.613313	4120	3.614897	4135	3.616476
4106	3.613419	4121	3.615003	4136	3.616581
4107	3.613525	4122	3.615108	4137	3.616686
4108	3.613630	4123	3.615213	4138	3.616790
4109	3.613736	4124	3.615319	4139	3.616895

	Sin. 37	Tang. 37	Cotang. 37	Cosin. 37	
0	9.779463	9.877114	10.122886	9.902349	60
2	9.779798	9.877640	10.122360	9.902158	58
4	9.780133	9.878165	10.121835	9.901967	56
6	9.780467	9.878691	10.121309	9.901776	54
8	9.780801	9.879216	10.120784	9.901585	52
10	9.781134	9.879741	10.120259	9.901394	50
12	9.781468	9.880265	10.119735	9.901202	48
14	9.781800	9.880790	10.119210	9.901010	46
16	9.782132	9.881314	10.118686	9.900818	44
18	9.782464	9.881839	10.118161	9.900626	42
20	9.782796	9.882363	10.117637	9.900433	40
22	9.783127	9.882887	10.117113	9.900240	38
24	9.783458	9.883410	10.116590	9.900047	36
26	9.783788	9.883934	10.116066	9.899854	34
28	9.784118	9.884457	10.115543	9.899660	32
30	9.784447	9.884980	10.115020	9.899467	30
32	9.784776	9.885504	10.114496	9.899273	28
34	9.785105	9.886026	10.113974	9.899078	26
36	9.785433	9.886549	10.113451	9.898884	24
38	9.785761	9.887072	10.112928	9.898689	22
40	9.786089	9.887594	10.112406	9.898494	20
42	9.786416	9.888116	10.111884	9.898299	18
44	9.786742	9.888639	10.111361	9.898104	16
46	9.787069	9.889161	10.110839	9.897908	14
48	9.787395	9.889682	10.110318	9.897712	12
50	9.787720	9.890204	10.109796	9.897516	10
52	9.788045	9.890725	10.109275	9.897320	8
54	9.788370	9.891247	10.108753	9.897123	6
56	9.788694	9.891768	10.108232	9.896926	4
58	9.789018	9.892289	10.107711	9.896729	2
60	9.789342	9.892810	10.107190	9.896532	0
	Cosin. 52	Cotang. 52	Tang. 52	Sin. 52	'

LOGARITHMES DES NOMBRES.

Nomb.	Logarith.
4140	3.617000
4141	3.617105
4142	3.617210
4143	3.617315
4144	3.617420
4145	3.617525
4146	3.617629
4147	3.617734
4148	3.617839
4149	3.617943
4150	3.618048
4151	3.618153
4152	3.618257
4153	3.618362
4154	3.618466
4155	3.618571
4156	3.618676
4157	3.618780
4158	3.618884
4159	3.618989
4160	3.619093
4161	3.619198
4162	3.619302
4163	3.619406
4164	3.619511
4165	3.619615
4166	3.619719
4167	3.619824
4168	3.619928
4169	3.620032

Nomb.	Logarith.	Nomb.	Logarith.	Nomb.	Logarith.
4170	3.620136	4185	3.621695	4200	3.623249	4215	3.624798
4171	3.620240	4186	3.621799	4201	3.623353	4216	3.624901
4172	3.620344	4187	3.621903	4202	3.623456	4217	3.625004
4173	3.620448	4188	3.622007	4203	3.623559	4218	3.625107
4174	3.620552	4189	3.622110	4204	3.623663	4219	3.625210
4175	3.620656	4190	3.622214	4205	3.623766	4220	3.625312
4176	3.620760	4191	3.622318	4206	3.623869	4221	3.625415
4177	3.620864	4192	3.622421	4207	3.623973	4222	3.625518
4178	3.620968	4193	3.622525	4208	3.624076	4223	3.625621
4179	3.621072	4194	3.622628	4209	3.624179	4224	3.625724
4180	3.621176	4195	3.622732	4210	3.624282	4225	3.625827
4181	3.621280	4196	3.622835	4211	3.624385	4226	3.625929
4182	3.621384	4197	3.622939	4212	3.624488	4227	3.626032
4183	3.621488	4198	3.623042	4213	3.624591	4228	3.626135
4184	3.621592	4199	3.623146	4214	3.624695	4229	3.626238

Nomb.	Logarith.
4230	3.626340
4231	3.626443
4232	3.626546
4233	3.626648
4234	3.626751
4235	3.626853
4236	3.626956
4237	3.627058
4238	3.627161
4239	3.627263
4240	3.627366
4241	3.627468
4242	3.627571
4243	3.627673
4244	3.627775
4245	3.627878
4246	3.627980
4247	3.628082
4248	3.628185
4249	3.628287
4250	3.628389
4251	3.628491
4252	3.628593
4253	3.628695
4254	3.628797
4255	3.628900
4256	3.629002
4257	3.629104
4258	3.629206
4259	3.629308

	Sin. 38	Tang. 38	Cotang. 38	Cosin. 38	
0	9.789342	9.892810	10.107190	9.896532	60
2	9.789665	9.893331	10.106669	9.896335	58
4	9.789988	9.893851	10.106149	9.896137	56
6	9.790310	9.894372	10.105628	9.895939	54
8	9.790632	9.894892	10.105108	9.895741	52
10	9.790954	9.895412	10.104588	9.895542	50
12	9.791275	9.895932	10.104068	9.895343	48
14	9.791596	9.896452	10.103548	9.895145	46
16	9.791917	9.896971	10.103029	9.894945	44
18	9.792237	9.897491	10.102509	9.894746	42
20	9.792557	9.898010	10.101990	9.894546	40
22	9.792876	9.898530	10.101470	9.894346	38
24	9.793195	9.899049	10.100951	9.894146	36
26	9.793514	9.899568	10.100432	9.893946	34
28	9.793832	9.900086	10.099913	9.893745	32
30	9.794150	9.900605	10.099395	9.893544	30
32	9.794467	9.901124	10.098876	9.893343	28
34	9.794784	9.901642	10.098358	9.893142	26
36	9.795101	9.902160	10.097840	9.892940	24
38	9.795417	9.902679	10.097321	9.892739	22
40	9.795733	9.903197	10.096803	9.892536	20
42	9.796049	9.903714	10.096286	9.892334	18
44	9.796364	9.904232	10.095768	9.892132	16
46	9.796679	9.904750	10.095250	9.891929	14
48	9.796993	9.905267	10.094733	9.891726	12
50	9.797307	9.905785	10.094215	9.891523	10
52	9.797621	9.906302	10.093698	9.891319	8
54	9.797934	9.906819	10.093181	9.891115	6
56	9.798247	9.907336	10.092664	9.890911	4
58	9.798560	9.907853	10.092147	9.890707	2
60	9.798872	9.908369	10.091631	9.890503	0
	Cosin. 51	Cotang. 51	Tang. 51	Sin. 51	

Nomb.	Logarith.	Nomb.	Logarith.	Nomb.	Logarith.	Nomb.	Logarith.
4260	3.629410	4275	3.630936	4290	3.632457	4305	3.633973
4261	3.629512	4276	3.631038	4291	3.632559	4306	3.634074
4262	3.629613	4277	3.631139	4292	3.632660	4307	3.634175
4263	3.629715	4278	3.631241	4293	3.632761	4308	3.634276
4264	3.629817	4279	3.631342	4294	3.632862	4309	3.634376
4265	3.629919	4280	3.631444	4295	3.632963	4310	3.634477
4266	3.630021	4281	3.631545	4296	3.633064	4311	3.634578
4267	3.630123	4282	3.631647	4297	3.633165	4312	3.634679
4268	3.630224	4283	3.631748	4298	3.633266	4313	3.634779
4269	3.630326	4284	3.631849	4299	3.633367	4314	3.634880
4270	3.630428	4285	3.631951	4300	3.633468	4315	3.634981
4271	3.630530	4286	3.632052	4301	3.633569	4316	3.635081
4272	3.630631	4287	3.632153	4302	3.633670	4317	3.635182
4273	3.630733	4288	3.632255	4303	3.633771	4318	3.635283
4274	3.630835	4289	3.632356	4304	3.633872	4319	3.635383

Nomb.	Logarith.
4320	3.635484
4321	3.635584
4322	3.635685
4323	3.635785
4324	3.635886
4325	3.635986
4326	3.636087
4327	3.636187
4328	3.636287
4329	3.636388
4330	3.636488
4331	3.636588
4332	3.636688
4333	3.636789
4334	3.636889
4335	3.636989
4336	3.637089
4337	3.637189
4338	3.637290
4339	3.637390
4340	3.637490
4341	3.637590
4342	3.637690
4343	3.637790
4344	3.637890
4345	3.637990
4346	3.638090
4347	3.638190
4348	3.638290
4349	3.638389
4350	3.638489
4351	3.638589
4352	3.638689
4353	3.638789
4354	3.638888
4355	3.638988
4356	3.639088
4357	3.639188
4358	3.639287
4359	3.639387
4360	3.639486
4361	3.639586
4362	3.639686
4363	3.639785
4364	3.639885

'	Sin. 39	Tang. 39	Cotang. 39	Cosin. 39	
0	9.798872	9.908369	10.091631	9.890503	60
2	9.799184	9.908886	10.091114	9.890298	58
4	9.799495	9.909402	10.090598	9.890093	56
6	9.799806	9.909918	10.090082	9.889888	54
8	9.800117	9.910435	10.089565	9.889682	52
10	9.800427	9.910951	10.089049	9.889477	50
12	9.800737	9.911467	10.088533	9.889271	48
14	9.801047	9.911982	10.088018	9.889064	46
16	9.801356	9.912498	10.087502	9.888858	44
18	9.801665	9.913014	10.086986	9.888651	42
20	9.801973	9.913529	10.086471	9.888444	40
22	9.802282	9.914044	10.085956	9.888237	38
24	9.802589	9.914560	10.085440	9.888030	36
26	9.802897	9.915075	10.084925	9.887822	34
28	9.803204	9.915590	10.084410	9.887614	32
30	9.803511	9.916104	10.083896	9.887406	30
32	9.803817	9.916619	10.083381	9.887198	28
34	9.804123	9.917134	10.082866	9.886989	26
36	9.804428	9.917648	10.082352	9.886780	24
38	9.804734	9.918163	10.081837	9.886571	22
40	9.805039	9.918677	10.081323	9.886362	20
42	9.805343	9.919191	10.080809	9.886152	18
44	9.805647	9.919705	10.080295	9.885942	16
46	9.805951	9.920219	10.079781	9.885732	14
48	9.806254	9.920733	10.079267	9.885522	12
50	9.806557	9.921247	10.078753	9.885311	10
52	9.806860	9.921760	10.078240	9.885100	8
54	9.807163	9.922274	10.077726	9.884889	6
56	9.807465	9.922787	10.077213	9.884677	4
58	9.807766	9.923300	10.076700	9.884466	2
60	9.808067	9.923814	10.076186	9.884254	0
	Cosin. 50	Cotang. 50	Tang. 50	Sin. 50	'

Nomb.	Logarith.	Nomb.	Logarith.	Nomb.	Logarith.
4365	3.639984	4380	3.641474	4395	3.642959
4366	3.640084	4381	3.641573	4396	3.643058
4367	3.640183	4382	3.641672	4397	3.643156
4368	3.640283	4383	3.641771	4398	3.643255
4369	3.640382	4384	3.641871	4399	3.643354
4370	3.640481	4385	3.641970	4400	3.643453
4371	3.640581	4386	3.642069	4401	3.643551
4372	3.640680	4387	3.642168	4402	3.643650
4373	3.640779	4388	3.642267	4403	3.643749
4374	3.640879	4389	3.642366	4404	3.643847
4375	3.640978	4390	3.642465	4405	3.643946
4376	3.641077	4391	3.642563	4406	3.644044
4377	3.641177	4392	3.642662	4407	3.644143
4378	3.641276	4393	3.642761	4408	3.644242
4379	3.641375	4394	3.642860	4409	3.644340

'	Sin. 40	Tang. 40	Cotang. 40	Cosin. 40	
0	9.808067	9.923814	10.076186	9.884254	60
2	9.808368	9.924327	10.075673	9.884042	58
4	9.808669	9.924840	10.075160	9.883829	56
6	9.808969	9.925352	10.074648	9.883617	54
8	9.809269	9.925865	10.074135	9.883404	52
10	9.809569	9.926378	10.073622	9.883191	50
12	9.809868	9.926890	10.073110	9.882977	48
14	9.810167	9.927403	10.072597	9.882764	46
16	9.810465	9.927915	10.072085	9.882550	44
18	9.810763	9.928427	10.071573	9.882336	42
20	9.811061	9.928940	10.071060	9.882121	40
22	9.811358	9.929452	10.070548	9.881907	38
24	9.811655	9.929964	10.070036	9.881692	36
26	9.811952	9.930475	10.069525	9.881477	34
28	9.812248	9.930987	10.069013	9.881261	32
30	9.812544	9.931499	10.068501	9.881046	30
32	9.812840	9.932010	10.067990	9.880830	28
34	9.813135	9.932522	10.067478	9.880613	26
36	9.813430	9.933033	10.066967	9.880397	24
38	9.813725	9.933545	10.066455	9.880180	22
40	9.814019	9.934056	10.065944	9.879963	20
42	9.814313	9.934567	10.065433	9.879746	18
44	9.814607	9.935078	10.064922	9.879529	16
46	9.814900	9.935589	10.064411	9.879311	14
48	9.815193	9.936100	10.063900	9.879093	12
50	9.815485	9.936611	10.063389	9.878875	10
52	9.815778	9.937121	10.062879	9.878656	8
54	9.816069	9.937632	10.062368	9.878438	6
56	9.816361	9.938142	10.061858	9.878219	4
58	9.816652	9.938653	10.061347	9.877999	2
60	9.816943	9.939163	10.060837	9.877780	0
	Cosin. 49	Cotang. 49	Tang. 49	Sin. 49	'

Nomb.	Logarith.
4410	3.644439
4411	3.644537
4412	3.644636
4413	3.644734
4414	3.644832
4415	3.644931
4416	3.645029
4417	3.645127
4418	3.645226
4419	3.645324
4420	3.645422
4421	3.645521
4422	3.645619
4423	3.645717
4424	3.645815
4425	3.645913
4426	3.646011
4427	3.646110
4428	3.646208
4429	3.646306
4430	3.646404
4431	3.646502
4432	3.646600
4433	3.646698
4434	3.646796
4435	3.646894
4436	3.646992
4437	3.647089
4438	3.647187
4439	3.647285
4440	3.647383
4441	3.647481
4442	3.647579
4443	3.647676
4444	3.647774
4445	3.647872
4446	3.647969
4447	3.648067
4448	3.648165
4449	3.648262
4450	3.648360
4451	3.648458
4452	3.648555
4453	3.648653
4454	3.648750

Nomb.	Logarith.	Nomb.	Logarith.	Nomb.	Logarith.
4455	3.648848	4470	3.650308	4485	3.651762
4456	3.648945	4471	3.650405	4486	3.651859
4457	3.649043	4472	3.650502	4487	3.651956
4458	3.649140	4473	3.650599	4488	3.652053
4459	3.649237	4474	3.650696	4489	3.652150
4460	3.649335	4475	3.650793	4490	3.652246
4461	3.649432	4476	3.650890	4491	3.652343
4462	3.649530	4477	3.650987	4492	3.652440
4463	3.649627	4478	3.651084	4493	3.652536
4464	3.649724	4479	3.651181	4494	3.652633
4465	3.649821	4480	3.651278	4495	3.652730
4466	3.649919	4481	3.651375	4496	3.652826
4467	3.650016	4482	3.651472	4497	3.652923
4468	3.650113	4483	3.651569	4498	3.653019
4469	3.650210	4484	3.651666	4499	3.653116

LOGARITHMES DES NOMBRES.

Nomb.	Logarith.
4500	3.653213
4501	3.653309
4502	3.653405
4503	3.653502
4504	3.653598
4505	3.653695
4506	3.653791
4507	3.653888
4508	3.653984
4509	3.654080
4510	3.654177
4511	3.654273
4512	3.654369
4513	3.654465
4514	3.654562
4515	3.654658
4516	3.654754
4517	3.654850
4518	3.654946
4519	3.655042
4520	3.655138
4521	3.655235
4522	3.655331
4523	3.655427
4524	3.655523
4525	3.655619
4526	3.655715
4527	3.655810
4528	3.655906
4529	3.656002
4530	3.656098
4531	3.656194
4532	3.656290
4533	3.656386
4534	3.656482
4535	3.656577
4536	3.656673
4537	3.656769
4538	3.656864
4539	3.656960
4540	3.657056
4541	3.657152
4542	3.657247
4543	3.657343
4544	3.657438

'	Sin. 41	Tang. 41	Cotang. 41	Cosin. 41	
0	9.816943	9.939163	10.060837	9.877780	60
2	9.817233	9.939673	10.060327	9.877560	58
4	9.817524	9.940183	10.059817	9.877340	56
6	9.817813	9.940694	10.059306	9.877120	54
8	9.818103	9.941204	10.058796	9.876899	52
10	9.818392	9.941713	10.058287	9.876678	50
12	9.818681	9.942223	10.057777	9.876457	48
14	9.818969	9.942733	10.057267	9.876236	46
16	9.819257	9.943243	10.056757	9.876014	44
18	9.819545	9.943752	10.056248	9.875793	42
20	9.819832	9.944262	10.055738	9.875571	40
22	9.820120	9.944771	10.055229	9.875348	38
24	9.820406	9.945281	10.054719	9.875126	36
26	9.820693	9.945790	10.054210	9.874903	34
28	9.820979	9.946299	10.053701	9.874680	32
30	9.821265	9.946808	10.053192	9.874456	30
32	9.821550	9.947318	10.052682	9.874232	28
34	9.821835	9.947827	10.052173	9.874009	26
36	9.822120	9.948335	10.051665	9.873784	24
38	9.822404	9.948844	10.051156	9.873560	22
40	9.822688	9.949353	10.050647	9.873335	20
42	9.822972	9.949862	10.050138	9.873110	18
44	9.823255	9.950371	10.049629	9.872885	16
46	9.823539	9.950879	10.049121	9.872659	14
48	9.823821	9.951388	10.048612	9.872434	12
50	9.824104	9.951896	10.048104	9.872208	10
52	9.824386	9.952405	10.047595	9.871981	8
54	9.824668	9.952913	10.047087	9.871755	6
56	9.824949	9.953421	10.046579	9.871528	4
58	9.825230	9.953929	10.046071	9.871301	2
60	9.825511	9.954437	10.045563	9.871073	0
	Cosin. 48	Cotang. 48	Tang. 48	Sin. 48	'

Nomb.	Logarith.	Nomb.	Logarith.	Nomb.	Logarith.
4545	3.657534	4560	3.658965	4575	3.660391
4546	3.657629	4561	3.659060	4576	3.660486
4547	3.657725	4562	3.659155	4577	3.660581
4548	3.657820	4563	3.659250	4578	3.660676
4549	3.657916	4564	3.659345	4579	3.660771
4550	3.658011	4565	3.659441	4580	3.660865
4551	3.658107	4566	3.659536	4581	3.660960
4552	3.658202	4567	3.659631	4582	3.661055
4553	3.658298	4568	3.659726	4583	3.661150
4554	3.658393	4569	3.659821	4584	3.661245
4555	3.658488	4570	3.659916	4585	3.661339
4556	3.658584	4571	3.660011	4586	3.661434
4557	3.658679	4572	3.660106	4587	3.661529
4558	3.658774	4573	3.660201	4588	3.661623
4559	3.658870	4574	3.660296	4589	3.661718

Nomb.	Logarith.
4590	3.661813
4591	3.661907
4592	3.662002
4593	3.662096
4594	3.662191
4595	3.662286
4596	3.662380
4597	3.662475
4598	3.662569
4599	3.662663
4600	3.662758
4601	3.662852
4602	3.662947
4603	3.663041
4604	3.663135
4605	3.663230
4606	3.663324
4607	3.663418
4608	3.663512
4609	3.663607
4610	3.663701
4611	3.663795
4612	3.663889
4613	3.663983
4614	3.664078
4615	3.664172
4616	3.664266
4617	3.664360
4618	3.664454
4619	3.664548
4620	3.664642
4621	3.664736
4622	3.664830
4623	3.664924
4624	3.665018
4625	3.665112
4626	3.665206
4627	3.665299
4628	3.665393
4629	3.665487
4630	3.665581
4631	3.665675
4632	3.665769
4633	3.665862
4634	3.665956

'	Sin. 42	Tang. 42	Cotang. 42	Cosin. 42	
0	9.825511	9.954437	10.045563	9.871073	60
2	9.825791	9.954946	10.045054	9.870846	58
4	9.826071	9.955454	10.044546	9.870618	56
6	9.826351	9.955961	10.044039	9.870390	54
8	9.826631	9.956469	10.043531	9.870161	52
10	9.826910	9.956977	10.043023	9.869933	50
12	9.827189	9.957485	10.042515	9.869704	48
14	9.827467	9.957993	10.042007	9.869474	46
16	9.827745	9.958500	10.041500	9.869245	44
18	9.828023	9.959008	10.040992	9.869015	42
20	9.828301	9.959516	10.040484	9.868785	40
22	9.828578	9.960023	10.039977	9.868555	38
24	9.828855	9.960530	10.039470	9.868324	36
26	9.829131	9.961038	10.038962	9.868093	34
28	9.829407	9.961545	10.038455	9.867862	32
30	9.829683	9.962052	10.037948	9.867631	30
32	9.829959	9.962560	10.037440	9.867399	28
34	9.830234	9.963067	10.036933	9.867167	26
36	9.830509	9.963574	10.036426	9.866935	24
38	9.830784	9.964081	10.035919	9.866703	22
40	9.831058	9.964588	10.035412	9.866470	20
42	9.831332	9.965095	10.034905	9.866237	18
44	9.831606	9.965602	10.034398	9.866004	16
46	9.831879	9.966109	10.033891	9.865770	14
48	9.832152	9.966616	10.033384	9.865536	12
50	9.832425	9.967123	10.032877	9.865302	10
52	9.832697	9.967629	10.032371	9.865068	8
54	9.832969	9.968136	10.031864	9.864833	6
56	9.833241	9.968643	10.031357	9.864598	4
58	9.833512	9.969149	10.030851	9.864363	2
60	9.833782	9.969656	10.030244	9.864127	0
	Cosin. 47	Cotang. 47	Tang. 47	Sin. 47	'

Nomb.	Logarith.	Nomb.	Logarith.	Nomb.	Logarith.
4635	3.666050	4650	3.667453	4665	3.668852
4636	3.666143	4651	3.667546	4666	3.668945
4637	3.666237	4652	3.667640	4667	3.669038
4638	3.666331	4653	3.667733	4668	3.669131
4639	3.666424	4654	3.667826	4669	3.669224
4640	3.666518	4655	3.667920	4670	3.669317
4641	3.666612	4656	3.668013	4671	3.669410
4642	3.666705	4657	3.668106	4672	3.669503
4643	3.666799	4658	3.668199	4673	3.669596
4644	3.666892	4659	3.668293	4674	3.669689
4645	3.666986	4660	3.668386	4675	3.669782
4646	3.667079	4661	3.668479	4676	3.669875
4647	3.667173	4662	3.668572	4677	3.669967
4648	3.667266	4663	3.668665	4678	3.670060
4649	3.667360	4664	3.668759	4679	3.670153

LOGARITHMES DES NOMBRES.

Nomb.	Logarith.
4680	3.670246
4681	3.670339
4682	3.670431
4683	3.670524
4684	3.670617
4685	3.670710
4686	3.670802
4687	3.670895
4688	3.670988
4689	3.671080
4690	3.671173
4691	3.671265
4692	3.671358
4693	3.671451
4694	3.671543
4695	3.671636
4696	3.671728
4697	3.671821
4698	3.671913
4699	3.672005
4700	3.672098
4701	3.672190
4702	3.672283
4703	3.672375
4704	3.672467
4705	3.672560
4706	3.672652
4707	3.672744
4708	3.672836
4709	3.672929

'	Sin. 43	Tang. 43	Cotang. 43	Cosin. 43	
0	9.833783	9.969656	10.030344	9.864127	60
2	9.834054	9.970162	10.029838	9.863892	58
4	9.834325	9.970669	10.029331	9.863656	56
6	9.834595	9.971175	10.028825	9.863419	54
8	9.834865	9.971682	10.028318	9.863183	52
10	9.835134	9.972188	10.027812	9.862946	50
12	9.835403	9.972695	10.027305	9.862709	48
14	9.835672	9.973201	10.026799	9.862471	46
16	9.835941	9.973707	10.026293	9.862234	44
18	9.836209	9.974213	10.025787	9.861996	42
20	9.836477	9.974720	10.025280	9.861758	40
22	9.836745	9.975226	10.024774	9.861519	38
24	9.837012	9.975732	10.024268	9.861280	36
26	9.837279	9.976238	10.023762	9.861041	34
28	9.837546	9.976744	10.023256	9.860802	32
30	9.837812	9.977250	10.022750	9.860562	30
32	9.838078	9.977756	10.022244	9.860322	28
34	9.838344	9.978262	10.021738	9.860082	26
36	9.838610	9.978768	10.021232	9.859842	24
38	9.838875	9.979274	10.020726	9.859601	22
40	9.839140	9.979780	10.020220	9.859360	20
42	9.839404	9.980286	10.019714	9.859119	18
44	9.839668	9.980791	10.019209	9.858877	16
46	9.839932	9.981297	10.018703	9.858635	14
48	9.840196	9.981803	10.018197	9.858393	12
50	9.840459	9.982309	10.017691	9.858151	10
52	9.840722	9.982814	10.017186	9.857908	8
54	9.840985	9.983320	10.016680	9.857665	6
56	9.841247	9.983826	10.016174	9.857422	4
58	9.841509	9.984332	10.015668	9.857178	2
60	9.841771	9.984837	10.015163	9.856934	0
	Cosin. 46	Cotang. 46	Tang. 46	Sin. 46	'

Nomb.	Logarith.	Nomb.	Logarith.	Nomb.	Logarith.	Nomb.	Logarith.
4710	3.673021	4725	3.674402	4740	3.675778	4755	3.677151
4711	3.673113	4726	3.674494	4741	3.675870	4756	3.677242
4712	3.673205	4727	3.674586	4742	3.675962	4757	3.677333
4713	3.673297	4728	3.674677	4743	3.676053	4758	3.677424
4714	3.673390	4729	3.674769	4744	3.676145	4759	3.677516
4715	3.673482	4730	3.674861	4745	3.676236	4760	3.677607
4716	3.673574	4731	3.674953	4746	3.676328	4761	3.677698
4717	3.673666	4732	3.675045	4747	3.676419	4762	3.677789
4718	3.673758	4733	3.675137	4748	9.676511	4763	3.677881
4719	3.673850	4734	3.675228	4749	3.676602	4764	3.677972
4720	3.673942	4735	3.675320	4750	3.676694	4765	3.678063
4721	3.674034	4736	3.675412	4751	3.676785	4766	3.678154
4722	3.674126	4737	3.675503	4752	3.676876	4767	3.678245
4723	3.674218	4738	3.675595	4753	3.676968	4768	3.678336
4724	3.674310	4739	3.675687	4754	3.677059	4769	3.678427

Nomb.	Logarith.
4770	3.678518
4771	3.678609
4772	3.678700
4773	3.678791
4774	3.678882
4775	3.678973
4776	3.679064
4777	3.679155
4778	3.679246
4779	3.679337
4780	3.679428
4781	3.679519
4782	3.679610
4783	3.679700
4784	3.679791
4785	3.679882
4786	3.679973
4787	3.680063
4788	3.680154
4789	3.680245
4790	3.680336
4791	3.680426
4792	3.680517
4793	3.680607
4794	3.680698
4795	3.680789
4796	3.680879
4797	3.680970
4798	3.681060
4799	3.681151
4800	3.681241
4801	3.681332
4802	3.681422
4803	3.681513
4804	3.681603
4805	3.681693
4806	3.681784
4807	3.681874
4808	3.681964
4809	3.682055
4810	3.682145
4811	3.682235
4812	3.682326
4813	3.682416
4814	3.682506

'	Sin. 44	Tang. 44	Cotang. 44	Cosin. 44	
0	9.841771	9.984837	10.015163	9.856934	60
2	9.842033	9.985343	10.014657	9.856690	58
4	9.842294	9.985848	10.014152	9.856446	56
6	9.842555	9.986354	10.013646	9.856201	54
8	9.842815	9.986860	10.013140	9.855956	52
10	9.843076	9.987365	10.012635	9.855711	50
12	9.843336	9.987871	10.012129	9.855465	48
14	9.843595	9.988376	10.011624	9.855219	46
16	9.843855	9.988882	10.011118	9.854973	44
18	9.844114	9.989387	10.010613	9.854727	42
20	9.844372	9.989893	10.010107	9.854480	40
22	9.844631	9.990398	10.009602	9.854233	38
24	9.844889	9.990903	10.009097	9.853986	36
26	9.845147	9.991409	10.008591	9.853738	34
28	9.845405	9.991914	10.008086	9.853490	32
30	9.845662	9.992420	10.007580	9.853242	30
32	9.845919	9.992925	10.007075	9.852994	28
34	9.846175	9.993431	10.006569	9.852745	26
36	9.846432	9.993936	10.006064	9.852496	24
38	9.846688	9.994441	10.005559	9.852247	22
40	9.846944	9.994947	10.005053	9.851997	20
42	9.847199	9.995452	10.004548	9.851747	18
44	9.847454	9.995957	10.004043	9.851497	16
46	9.847709	9.996463	10.003537	9.851246	14
48	9.847964	9.996968	10.003032	9.850996	12
50	9.848218	9.997473	10.002527	9.850745	10
52	9.848472	9.997979	10.002021	9.850493	8
54	9.848726	9.998484	10.001516	9.850242	6
56	9.848979	9.998989	10.001011	9.849990	4
58	9.849232	9.999495	10.000505	9.849738	2
60	9.849485	10.000000	10.000000	9.849485	0
	Cosin. 45	Cotang. 45	Tang. 45	Sin. 45	'

Nomb.	Logarith.	Nomb.	Logarith.	Nomb.	Logarith.
4815	3.682596	4830	3.683947	4845	3.685294
4816	3.682686	4831	3.684037	4846	3.685383
4817	3.682777	4832	3.684127	4847	3.685473
4818	3.682867	4833	3.684217	4848	3.685563
4819	3.682957	4834	3.684307	4849	3.685652
4820	3.683047	4835	3.684396	4850	3.685742
4821	3.683137	4836	3.684486	4851	3.685831
4822	3.683227	4837	3.684576	4852	3.685921
4823	3.683317	4838	3.684666	4853	3.686010
4824	3.683407	4839	3.684756	4854	3.686100
4825	3.683497	4840	3.684845	4855	3.686189
4826	3.683587	4841	3.684935	4856	3.686279
4827	3.683677	4842	3.685025	4857	3.686368
4828	3.683767	4843	3.685114	4858	3.686458
4829	3.683857	4844	3.685204	4859	3.686547

Nomb.	Logarith.	Nomb.	Logarith.	Nomb.	Logarith.	Nomb.	Logarith.
4860	3.686636	4908	3.690905	4956	3.695131	5004	3.699317
4861	3.686726	4909	3.690993	4957	3.695219	5005	3.699404
4862	3.686815	4910	3.691081	4958	3.695307	5006	3.699491
4863	3.686904	4911	3.691170	4959	3.695394	5007	3.699578
4864	3.686994	4912	3.691258	4960	3.695482	5008	3.699664
4865	3.687083	4913	3.691347	4961	3.695569	5009	3.699751
4866	3.687172	4914	3.691435	4962	3.695657	5010	3.699838
4867	3.687261	4915	3.691524	4963	3.695744	5011	3.699924
4868	3.687351	4916	3.691612	4964	3.695832	5012	3.700011
4869	3.687440	4917	3.691700	4965	3.695919	5013	3.700098
4870	3.687529	4918	3.691789	4966	3.696007	5014	3.700184
4871	3.687618	4919	3.691877	4967	3.696094	5015	3.700271
4872	3.687707	4920	3.691965	4968	3.696182	5016	3.700358
4873	3.687796	4921	3.692053	4969	3.696269	5017	3.700444
4874	3.687886	4922	3.692142	4970	3.696356	5018	3.700531
4875	3.687975	4923	3.692230	4971	3.696444	5019	3.700617
4876	3.688064	4924	3.692318	4972	3.696531	5020	3.700704
4877	3.688153	4925	3.692406	4973	3.696618	5021	3.700790
4878	3.688242	4926	3.692494	4974	3.696706	5022	3.700877
4879	3.688331	4927	3.692583	4975	3.696793	5023	3.700965
4880	3.688420	4928	3.692671	4976	3.696880	5024	3.701050
4881	3.688509	4929	3.692759	4977	3.696968	5025	3.701136
4882	3.688598	4930	3.692847	4978	3.697055	5026	3.701222
4883	3.688687	4931	3.692935	4979	3.697142	5027	3.701309
4884	3.688776	4932	3.693023	4980	3.697229	5028	3.701395
4885	3.688865	4933	3.693111	4981	3.697317	5029	3.701482
4886	3.688953	4934	3.693199	4982	3.697404	5030	3.701568
4887	3.689042	4935	3.693287	4983	3.697491	5031	3.701654
4888	3.689131	4936	3.693375	4984	3.697578	5032	3.701741
4889	3.689220	4937	3.693463	4985	3.697665	5033	3.701827
4890	3.689309	4938	3.693551	4986	3.697752	5034	3.701913
4891	3.689398	4939	3.693639	4987	3.697839	5035	3.701999
4892	3.689486	4940	3.693727	4988	3.697926	5036	3.702086
4893	3.689575	4941	3.693815	4989	3.698014	5037	3.702172
4894	3.689664	4942	3.693903	4990	3.698100	5038	3.702258
4895	3.689753	4943	3.693991	4991	3.698188	5039	3.702344
4896	3.689841	4944	3.694078	4992	3.698275	5040	3.702431
4897	3.689930	4945	3.694166	4993	3.698362	5041	3.702517
4898	3.690019	4946	3.694254	4994	3.698449	5042	3.702603
4899	3.690107	4947	3.694342	4995	3.698535	5043	3.702689
4900	3.690196	4948	3.694430	4996	3.698622	5044	3.702775
4901	3.690285	4949	3.694517	4997	3.698709	5045	3.702861
4902	3.690373	4950	3.694605	4998	3.698796	5046	3.702947
4903	3.690462	4951	3.694693	4999	3.698883	5047	3.703033
4904	3.690550	4952	3.694781	5000	3.698970	5048	3.703119
4905	3.690639	4953	3.694868	5001	3.699057	5049	3.703205
4906	3.690728	4954	3.694956	5002	3.699144	5050	3.703291
4907	3.690816	4955	3.695044	5003	3.699231	5051	3.703377

Nomb.	Logarith.	Nomb.	Logarith.	Nomb.	Logarith.	Nomb.	Logarith.
5052	3.703463	5100	3.707570	5148	3.711639	5196	3.715669
5053	3.703549	5101	3.707655	5149	3.711723	5197	3.715753
5054	3.703635	5102	3.707740	5150	3.711807	5198	3.715836
5055	3.703721	5103	3.707826	5151	3.711892	5199	3.715920
5056	3.703807	5104	3.707911	5152	3.711976	5200	3.716003
5057	3.703893	5105	3.707996	5153	3.712060	5201	3.716087
5058	3.703979	5106	3.708081	5154	3.712144	5202	3.716170
5059	3.704065	5107	3.708166	5155	3.712229	5203	3.716254
5060	3.704151	5108	3.708251	5156	3.712313	5204	3.716337
5061	3.704236	5109	3.708336	5157	3.712397	5205	3.716421
5062	3.704322	5110	3.708421	5158	3.712481	5206	3.716504
5063	3.704408	5111	3.708506	5159	3.712566	5207	3.716588
5064	3.704494	5112	3.708591	5160	3.712650	5208	3.716671
5065	3.704579	5113	3.708676	5161	3.712734	5209	3.716754
5066	3.704665	5114	3.708761	5162	3.712818	5210	3.716838
5067	3.704751	5115	3.708846	5163	3.712902	5211	3.716921
5068	3.704837	5116	3.708931	5164	3.712986	5212	3.717004
5069	3.704922	5117	3.709015	5165	3.713070	5213	3.717088
5070	3.705008	5118	3.709100	5166	3.713154	5214	3.717171
5071	3.705094	5119	3.709185	5167	3.713238	5215	3.717254
5072	3.705179	5120	3.709270	5168	3.713323	5216	3.717338
5073	3.705265	5121	3.709355	5169	3.713407	5217	3.717421
5074	3.705350	5122	3.709440	5170	3.713491	5218	3.717504
5075	3.705436	5123	3.709524	5171	3.713575	5219	3.717587
5076	3.705522	5124	3.709609	5172	3.713659	5220	3.717671
5077	3.705607	5125	3.709694	5173	3.713742	5221	3.717754
5078	3.705693	5126	3.709779	5174	3.713826	5222	3.717837
5079	3.705778	5127	3.709863	5175	3.713910	5223	3.717920
5080	3.705864	5128	3.709948	5176	3.713994	5224	3.718003
5081	3.705949	5129	3.710033	5177	3.714078	5225	3.718086
5082	3.706035	5130	3.710117	5178	3.714162	5226	3.718169
5083	3.706120	5131	3.710202	5179	3.714246	5227	3.718253
5084	3.706206	5132	3.710287	5180	3.714330	5228	3.718336
5085	3.706291	5133	3.710371	5181	3.714414	5229	3.718419
5086	3.706376	5134	3.710456	5182	3.714497	5230	3.718502
5087	3.706462	5135	3.710540	5183	3.714581	5231	3.718585
5088	3.706547	5136	3.710625	5184	3.714665	5232	3.718668
5089	3.706632	5137	3.710710	5185	3.714749	5233	3.718751
5090	3.706718	5138	3.710794	5186	3.714833	5234	3.718834
5091	3.706803	5139	3.710879	5187	3.714916	5235	3.718917
5092	3.706888	5140	3.710963	5188	3.715000	5236	3.719000
5093	3.706974	5141	3.711048	5189	3.715084	5237	3.719083
5094	3.707059	5142	3.711132	5190	3.715167	5238	3.719165
5095	3.707144	5143	3.711217	5191	3.715251	5239	3.719248
5096	3.707229	5144	3.711301	5192	3.715335	5240	3.719331
5097	3.707315	5145	3.711385	5193	3.715418	5241	3.719414
5098	3.707400	5146	3.711470	5194	3.715502	5242	3.719497
5099	3.707485	5147	3.711554	5195	3.715586	5243	3.719580

h

Nomb.	Logarith.	Nomb.	Logarith.	Nomb.	Logarith.	Nomb.	Logarith.
5244	3.719663	5292	3.723620	5340	3.727541	5388	3.731428
5245	3.719745	5293	3.723702	5341	3.727623	5389	3.731508
5246	3.719828	5294	3.723784	5342	3.727704	5390	3.731589
5247	3.719911	5295	3.723866	5343	3.727785	5391	3.731669
5248	3.719994	5296	3.723948	5344	3.727866	5392	3.731750
5249	3.720077	5297	3.724030	5345	3.727948	5393	3.731830
5250	3.720159	5298	3.724112	5346	3.728029	5394	3.731911
5251	3.720242	5299	3.724194	5347	3.728110	5395	3.731991
5252	3.720325	5300	3.724276	5348	3.728191	5396	3.732072
5253	3.720407	5301	3.724358	5349	3.728273	5397	3.732152
5254	3.720490	5302	3.724440	5350	3.728354	5398	3.732233
5255	3.720573	5303	3.724522	5351	3.728435	5399	3.732313
5256	3.720655	5304	3.724604	5352	3.728516	5400	3.732394
5257	3.720738	5305	3.724685	5353	3.728597	5401	3.732474
5258	3.720821	5306	3.724767	5354	3.728678	5402	3.732555
5259	3.720903	5307	3.724849	5355	3.728759	5403	3.732635
5260	3.720986	5308	3.724931	5356	3.728841	5404	3.732715
5261	3.721068	5309	3.725013	5357	3.728922	5405	3.732796
5262	3.721151	5310	3.725095	5358	3.729003	5406	3.732876
5263	3.721233	5311	3.725176	5359	3.729084	5407	3.732956
5264	3.721316	5312	3.725258	5360	3.729165	5408	3.733037
5265	3.721398	5313	3.725340	5361	3.729246	5409	3.733117
5266	3.721481	5314	3.725422	5362	3.729327	5410	3.733197
5267	3.721563	5315	3.725503	5363	3.729408	5411	3.733278
5268	3.721646	5316	3.725585	5364	3.729489	5412	3.733358
5269	3.721728	5317	3.725667	5365	3.729570	5413	3.733438
5270	3.721811	5318	3.725748	5366	3.729651	5414	3.733518
5271	3.721893	5319	3.725830	5367	3.729732	5415	3.733598
5272	3.721975	5320	3.725912	5368	3.729813	5416	3.733679
5273	3.722058	5321	3.725993	5369	3.729893	5417	3.733759
5274	3.722140	5322	3.726075	5370	3.729974	5418	3.733839
5275	3.722222	5323	3.726156	5371	3.730055	5419	3.733919
5276	3.722305	5324	3.726238	5372	3.730136	5420	3.733999
5277	3.722387	5325	3.726320	5373	3.730217	5421	3.734079
5278	3.722469	5326	3.726401	5374	3.730298	5422	3.734160
5279	3.722552	5327	3.726483	5375	3.730378	5423	3.734240
5280	3.722634	5328	3.726564	5376	3.730459	5424	3.734320
5281	3.722716	5329	3.726646	5377	3.730540	5425	3.734400
5282	3.722798	5330	3.726727	5378	3.730621	5426	3.734480
5283	3.722881	5331	3.726809	5379	3.730701	5427	3.734560
5284	3.722963	5332	3.726890	5380	3.730782	5428	3.734640
5285	3.723045	5333	3.726972	5381	3.730863	5429	3.734720
5286	3.723127	5334	3.727053	5382	3.730944	5430	3.734800
5287	3.723209	5335	3.727134	5383	3.731024	5431	3.734880
5288	3.723291	5336	3.727216	5384	3.731105	5432	3.734960
5289	3.723374	5337	3.727297	5385	3.731186	5433	3.735040
5290	3.723456	5338	3.727379	5386	3.731266	5434	3.735120
5291	3.723538	5339	3.727460	5387	3.731347	5435	3.735200

Nomb.	Logarith.	Nomb.	Logarith.	Nomb.	Logarith.	Nomb.	Logarith.
5436	3.735279	5484	3.739097	5532	3.742882	5580	3.746634
5437	3.735359	5485	3.739177	5533	3.742961	5581	3.746712
5438	3.735439	5486	3.739256	5534	3.743039	5582	3.746790
5439	3.735519	5487	3.739335	5535	3.743118	5583	3.746868
5440	3.735599	5488	3.739414	5536	3.743196	5584	3.746945
5441	3.735679	5489	3.739493	5537	3.743275	5585	3.747023
5442	3.735759	5490	3.739572	5538	3.743353	5586	3.747101
5443	3.735838	5491	3.739651	5539	3.743431	5587	3.747179
5444	3.735918	5492	3.739731	5540	3.743510	5588	3.747256
5445	3.735998	5493	3.739810	5541	3.743588	5589	3.747334
5446	3.736078	5494	3.739889	5542	3.743667	5590	3.747412
5447	3.736157	5495	3.739968	5543	3.743745	5591	3.747489
5448	3.736237	5496	3.740047	5544	3.743823	5592	3.747567
5449	3.736317	5497	3.740126	5545	3.743902	5593	3.747645
5450	3.736397	5498	3.740205	5546	3.743980	5594	3.747722
5451	3.736476	5499	3.740284	5547	3.744058	5595	3.747800
5452	3.736556	5500	3.740363	5548	3.744136	5596	3.747878
5453	3.736635	5501	3.740442	5549	3.744215	5597	3.747955
5454	3.736715	5502	3.740521	5550	3.744293	5598	3.748033
5455	3.736795	5503	3.740600	5551	3.744371	5599	3.748110
5456	3.736874	5504	3.740678	5552	3.744449	5600	3.748188
5457	3.736954	5505	3.740757	5553	3.744528	5601	3.748266
5458	3.737034	5506	3.740836	5554	3.744606	5602	3.748343
5459	3.737113	5507	3.740915	5555	3.744684	5603	3.748421
5460	3.737193	5508	3.740994	5556	3.744762	5604	3.748498
5461	3.737272	5509	3.741073	5557	3.744840	5605	3.748576
5462	3.737352	5510	3.741152	5558	3.744919	5606	3.748653
5463	3.737431	5511	3.741230	5559	3.744997	5607	3.748731
5464	3.737511	5512	3.741309	5560	3.745075	5608	3.748808
5465	3.737590	5513	3.741388	5561	3.745153	5609	3.748885
5466	3.737670	5514	3.741467	5562	3.745231	5610	3.748963
5467	3.737749	5515	3.741546	5563	3.745309	5611	3.749040
5468	3.737829	5516	3.741624	5564	3.745387	5612	3.749118
5469	3.737908	5517	3.741703	5565	3.745465	5613	3.749195
5470	3.737987	5518	3.741782	5566	3.745543	5614	3.749272
5471	3.738067	5519	3.741860	5567	3.745621	5615	3.749350
5472	3.738146	5520	3.741939	5568	3.745699	5616	3.749427
5473	3.738225	5521	3.742018	5569	3.745777	5617	3.749504
5474	3.738305	5522	3.742096	5570	3.745855	5618	3.749582
5475	3.738384	5523	3.742175	5571	3.745933	5619	3.749659
5476	3.738463	5524	3.742254	5572	3.746011	5620	3.749736
5477	3.738543	5525	3.742332	5573	3.746089	5621	3.749814
5478	3.738622	5526	3.742411	5574	3.746167	5622	3.749891
5479	3.738701	5527	3.742489	5575	3.746245	5623	3.749968
5480	3.738781	5528	3.742568	5576	3.746323	5624	3.750045
5481	3.738860	5529	3.742647	5577	3.746401	5625	3.750123
5482	3.738939	5530	3.742725	5578	3.746478	5626	3.750200
5483	3.739018	5531	3.742804	5579	3.746556	5627	3.750277

Nomb.	Logarith.	Nomb.	Logarith.	Nomb.	Logarith.	Nomb.	Logarith.	Nomb.	Logarith.
5628	3.750354	5676	3.754042	5724	3.757700	5772	3.761326		
5629	3.750431	5677	3.754119	5725	3.757775	5773	3.761402		
5630	3.750508	5678	3.754195	5726	3.757851	5774	3.761477		
5631	3.750586	5679	3.754272	5727	3.757927	5775	3.761552		
5632	3.750663	5680	3.754348	5728	3.758003	5776	3.761627		
5633	3.750740	5681	3.754425	5729	3.758079	5777	3.761702		
5634	3.750817	5682	3.754501	5730	3.758155	5778	3.761778		
5635	3.750894	5683	3.754578	5731	3.758230	5779	3.761853		
5636	3.750971	5684	3.754654	5732	3.758306	5780	3.761928		
5637	3.751048	5685	3.754730	5733	3.758382	5781	3.762003		
5638	3.751125	5686	3.754807	5734	3.758458	5782	3.762078		
5639	3.751202	5687	3.754883	5735	3.758533	5783	3.762153		
5640	3.751279	5688	3.754960	5736	3.758609	5784	3.762228		
5641	3.751356	5689	3.755036	5737	3.758685	5785	3.762303		
5642	3.751433	5690	3.755112	5738	3.758761	5786	3.762378		
5643	3.751510	5691	3.755189	5739	3.758836	5787	3.762453		
5644	3.751587	5692	3.755265	5740	3.758912	5788	3.762529		
5645	3.751664	5693	3.755341	5741	3.758988	5789	3.762604		
5646	3.751741	5694	3.755417	5742	3.759063	5790	3.762679		
5647	3.751818	5695	3.755494	5743	3.759139	5791	3.762754		
5648	3.751895	5696	3.755570	5744	3.759214	5792	3.762829		
5649	3.751972	5697	3.755646	5745	3.759290	5793	3.762904		
5650	3.752048	5698	3.755722	5746	3.759366	5794	3.762978		
5651	3.752125	5699	3.755799	5747	3.759441	5795	3.763053		
5652	3.752202	5700	3.755875	5748	3.759517	5796	3.763128		
5653	3.752279	5701	3.755951	5749	3.759592	5797	3.763203		
5654	3.752356	5702	3.756027	5750	3.759668	5798	3.763278		
5655	3.752433	5703	3.756103	5751	3.759743	5799	3.763353		
5656	3.752509	5704	3.756180	5752	3.759819	5800	3.763428		
5657	3.752586	5705	3.756256	5753	3.759894	5801	3.763503		
5658	3.752663	5706	3.756332	5754	3.759970	5802	3.763578		
5659	3.752740	5707	3.756408	5755	3.760045	5803	3.763653		
5660	3.752816	5708	3.756484	5756	3.760121	5804	3.763727		
5661	3.752893	5709	3.756560	5757	3.760196	5805	3.763802		
5662	3.752970	5710	3.756636	5758	3.760272	5806	3.763877		
5663	3.753047	5711	3.756712	5759	3.760347	5807	3.763952		
5664	3.753123	5712	3.756788	5760	3.760422	5808	3.764027		
5665	3.753200	5713	3.756864	5761	3.760498	5809	3.764101		
5666	3.753277	5714	3.756940	5762	3.760573	5810	3.764176		
5667	3.753353	5715	3.757016	5763	3.760649	5811	3.764251		
5668	3.753430	5716	3.757092	5764	3.760724	5812	3.764326		
5669	3.753506	5717	3.757168	5765	3.760799	5813	3.764400		
5670	3.753583	5718	3.757244	5766	3.760875	5814	3.764475		
5671	3.753660	5719	3.757320	5767	3.760950	5815	3.764550		
5672	3.753736	5720	3.757396	5768	3.761025	5816	3.764624		
5673	3.753813	5721	3.757472	5769	3.761101	5817	3.764699		
5674	3.753889	5722	3.757548	5770	3.761176	5818	3.764774		
5675	3.753966	5723	3.757624	5771	3.761251	5819	3.764848		

Nomb.	Logarith.	Nomb.	Logarith.	Nomb.	Logarith.	Nomb.	Logarith.
5820	3.764923	5868	3.768490	5916	3.772028	5964	3.775538
5821	3.764998	5869	3.768564	5917	3.772102	5965	3.775610
5822	3.765072	5870	3.768638	5918	3.772175	5966	3.775683
5823	3.765147	5871	3.768712	5919	3.772248	5967	3.775756
5824	3.765221	5872	3.768786	5920	3.772322	5968	3.775829
5825	3.765296	5873	3.768860	5921	3.772395	5969	3.775902
5826	3.765370	5874	3.768934	5922	3.772468	5970	3.775974
5827	3.765445	5875	3.769008	5923	3.772542	5971	3.776047
5828	3.765520	5876	3.769082	5924	3.772615	5972	3.776120
5829	3.765594	5877	3.769156	5925	3.772688	5973	3.776193
5830	3.765669	5878	3.769230	5926	3.772762	5974	3.776265
5831	3.765743	5879	3.769303	5927	3.772835	5975	3.776338
5832	3.765818	5880	3.769377	5928	3.772908	5976	3.776411
5833	3.765892	5881	3.769451	5929	3.772981	5977	3.776483
5834	3.765966	5882	3.769525	5930	3.773055	5978	3.776556
5835	3.766041	5883	3.769599	5931	3.773128	5979	3.776629
5836	3.766115	5884	3.769673	5932	3.773201	5980	3.776701
5837	3.766190	5885	3.769746	5933	3.773274	5981	3.776774
5838	3.766264	5886	3.769820	5934	3.773348	5982	3.776846
5839	3.766338	5887	3.769894	5935	3.773421	5983	3.776919
5840	3.766413	5888	3.769968	5936	3.773494	5984	3.776992
5841	3.766487	5889	3.770042	5937	3.773567	5985	3.777064
5842	3.766562	5890	3.770115	5938	3.773640	5986	3.777137
5843	3.766636	5891	3.770189	5939	3.773713	5987	3.777209
5844	3.766710	5892	3.770263	5940	3.773786	5988	3.777282
5845	3.766785	5893	3.770336	5941	3.773860	5989	3.777354
5846	3.766859	5894	3.770410	5942	3.773933	5990	3.777427
5847	3.766933	5895	3.770484	5943	3.774006	5991	3.777495
5848	3.767007	5896	3.770557	5944	3.774079	5992	3.777572
5849	3.767082	5897	3.770631	5945	3.774152	5993	3.777644
5850	3.767156	5898	3.770705	5946	3.774225	5994	3.777717
5851	3.767230	5899	3.770778	5947	3.774298	5995	3.777789
5852	3.767304	5900	3.770852	5948	3.774371	5996	3.777862
5853	3.767379	5901	3.770926	5949	3.774444	5997	3.777934
5854	3.767453	5902	3.770999	5950	3.774517	5998	3.778006
5855	3.767527	5903	3.771073	5951	3.774590	5999	3.778079
5856	3.767601	5904	3.771146	5952	3.774663	6000	3.778151
5857	3.767675	5905	3.771220	5953	3.774736	6001	3.778224
5858	3.767749	5906	3.771293	5954	3.774809	6002	3.778296
5859	3.767823	5907	3.771367	5955	3.774882	6003	3.778368
5860	3.767898	5908	3.771440	5956	3.774955	6004	3.778441
5861	3.767972	5909	3.771514	5957	3.775028	6005	3.778513
5862	3.768046	5910	3.771587	5958	3.775100	6006	3.778585
5863	3.768120	5911	3.771661	5959	3.775173	6007	3.778658
5864	3.768194	5912	3.771734	5960	3.775246	6008	3.778730
5865	3.768268	5913	3.771808	5961	3.775319	6009	3.778802
5866	3.768342	5914	3.771881	5962	3.775392	6010	3.778874
5867	3.768416	5915	3.771955	5963	3.775465	6011	3.778947

Nomb.	Logarith.	Nomb.	Logarith.	Nomb.	Logarith.	Nomb.	Logarith.
6012	3.779019	6060	3.782473	6108	3.785899	6156	3.789299
6013	3.779091	6061	3.782544	6109	3.785970	6157	3.789369
6014	3.779163	6062	3.782616	6110	3.786041	6158	3.789440
6015	3.779236	6063	3.782688	6111	3.786112	6159	3.789510
6016	3.779308	6064	3.782759	6112	3.786183	6160	3.789581
6017	3.779380	6065	3.782831	6113	3.786254	6161	3.789651
6018	3.779452	6066	3.782902	6114	3.786325	6162	3.789722
6019	3.779524	6067	3.782974	6115	3.786396	6163	3.789792
6020	3.779596	6068	3.783046	6116	3.786467	6164	3.789863
6021	3.779669	6069	3.783117	6117	3.786538	6165	3.789933
6022	3.779741	6070	3.783189	6118	3.786609	6166	3.790004
6023	3.779813	6071	3.783260	6119	3.786680	6167	3.790074
6024	3.779885	6072	3.783332	6120	3.786751	6168	3.790144
6025	3.779957	6073	3.783403	6121	3.786822	6169	3.790215
6026	3.780029	6074	3.783475	6122	3.786893	6170	3.790285
6027	3.780101	6075	3.783546	6123	3.786964	6171	3.790356
6028	3.780173	6076	3.783618	6124	3.787035	6172	3.790426
6029	3.780245	6077	3.783689	6125	3.787106	6173	3.790496
6030	3.780317	6078	3.783761	6126	3.787177	6174	3.790567
6031	3.780389	6079	3.783832	6127	3.787248	6175	3.790637
6032	3.780461	6080	3.783904	6128	3.787319	6176	3.790707
6033	3.780533	6081	3.783975	6129	3.787390	6177	3.790778
6034	3.780605	6082	3.784046	6130	3.787460	6178	3.790848
6035	3.780677	6083	3.784118	6131	3.787531	6179	3.790918
6036	3.780749	6084	3.784189	6132	3.787602	6180	3.790988
6037	3.780821	6085	3.784261	6133	3.787673	6181	3.791059
6038	3.780893	6086	3.784332	6134	3.787744	6182	3.791129
6039	3.780965	6087	3.784403	6135	3.787815	6183	3.791199
6040	3.781037	6088	3.784475	6136	3.787885	6184	3.791269
6041	3.781109	6089	3.784546	6137	3.787956	6185	3.791340
6042	3.781181	6090	3.784617	6138	3.788027	6186	3.791410
6043	3.781253	6091	3.784689	6139	3.788098	6187	3.791480
6044	3.781324	6092	3.784760	6140	3.788168	6188	3.791550
6045	3.781396	6093	3.784831	6141	3.788239	6189	3.791620
6046	3.781468	6094	3.784902	6142	3.788310	6190	3.791691
6047	3.781540	6095	3.784974	6143	3.788381	6191	3.791761
6048	3.781612	6096	3.785045	6144	3.788451	6192	3.791831
6049	3.781684	6097	3.785116	6145	3.788522	6193	3.791901
6050	3.781755	6098	3.785187	6146	3.788593	6194	3.791971
6051	3.781827	6099	3.785259	6147	3.788663	6195	3.792041
6052	3.781899	6100	3.785330	6148	3.788734	6196	3.792111
6053	3.781971	6101	3.785401	6149	3.788804	6197	3.792181
6054	3.782042	6102	3.785472	6150	3.788875	6198	3.792252
6055	3.782114	6103	3.785543	6151	3.788946	6199	3.792322
6056	3.782186	6104	3.785615	6152	3.789016	6200	3.792392
6057	3.782258	6105	3.785686	6153	3.789087	6201	3.792462
6058	3.782329	6106	3.785757	6154	3.789157	6202	3.792532
6059	3.782401	6107	3.785828	6155	3.789228	6203	3.792602

Nomb.	Logarith.	Nomb.	Logarith.	Nomb.	Logarith.	Nomb.	Logarith.
6204	3.792672	6252	3.796019	6300	3.799341	6348	3.802637
6205	3.792742	6253	3.796088	6301	3.799409	6349	3.802705
6206	3.792812	6254	3.796158	6302	3.799478	6350	3.802774
6207	3.792882	6255	3.796227	6303	3.799547	6351	3.802842
6208	3.792952	6256	3.796297	6304	3.799616	6352	3.802910
6209	3.793022	6257	3.796366	6305	3.799685	6353	3.802979
6210	3.793092	6258	3.796436	6306	3.799754	6354	3.803047
6211	3.793162	6259	3.796505	6307	3.799823	6355	3.803116
6212	3.793231	6260	3.796574	6308	3.799892	6356	3.803184
6213	3.793301	6261	3.796644	6309	3.799961	6357	3.803252
6214	3.793371	6262	3.796713	6310	3.800029	6358	3.803321
6215	3.793441	6263	3.796782	6311	3.800098	6359	3.803389
6216	3.793511	6264	3.796852	6312	3.800167	6360	3.803457
6217	3.793581	6265	3.796921	6313	3.800236	6361	3.803525
6218	3.793651	6266	3.796990	6314	3.800305	6362	3.803594
6219	3.793721	6267	3.797060	6315	3.800373	6363	3.803662
6220	3.793790	6268	3.797129	6316	3.800442	6364	3.803730
6221	3.793860	6269	3.797198	6317	3.800511	6365	3.803798
6222	3.793930	6270	3.797268	6318	3.800580	6366	3.803867
6223	3.794000	6271	3.797337	6319	3.800648	6367	3.803935
6224	3.794070	6272	3.797406	6320	3.800717	6368	3.804003
6225	3.794139	6273	3.797475	6321	3.800786	6369	3.804071
6226	3.794209	6274	3.797545	6322	3.800854	6370	3.804139
6227	3.794279	6275	3.797614	6323	3.800923	6371	3.804208
6228	3.794349	6276	3.797683	6324	3.800992	6372	3.804276
6229	3.794418	6277	3.797752	6325	3.801061	6373	3.804344
6230	3.794488	6278	3.797821	6326	3.801129	6374	3.804412
6231	3.794558	6279	3.797890	6327	3.801198	6375	3.804480
6232	3.794627	6280	3.797960	6328	3.801266	6376	3.804548
6233	3.794697	6281	3.798029	6329	3.801335	6377	3.804616
6234	3.794767	6282	3.798098	6330	3.801404	6378	3.804685
6235	3.794836	6283	3.798167	6331	3.801472	6379	3.804753
6236	3.794906	6284	3.798236	6332	3.801541	6380	3.804821
6237	3.794976	6285	3.798305	6333	3.801609	6381	3.804889
6238	3.795045	6286	3.798374	6334	3.801678	6382	3.804957
6239	3.795115	6287	3.798443	6335	3.801747	6383	3.805025
6240	3.795185	6288	3.798513	6336	3.801815	6384	3.805093
6241	3.795254	6289	3.798582	6337	3.801884	6385	3.805161
6242	3.795324	6290	3.798651	6338	3.801952	6386	3.805229
6243	3.795393	6291	3.798720	6339	3.802021	6387	3.805297
6244	3.795463	6292	3.798789	6340	3.802089	6388	3.805365
6245	3.795532	6293	3.798858	6341	3.802158	6389	3.805433
6246	3.795602	6294	3.798927	6342	3.802226	6390	3.805501
6247	3.795672	6295	3.798996	6343	3.802295	6391	3.805569
6248	3.795741	6296	3.799065	6344	3.802363	6392	3.805637
6249	3.795811	6297	3.799134	6345	3.802432	6393	3.805705
6250	3.795880	6298	3.799203	6346	3.802500	6394	3.805773
6251	3.795949	6299	3.799272	6347	3.802568	6395	3.805841

LOGARITHMES DES NOMBRES.

Nomb.	Logarith.	Nomb.	Logarith.	Nomb.	Logarith.	Nomb.	Logarith.
6396	3.805908	6444	3.809156	6492	3.812379	6540	3.815578
6397	3.805976	6445	3.809223	6493	3.812445	6541	3.815644
6398	3.806044	6446	3.809290	6494	3.812512	6542	3.815711
6399	3.806112	6447	3.809358	6495	3.812579	6543	3.815777
6400	3.806180	6448	3.809425	6496	3.812646	6544	3.815843
6401	3.806248	6449	3.809492	6497	3.812713	6545	3.815910
6402	3.806316	6450	3.809560	6498	3.812780	6546	3.815976
6403	3.806384	6451	3.809627	6499	3.812847	6547	3.816042
6404	3.806451	6452	3.809694	6500	3.812913	6548	3.816109
6405	3.806519	6453	3.809762	6501	3.812980	6549	3.816175
6406	3.806587	6454	3.809829	6502	3.813047	6550	3.816241
6407	3.806655	6455	3.809896	6503	3.813114	6551	3.816308
6408	3.806723	6456	3.809964	6504	3.813181	6552	3.816374
6409	3.806790	6457	3.810031	6505	3.813247	6553	3.816440
6410	3.806858	6458	3.810098	6506	3.813314	6554	3.816506
6411	3.806926	6459	3.810165	6507	3.813381	6555	3.816573
6412	3.806994	6460	3.810233	6508	3.813448	6556	3.816639
6413	3.807061	6461	3.810300	6509	3.813514	6557	3.816705
6414	3.807129	6462	3.810367	6510	3.813581	6558	3.816771
6415	3.807197	6463	3.810434	6511	3.813648	6559	3.816838
6416	3.807264	6464	3.810501	6512	3.813714	6560	3.816904
6417	3.807332	6465	3.810569	6513	3.813781	6561	3.816970
6418	3.807400	6466	3.810636	6514	3.813848	6562	3.817036
6419	3.807467	6467	3.810703	6515	3.813914	6563	3.817102
6420	3.807535	6468	3.810770	6516	3.813981	6564	3.817169
6421	3.807603	6469	3.810837	6517	3.814048	6565	3.817235
6422	3.807670	6470	3.810904	6518	3.814114	6566	3.817301
6423	3.807738	6471	3.810971	6519	3.814181	6567	3.817367
6424	3.807806	6472	3.811039	6520	3.814248	6568	3.817433
6425	3.807873	6473	3.811106	6521	3.814314	6569	3.817499
6426	3.807941	6474	3.811173	6522	3.814381	6570	3.817565
6427	3.808008	6475	3.811240	6523	3.814447	6571	3.817631
6428	3.808076	6476	3.811307	6524	3.814514	6572	3.817698
6429	3.808143	6477	3.811374	6525	3.814581	6573	3.817764
6430	3.808211	6478	3.811441	6526	3.814647	6574	3.817830
6431	3.808279	6479	3.811508	6527	3.814714	6575	3.817896
6432	3.808346	6480	3.811575	6528	3.814780	6576	3.817962
6433	3.808414	6481	3.811642	6529	3.814847	6577	3.818028
6434	3.808481	6482	3.811709	6530	3.814913	6578	3.818094
6435	3.808549	6483	3.811776	6531	3.814980	6579	3.818160
6436	3.808616	6484	3.811843	6532	3.815046	6580	3.818226
6437	3.808684	6485	3.811910	6533	3.815113	6581	3.818292
6438	3.808751	6486	3.811977	6534	3.815179	6582	3.818358
6439	3.808818	6487	3.812044	6535	3.815246	6583	3.818424
6440	3.808886	6488	3.812111	6536	3.815312	6584	3.818490
6441	3.808953	6489	3.812178	6537	3.815378	6585	3.818556
6442	3.809021	6490	3.812245	6538	3.815445	6586	3.818622
6443	3.809088	6491	3.812312	6539	3.815511	6587	3.818688

Nomb.	Logarith.	Nomb.	Logarith.	Nomb.	Logarith.	Nomb.	Logarith.
6588	3.818754	6636	3.821906	6684	3.825036	6732	3.828144
6589	3.818820	6637	3.821972	6685	3.825101	6733	3.828209
6590	3.818885	6638	3.822037	6686	3.825166	6734	3.828273
6591	3.818951	6639	3.822103	6687	3.825231	6735	3.828338
6592	3.819017	6640	3.822168	6688	3.825296	6736	3.828402
6593	3.819083	6641	3.822233	6689	3.825361	6737	3.828467
6594	3.819149	6642	3.822299	6690	3.825426	6738	3.828531
6595	3.819215	6643	3.822364	6691	3.825491	6739	3.828595
6596	3.819281	6644	3.822430	6692	3.825556	6740	3.828660
6597	3.819346	6645	3.822495	6693	3.825621	6741	3.828724
6598	3.819412	6646	3.822560	6694	3.825686	6742	3.828789
6599	3.819478	6647	3.822626	6695	3.825751	6743	3.828853
6600	3.819544	6648	3.822691	6696	3.825815	6744	3.828918
6601	3.819610	6649	3.822756	6697	3.825880	6745	3.828982
6602	3.819676	6650	3.822822	6698	3.825945	6746	3.829046
6603	3.819741	6651	3.822887	6699	3.826010	6747	3.829111
6604	3.819807	6652	3.822952	6700	3.826075	6748	3.829175
6605	3.819873	6653	3.823018	6701	3.826140	6749	3.829239
6606	3.819939	6654	3.823083	6702	3.826204	6750	3.829304
6607	3.820004	6655	3.823148	6703	3.826269	6751	3.829368
6608	3.820070	6656	3.823213	6704	3.826334	6752	3.829432
6609	3.820136	6657	3.823279	6705	3.826399	6753	3.829497
6610	3.820201	6658	3.823344	6706	3.826464	6754	3.829561
6611	3.820267	6659	3.823409	6707	3.826528	6755	3.829625
6612	3.820333	6660	3.823474	6708	3.826593	6756	3.829690
6613	3.820399	6661	3.823539	6709	3.826658	6757	3.829754
6614	3.820464	6662	3.823605	6710	3.826723	6758	3.829818
6615	3.820530	6663	3.823670	6711	3.826787	6759	3.829882
6616	3.820595	6664	3.823735	6712	3.826852	6760	3.829947
6617	3.820661	6665	3.823800	6713	3.826917	6761	3.830011
6618	3.820727	6666	3.823865	6714	3.826981	6762	3.830075
6619	3.820792	6667	3.823930	6715	3.827046	6763	3.830139
6620	3.820858	6668	3.823996	6716	3.827111	6764	3.830204
6621	3.820924	6669	3.824061	6717	3.827175	6765	3.830268
6622	3.820989	6670	3.824126	6718	3.827240	6766	3.830332
6623	3.821055	6671	3.824191	6719	3.827305	6767	3.830396
6624	3.821120	6672	3.824256	6720	3.827369	6768	3.830460
6625	3.821186	6673	3.824321	6721	3.827434	6769	3.830525
6626	3.821251	6674	3.824386	6722	3.827499	6770	3.830589
6627	3.821317	6675	3.824451	6723	3.827563	6771	3.830653
6628	3.821382	6676	3.824516	6724	3.827628	6772	3.830717
6629	3.821448	6677	3.824581	6725	3.827692	6773	3.830781
6630	3.821514	6678	3.824646	6726	3.827757	6774	3.830845
6631	3.821579	6679	3.824711	6727	3.827821	6775	3.830909
6632	3.821645	6680	3.824776	6728	3.827886	6776	3.830973
6633	3.821710	6681	3.824841	6729	3.827951	6777	3.831037
6634	3.821775	6682	3.824906	6730	3.828015	6778	3.831102
6635	3.821841	6683	3.824971	6731	3.828080	6779	3.831166

Nomb.	Logarith.	Nomb.	Logarith.	Nomb.	Logarith.	Nomb.	Logarith.
6780	3.831230	6828	3.834294	6876	3.837336	6924	3.840357
6781	3.831294	6829	3.834357	6877	3.837399	6925	3.840420
6782	3.831358	6830	3.834421	6878	3.837462	6926	3.840482
6783	3.831422	6831	3.834484	6879	3.837525	6927	3.840545
6784	3.831486	6832	3.834548	6880	3.837588	6928	3.840608
6785	3.831550	6833	3.834611	6881	3.837652	6929	3.840671
6786	3.831614	6834	3.834675	6882	3.837715	6930	3.840733
6787	3.831678	6835	3.834739	6883	3.837778	6931	3.840796
6788	3.831742	6836	3.834802	6884	3.837841	6932	3.840859
6789	3.831806	6837	3.834866	6885	3.837904	6933	3.840921
6790	3.831870	6838	3.834929	6886	3.837967	6934	3.840984
6791	3.831934	6839	3.834993	6887	3.838030	6935	3.841046
6792	3.831998	6840	3.835056	6888	3.838093	6936	3.841109
6793	3.832062	6841	3.835120	6889	3.838156	6937	3.841172
6794	3.832126	6842	3.835183	6890	3.838219	6938	3.841234
6795	3.832189	6843	3.835247	6891	3.838282	6939	3.841297
6796	3.832253	6844	3.835310	6892	3.838345	6940	3.841359
6797	3.832317	6845	3.835373	6893	3.838408	6941	3.841422
6798	3.832381	6846	3.835437	6894	3.838471	6942	3.841485
6799	3.832445	6847	3.835500	6895	3.838534	6943	3.841547
6800	3.832509	6848	3.835564	6896	3.838597	6944	3.841610
6801	3.832573	6849	3.835627	6897	3.838660	6945	3.841672
6802	3.832637	6850	3.835691	6898	3.838723	6946	3.841735
6803	3.832700	6851	3.835754	6899	3.838786	6947	3.841797
6804	3.832764	6852	3.835817	6900	3.838849	6948	3.841860
6805	3.832828	6853	3.835881	6901	3.838912	6949	3.841922
6806	3.832892	6854	3.835944	6902	3.838975	6950	3.841985
6807	3.832956	6855	3.836007	6903	3.839038	6951	3.842047
6808	3.833020	6856	3.836071	6904	3.839101	6952	3.842110
6809	3.833083	6857	3.836134	6905	3.839164	6953	3.842172
6810	3.833147	6858	3.836197	6906	3.839227	6954	3.842235
6811	3.833211	6859	3.836261	6907	3.839289	6955	3.842297
6812	3.833275	6860	3.836324	6908	3.839352	6956	3.842360
6813	3.833338	6861	3.836387	6909	3.839415	6957	3.842422
6814	3.833402	6862	3.836451	6910	3.839478	6958	3.842484
6815	3.833466	6863	3.836514	6911	3.839541	6959	3.842547
6816	3.833530	6864	3.836577	6912	3.839604	6960	3.842609
6817	3.833593	6865	3.836641	6913	3.839667	6961	3.842672
6818	3.833657	6866	3.836704	6914	3.839729	6962	3.842734
6819	3.833721	6867	3.836767	6915	3.839792	6963	3.842796
6820	3.833784	6868	3.836830	6916	3.839855	6964	3.842859
6821	3.833848	6869	3.836894	6917	3.839918	6965	3.842921
6822	3.833912	6870	3.836957	6918	3.839981	6966	3.842983
6823	3.833975	6871	3.837020	6919	3.840043	6967	3.843046
6824	3.834039	6872	3.837083	6920	3.840106	6968	3.843108
6825	3.834103	6873	3.837146	6921	3.840169	6969	3.843170
6826	3.834166	6874	3.837210	6922	3.840232	6970	3.843233
6827	3.834230	6875	3.837273	6923	3.840294	6971	3.843295

Nomb.	Logarith.	Nomb.	Logarith.	Nomb.	Logarith.	Nomb.	Logarith.
6972	3.843357	7020	3.846337	7068	3.849297	7116	3.852236
6973	3.843420	7021	3.846399	7069	3.849358	7117	3.852297
6974	3.843482	7022	3.846461	7070	3.849419	7118	3.852358
6975	3.843544	7023	3.846523	7071	3.849481	7119	3.852419
6976	3.843606	7024	3.846585	7072	3.849542	7120	3.852480
6977	3.843669	7025	3.846646	7073	3.849604	7121	3.852541
6978	3.843731	7026	3.846708	7074	3.849665	7122	3.852602
6979	3.843793	7027	3.846770	7075	3.849726	7123	3.852663
6980	3.843855	7028	3.846832	7076	3.849788	7124	3.852724
6981	3.843918	7029	3.846894	7077	3.849849	7125	3.852785
6982	3.843980	7030	3.846955	7078	3.849911	7126	3.852846
6983	3.844042	7031	3.847017	7079	3.849972	7127	3.852907
6984	3.844104	7032	3.847079	7080	3.850033	7128	3.852968
6985	3.844166	7033	3.847141	7081	3.850095	7129	3.853029
6986	3.844229	7034	3.847202	7082	3.850156	7130	3.853090
6987	3.844291	7035	3.847264	7083	3.850217	7131	3.853150
6988	3.844353	7036	3.847326	7084	3.850279	7132	3.853211
6989	3.844415	7037	3.847388	7085	3.850340	7133	3.853272
6990	3.844477	7038	3.847449	7086	3.850401	7134	3.853333
6991	3.844539	7039	3.847511	7087	3.850462	7135	3.853394
6992	3.844601	7040	3.847573	7088	3.850524	7136	3.853455
6993	3.844664	7041	3.847634	7089	3.850585	7137	3.853516
6994	3.844726	7042	3.847696	7090	3.850646	7138	3.853576
6995	3.844788	7043	3.847758	7091	3.850707	7139	3.853637
6996	3.844850	7044	3.847819	7092	3.850769	7140	3.853698
6997	3.844912	7045	3.847881	7093	3.850830	7141	3.853759
6998	3.844974	7046	3.847943	7094	3.850891	7142	3.853820
6999	3.845036	7047	3.848004	7095	3.850952	7143	3.853881
7000	3.845098	7048	3.848066	7096	3.851014	7144	3.853941
7001	3.845160	7049	3.848128	7097	3.851075	7145	3.854002
7002	3.845222	7050	3.848189	7098	3.851136	7146	3.854063
7003	3.845284	7051	3.848251	7099	3.851197	7147	3.854124
7004	3.845346	7052	3.848312	7100	3.851258	7148	3.854185
7005	3.845408	7053	3.848374	7101	3.851320	7149	3.854245
7006	3.845470	7054	3.848435	7102	3.851381	7150	3.854306
7007	3.845532	7055	3.848497	7103	3.851442	7151	3.854367
7008	3.845594	7056	3.848559	7104	3.851503	7152	3.854428
7009	3.845656	7057	3.848620	7105	3.851564	7153	3.854488
7010	3.845718	7058	3.848682	7106	3.851625	7154	3.854549
7011	3.845780	7059	3.848743	7107	3.851686	7155	3.854610
7012	3.845842	7060	3.848805	7108	3.851747	7156	3.854670
7013	3.845904	7061	3.848866	7109	3.851809	7157	3.854731
7014	3.845966	7062	3.848928	7110	3.851870	7158	3.854792
7015	3.846028	7063	3.848989	7111	3.851931	7159	3.854852
7016	3.846090	7064	3.849051	7112	3.851992	7160	3.854913
7017	3.846151	7065	3.849112	7113	3.852053	7161	3.854974
7018	3.846213	7066	3.849174	7114	3.852114	7162	3.855034
7019	3.846275	7067	3.849235	7115	3.852175	7163	3.855095

LOGARITHMES DES NOMBRES.

Nomb.	Logarith.	Nomb.	Logarith.	Nomb.	Logarith.	Nomb.	Logarith.
7164	3.855156	7212	3.858056	7260	3.860937	7308	3.863799
7165	3.855216	7213	3.858116	7261	3.860996	7309	3.863858
7166	3.855277	7214	3.858176	7262	3.861056	7310	3.863917
7167	3.855337	7215	3.858236	7263	3.861116	7311	3.863977
7168	3.855398	7216	3.858297	7264	3.861176	7312	3.864036
7169	3.855459	7217	3.858357	7265	3.861236	7313	3.864096
7170	3.855519	7218	3.858417	7266	3.861295	7314	3.864155
7171	3.855580	7219	3.858477	7267	3.861355	7315	3.864214
7172	3.855640	7220	3.858537	7268	3.861415	7316	3.864274
7173	3.855701	7221	3.858597	7269	3.861475	7317	3.864333
7174	3.855761	7222	3.858657	7270	3.861534	7318	3.864392
7175	3.855822	7223	3.858718	7271	3.861594	7319	3.864452
7176	3.855882	7224	3.858778	7272	3.861654	7320	3.864511
7177	3.855943	7225	3.858828	7273	3.861714	7321	3.864570
7178	3.856003	7226	3.858898	7274	3.861773	7322	3.864630
7179	3.856064	7227	3.858958	7275	3.861833	7323	3.864689
7180	3.856124	7228	3.859018	7276	3.861893	7324	3.864748
7181	3.856185	7229	3.859078	7277	3.861952	7325	3.864808
7182	3.856245	7230	3.859138	7278	3.862012	7326	3.864867
7183	3.856306	7231	3.859198	7279	3.862072	7327	3.864926
7184	3.856366	7232	3.859258	7280	3.862131	7328	3.864985
7185	3.856427	7233	3.859318	7281	3.862191	7329	3.865045
7186	3.856487	7234	3.859379	7282	3.862251	7330	3.865104
7187	3.856548	7235	3.859439	7283	3.862310	7331	3.865163
7188	3.856608	7236	3.859499	7284	3.862370	7332	3.865222
7189	3.856668	7237	3.859559	7285	3.862430	7333	3.865282
7190	3.856729	7238	3.859619	7286	3.862489	7334	3.865341
7191	3.856789	7239	3.859679	7287	3.862549	7335	3.865400
7192	3.856850	7240	3.859739	7288	3.862608	7336	3.865459
7193	3.856910	7241	3.859799	7289	3.862668	7337	3.865519
7194	3.856970	7242	3.859859	7290	3.862728	7338	3.865578
7195	3.857031	7243	3.859918	7291	3.862787	7339	3.865637
7196	3.857091	7244	3.859978	7292	3.862847	7340	3.865696
7197	3.857152	7245	3.860038	7293	3.862906	7341	3.865755
7198	3.857212	7246	3.860098	7294	3.862966	7342	3.865814
7199	3.857272	7247	3.860158	7295	3.863025	7343	3.865874
7200	3.857332	7248	3.860218	7296	3.863085	7344	3.865933
7201	3.857393	7249	3.860278	7297	3.863144	7345	3.865992
7202	3.857453	7250	3.860338	7298	3.863204	7346	3.866051
7203	3.857513	7251	3.860398	7299	3.863263	7347	3.866110
7204	3.857574	7252	3.860458	7300	3.863323	7348	3.866169
7205	3.857634	7253	3.860518	7301	3.863382	7349	3.866228
7206	3.857694	7254	3.860578	7302	3.863442	7350	3.866287
7207	3.857755	7255	3.860637	7303	3.863501	7351	3.866346
7208	3.857815	7256	3.860697	7304	3.863561	7352	3.866405
7209	3.857875	7257	3.860757	7305	3.863620	7353	3.866465
7210	3.857935	7258	3.860817	7306	3.863680	7354	3.866524
7211	3.857995	7259	3.860877	7307	3.863739	7355	3.866583

Nomb.	Logarith.	Nomb.	Logarith.	Nomb.	Logarith.	Nomb.	Logarith.
7356	3.866642	7404	3.869466	7452	3.872273	7500	3.875061
7357	3.866701	7405	3.869525	7453	3.872331	7501	3.875119
7358	3.866760	7406	3.869584	7454	3.872389	7502	3.875177
7359	3.866819	7407	3.869642	7455	3.872448	7503	3.875235
7360	3.866878	7408	3.869701	7456	3.872506	7504	3.875293
7361	3.866937	7409	3.869760	7457	3.872564	7505	3.875351
7362	3.866996	7410	3.869818	7458	3.872622	7506	3.875409
7363	3.867055	7411	3.869877	7459	3.872681	7507	3.875466
7364	3.867114	7412	3.869935	7460	3.872739	7508	3.875524
7365	3.867173	7413	3.869994	7461	3.872797	7509	3.875582
7366	3.867232	7414	3.870053	7462	3.872855	7510	3.875640
7367	3.867291	7415	3.870111	7463	3.872913	7511	3.875698
7368	3.867350	7416	3.870170	7464	3.872972	7512	3.875756
7369	3.867409	7417	3.870228	7465	3.873030	7513	3.875813
7370	3.867467	7418	3.870287	7466	3.873088	7514	3.875871
7371	3.867526	7419	3.870345	7467	3.873146	7515	3.875929
7372	3.867585	7420	3.870404	7468	3.873204	7516	3.875987
7373	3.867644	7421	3.870462	7469	3.873262	7517	3.876045
7374	3.867703	7422	3.870521	7470	3.873321	7518	3.876102
7375	3.867762	7423	3.870579	7471	3.873379	7519	3.876160
7376	3.867821	7424	3.870638	7472	3.873437	7520	3.876218
7377	3.867880	7425	3.870696	7473	3.873495	7521	3.876276
7378	3.867939	7426	3.870755	7474	3.873553	7522	3.876333
7379	3.867998	7427	3.870813	7475	3.873611	7523	3.876391
7380	3.868056	7428	3.870872	7476	3.873669	7524	3.876449
7381	3.868115	7429	3.870930	7477	3.873727	7525	3.876507
7382	3.868174	7430	3.870989	7478	3.873785	7526	3.876564
7383	3.868233	7431	3.871047	7479	3.873844	7527	3.876622
7384	3.868292	7432	3.871106	7480	3.873902	7528	3.876680
7385	3.868350	7433	3.871164	7481	3.873960	7529	3.876737
7386	3.868409	7434	3.871223	7482	3.874018	7530	3.876795
7387	3.868468	7435	3.871281	7483	3.874076	7531	3.876853
7388	3.868527	7436	3.871339	7484	3.874134	7532	3.876910
7389	3.868586	7437	3.871398	7485	3.874192	7533	3.876968
7390	3.868644	7438	3.871456	7486	3.874250	7534	3.877026
7391	3.868703	7439	3.871515	7487	3.874308	7535	3.877083
7392	3.868762	7440	3.871573	7488	3.874366	7536	3.877141
7393	3.868821	7441	3.871631	7489	3.874424	7537	3.877199
7394	3.868879	7442	3.871690	7490	3.874482	7538	3.877256
7395	3.868938	7443	3.871748	7491	3.874540	7539	3.877314
7396	3.868997	7444	3.871806	7492	3.874598	7540	3.877371
7397	3.869056	7445	3.871865	7493	3.874656	7541	3.877429
7398	3.869114	7446	3.871923	7494	3.874714	7542	3.877487
7399	3.869173	7447	3.871981	7495	3.874772	7543	3.877544
7400	3.869232	7448	3.872040	7496	3.874830	7544	3.877602
7401	3.869290	7449	3.872098	7497	3.874888	7545	3.877659
7402	3.869349	7450	3.872156	7498	3.874945	7546	3.877717
7403	3.869408	7451	3.872215	7499	3.875003	7547	3.877774

Nomb.	Logarith.	Nomb.	Logarith.	Nomb.	Logarith.	Nomb.	Logarith.
7548	3.877832	7596	3.880585	7644	3.883321	7692	3.886039
7549	3.877889	7597	3.880642	7645	3.883377	7693	3.886096
7550	3.877947	7598	3.880699	7646	3.883434	7694	3.886152
7551	3.878004	7599	3.880756	7647	3.883491	7695	3.886209
7552	3.878062	7600	3.880814	7648	3.883548	7696	3.886265
7553	3.878119	7601	3.880871	7649	3.883605	7697	3.886321
7554	3.878177	7602	3.880928	7650	3.883661	7698	3.886378
7555	3.878234	7603	3.880985	7651	3.883718	7699	3.886434
7556	3.878292	7604	3.881042	7652	3.883775	7700	3.886491
7557	3.878349	7605	3.881099	7653	3.883832	7701	3.886547
7558	3.878407	7606	3.881156	7654	3.883888	7702	3.886604
7559	3.878464	7607	3.881213	7655	3.883945	7703	3.886660
7560	3.878522	7608	3.881271	7656	3.884002	7704	3.886716
7561	3.878579	7609	3.881328	7657	3.884059	7705	3.886773
7562	3.878637	7610	3.881385	7658	3.884115	7706	3.886829
7563	3.878694	7611	3.881442	7659	3.884172	7707	3.886885
7564	3.878752	7612	3.881499	7660	3.884229	7708	3.886942
7565	3.878809	7613	3.881556	7661	3.884285	7709	3.886998
7566	3.878866	7614	3.881613	7662	3.884342	7710	3.887054
7567	3.878924	7615	3.881670	7663	3.884399	7711	3.887111
7568	3.878981	7616	3.881727	7664	3.884455	7712	3.887167
7569	3.879039	7617	3.881784	7665	3.884512	7713	3.887223
7570	3.879096	7618	3.881841	7666	3.884569	7714	3.887280
7571	3.879153	7619	3.881898	7667	3.884625	7715	3.887336
7572	3.879211	7620	3.881955	7668	3.884682	7716	3.887392
7573	3.879268	7621	3.882012	7669	3.884739	7717	3.887448
7574	3.879325	7622	3.882069	7670	3.884795	7718	3.887505
7575	3.879383	7623	3.882126	7671	3.884852	7719	3.887561
7576	3.879440	7624	3.882183	7672	3.884909	7720	3.887617
7577	3.879497	7625	3.882240	7673	3.884965	7721	3.887674
7578	3.879555	7626	3.882297	7674	3.885022	7722	3.887730
7579	3.879612	7627	3.882354	7675	3.885078	7723	3.887786
7580	3.879669	7628	3.882411	7676	3.885135	7724	3.887842
7581	3.879726	7629	3.882468	7677	3.885192	7725	3.887898
7582	3.879784	7630	3.882525	7678	3.885248	7726	3.887955
7583	3.879841	7631	3.882581	7679	3.885305	7727	3.888011
7584	3.879898	7632	3.882638	7680	3.885361	7728	3.888067
7585	3.879956	7633	3.882695	7681	3.885418	7729	3.888123
7586	3.880013	7634	3.882752	7682	3.885474	7730	3.888179
7587	3.880070	7635	3.882809	7683	3.885531	7731	3.888236
7588	3.880127	7636	3.882866	7684	3.885587	7732	3.888292
7589	3.880185	7637	3.882923	7685	3.885644	7733	3.888348
7590	3.880242	7638	3.882980	7686	3.885700	7734	3.888404
7591	3.880299	7639	3.883037	7687	3.885757	7735	3.888460
7592	3.880356	7640	3.883093	7688	3.885813	7736	3.888516
7593	3.880413	7641	3.883150	7689	3.885870	7737	3.888573
7594	3.880471	7642	3.883207	7690	3.885926	7738	3.888629
7595	3.880528	7643	3.883264	7691	3.885983	7739	3.888685

Nomb.	Logarith.	Nomb.	Logarith.	Nomb.	Logarith.	Nomb.	Logarith.
7740	3.888741	7788	3.891426	7836	3.894094	7884	3.896747
7741	3.888797	7789	3.891482	7837	3.894150	7885	3.896802
7742	3.888853	7790	3.891537	7838	3.894205	7886	3.896857
7743	3.888909	7791	3.891593	7839	3.894261	7887	3.896912
7744	3.888965	7792	3.891649	7840	3.894316	7888	3.896967
7745	3.889021	7793	3.891705	7841	3.894371	7889	3.897022
7746	3.889077	7794	3.891760	7842	3.894427	7890	3.897077
7747	3.889134	7795	3.891816	7843	3.894482	7891	3.897132
7748	3.889190	7796	3.891872	7844	3.894538	7892	3.897187
7749	3.889246	7797	3.891928	7845	3.894593	7893	3.897242
7750	3.889302	7798	3.891983	7846	3.894648	7894	3.897297
7751	3.889358	7799	3.892039	7847	3.894704	7895	3.897352
7752	3.889414	7800	3.892095	7848	3.894759	7896	3.897407
7753	3.889470	7801	3.892150	7849	3.894814	7897	3.897462
7754	3.889526	7802	3.892206	7850	3.894870	7898	3.897517
7755	3.889582	7803	3.892262	7851	3.894925	7899	3.897572
7756	3.889638	7804	3.892317	7852	3.894980	7900	3.897627
7757	3.889694	7805	3.892373	7853	3.895036	7901	3.897682
7758	3.889750	7806	3.892429	7854	3.895091	7902	3.897737
7759	3.889806	7807	3.892484	7855	3.895146	7903	3.897792
7760	3.889862	7808	3.892540	7856	3.895201	7904	3.897847
7761	3.889918	7809	3.892595	7857	3.895257	7905	3.897902
7762	3.889974	7810	3.892651	7858	3.895312	7906	3.897957
7763	3.890030	7811	3.892707	7859	3.895367	7907	3.898012
7764	3.890086	7812	3.892762	7860	3.895423	7908	3.898067
7765	3.890141	7813	3.892818	7861	3.895478	7909	3.898122
7766	3.890197	7814	3.892873	7862	3.895533	7910	3.898176
7767	3.890253	7815	3.892929	7863	3.895588	7911	3.898231
7768	3.890309	7816	3.892985	7864	3.895644	7912	3.898286
7769	3.890365	7817	3.893040	7865	3.895699	7913	3.898341
7770	3.890421	7818	3.893096	7866	3.895754	7914	3.898396
7771	3.890477	7819	3.893151	7867	3.895809	7915	3.898451
7772	3.890533	7820	3.893207	7868	3.895864	7916	3.898506
7773	3.890589	7821	3.893262	7869	3.895920	7917	3.898561
7774	3.890645	7822	3.893318	7870	3.895975	7918	3.898615
7775	3.890700	7823	3.893373	7871	3.896030	7919	3.898670
7776	3.890756	7824	3.893429	7872	3.896085	7920	3.898725
7777	3.890812	7825	3.893484	7873	3.896140	7921	3.898780
7778	3.890868	7826	3.893540	7874	3.896195	7922	3.898835
7779	3.890924	7827	3.893595	7875	3.896251	7923	3.898890
7780	3.890980	7828	3.893651	7876	3.896306	7924	3.898944
7781	3.891035	7829	3.893706	7877	3.896361	7925	3.898999
7782	3.891091	7830	3.893762	7878	3.896416	7926	3.899054
7783	3.891147	7831	3.893817	7879	3.896471	7927	3.899109
7784	3.891203	7832	3.893873	7880	3.896526	7928	3.899164
7785	3.891259	7833	3.893928	7881	3.896581	7929	3.899218
7786	3.891314	7834	3.893984	7882	3.896636	7930	3.899273
7787	3.891370	7835	3.894039	7883	3.896692	7931	3.899328

LOGARITHMES DES NOMBRES.

Nomb.	Logarith.	Nomb.	Logarith.	Nomb.	Logarith.	Nomb.	Logarith.
7932	3.899383	7950	3.900367	7968	3.901349	7986	3.902329
7933	3.899437	7951	3.900422	7969	3.901404	7987	3.902384
7934	3.899492	7952	3.900476	7970	3.901458	7988	3.902438
7935	3.899547	7953	3.900531	7971	3.901513	7989	3.902492
7936	3.899602	7954	3.900586	7972	3.901567	7990	3.902547
7937	5.899656	7955	3.900640	7973	3.901622	7991	3.901601
7938	3.899711	7956	3.900695	7974	3.901676	7992	3.902655
7939	3.899766	7957	3.900749	7975	3.901731	7993	3.902710
7940	3.899821	7958	3.900804	7976	3.901785	7994	3.902764
7941	3.899875	7959	3.900859	7977	3.901840	7995	3.902818
7942	3.899930	7960	3.900913	7978	3.901894	7996	3.902873
7943	3.899985	7961	3.900968	7979	3.901948	7997	3.902927
7944	3.900039	7962	3.901022	7980	3.902003	7998	3.902981
7945	3.900094	7963	3.901077	7981	3.902057	7999	3.903036
7946	3.900149	7964	3.901131	7982	3.902112	8000	3.903090
7947	3.900203	7965	3.901186	7983	3.902166		
7948	3.900258	7966	3.901240	7984	3.902221		
7949	3.900312	7967	3.901295	7985	3.902275		

F I N.

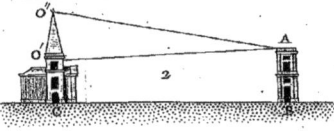

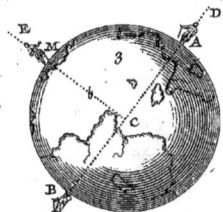

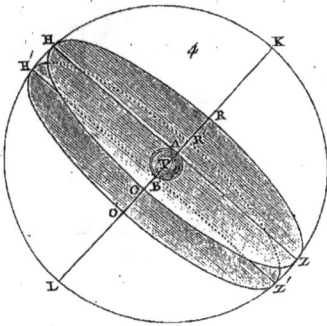

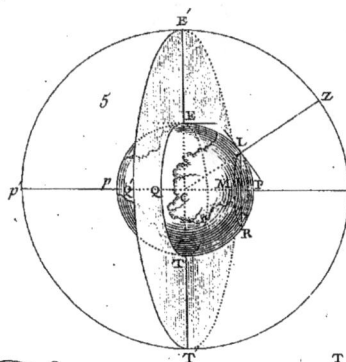

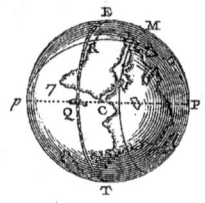

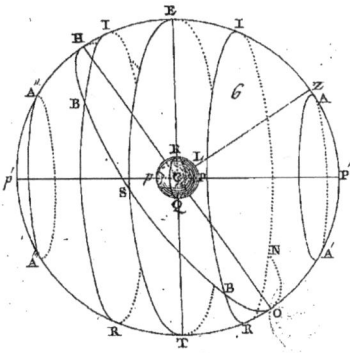

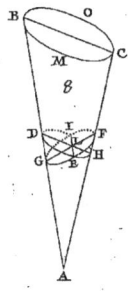

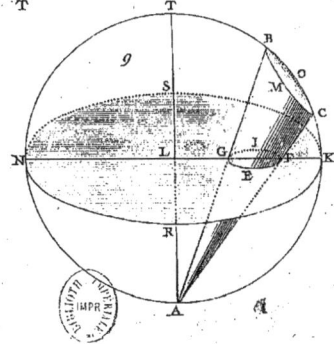

de la Gardette Sculp

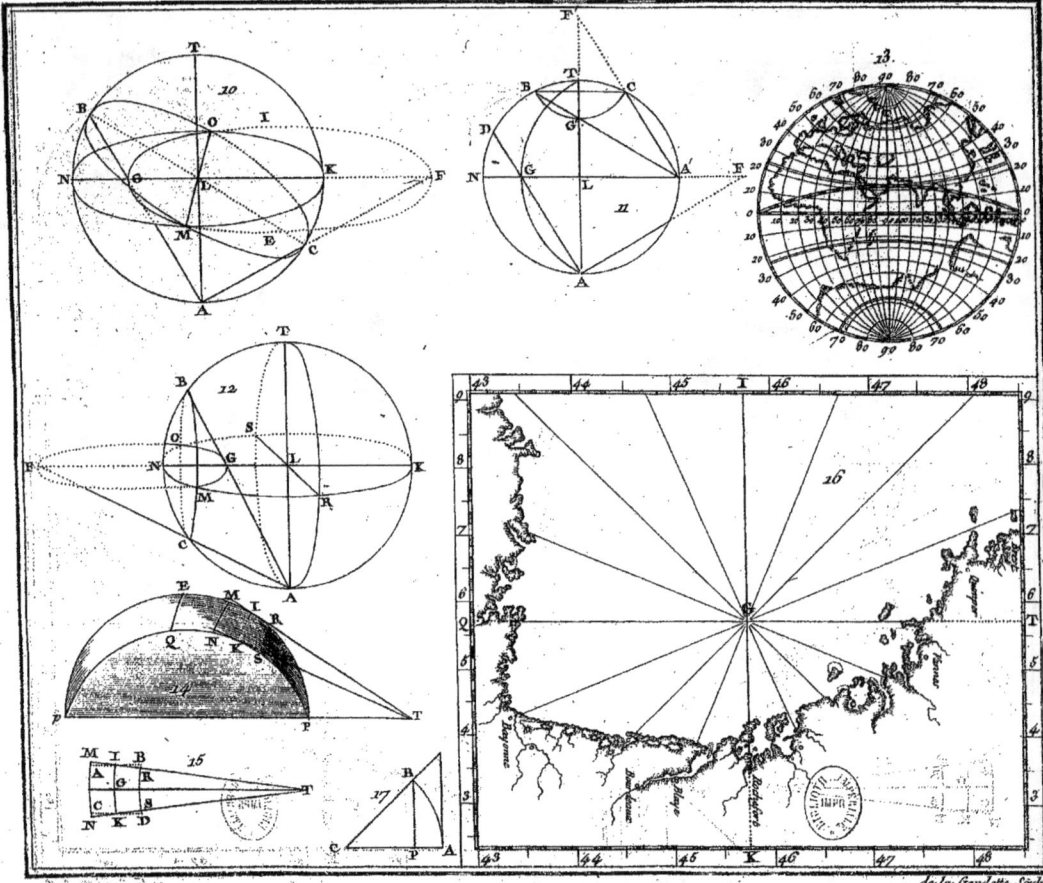

240 250 260 270 280 290 300 310 320 330 340 350 360 10 20 30 40 50 60 70 80 Degr.

80 Degr.

Longitude du Méridien de l'Isle de Fer

Baye de Baffins

Spitberg

MER GLACIALE

70

OCEAN

Cercle Polaire Arctique

Islande

Détroit de Davis

60

Baye de Hudson

SEPTENTRIONAL

Isles Britanniques

Stokholm

St. Petersbourg

Moscou

AMÉRIQUE

Irlande

Angleterre

Allemagne

Paris Vienne

I. de Terre Neuve

60

Mer de l'Ouest

I. Royale

Acadie

France

M. Noire

50

Californie

SEPTENTRIONALE

Angleterre

Virginie

OCEAN

Espagne

I. Açores Gibraltar

Mediterranée

PERSE

40

N. Mexique

Caroline

Madere

Mexique

Floride

OCCIDENTAL

I. Canaries

BARBARIE

ARABIE

30

Mexico

Tropique du Cancer

Acapulco

N. Espagne

Cube

Jamaique

I. S. Domingue

AFRIQUE

20

130 120 110 100 90

Panama

Isles Antilles

Orenoque

Cayenne

10

Quito

70 60 50 40 30 20 10

L'Ascension

Congo

0

Lima

AMÉRIQUE

R. des Amazones

OCEAN

10

Baye de tous les St.

I. St. Helaine

I. de la Trinité

MERIDIO

Rio Janeiro

20

Tropique du Capricorne

NALE

MÉRIDIONAL

I. Madagascar

30

I. Fernandez

Paraguay

R. de la Plate

Cap de Bonne Esperance

OCEAN ORIENTAL

40

Baldivia

Chili

I. de Chiloé

50

Détroit de Magellan

I. Mal

60

Cap de Horn

I. des Etats

Détroit de la Maire

Meridien de Paris

Longitude occidentale du Méridien de Paris. Longitude Orientale

140 130 120 110 100 90 80 70 60 50 40 30 20 10 0 10 20 30 40 50 60

de la Gardette Sculp.

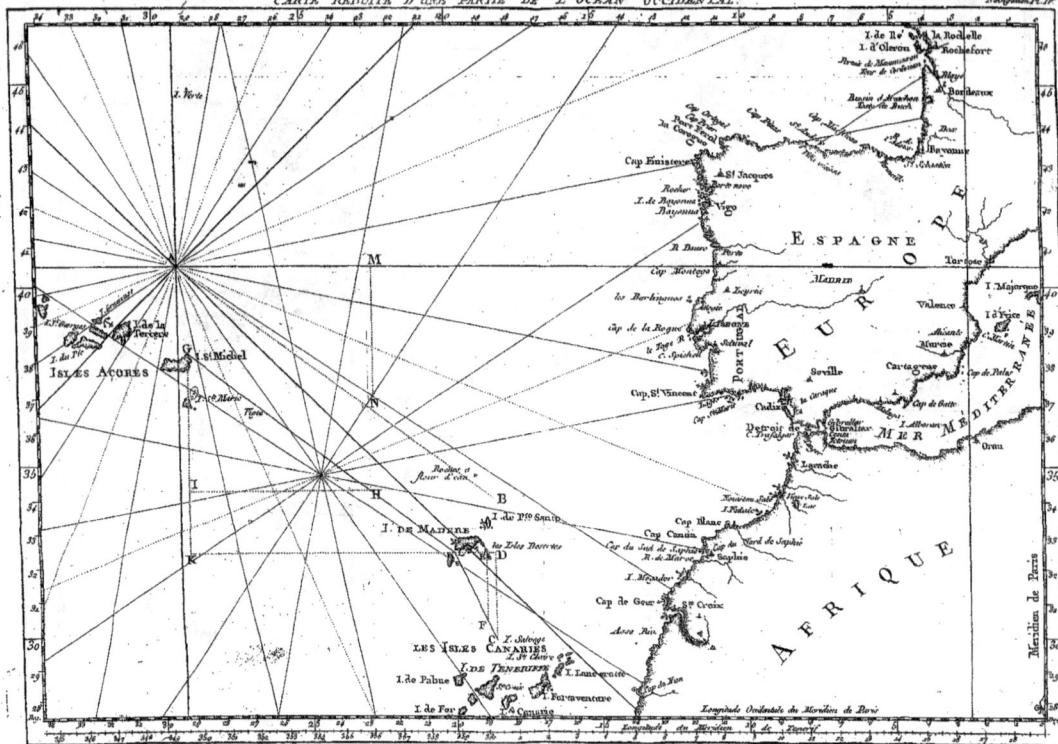

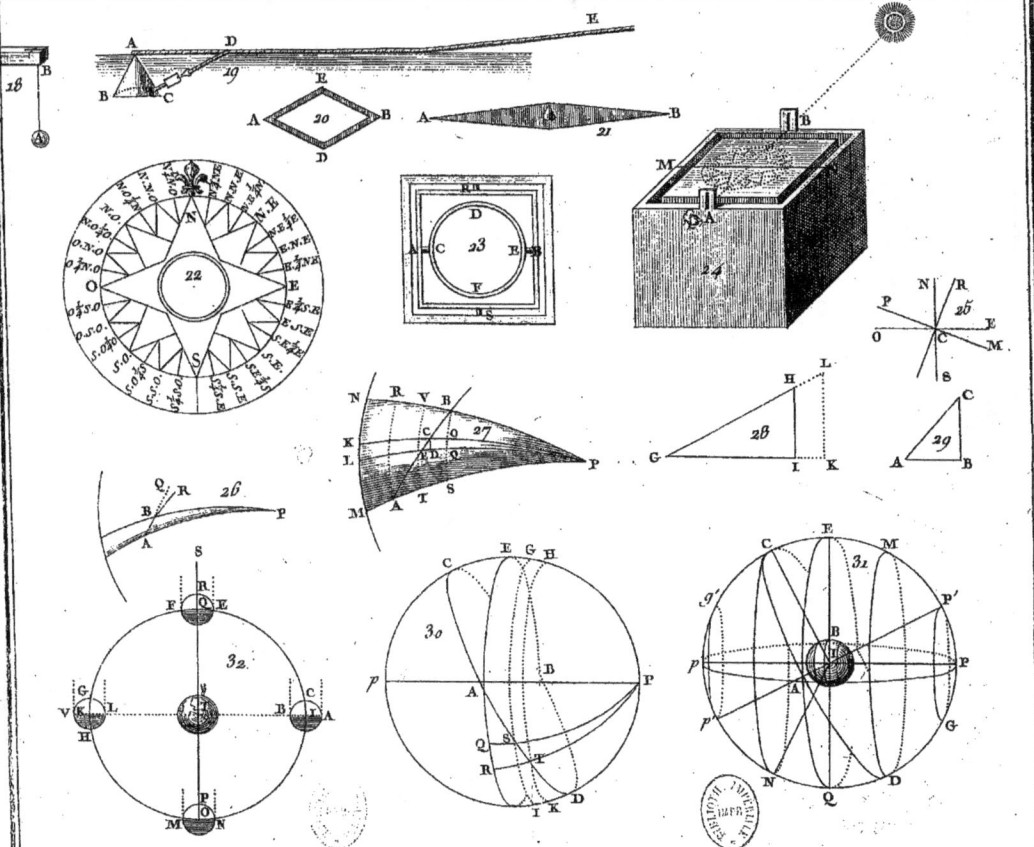

QUARTIER DE REDUCTION.

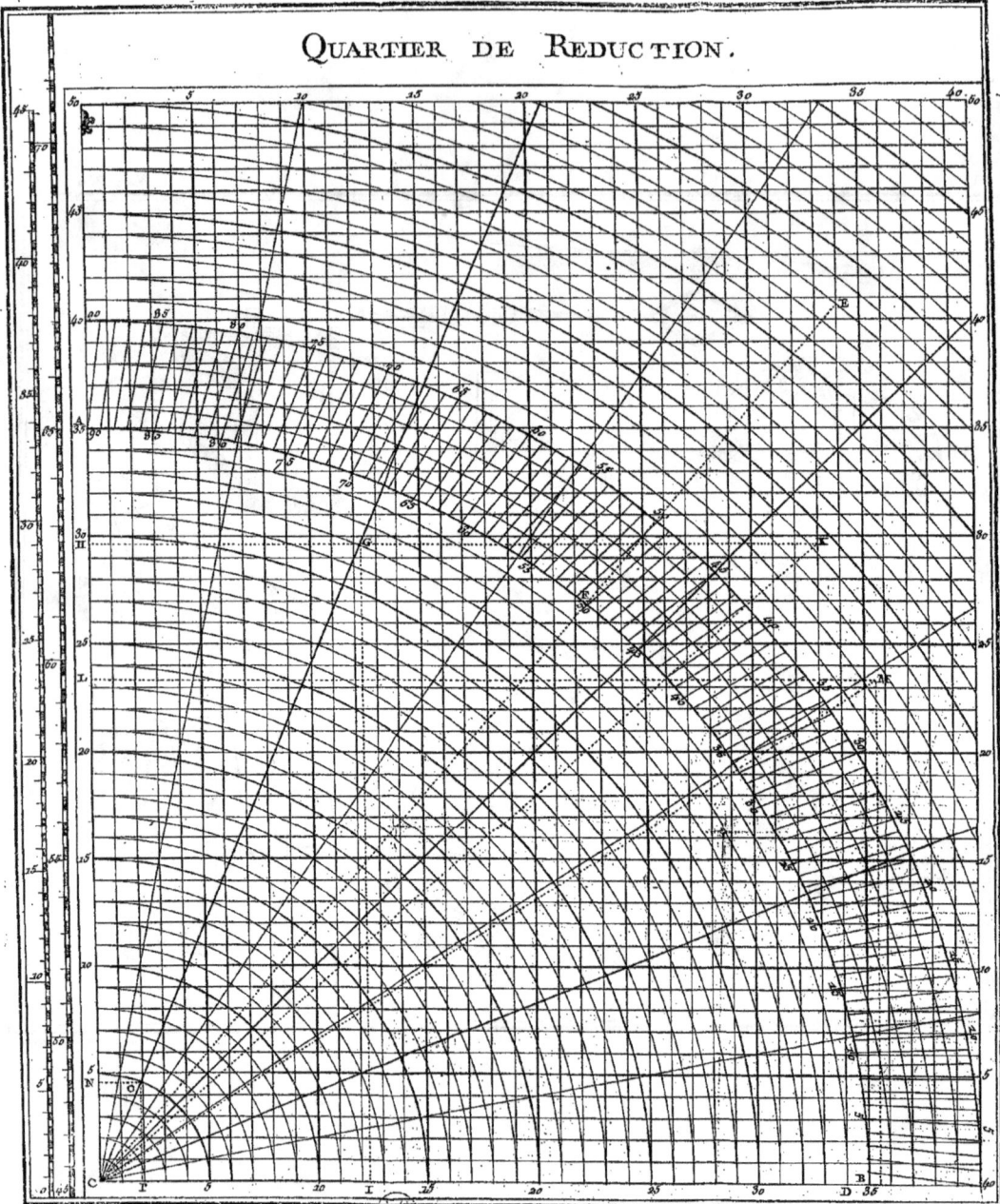

de la Gardette Sculp.

Etoiles du Cygne qui forment une
grande Croix, dans la voye Lactée.

Etoiles de Cassiopée, qui forment une espèce
de Chaise renversée, dans la voye Lactée.

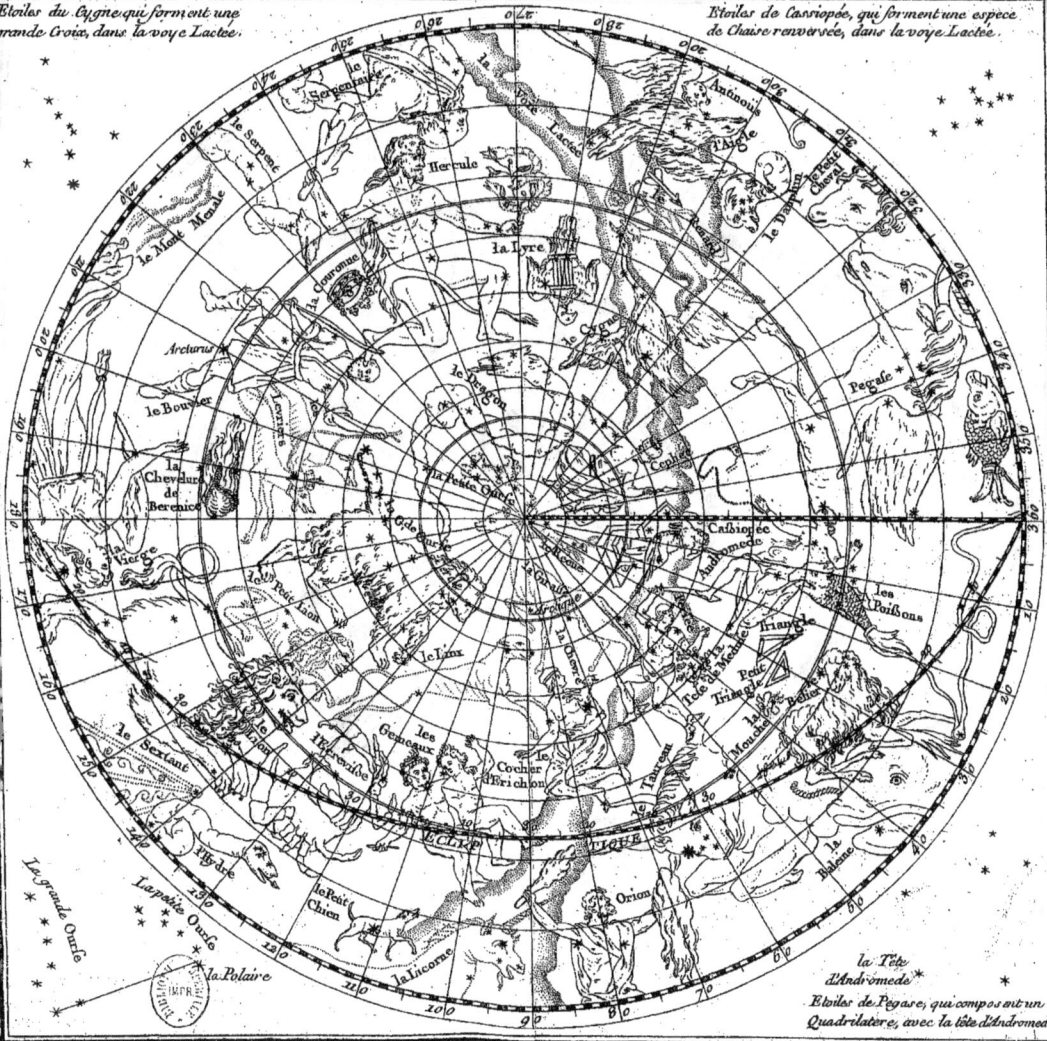

le Serpent

Serpentaire

le Mont Menale

le Serpent

Hercule

Antinoüs

le Cigne

la Flêche

le Dauphin

le petit Cheval

la Lyre

la Couronne

Pegase

Arcturus

le Dragon

le Bouvier

la Chevelure
de Berenice

Cephée

la petite Ourse

Cassiopée
Andromède

la Vierge

les Poissons

la grande Ourse

le petit Lion

Triangle

le petit Triangle

les Mouches Boreal.

le Lynx

le Sextant

les Gemeaux

le Cocher
d'Erichton

le Taureau

la Balance

ECLIPTIQUE

Orion

Hydre

le petit Chien

La grande Ourse

La petite Ourse

la Licorne

la Tête
d'Andromede

la Polaire

Etoiles de Pegase, qui composent un
Quadrilatère, avec la tête d'Andromede.

de la Gardette Sculp.

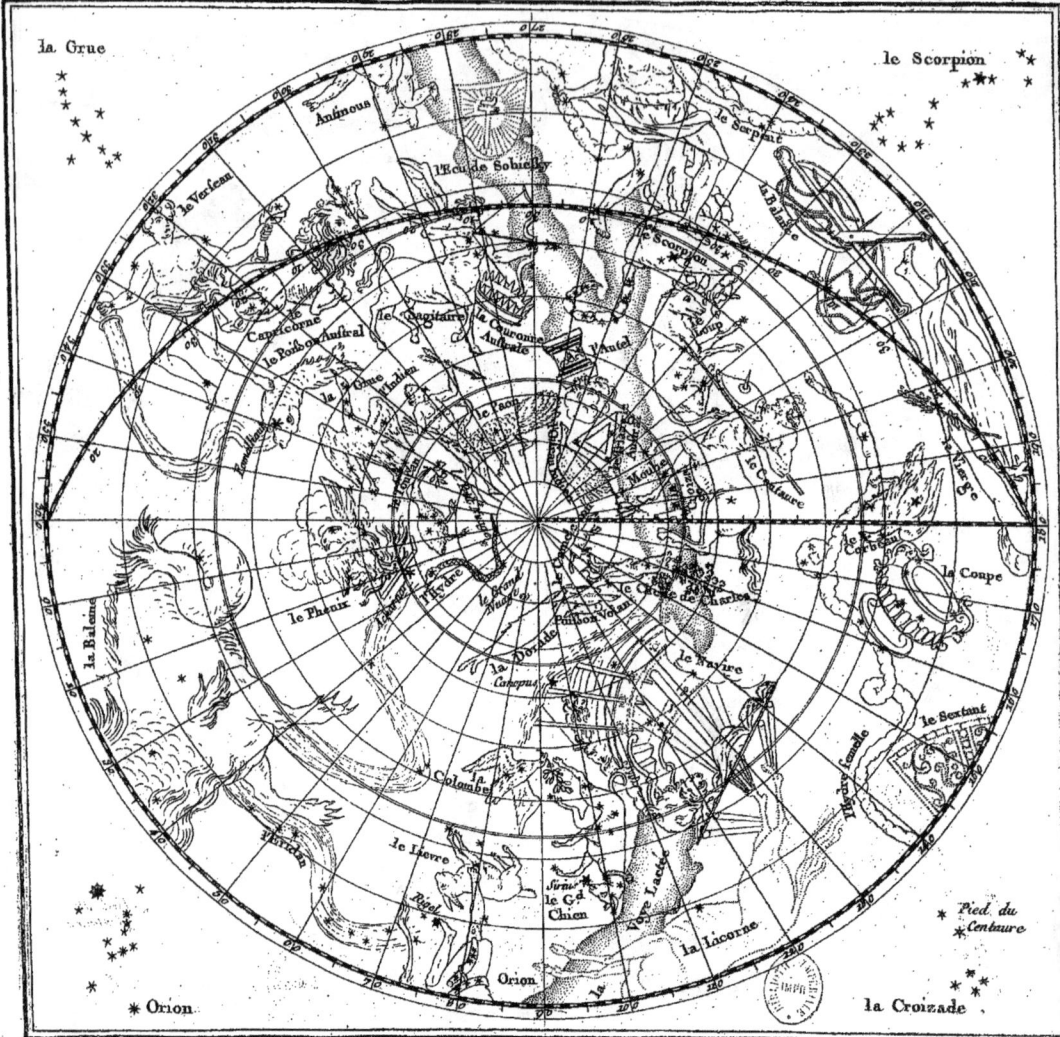

la Grue

le Scorpion

Animous

l'Écu de Sobieski

le Verseau

Capricorne

le Poiss Austral

le Sagitaire   la Couronne Australe

le Serpent

le Scorpion

le Paon

l'Autel

le Loup

le Centaure

la Baleine

le Phénix

l'Orloge

le Dorade

le Poisson Volant

le Navire

la Coupe

le Sextant

Canopus

le Navire

Colombe

le Poisson Volant

le Lacet

Menon

le Lièvre

Rigel

Sirius   le Gd Chien

le Licorne

Pied du Centaure

Orion

Orion

la Croizade

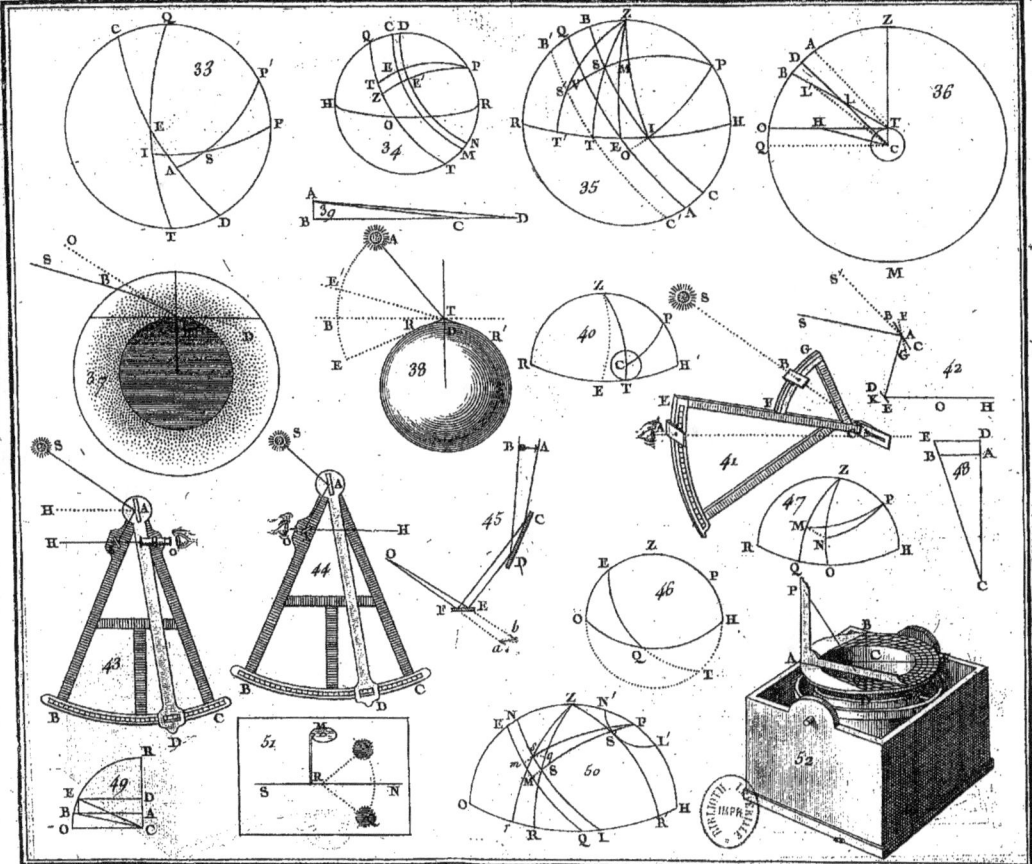

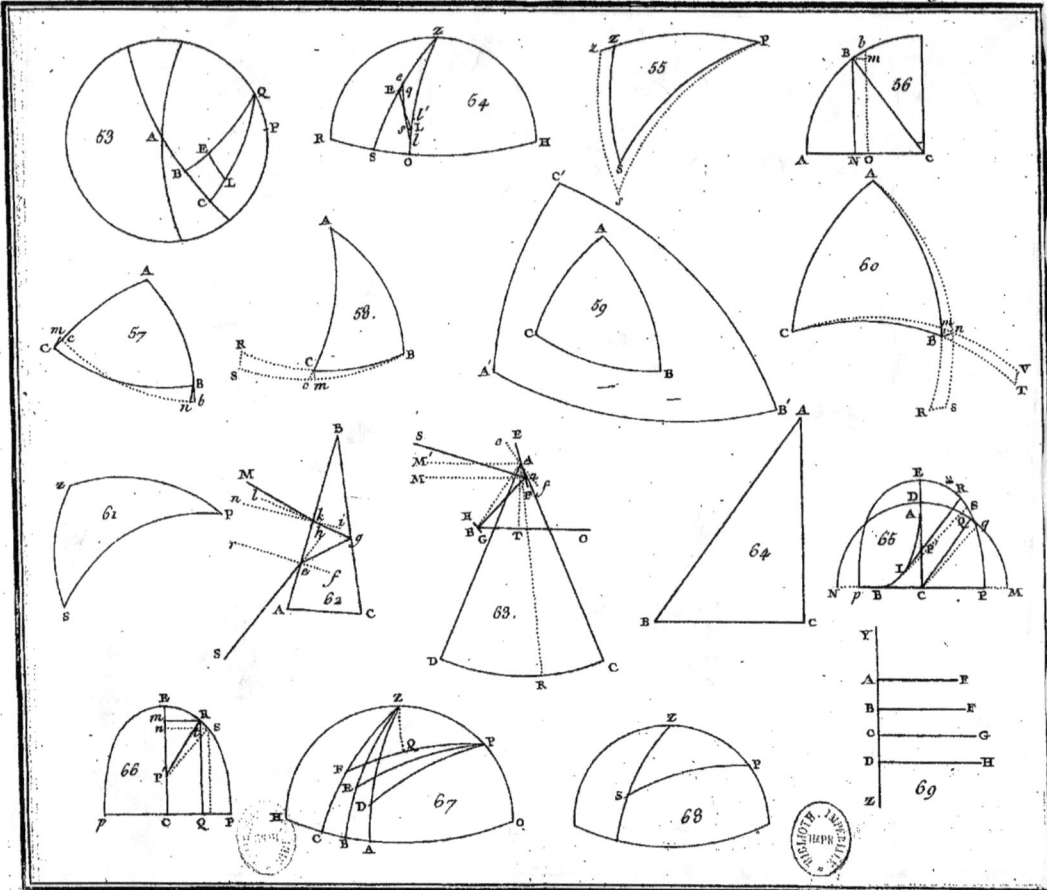

www.ingramcontent.com/pod-product-compliance
Lightning Source LLC
Chambersburg PA
CBHW052100230326
41599CB00054B/3560